材料腐蚀丛书

材料海洋腐蚀

李晓刚　著

科 学 出 版 社

北 京

内 容 简 介

本书基于973计划项目“海洋工程装备材料腐蚀与防护关键技术基础研究”的科研成果。选用典型海洋工程用高强度结构钢E690和深海管线钢X70，通过2年以上的实海材料暴露试验，研究了E690和X70钢分别在青岛和三亚实海浪花飞溅区和我国南海800m和1200m深海区的腐蚀行为和机理（特别是点蚀和应力腐蚀机理与演化规律），以及在模拟海洋薄液环境和模拟深海环境下的腐蚀和应力腐蚀规律。本书反映了我国海洋环境腐蚀规律研究最新进展，也为发展我国高品质海洋用高强钢新品种、提升海洋用钢的服役寿命提供了重要的理论基础。

本书适合海洋腐蚀相关领域的科研和工程技术人员、研究生以及其他相关人员阅读和参考。

图书在版编目(CIP)数据

材料海洋腐蚀 / 李晓刚著. —北京：科学出版社，2023.3

（材料腐蚀丛书）

ISBN 978-7-03-075076-1

Ⅰ. ①材… Ⅱ. ①李… Ⅲ. ①海水腐蚀－研究 Ⅳ. ①TG172.5

中国国家版本馆CIP数据核字(2023)第036704号

责任编辑：张淑晓 高 微 / 责任校对：杜子昂
责任印制：肖 兴 / 封面设计：东方人华

科 学 出 版 社 出版
北京东黄城根北街16号
邮政编码：100717
http://www.sciencep.com
中国科学院印刷厂 印刷
科学出版社发行 各地新华书店经销
*
2023年3月第 一 版 开本：720 × 1000 1/16
2023年3月第一次印刷 印张：18 1/4
字数：346 000

定价：150.00 元

(如有印装质量问题，我社负责调换)

《材料腐蚀丛书》序

材料是人类社会可接受的、能经济地制造有用器件（或物品）的物质。腐蚀是材料受环境介质的化学作用（包括电化学作用）而破坏的现象。腐蚀不仅在金属材料中发生，也存在于陶瓷、高分子材料、复合材料、功能材料等各种材料中。腐蚀是“静悄悄”地发生在所有的服役材料中的一种不可避免的过程，因此，认识材料腐蚀过程的基本规律和机理非常重要。

材料腐蚀学是一门认识材料腐蚀过程的基本规律和机理的学科，其理论研究与材料科学、化学、电化学、物理学、表面科学、力学、生物学、环境科学和医学等学科密切相关；其研究手段包括各种现代电化学测试分析设备、先进的材料微观分析设备、现代物理学的物相表征技术和先进的环境因素测量装备等；其防护技术应用范围涉及各种工业领域，以及大气、土壤、水环境甚至太空环境等自然环境。

对材料腐蚀过程的机理和规律的探索是材料腐蚀学科的灵魂。多学科理论的交叉，即材料科学、化学、电化学、物理学、表面科学和环境科学等学科的进一步发展与渗透促进了材料腐蚀学科基础理论的发展。其另外一个特点是理论研究与工程实际应用的结合，工程实际应用的需求是其理论研究发展的最大推动力。

由统计与调查结果发现，各工业发达国家的材料腐蚀年损失是国民经济总产值的2%～4%，我国2000年的材料腐蚀总损失是5000亿元人民币。利用材料的环境腐蚀数据和腐蚀规律与机理的研究成果，在设计中指导材料的科学使用，并采取相应的防护措施，有利于节约材料、节省能源消耗。若减少腐蚀经济损失的25%～30%，可对我国产生每年约1000亿元人民币的效益。同时，避免和减少腐蚀事故的发生，可延长设备与构件的使用寿命，有很好的社会效益和经济效益。特别是近20年来我国冶金、化工、能源、交通、造纸等工业的发展，带来了对自然环境的污染，不仅导致生态环境的破坏，还使材料的腐蚀速率迅速增加，设备、构件、建筑物等的使用寿命大大缩短。我国局部地区雨水pH已降低到3.2，导致普碳钢的腐蚀速率增大5～10倍，混凝土建筑物的腐蚀破坏也大大加速。只有充分认识材料在不同污染自然环境中的腐蚀规律，才能为国家制订材料保护政策和环境污染控制标准提供依据和对策。

因此，发展材料腐蚀与防护学科是国家经济建设和国防建设、科技进步和经济与社会可持续发展的迫切需要。持续深入开展本学科的基础性研究工作，有利于提高我国的材料与基础设施的整体水平，促进我国材料腐蚀基础理论体系和防护技术工程体系的形成与发展，对国家建设、科技进步、技术创新，以及学科的进一步发展具有重要意义。

1949 年后，我国的材料腐蚀理论研究和防护技术受到高度重视并迅速发展。随着经济的高速增长和工业体系的日渐完备，目前，我国有关腐蚀学科理论和各种防护技术的研究成果不但完全可以解决自身出现的各种材料腐蚀问题，而且已经成为世界上该学科的重要组成部分，焕发出朝气蓬勃的活力。我国正逐渐由材料腐蚀研究与防护技术大国向材料腐蚀研究与防护技术强国转变。

值此科学出版社推出《材料腐蚀丛书》之际，本人很高兴以此序抒发感想并表示祝愿与感谢之意：祝愿这套丛书能充分反映我国在材料腐蚀学科基础性研究成果方面的进展与水平；感谢我国材料腐蚀学科研究者的辛勤劳动；感谢科学出版社对材料腐蚀学科的支持。相信随着我国经济水平的日益提高，我国材料腐蚀理论研究和防护技术的发展一定会再上一个新台阶！

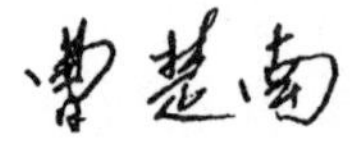

中国科学院院士　浙江大学教授

2009 年 8 月 28 日

前　言

海洋是人类活动不可或缺的重要组成部分，蕴藏着丰富的自然资源，当今世界，海洋资源的开发正在不断深入。海洋事业的发达程度是一个国家科技实力的综合体现，也是一个国家经济状况和国际地位的标志。国际竞争已从陆地转向海洋，谁拥有海洋，谁主宰未来。蛟龙、航母、“海洋石油 201”特大铺管船和深海 981 平台等国家重大工程建设，标志着我国海洋装备制造技术的新进展。材料腐蚀是制约海洋装备制造业水平提升的重要技术瓶颈。然而，由于海洋环境和海洋装备十分复杂，认识海洋装备材料腐蚀规律与发展防护技术具有复杂性、艰巨性和长期性。材料腐蚀造成灾难性海洋事故频发，严重制约了海洋工程装备服役安全和海洋蓝色经济的发展。我国是海洋大国，但不是海洋强国，尚无成熟的海洋材料体系与产业链条，重要原因在于我国对海洋环境腐蚀规律缺乏认识，防护技术体系落后。因此，解决材料海洋环境腐蚀问题是国家重大需求，“中国制造 2025”“海洋战略”“一带一路”等重大战略或倡议实施，迫切需要解决工程和装备海洋腐蚀问题。

材料海洋腐蚀是涉及物理、化学、生物等因素的复杂的化学和电化学的动态过程。海洋工程用钢在服役过程中都会受海洋大气或海水，甚至海底泥土和深海复杂环境的腐蚀，材料的耐蚀性随暴露条件的不同而发生很大变化。海洋大气区、浪花飞溅区、海水潮差区、海洋全浸区、海底泥土区等，都带有其特有的腐蚀环境(图 1)。

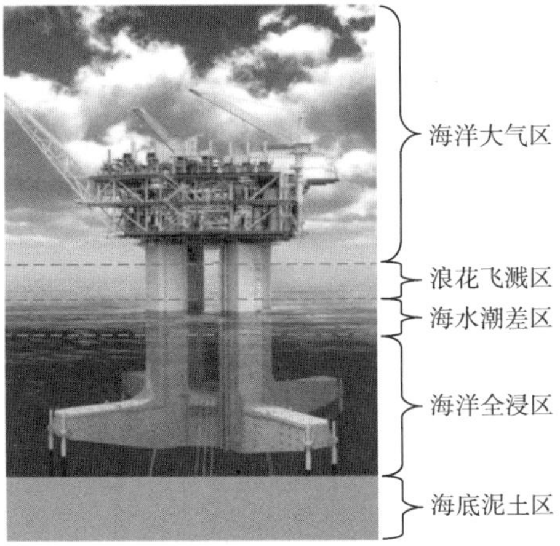

图 1　典型海洋平台的腐蚀区带划分

海洋大气区的腐蚀环境是指海洋或内陆距离海岸线200m以内的大气环境区域。在海洋大气区，海盐粒子溶于材料表面大气的薄液中，在金属表面形成强电解质薄膜，促进金属腐蚀，腐蚀速率是内陆大气环境腐蚀速率的2倍以上，如图2所示。

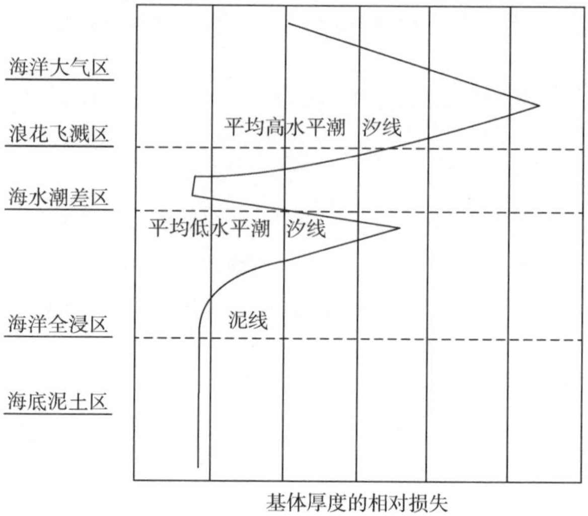

图2　海洋不同腐蚀环境区腐蚀速率图

浪花飞溅区属于大气与海水交换的界面区。在该区域，低合金钢表面潮湿，供氧充分，受海水飞溅作用，无海生物污损，受海洋大气区和海水潮差区环境充分影响，是海洋环境五个区带中腐蚀最严重的，腐蚀速率达到0.5mm/a以上。

海水潮差区受海水涨落影响，高潮位时浸没于海水中，低潮位时类似于海洋大气区和浪花飞溅区的环境，受涨落潮的浪涌作用明显。但由于海水中电解质溶液电阻远小于大气薄液中的电阻，从而容易导通较多的负电荷，使得潮差部分作为宏观电池的阴极被保护，腐蚀速率小于海洋大气区和浪花飞溅区。

在海洋全浸区，钢铁的腐蚀速率一般为0.1～0.2mm/a，但由于全浸在海水电解质溶液中，氧扩散受限制，所以腐蚀速率低于海洋大气区和浪花飞溅区。但由于海水环境中海水流速、海水盐度、海水中微生物因素等影响，海洋全浸区的腐蚀速率要高于海水潮差区。

在海底泥土区，氧扩散受限制，但厌氧菌作用明显，使得海底泥土区的工程材料腐蚀严重。虽然海底泥土区的腐蚀速率远低于浪花飞溅区和海洋大气区，但是厌氧菌所导致的应力腐蚀开裂(SCC)风险较高。海底泥土区不一定是深海区，深海区是指深度在300m及以下区域的海水环境。

随着我国海洋战略的建设和发展，海洋科学研究越来越受到重视。材料在海洋环境中的腐蚀是海洋资源开发、海上交通运输和基础设施建设所面临和必须解决的问题。金属在海洋环境的典型腐蚀区域分为海洋大气区、浪花飞溅区、海水潮差区、海洋全浸区、海底泥土区和深海区。一般来讲，浪花飞溅区处于海水环境和海洋大气环境交界的地方，金属的腐蚀情况最为严重。海洋浪花飞溅区是海水高潮位以上到海水浪花能浪溅到的最高位置，低合金高强钢在该区域应用十分广泛。随着我国海洋战略不断向深蓝深入，海洋浪花飞溅区的低合金高强钢腐蚀情况也正在成为材料服役安全的研究重点。已有的研究已经明确了低合金钢在浪花飞溅区严峻的腐蚀问题，但对低合金钢在浪花飞溅区的腐蚀行为及演变，以及浪花飞溅区低合金钢锈层的作用没有清楚的认识。锈层是提高低合金钢耐蚀性的重要因素，关于锈层和合金成分对提高低合金钢在浪花飞溅区耐蚀性作用的研究十分匮乏，不同环境因素对低合金钢浪花飞溅区的腐蚀行为及演变的影响缺乏深入研究。因此，研究低合金钢在不同浪花飞溅区的腐蚀行为及演变对我国海洋战略的发展和工程安全有着极其重要的意义。

从 1998 年开始，本书作者开始了关于材料在我国自然环境(大气、土壤、海水)中腐蚀状况野外平台建设与数据积累的工作，到目前为止，积累了大量的材料自然环境腐蚀数据，建立了我国新时期材料环境腐蚀野外试验平台及技术体系，并成为我国 20 个国家级科学数据中心之一的“国家材料腐蚀与防护科学数据中心”的第一任主任。

2014 年，本书作者怀着攻克国家海洋开发中遇到的材料腐蚀难题的情怀，经过 5 年的连续申请，终于有幸担任了国家 973 计划项目“海洋工程装备材料腐蚀与防护关键技术基础研究”(项目编号：2014CB643300)的首席科学家。海洋环境下工程装备材料面临腐蚀、损伤、磨蚀、失效和生物污损等严重问题，而现有研究基础和技术水平无法满足我国重大海洋工程和装备的应用需求，难以对海洋环境下耐蚀耐磨和防污新材料的制备提供技术支撑，该项目针对上述现状，对“多重海洋环境因素下材料腐蚀及损伤的力学-电化学交互作用机理与规律”“高温高湿海洋环境下材料腐蚀的化学-电化学相互作用机理与规律”“海洋环境中生物在材料表面的黏附与微生物腐蚀机理”“深海和高湿热环境下新型耐蚀耐磨金属和防护材料的结构与性能调控”四个关键科学问题开展全方位的研究，以期明确海洋多重载荷、深海高湿热等典型海洋环境下，工程装备用材料的海洋腐蚀机理与规律，为从根本上解决海洋环境下材料的腐蚀、磨蚀和生物污损问题提供理论支持。这四个关键科学问题，是我国一批材料腐蚀与防护顶级专家，在 5 年的项目申报过程中不断凝练与总结出来的，反映了材料海洋腐蚀的科学特点，是大家共同智慧的结晶。以上四个科学问题是相互关联的，如图 3 所示。该项目围绕“四个关键科学问题”，分为六个课题，由十个单位的两百多位科学家协同攻关，开展全方面研究。项目历时四年，完成了既定研究目标，取得了一批成果，形成了一支固定的高水平队伍，培养了大批高层次材料海洋腐蚀科技人才。

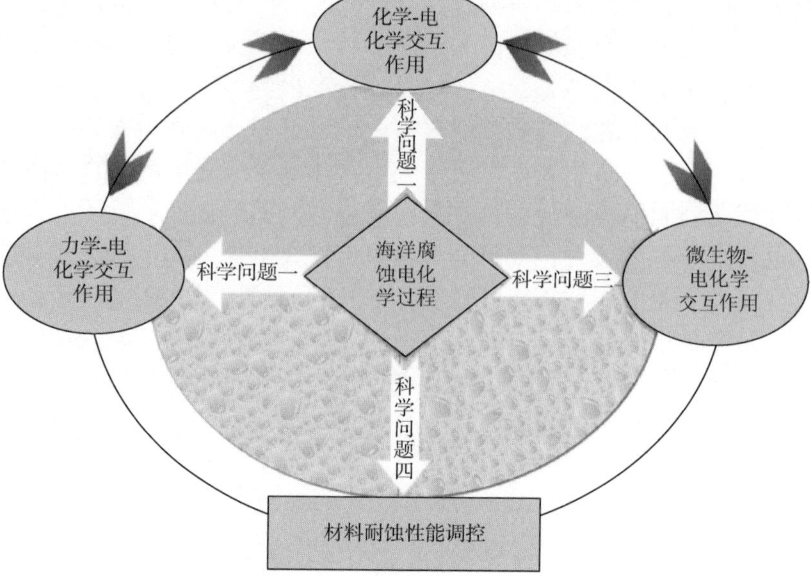

图 3　项目围绕“四个关键科学问题”开展全方面研究

作为项目首席科学家，作者负责的研究工作大致包括以下几方面。多重环境因素耦合作用下材料腐蚀电化学机理与规律研究。在大量积累我国海洋大气和海水环境因素数据和海洋典型金属材料(低合金高强钢新型不锈钢等)腐蚀数据的基础上，明确多重动态海洋环境因素对金属材料腐蚀行为的作用规律；开展多因素(含盐量、压力、流速、溶解氧、温度等)作用下模拟海洋环境的腐蚀试验，研究海洋环境动态变化对材料腐蚀的影响规律；开展多因素作用下模拟海洋大气环境的腐蚀试验，研究海洋大气环境动态变化对材料腐蚀的影响规律；研究金属在高湿热的盐水蒸气共存的氧化气氛中化学氧化动力学规律，研究动态薄液膜下金属电化学腐蚀机理，阐明电化学反应与化学反应交互作用机理；开展海洋材料应力腐蚀和氢致开裂研究，特别是深海环境下，海水压力作用对应力腐蚀开裂的影响，在不同静水压力下应力腐蚀和氢致开裂等研究；分析材料在海洋环境腐蚀过程中的电极反应过程和微区电化学特征，发展和完善海洋环境下材料腐蚀过程的电极动力学理论，建立适合于海洋环境的微区电化学检测的新理论和新技术。

作者根据项目的以上研究内容要求，结合材料海洋腐蚀与耐蚀材料研究进展，规划了本书涉及的研究方案和内容，并安排陈闽东博士、郝文魁博士、孙飞龙博士等开展试验研究工作。本书所涉及的主要试验研究工作，主要由以上三位博士完成：第 1～4 章，陈闽东博士；第 5～11 章，郝文魁博士；第 12～16 章孙飞龙博士。目前，这三位博士正在迅速成长为我国石油石化行业、电力输送行业和建筑材料行业中腐蚀专业方向研究的中坚力量和学术带头人。

钢铁材料是海洋工程材料的最大一类材料，也是主体材料。海洋工程结构用钢在应用中需要考虑其环境载荷、重力及功能载荷，其中环境载荷包括：风载荷、波浪载荷、海流载荷，必要时还需将地震、温度、冰/雪等载荷考虑在内；重力及功能载荷包括：空船重量、功能构件重量、甲板载荷、压载载荷等。海洋工程装备功能性、复杂性的提高，使得海洋工程装备所采用的钢材必须具有高强度、高韧性、抗疲劳、抗层状撕裂及良好的焊接性和耐蚀性。高性能海洋工程用高强钢的研究和应用极其迫切，对于我国海洋工程装备制造有着极其重要的意义。目前，我国海洋工程装备用钢正在向高强韧性、高焊接性和高耐蚀性方向发展。武钢、宝钢、南钢、首钢等大型钢铁企业研发的 E690 钢和 X70 钢，得到了广泛的应用，其性能逐渐满足了我国海洋工程装备发展的需求。相信 E690 钢和 X70 钢的强韧性、焊接性、耐蚀性和耐低温性能会得到进一步提升，并获得广泛的工程应用。

本书选用典型海洋工程用 E690 钢和 X70 钢，研究了其在实海浪花飞溅区和深海区的腐蚀，特别是点蚀和应力腐蚀机理与演化规律；利用实验室搭建的各种模拟装备，建立了模拟海洋薄液环境下的应力腐蚀加速试验方法，以及薄液环境中拉伸条件下的电化学及应力腐蚀试验装置，发展了多种浪花飞溅区和深海区的腐蚀环境室内模拟技术；对海洋薄液环境中的腐蚀点蚀和应力腐蚀机理与演化规律以及主要影响因素进行了系统研究，提升了以上问题的基础理论研究水平，特别是比较了海洋全浸区与薄液环境下的应力腐蚀行为差别，指出浪花飞溅区不仅是材料海洋环境腐蚀最严重的区域，也是点蚀和应力腐蚀萌生与发展最快的区域；通过实海试验和室内模拟加速试验，积累了大量海洋薄液环境中的腐蚀数据。以上研究反映了我国材料海洋腐蚀研究的最新成果，为发展我国高品质海洋用高强钢新品种，延长海洋用钢在严酷海洋环境中的服役寿命，提供了重要的理论指导。

由于作者水平限制，书中疏漏之处在所难免，望读者不吝赐教，批评指正！

李晓刚

2022 年 12 月 30 日

目　录

第1章　E690钢在实海浪花飞溅区的腐蚀机理与演化规律

材料海洋环境腐蚀试验分为实海腐蚀试验和室内模拟加速腐蚀试验，这两种试验方法互为补充，无法取代。实海腐蚀试验是一切室内模拟加速腐蚀试验的客观基础，但是多种因素交互作用，对探索腐蚀机理与规律是不利的，试验周期长，代价高；室内模拟加速试验可以探索腐蚀起源与演化规律以及因素的影响机理，但是必须以实海腐蚀数据作为标定和依据。

海洋工程用钢在浪花飞溅区会受海水和海洋大气的共同腐蚀，在高潮位浪花飞溅到金属表面时，发生海水薄液的腐蚀行为；在低潮位时，发生海洋大气薄液的腐蚀行为。ISO 12944标准明确将海洋大气腐蚀环境C5-M同工业大气腐蚀环境C5-I一同划分为最严重的腐蚀等级，而浪花飞溅区腐蚀情况比海洋大气区更为严重。海洋浪花飞溅区环境受海洋大气的影响非常剧烈，但浪花飞溅区却缺乏像大气腐蚀一样的标准对腐蚀等级进行衡量。美国腐蚀工程师协会(NACE)的RP0176-03标准中，将海上钢制构筑物腐蚀控制划分为海洋全浸区、浪花飞溅区和海洋大气区，该标准将浪花飞溅区定义为由潮汐风和波浪的影响所致，为构筑物干湿交替的部分(不包括仅在大风暴时浸湿的表面)。该标准中，浪花飞溅区在不同海域的影响范围是不同的，如在墨西哥湾，典型的浪花飞溅区范围约为2m；在阿拉斯加的库克湾达到9m；北海冬季的浪花飞溅区会达到10m。挪威船级社对浪花飞溅区的定义还考虑到了船舶在海水中向上的移动量。海洋浪花飞溅区腐蚀最严重的区域有很多定义，Humble最早在1949年提出浪花飞溅区是指海水平均高潮位以上到海水浪花能飞溅到的最高位置，是腐蚀性最强的区域，其特点是潮湿表面氧含量充分、海水飞溅干湿交替日照和无海生物污损等。日本专家在日本海域发现腐蚀最严重的地方为海水平均高潮位0.5m处。我国腐蚀专家朱相荣和黄桂桥对国内青岛、舟山、厦门、湛江四个海域的环境特征进行分析，得出浪花飞溅区范围为海水平均高潮位0～2.4m，腐蚀最严重的地方在海水平均高潮位0.6～1.2m处，且腐蚀峰值位置因地而异。

海洋钢结构在浪花飞溅区的工作环境极为苛刻，长期接触近海面高盐雾、高湿的大气腐蚀薄液和浪花飞溅区的海水薄液，除此之外还会受到风浪海流应力等循环载荷的冲击。在低合金钢的腐蚀过程中，锈层和基材起到了非常重要的作用。锈层是阻挡薄液中离子扩散的重要屏障。氧的扩散会促进金属表面的阴极反应，加快金属的腐蚀。Cl^-不仅会直接破坏锈层，导致锈层的开裂，还会使锈层有较高的吸湿特性。同时，在工业污染的海洋浪花飞溅环境中，二氧化硫等工业污染物的沉积会使得内锈层酸化并产生酸的再生机理，加速内锈层的腐蚀。综合前人的研究成果可以总结出，浪花飞溅区的区域为海水平均高潮位以上到该海域海水浪花能够达到的最高位置。腐蚀最严重的地方因不同区域的水文和环境因素有所区别，但基本都在高潮位以上 0.5～1.2m 处。腐蚀受大气环境影响严重，因此，在研究不同严酷大气环境下海洋工程材料在浪花飞溅区的腐蚀有十分重要的意义。

我国海域辽阔，海洋大气呈现北方以青岛为代表的工业污染海洋大气，南方以三亚(或南海)为代表的高温、高湿、高盐雾海洋大气的特点。工业污染海洋大气和浪花飞溅区环境通常含有较高的 SO_2。青岛位于中国东海岸，工业生产总值占城市国民生产总值的近一半，工业发达，环境中有较多的污染物 SO_2，属于典型的严重受工业影响的腐蚀环境。三亚是旅游城市，工业环境污染作用非常小，受高温和 Cl^-作用强烈，三亚的非工业污染的环境有着高温、高湿、高盐雾的特征，是典型的非工业污染，但同时对低合金钢具有剧烈腐蚀性的作用。低合金钢在海洋浪花飞溅区应用十分广泛，我国不同海域都有迅速发展的海洋工程，因此研究这两种代表性海洋环境下低合金钢浪花飞溅区的腐蚀行为，具有重要的意义。

本章通过现场实海腐蚀试验，对试样进行腐蚀速率分析、形貌观察、锈层分析以及电化学分析等，对浪花飞溅区的腐蚀行为进行了研究，重点探讨了材料在不同高腐蚀环境下浪花飞溅区的腐蚀机理和演化规律。

1.1　浪花飞溅区实海暴露试验和室内试验方法

1.1.1　试验材料

试验所用 E690 钢为热轧钢板，采用控轧控冷工艺轧制而成，化学成分与 X70 相近(质量分数，wt%)(表 1-1 和表 1-2)，力学性能如表 1-3 所示，组织形貌如图 1-1 所示。钢组织主要由针状的板条贝氏体和少量粒状贝氏体组成，晶粒均匀细小，性能符合国标要求。

表 1-1　X70 钢的化学成分(wt%)

钢种	状态背景	化学成分									
		C	Mn	P	S	Si	V	Cr	Cu	Ni	Mo
X70	热轧＋调质	0.045	1.53	0.013	0.0036	0.20	0.048	0.030	0.031	0.020	0.15

表 1-2　试验用 E690 钢化学成分(wt%)

C	Si	Mn	P	S	Alt	V	Cr	Ni	Cu	Mo	B	Ti
0.095	0.21	1.47	0.009	0.0012	0.0236	0.033	0.45	0.32	0.31	0.46	0.0018	0.015

表 1-3　试验用 E690 钢力学性能

钢种	屈服强度/MPa	抗拉强度/MPa	延伸率/%	冲击功(−40℃)/J	
船规	≥690	770～940	≥14	单个试样≥46	平均≥46
E690	739	799	19	140/140/116	132

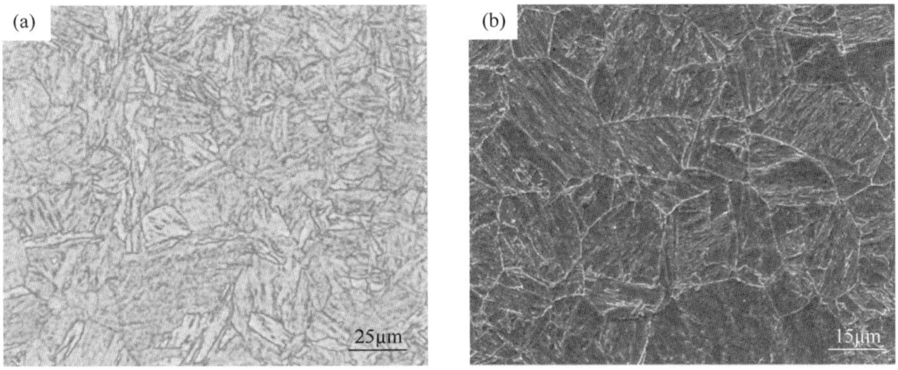

图 1-1　E690 钢显微组织结构

(a)体视显微镜观察；(b)SEM 观察

1.1.2　试验环境和方法

试验地点位于国家自然环境腐蚀平台青岛海水站和三亚海水站，试验环境为浪花飞溅区环境。青岛海水站位于北纬 36°03′，东经 120°25′，北方海域。三亚海水站位于北纬 18°13′，东经 109°32′，南方海域。两个站点的海水均为不规则的一日一潮。投样时间为 2016 年 6 月～2017 年 6 月，投样周期为 30 天、90 天、180 天、270 天、360 天。样品尺寸为 200mm×100mm×4mm。样品固定在浪花飞溅区环境的架子上，高度为试验站点测量的低合金钢浪花飞溅区腐蚀最为严重的区域，大约在海水高潮位以上 1～1.2m 处。对不同时间实海暴露的样品进行腐蚀失重分析、形貌观察、电化学测试、锈层截面分析和扫描开尔文电位(SKP)测量。

E690 钢在浪花飞溅区的电位测试探头如图 1-2 所示，E690 钢和钛合金[电极电势约为−0.23V(*vs.* Ag/AgCl)的固体电极，三亚海水环境]被制成 0.5mm 宽的金属条，两种材料依次交替排列，间隔距离为 0.5mm。将两种金属分别连接导线，用树脂封装后导线暴露出来。将探头放置于三亚浪花飞溅区 3 天后开始测量。测量

图 1-2 E690 钢在浪花飞溅区的电位测试探头

开始时处于高潮位，浪花作用于金属表面初期，每次电位测试时间为 300s，每个电位测试周期间隔约 2000s。直至测量 5h 以后达到低潮位，浪花无法飞溅到探头表面。电位测试采用双电极体系，工作电极接 E690 钢，参比电极和对电极接钛合金。

电化学测试在 Autolab 电化学工作站上进行，采用三电极体系，辅助电极为 Pt 片，参比电极为饱和甘汞电极(SCE)，溶液体系为模拟海水溶液，测试在 25℃下进行。电化学阻抗谱采用的激励电位幅值为 10mV，频率范围为 100kHz～10mHz，动电位扫描极化曲线测试的扫描速率为 0.5mV/s，扫描范围为−1.2～0V。采用扫描电子显微镜(SEM)观察腐蚀形貌和截面形貌，并进行截面成分能谱分析。采用 X 射线衍射仪(XRD)分析腐蚀产物。

1.2 实海暴露试验和室内试验结果

1.2.1 实海浪花飞溅区环境

青岛和三亚试验点 2016 年 6 月～2017 年 6 月主要环境的平均数据如表 1-4 所示，从环境因素来分析，根据 GB/T 19292.1—2008 进行分类，青岛和三亚海水站浪花飞溅区所处的大气环境润湿时间相近，主要区别在于青岛环境有较高的工业污染物 SO_2 沉积量，三亚环境有较高的大气 Cl^- 沉积量。

表 1-4 青岛和三亚 2016 年 6 月～2017 年 6 月主要环境的平均数据

位置	平均温度/℃	相对湿度/%	降水量/mm	日照时间/(h/a)	Cl^- 沉积量/[mg/(100m^2·d)]	SO_2 沉积量/[mg/(100cm^2·d)]
青岛	15.1	76.5	149	1402.3	0.164	0.016
三亚	26.8	78.6	516	2120.5	0.512	<0.001

图 1-3 为 E690 钢在三亚浪花飞溅区受浪溅作用的开路电位测试曲线。测试起始于高潮位时，浪花打到金属样品表面，第 4 个周期后潮位开始下降，到第 8 个周期时只有较少浪花打到样品表面。测试开始前样品已在浪花飞溅区放置 3 天，表面有一层稳定的锈层。现场实时观测时，每次浪花打到金属表面时，电位出现

上移，随后开始负移。可以看出，当海水浪花作用在金属表面时，金属表面被海水薄液覆盖，海水薄液较厚，氧扩散受限，金属的开路电位正移，但随后海水薄液开始蒸发，离子通过海水凝聚的作用聚集到锈层中。在海水薄液周期性干湿作用时，电位产生明显负移趋势。随着潮位开始回落，电位到达较负且稳定的状态。

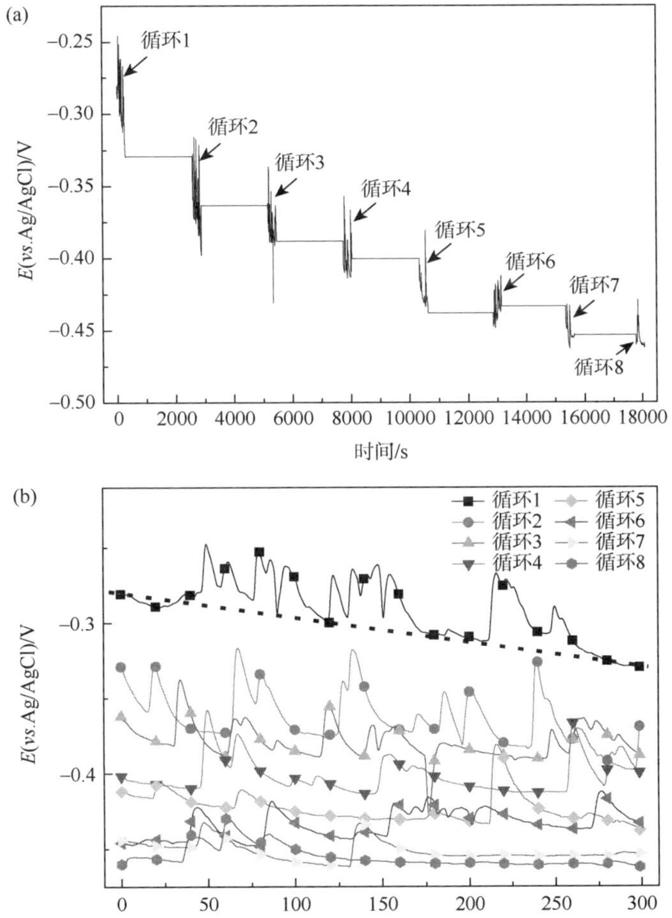

图 1-3　E690 钢浪花飞溅区电位测试

(a)整个测试区间；(b)分段测试区间

实海浪花飞溅区环境分为两种情况：低潮位或浪涌较小时的大气薄液环境，高潮位或浪涌较大时的海水薄液环境。大气薄液是由大气环境决定的充分饱和状态；海水薄液环境的主要成分是海水，海水薄液作用时肉眼能明显看到金属表面的水膜。青岛和三亚海域面向外海，浪花飞溅作用起源于表层浪溅和远海浪涌引起的浪溅，具有不规律性。但潮位变化一致，高潮位时受浪溅作用的情况也基本一致。经过实海观察发现在高潮位时，在 1～1.2m 的位置腐蚀速率最高。根据现场观察，海水薄液蒸发的过程是由外向内，因此薄液膜减薄的过程中，会将离子带入锈层，在锈层下会随着海水薄液的蒸发周期性地产生离子浓聚作用。

1.2.2 E690 钢在浪花飞溅区的腐蚀形貌

青岛和三亚环境的差异，使得 E690 钢的腐蚀形貌有所区别，如图 1-4*所示。青岛的锈层颜色较深，三亚的相对较浅，这意味着腐蚀机理的差异。青岛和三亚

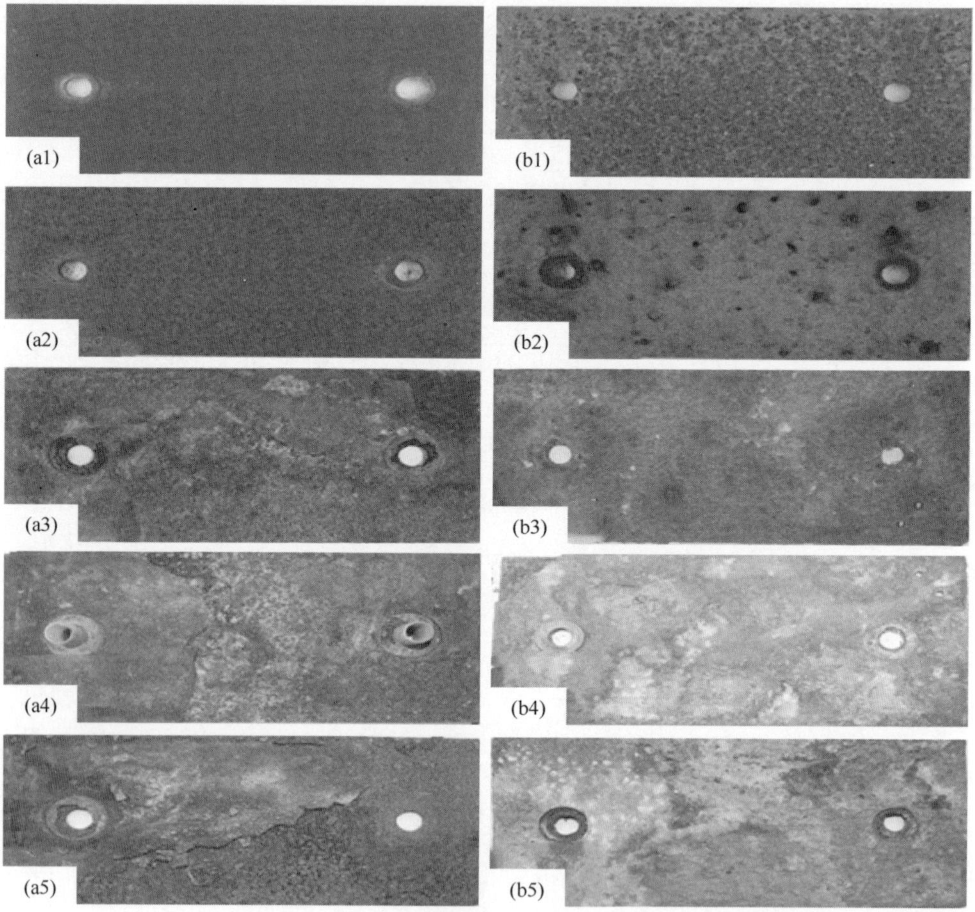

图 1-4 青岛和三亚浪花飞溅区宏观腐蚀形貌

(a1)青岛 30 天；(a2)青岛 90 天；(a3)青岛 180 天；(a4)青岛 270 天；(a5)青岛 360 天；(b1)三亚 30 天；(b2)三亚 90 天；(b3)三亚 180 天；(b4)三亚 270 天；(b5)三亚 360 天

* 扫描封底二维码，可见全书彩图。

180 天和 270 天以后的锈层都能观察到明显的脱落部分，其中青岛的脱落较为严重。随着时间的延长，青岛和三亚浪花飞溅区 E690 钢的宏观腐蚀形貌颜色都趋于变浅，360 天以后表面都出现白色盐分析出的部分，说明金属表面析出了较多盐分。

电子显微镜观察下的青岛和三亚浪花飞溅区锈层的微观形貌，如图 1-5 和图 1-6 所示。随着时间延长，青岛 30 天的样品表面较不均匀，90 天后表面均匀化，但是锈层也有较多裂痕，出现了明显腐蚀产物脱落，暴露出金属表面的阴极区和阳极区。试样投放 180 天后，锈层继续脱落，脱落后的金属表面形貌有较大起伏。E690 钢在三亚 30 天的锈层形貌为均匀孢状，90 天后锈层有脱落，也能观察到较大的阳极区，并能观察到锈层的缝隙。180 天锈层脱落的体积较大，表面不平整，能观察到腐蚀继续加快的形貌。

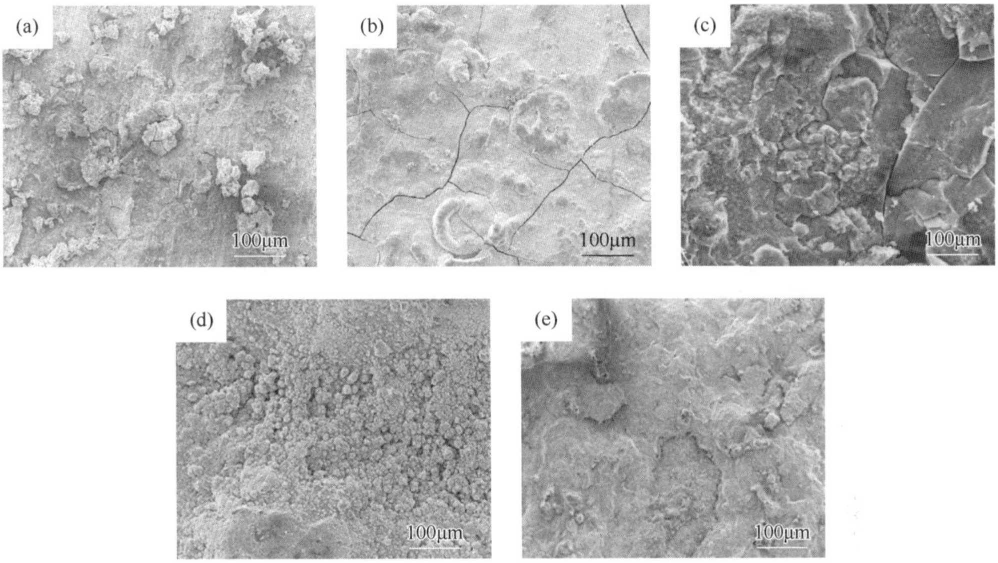

图 1-5　青岛浪花飞溅区投样表面锈层微观形貌

(a)30 天；(b)90 天；(c)180 天；(d)270 天；(e)360 天

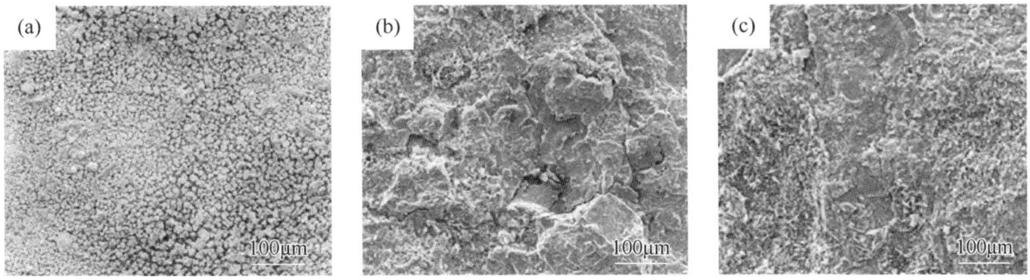

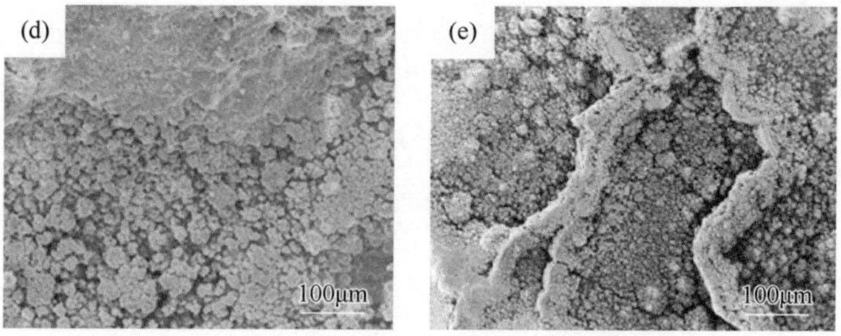

图 1-6　三亚浪花飞溅区投样表面锈层微观形貌

(a)30 天；(b)90 天；(c)180 天；(d)270 天；(e)360 天

投样 270 天后，青岛和三亚样品锈层出现非常明显的差别。青岛样品锈层依然能发现明显的成片脱落。青岛 180 天、270 天和 360 天的样品锈层脱落后的形貌同三亚 30 天、90 天样品的表面锈层形貌相似。三亚 270 天样品边角出现部分脱落，但整体锈层较厚，完整性较好。

1.2.3　E690 钢实海浪花飞溅区的腐蚀动力学行为

E690 钢在青岛和三亚浪花飞溅区的腐蚀失重曲线如图 1-7 所示。将失重速率换算成 $g/(m^2 \cdot a)$后，E690 钢在三亚浪花飞溅区的腐蚀速率为 $6205g/(m^2 \cdot a)$，在青岛浪花飞溅区的腐蚀速率为 $1565g/(m^2 \cdot a)$，都大于大气腐蚀等级的 C5 标准上限 $1500g/(m^2 \cdot a)$。温度显著影响钢的腐蚀速率，青岛和三亚浪花飞溅区温度的差异使得腐蚀速率差别较大。表 1-5 为 E690 钢腐蚀速率的幂指数拟合结果，E690 钢在青岛和三亚的腐蚀速率符合幂指数规律，有着非常好的拟合结果，拟合程度均大于 0.99。三亚的系数项远大于青岛，腐蚀速率较高。E690 钢在青岛腐蚀速率的幂

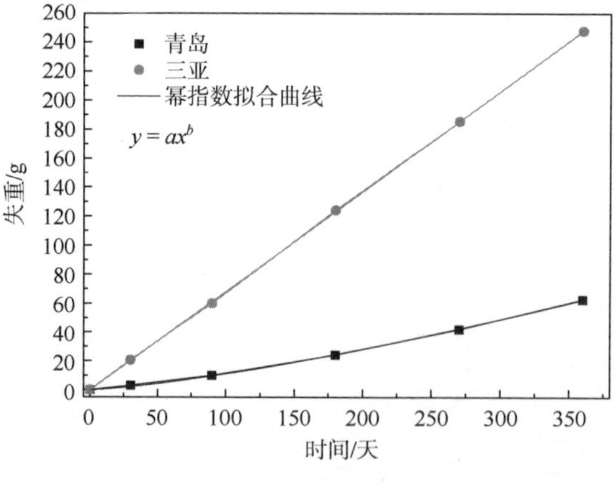

图 1-7　E690 钢在青岛和三亚浪花飞溅区腐蚀速率及幂指数拟合曲线

指数项为 1.34，在三亚为 1.01。青岛的腐蚀速率随时间延长而逐渐增加，而三亚的腐蚀速率基本呈线性增长。

表 1-5　E690 钢在青岛和三亚浪花飞溅区腐蚀速率幂指数拟合结果

地点	变量	数值	标准方差
青岛	a	0.02291	0.00434
青岛	b	1.34342	0.03306
三亚	a	0.64894	0.02936
三亚	b	1.01029	0.00798

青岛和三亚 E690 钢的腐蚀产物如图 1-8 所示。主要腐蚀产物有 α-FeOOH、γ-FeOOH、β-FeOOH、Fe_3O_4 和少量绿锈 FeOCl，青岛的腐蚀产物中还有较多的含

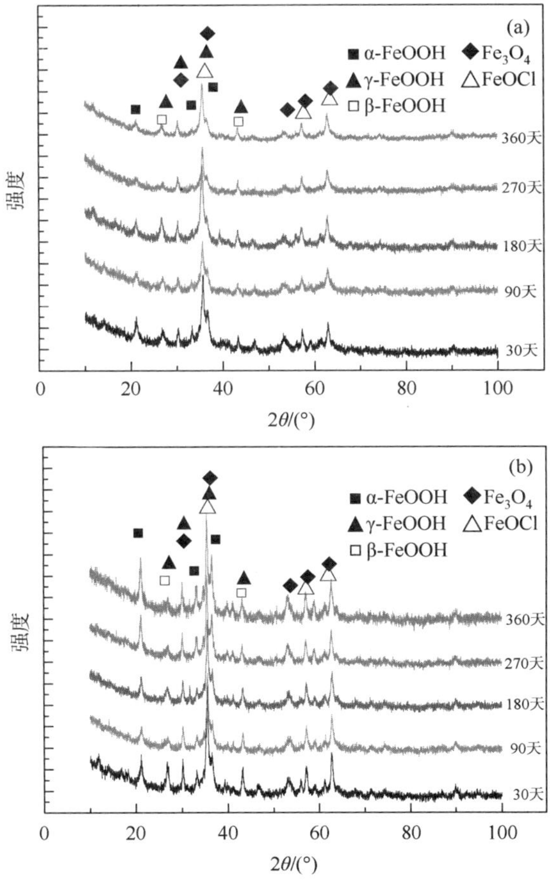

图 1-8　青岛(a)和三亚(b)样品外锈层腐蚀产物的 XRD 分析

硫化合物 $2Fe(OH)SO_4$、$Fe_{12}O_3(SO_4)_{15}$ 等。腐蚀产物中的 β-FeOOH 随着时间的延长都有所降低，β-FeOOH 会明显促进阴极反应的进行。青岛外锈层中 α-FeOOH 含量随时间增长有所降低。

对青岛和三亚的锈层不同致密部分进行了拉曼光谱测量，结果如图 1-9 所示。青岛和三亚的致密锈层中 α-FeOOH 所占的比例都较高，但是，三亚锈层疏松锈层几乎不含有 α-FeOOH，多为 β-FeOOH。

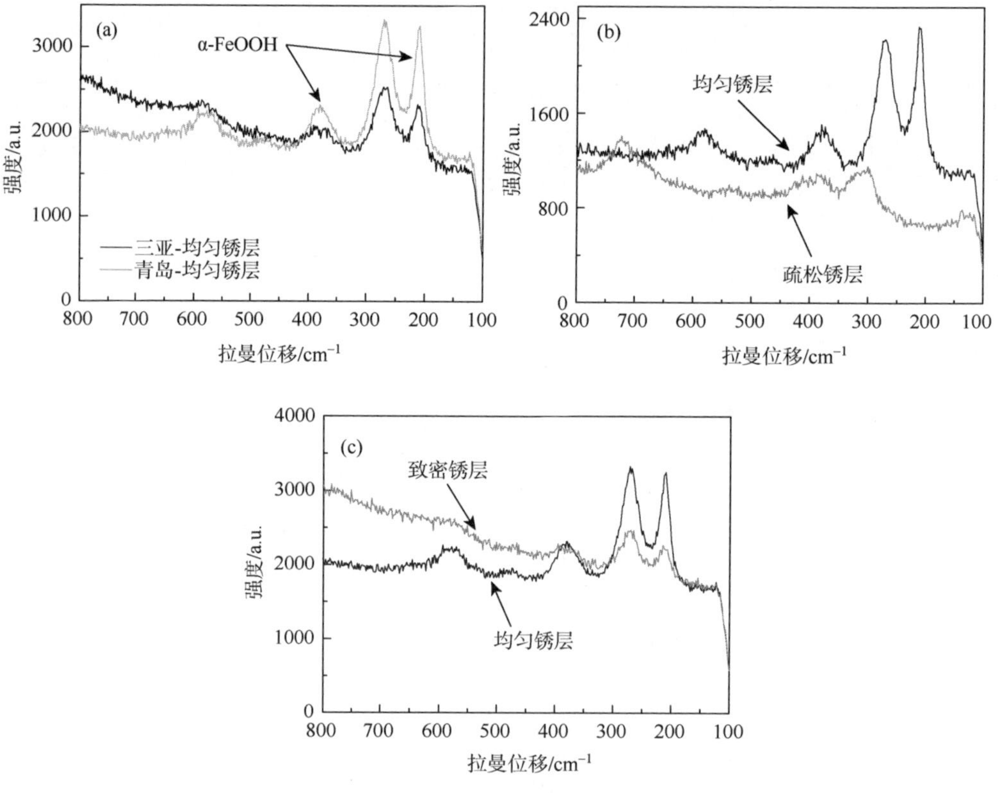

图 1-9　青岛和三亚 360 天样品内锈层不同致密部分的拉曼光谱

(a)青岛和三亚均匀锈层部分；(b)三亚均匀锈层部分和疏松锈层部分；(c)青岛均匀锈层部分和致密锈层部分

1.2.4　电化学测试

为研究锈层对 E690 钢电化学腐蚀行为的影响，在海水模拟液中对在青岛和三亚浪花飞溅区腐蚀 30 天、90 天、180 天、270 天和 360 天的 E690 钢带锈试样进行动电位极化曲线和交流阻抗测量，图 1-10 为带锈 E690 钢动电位极化测量结果。由测量结果可知，E690 钢在青岛和三亚浪花飞溅区环境的电极过程变化较大，腐蚀后的阳极电流和阴极电流均先减小后增大，270 天以后又相对稳定。这种变化规律与上述试验结果是一致的。

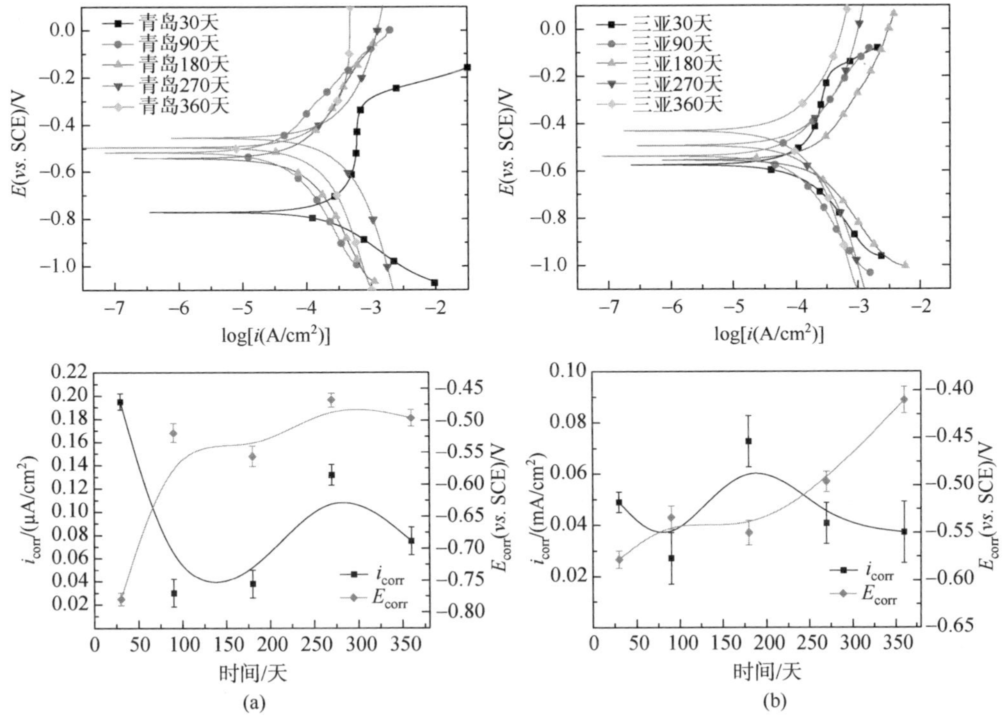

图 1-10　E690 钢在青岛和三亚飞溅区投样 30 天、90 天、180 天、270 天和 360 天带锈层在模拟海水环境下的极化曲线

(a)青岛；(b)三亚

腐蚀不同时间的 E690 钢样品在海水模拟溶液中的电化学阻抗 Bode 谱如图 1-11 所示。从图中可以看出在青岛 E690 钢样品的高频阻抗随着腐蚀的进行先增大后减小，这种现象的发生与腐蚀产物层的种类和结构有关，说明腐蚀产物层对基体的保护作用先增大后减小，结合锈层厚度不断增加进行分析，说明基体金属和溶液之间的电化学反应加剧，结合 XRD 腐蚀产物和截面元素分布以及极化曲线可以认为，随着锈层中 Fe_3O_4 含量升高，Fe_3O_4 变得多孔疏松，锈层在 Nyquist 图中表现为电阻降低，同时疏松多孔的锈层使 Cl^- 和含 S 酸根离子极易穿过锈层到达金属表面而产生富集，加速阳极溶解，造成界面电荷转移电阻降低。钢在三亚环境试验站腐蚀 30 天后的锈层电阻较大，腐蚀 90 天和 180 天后的锈层电阻显著降低，但腐蚀 180 天的界面电荷转移电阻较小，说明腐蚀 180 天后，Cl^- 容易穿过锈层到达基体表面，加速了阳极溶解。

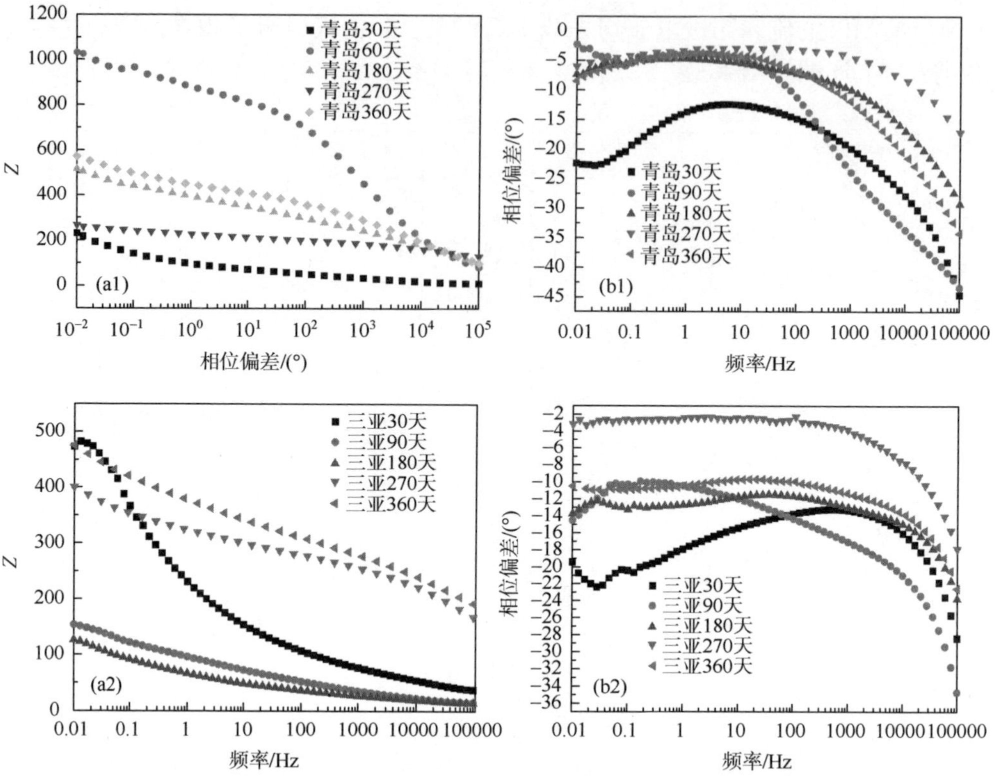

图 1-11　E690 钢在青岛三亚腐蚀后的 Bode 图

(a)阻抗曲线；(b)相位角曲线；1. 青岛；2. 三亚

青岛 30 天和三亚 30 天的样品电容抗性较高，说明锈层在该阶段有相对较少的扩散通道，随着时间延长，低频电容抗性逐渐减小，扩散通道增加。青岛和三亚 180 天的样品相位角向高频移动，说明随着锈层的剥落，腐蚀加重。高频区 100kHz(R_{100kHz})的阻抗可以近似看作锈层的电阻。从图 1-12 中可以知道，青岛样品随着时间的延长，锈层电阻逐渐增加，保持了较高的一致性。在初期锈层较薄时，较多的扩散通道导致了锈层电阻较低，随着时间的延长，锈层变厚，扩散通道保持了相对稳定的状态，锈层电阻呈线性增加。三亚样品前 180 天锈层电阻逐渐减小，可能是较为疏松的锈层并没有随着厚度的增加，阻碍了离子的扩散行为，到了 270 天后，锈层电阻增加明显，说明锈层在此时对薄液中的扩散行为产生了明显的抑制作用。

1.2.5　锈层截面特性

图 1-13 为青岛和三亚表面产生稳定锈层后的微观形貌图。从图中可以看出，

E690 钢在浪花飞溅区的锈层有较多的垂直于锈层的扩散通道和平行于金属表面的裂纹。青岛和三亚样品锈层下金属基材表面不平整，均匀腐蚀伴随着阔点蚀的腐蚀特征均出现于所有试样中。

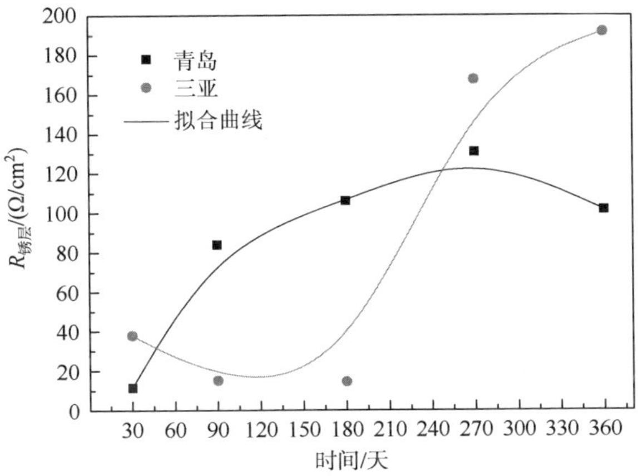

图 1-12　青岛和三亚样品的锈层电阻

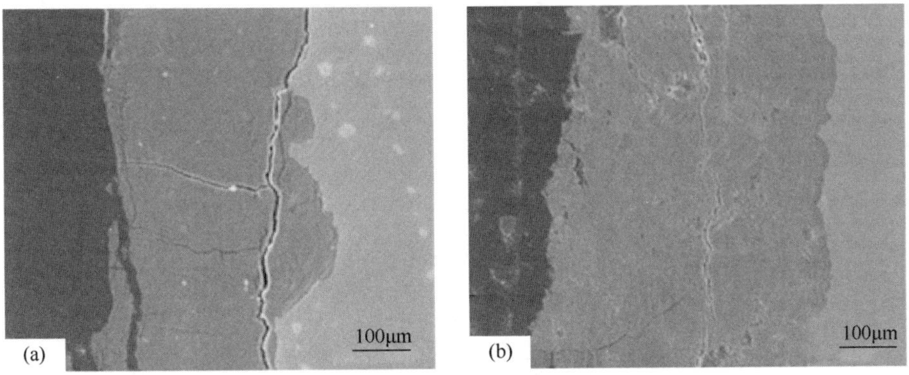

图 1-13　青岛(a)和三亚(b)浪花飞溅区锈层 180 天锈层截面 SEM 照片

E690 钢在青岛和三亚环境试验站腐蚀 180 天后的锈层截面形貌及元素的面分布结果如图 1-14 所示。从图中可以看出，E690 钢在青岛和三亚浪花飞溅区产生的锈层均疏松多孔，基体与腐蚀产物结合不紧密，O 和 Fe 元素分布在整个锈层中，Cl 元素贯穿于内外锈层，并在锈层下点蚀处富集，说明 Cl^-易侵入锈层，到达基体表面，造成了局部点蚀酸化；Cr 元素在内锈层中富集，Cr 的氧化物促进锈层致密，阻碍阳极溶解，对基体起到一定的保护作用。在青岛的锈层中可以观察到明显的坑蚀，坑蚀区域锈层疏松并发生明显的开裂，腐蚀坑内检测到 Cr 和 S 元素的富集。

Cr 和 S 元素的富集说明了大气环境中的 SO_2 促进了 α-(Fe_{1-x}, Cr_x)OOH 的形成。青岛和三亚样品内锈层沿平行于基体方向均出现较长裂纹。

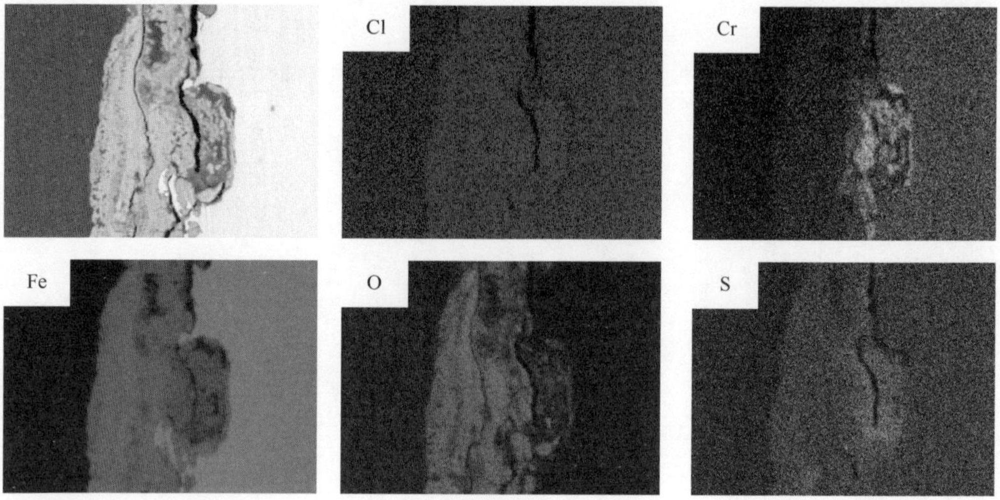

(a) 青岛180天

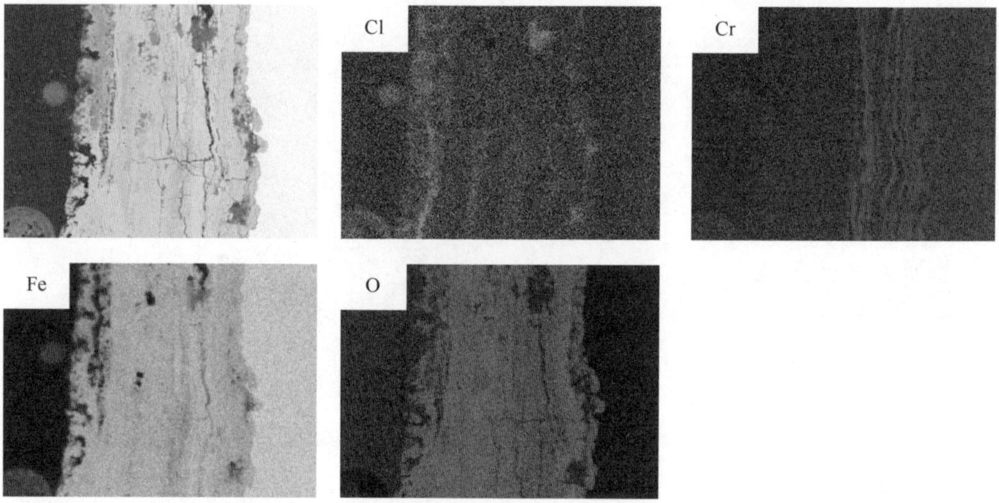

(b) 三亚180天

图 1-14　E690 钢在青岛、三亚腐蚀 180 天后锈层截面形貌及元素的面分布

(a)青岛 180 天；(b)三亚 180 天

图 1-15 是能量色散 X 射线谱(EDS)测量的锈层处离子的含量。青岛和三亚锈层致密处 S 元素和 Cl 元素呈梯度分布。在致密处锈层成分近似的情况下，靠近金属一侧 Cl^- 离子含量相对较高。青岛锈层元素分布的斜率较三亚大。

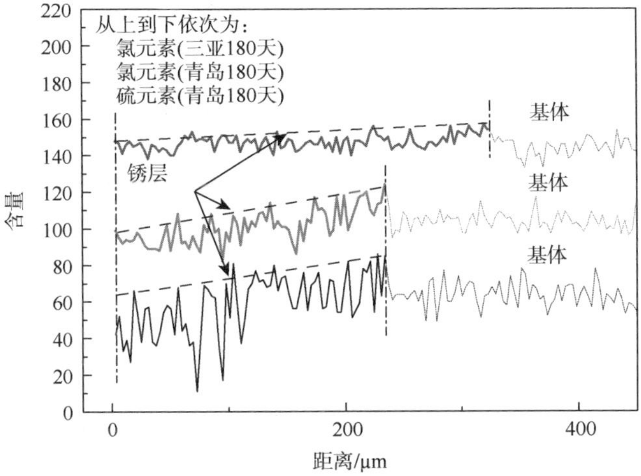

图 1-15　青岛和三亚 180 天样品锈层截面 S 元素和 Cl 元素的分布

青岛和三亚浪花飞溅区试样锈层的扫描开尔文电位(SKP)图结果如图 1-16 所示。可以看出，受 Cl^-作用和 SO_2 和 Cl^-协同作用下的锈层截面处的阴极区和阳极区差异较为明显。SKP 所测值会受针尖到样品表面距离影响。锈层和金属界面处裂纹的存在会使得针尖到表面距离增大，因此所测得的数值相应升高，而实际测量结果锈层处电位比金属的负值更低。结合图 1-15 中离子的梯度分布，进而推测出锈层发生了电极化并形成了电场，这是由于离子被有序控制在锈层中，锈层中的电偶极矩发生变化，形成束缚电荷层。局部的内建电场在浪花飞溅区锈层离子梯度分布的状况下，会对宏观电场产生影响。综合离子偏聚和 SKP 测量结果可以得出，由于离子被束缚在含 Ni 和 Cr 的锈层中，锈层内部电偶极对偏转，导致电场由外向内，对阴离子有比较高的抗拒作用。但大气薄液和海水薄液周期性的干湿作用，会克服电场的作用，将阴离子带入锈层中，带入锈层中的阴离子在阴极引起锈层极化。

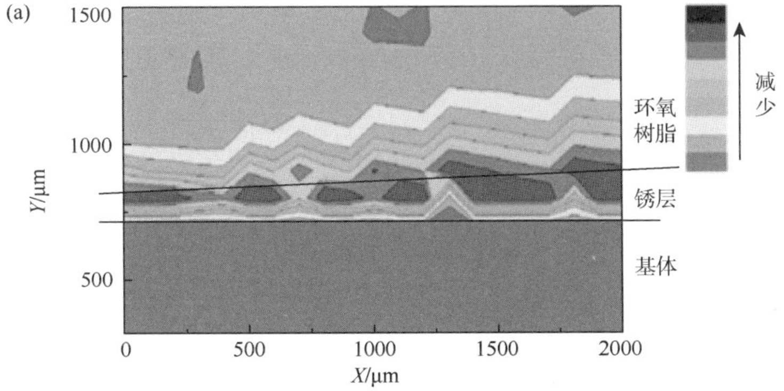

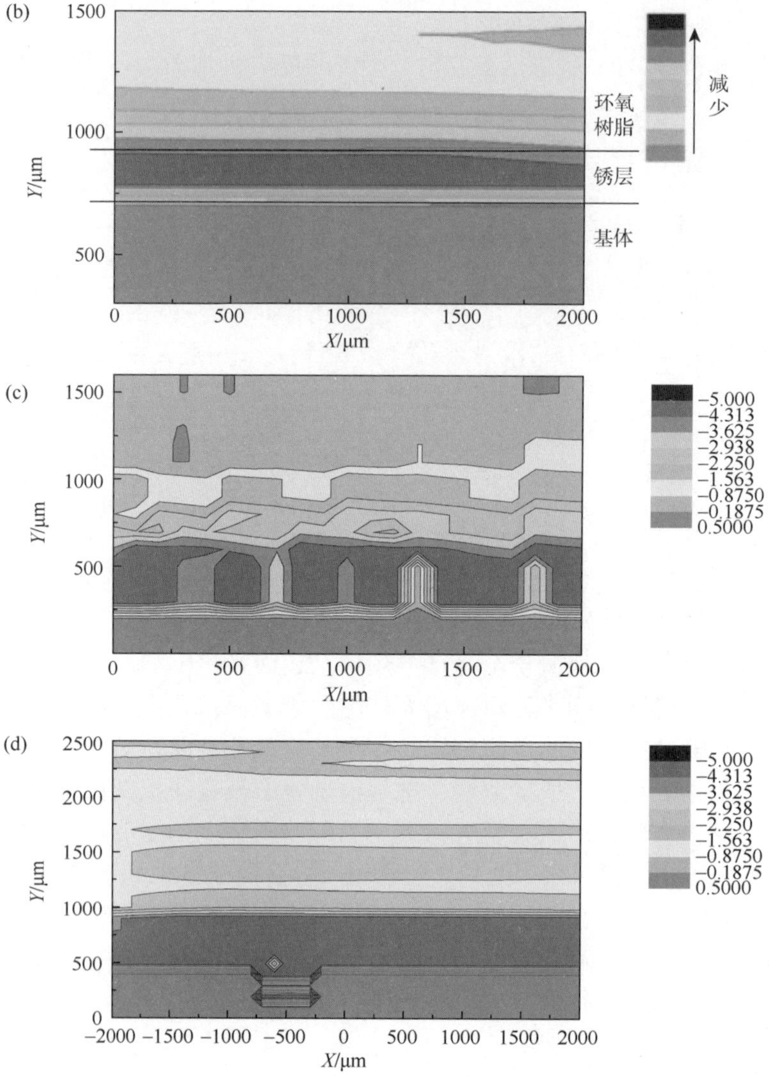

图 1-16　青岛和三亚浪花飞溅区锈层的功函数差值分布

(a)青岛 180 天；(b)三亚 180 天；(c)青岛 360 天；(d)三亚 360 天

1.3　浪花飞溅区腐蚀机理与演化规律

1.3.1　青岛和三亚浪花飞溅区腐蚀行为差异

在三亚浪花飞溅区，钢暴露于高含量的 Cl^- 中；在青岛浪花飞溅区，则暴露于 Cl^- 和污染物 SO_2 环境中。污染物 SO_2 的存在，使得青岛锈层相对致密。三亚锈层裂纹部分几乎不含有 α-FeOOH，多为 β-FeOOH，青岛蚀坑处主要的腐蚀产物为 α-FeOOH 和 β-FeOOH。钢在三亚浪花飞溅区的反应机理为

$$\gamma\text{-FeOOH} + H_2O \longrightarrow Fe^{3+} + 3OH^- \tag{1-1}$$

$$2Fe^{3+} + 6Cl^- + 2H_2O \longrightarrow 2FeOCl + 4HCl \tag{1-2}$$

$$2FeOCl + 2H_2O \longrightarrow 2\beta\text{-FeOOH} + 2HCl \tag{1-3}$$

该反应同时导致了内锈层的不断酸化，这与 SKP 在锈层靠近金属一侧测量值较负的结果是一致的。青岛浪花飞溅区除上述反应外，还同时发生如下反应：

$$4FeSO_4 + O_2 + 6H_2O \longrightarrow 4FeOOH + 4H_2SO_4 \tag{1-4}$$

$$2H_2SO_4 + 2Fe + O_2 \longrightarrow 2FeSO_4 + 2H_2O \tag{1-5}$$

SO_2 的存在使得锈层中有较多的 α-(Fe_{1-x}, Cr_x)OOH，α-(Fe_{1-x}, Cr_x)OOH 将阴离子固定在锈层中。同时 Cr 还占据了蚀坑，替代了 β-FeOOH 中的铁，导致晶体结构发生变形，增加了同 Cl^-的结合程度。金属在青岛浪花飞溅区腐蚀后，Cr 富集在蚀坑处，在蚀坑位置产生较多的 β-FeOOH，其他部位主要为 α-(Fe_{1-x}, Cr_x)OOH，产生了不同的阴离子的偏聚，导致电场不均匀。β-FeOOH 的富集处会通过改变阴极反应引起锈层内的局部酸化。在浪花飞溅区锈层内的裂缝处，Cr 在离子的选择通过性(t_{Cl^-})上有着很明显的作用，如图 1-17 所示。

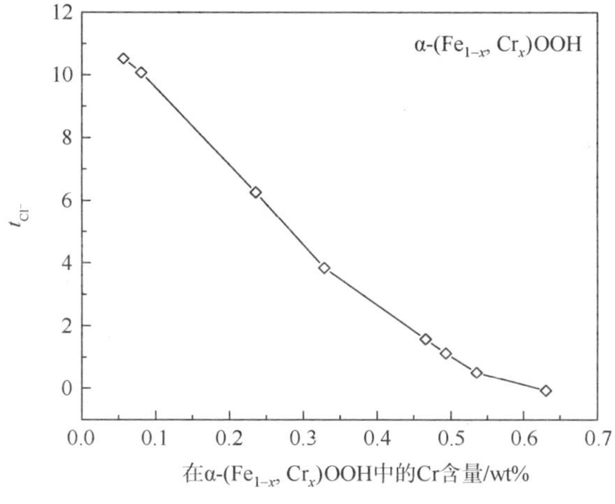

图 1-17 Cr 元素对 α-(Fe_{1-x}, Cr_x)OOH 离子选择通过性的影响[1]

在青岛含 SO_2 环境的浪花飞溅区，不均匀分布的 Cr 严重影响了离子的选择通过性。三亚环境的锈层有较为均匀的离子选择通过性，可以抑制大气薄液环境时阴离子的进入，一定程度上提高了锈层在浪花飞溅区的耐蚀性能。

1.3.2　浪花飞溅区锈层下的离子扩散行为

SKP、EDS 测量结果都显示出了阴离子在锈层下的浓聚行为。该行为不仅导致锈层产生了大量裂纹，同时还使得锈层的电位有所下降。锈层呈现的 n 型半导体性质提供了很稳定的阳离子选择通过性能。180 天以后，样品的锈层变得很厚，但同时也出现了扩散通道和裂纹。

综上所述，通过理论建模分析，E690 钢在浪花飞溅区产生的锈层的离子扩散过程见图 1-18。E690 钢在浪花飞溅区形成的锈层中含有较多的 α-$(Fe_{1-x}, Cr_x)OOH$ 和 β-FeOOH，α-$(Fe_{1-x}, Cr_x)OOH$ 和 β-FeOOH 与 Cl^-的结合能力有所差异，但都会呈现明显的阳离子选择通过性质，阻碍阴离子进入锈层。周期性蒸发的海水浪花薄液会发生干湿交替行为，产生离子浓聚作用力，此时离子浓聚的作用力克服了低合金钢锈层的阳离子选择通过性，从而使离子进入锈层。随后阴离子被阳离子选择通过性限制在锈层内部。此过程严重影响了钢在浪花飞溅区锈层的状态。

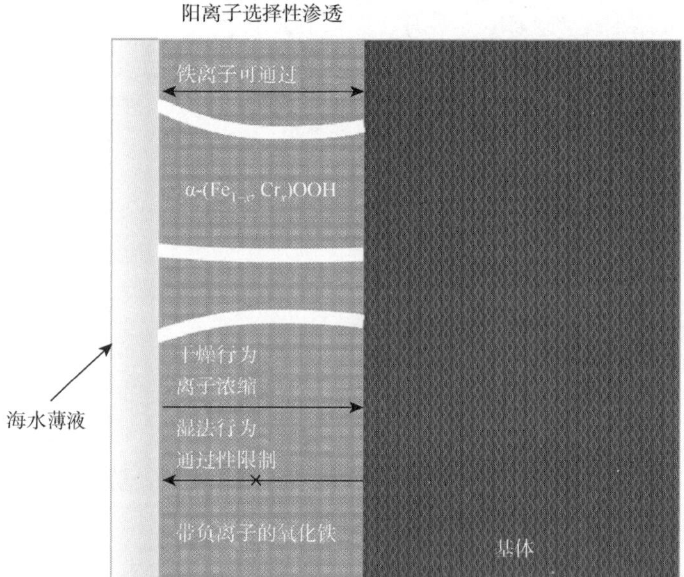

图 1-18　E690 钢在浪花飞溅区锈层的离子扩散原理

当海水再次浸润金属表面时，阳离子可以顺利通过锈层，而阴离子则被锈层的阳离子选择通过性限制在锈层内部。海水薄液的不断干湿交替，使得锈层内部阴离子和阳离子浓度不断升高。当海水薄液或较厚的大气薄液再次形成于金属和锈层表面时，高浓度的阳离子向外扩散，高浓度的阴离子却被束缚在锈层内部。

此时，阴阳离子的正负中心在锈层中发生宏观上的偏转，锈层产生电场，电场方向由锈层外部向锈层内部，体现在 SKP 测量结果锈层靠近金属一端电位较负。在含 SO_2 的环境中，部分锈层内部区域会发生 Cr 元素的富集，导致了内层电场分布的不均匀，在无 SO_2 的环境，锈层电场较为均匀。

1.4　本章小结

采用实海浪花飞溅区环境试验，通过腐蚀形貌观察、电化学测试腐蚀产物成分、锈层截面元素分布分析、扫描开尔文探针分析、扫描电镜等试验方法，研究了低合金钢在实海浪花飞溅区的腐蚀行为，结果表明：

(1) E690 钢在三亚浪花飞溅区的腐蚀速率远大于在青岛浪花飞溅区的腐蚀速率，但三亚的腐蚀速率较为稳定，二者均符合幂指数动力学规律，三亚浪花飞溅区幂指数系数为 1.01，青岛浪花飞溅区幂指数系数为 1.34。

(2) 锈层在浪花飞溅区发生严重的阴离子富集，使得锈层具有阳离子选择通过性，由于干湿交替作用，克服阳离子选择通过性将阴离子带入锈层，但同时难以扩散出来，所以阴离子富集呈现梯度分布，锈层内正负电荷中心偏移导致了电场的存在。

(3) 工业污染实海环境浪花飞溅区锈层下 Cr 元素会在蚀坑中富集，不均匀分布的 β-FeOOH 和致密部分的 $\alpha\text{-}(Fe_{1-x}, Cr_x)OOH$ 中 Cr 的均匀分布引起了离子选择性和电场的不均匀性，而在三亚环境具有均匀的离子选择通过性和较为均匀的电场。

参 考 文 献

[1] Miyuki H，Yamashita M，Fujiwara M，et al. Ion selective properties of rust membranes and protective effect of stable rust layer formed on weathering steel[J]. Zairyo-to-Kankyo，1998，47(3)：186-192.

第 2 章　E690 钢在实海浪花飞溅区的腐蚀锈层特性分析

在材料腐蚀过程中，腐蚀锈层显著影响电解质的传输过程，从而主导了扩散作用控制过程中钢锈层下的微环境，这种微环境直接与金属基体作用，影响金属的腐蚀行为与进程。在浪花飞溅区，金属表面锈层的保护作用同海洋大气环境中相比有明显的下降，其主要原因为氧和电解质的扩散作用、腐蚀产物的特性以及各种离子在腐蚀产物中的扩散特性，对腐蚀过程的演化至关重要。

第 1 章发现了低合金钢在工业环境和非工业环境的浪花飞溅区腐蚀行为及锈层对离子扩散作用的差别，该差别直接导致金属腐蚀速率的不同。因此，需要对两种环境锈层作用下的扩散作用进行具体分析，研究表明，海洋大气环境下锈层的性质对金属的耐腐蚀性能十分重要，锈层中的缝隙越小，薄液的蒸气压越大，导致 Cl^-在高温高湿的金属表面越容易渗透进锈层从而富集。同时，各种离子在锈层中的扩散与聚集对腐蚀进程的影响也是直接的，由于腐蚀锈层内通道狭窄，离子扩散一定具有选择性，离子的选择通过性对金属腐蚀性能有着非常重要的影响。研究表明，阴离子的选择性按照以下顺序逐渐增加：$Fe_3O_4 < \alpha\text{-}Fe_2O_3 < \alpha\text{-}FeOOH < \gamma\text{-}FeOOH < \beta\text{-}FeOOH$，阳离子选择通过性是与带负电的酸根离子的聚集而产生的电场密切相关的。因此，锈层的离子选择通过性对金属的耐蚀作用有着非常重要的影响，E690 低合金钢在不同浪花飞溅区环境锈层的离子选择通过性需要得到澄清与表征。

本章在第 1 章的基础上，对 E690 钢在浪花飞溅区产生的锈层的离子扩散作用及影响进行了系统研究，试图澄清与表征 E690 钢在浪花飞溅区锈层的离子选择通过性，从而更深入地探讨浪花飞溅的环境因素对 E690 钢腐蚀行为的影响机理与规律。

2.1　实海腐蚀锈层的室内试验方法

浪花飞溅区的实海投样样品回收后，通过截面形貌观察，均发现了锈层内有离子富集的裂纹，如图 2-1 所示。本试验对锈层剥离后进行测量。锈层脱水时，会发生如下转变：

$$8FeOOH + Fe^{2+} + 2e^- \longrightarrow 3Fe_3O_4 + 4H_2O \tag{2-1}$$

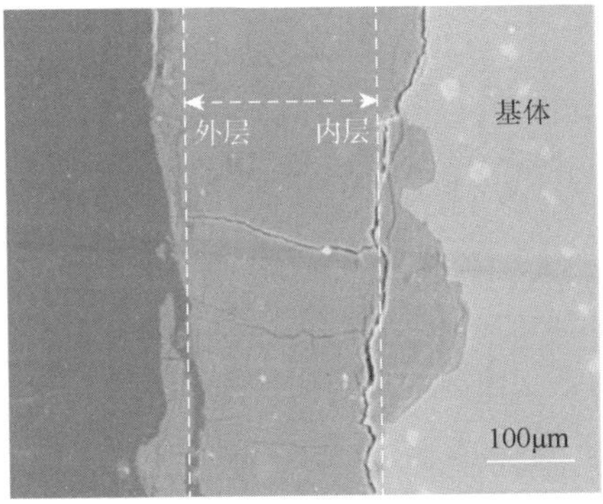

图 2-1　锈层剥离原理示意图

脱水过程中锈层体积会减小，从无定形态转向结晶态，优先在原有裂纹上开裂。实海回收的浪花飞溅区样品用纸制试样袋包装，放入干燥皿中干燥 4 周后，将外锈层同金属基材相剥离。浪花飞溅区锈层中有较大裂纹，裂纹处经过脱水以后会显著降低锈层和基体的结合力。剥离锈层的内部特征为锈层下的内部微环境。

锈层内 Cl 元素和 S 元素含量的计算方法如下。

样品取回后表面无明显湿印时对总质量进行称量，记作 m_0，剥离锈层后总质量记作 m_1，剥离的锈层质量记作 m_r。因此在干燥皿中脱水的质量：

$$m_d = m_0 - m_1 - m_r \tag{2-2}$$

由于外锈层厚度远大于内锈层厚度，因此脱水结晶过程主要发生在外锈层。通过 EDS 测得的 Cl、S 元素质量分数分别记作 c_{sCl} 和 c_{sS}。未脱水前样品表面 Cl 和 S 的质量分数为

$$c_{0Cl} = c_{sCl}\frac{m_r}{m_0 - m_1} \tag{2-3}$$

$$c_{0S} = c_{sS}\frac{m_r}{m_0 - m_1} \tag{2-4}$$

由于实际测试时 m_r 接近于 $m_0 - m_1$，因此计算只作为含量数值上的修正。

对锈层离子选择通过性进行测量，测量装置如图 2-2 所示，装置两侧分别为 0.01mol/L 和 0.1mol/L 的 NaCl 溶液，将两个铂片插入两侧溶液中，分别连接电化学工作站的参比电极和工作电极，用于测量两侧的电位差随时间的变化。配制的溶液经过超声波振动，使得 NaCl 充分溶解，除氧后备用。装置首先进行连接，然后两侧加入去离子水浸泡 2h。随后将电极放入并连接，将溶液倒入两侧 10s 后开始测量。

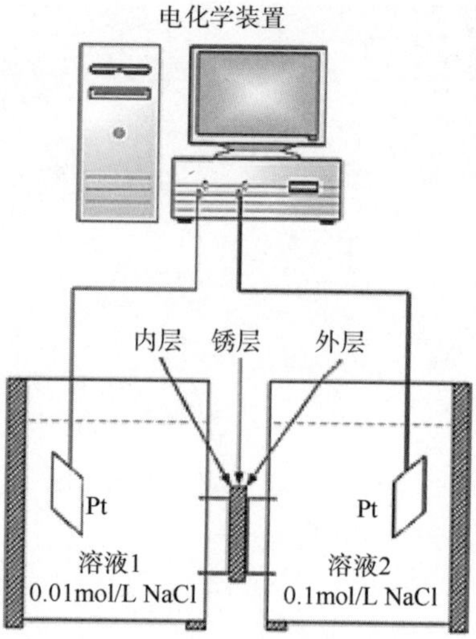

图 2-2 离子选择通过性测试装置

装置所构成的浓差电池为

$$\mathrm{Pt(s)}\big|\mathrm{NaCl}(c_1)\big|\mathrm{NaCl}(c_2)\,|\,\mathrm{Pt(s)} \tag{2-5}$$

两侧电位差为

$$\varPsi = \frac{RT}{F}\ln\left[\frac{(a_{\mathrm{Na^+}})_2}{(a_{\mathrm{Na^+}})_1}\right]^{T^+} - \frac{RT}{F}\ln\left[\frac{(a_{\mathrm{Cl^-}})_2}{(a_{\mathrm{Cl^-}})_1}\right]^{T^-} \tag{2-6}$$

其中，R 为摩尔气体常量，$R = 8.314\mathrm{J/(mol\cdot K)}$；$T$ 为绝对温度；F 为法拉第常量，$F = 96485\mathrm{C/mol}$；$a_{\mathrm{Na^+}}$ 和 $a_{\mathrm{Cl^-}}$ 分别为溶液中钠离子和 Cl^-的活度；T^+ 和 T^-分别为阳离子 Na^+和阴离子 Cl^-在锈层中的传输数量数。因此装置中两侧电位差可以写作

$$\varPsi = \frac{RT}{F}(T^+ - T^-)\ln\left(\frac{c_2}{c_1}\right) \tag{2-7}$$

其中，c_2 为溶液 2 的浓度；c_1 为溶液 1 的浓度。由于两侧中溶液离子浓度较低，所以当锈层中完全的离子选择性通过膜时，上式可以写成

$$\varPsi = \frac{RT}{F}\ln\left(\frac{c_2}{c_1}\right)^{2T^+-1} \tag{2-8}$$

2.2 锈层特性的试验结果

2.2.1 剥离的外锈层形貌

实海样品剥离掉的锈层截面图和内外侧形貌如图 2-3 所示。

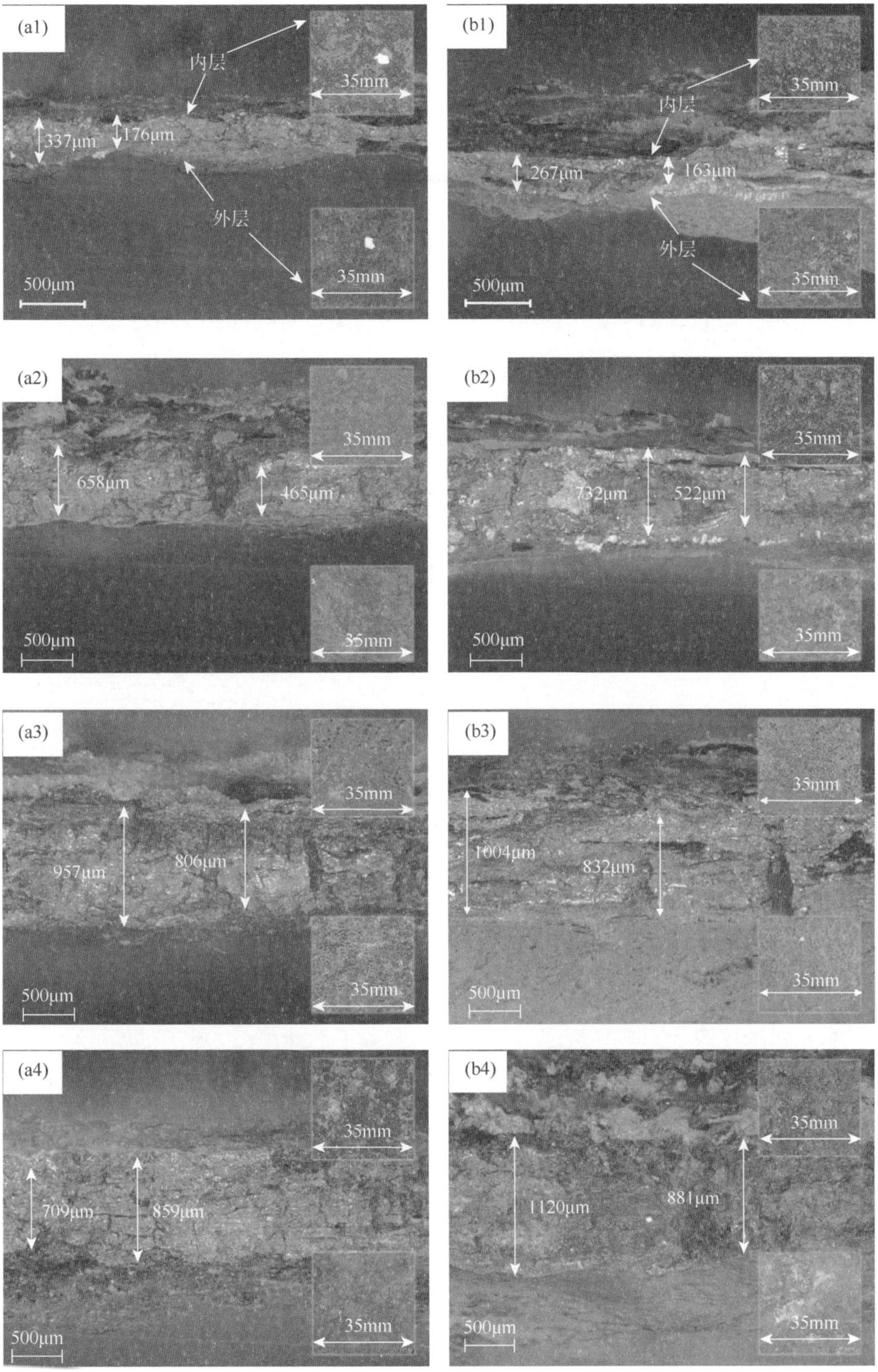
(a1)
内层
35mm
337μm
176μm
外层
35mm
500μm
(b1)
35mm
内层
267μm
163μm
外层
35mm
500μm
(a2)
35mm
658μm
465μm
35mm
500μm
(b2)
35mm
732μm
522μm
35mm
500μm
(a3)
35mm
957μm
806μm
35mm
500μm
(b3)
35mm
1004μm
832μm
35mm
500μm
(a4)
35mm
709μm
859μm
35mm
500μm
(b4)
35mm
1120μm
881μm
35mm
500μm

图 2-3　剥离锈层截面和内外侧形貌

(a1)青岛 30 天，(a2)青岛 90 天，(a3)青岛 180 天，(a4)青岛 270 天，(a5)青岛 360 天；(b1)三亚 30 天，(b2)三亚 90 天，(b3)三亚 180 天，(b4)三亚 270 天，(b5)三亚 360 天。每个图右上角为内侧形貌，右下角为外侧形貌

青岛 90 天以后和三亚 180 天以前 E690 钢样品的锈层都比较好剥离，在剥离下的样品内部能看到颜色较浅的阳极区。三亚 180 天以后样品锈层较厚，铁氧化物的水合物同基材结合性能较好，也比较难脱水，较难剥离。随着锈层的增厚，锈层下颜色较浅的阳极区和颜色较深的阴极区较为明显。从截面形貌可以看出，锈层中有明显的致密部分，而剥离掉的锈层外部分为较为疏松的氧化物，内部则较为致密。从剥离下的锈层厚度来看，在前 180 天，样品的外锈层厚度逐渐增加，到 270 天时外锈层的厚度有所稳定。与此同时，金属的失重速率仍然在不断增加，这也说明在浪花飞溅区 E690 钢的锈层会发生比较严重的脱落。青岛 30 天、90 天和三亚 30 天的样品锈层厚度较小，锈层内外侧部分的差异不大。随着锈层厚度的增加，锈层内外颜色差异越发明显。外锈层内部颜色较深，较为致密。锈层内部较为致密的部分使得外侧锈层能够保持较大的厚度。

2.2.2　锈层内侧形貌和内外侧元素分布

图 2-4 是青岛样品在浪花飞溅区产生的锈层的内侧形貌。该部分形貌直接受锈层下局部微环境的影响。可以看出，青岛剥离下的 30 天、90 天的锈层内侧形貌都较为致密。随着时间的延长，锈层表面开始变得不均匀，并出现空隙。这说明随着时间的延长，E690 钢锈层内部微环境逐渐恶劣，加重了 E690 低合金钢的腐蚀。图 2-5 是三亚样品剥离的锈层的内侧形貌。可以看出，随着时间的延长，在青岛和三亚浪花飞溅区，E690 钢产生的锈层都没有对金属基材形成较好的保护。

图 2-6 是青岛和三亚剥离下的锈层内外侧元素的分布情况，可以看出，E690 钢在青岛和三亚浪花飞溅区产生的锈层外侧都有明显的阳离子富集，但内侧阳离子富集较低。青岛锈层内侧 Cl 元素和 S 元素所占的比例较高。这说明钢在浪花飞溅区形成的锈层内部阴离子容易产生富集，外部阳离子容易产生富集。

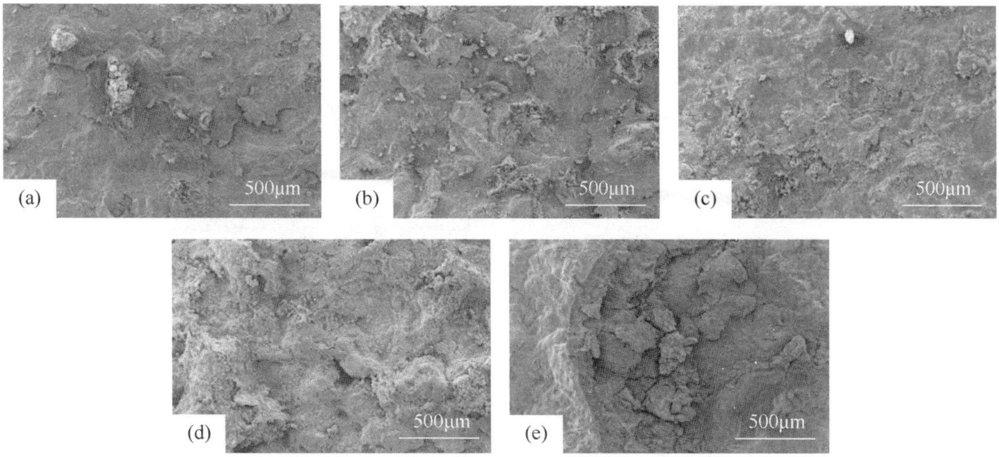

图 2-4　青岛样品剥离下锈层内侧形貌

(a)30 天；(b)90 天；(c)180 天；(d)270 天；(e)360 天

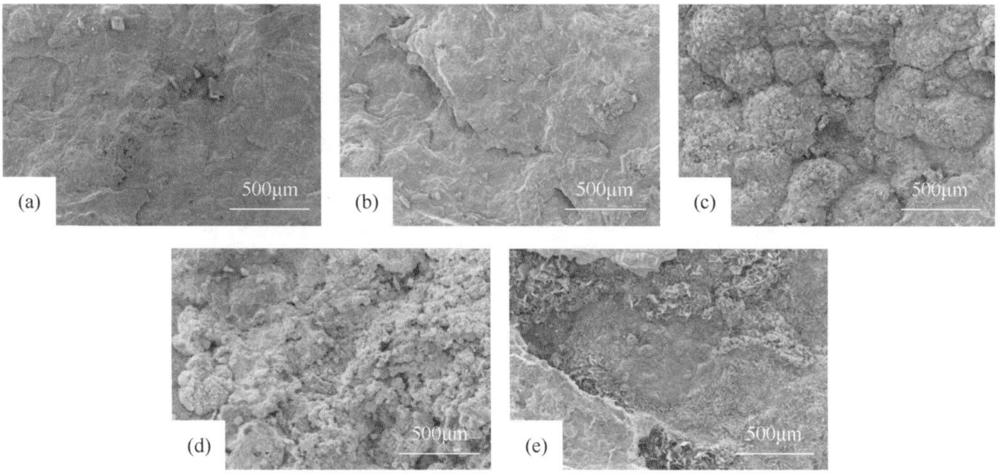

图 2-5　三亚样品剥离下锈层内侧形貌

(a)30 天；(b)90 天；(c)180 天；(d)270 天；(e)360 天

图 2-7 显示了剥离下的锈层内部 Cl 元素和 S 元素含量随时间的变化。可以看出，随着锈层厚度的增加，Cl 和 S 元素在内锈层中浓聚情况明显加剧。青岛锈层内侧 S 元素的含量随着锈层的增厚有明显的上升，Cl 元素的含量变化不大。在三亚浪花飞溅区锈层内侧，Cl 元素所占的比例明显上升。这说明在锈层内阴离子存在竞争机理。含 S 阴离子数量的增加降低了 Cl^-的富集。270 天以后 Cl^-含量达到较高水平。结合之前的分析，三亚锈层 270 天的锈层电阻明显增加，说明在锈层

致密化的过程中，锈层的阳离子选择通过性对阴离子的控制能力增加，进而导致了锈层内部 Cl 元素的急剧上升。

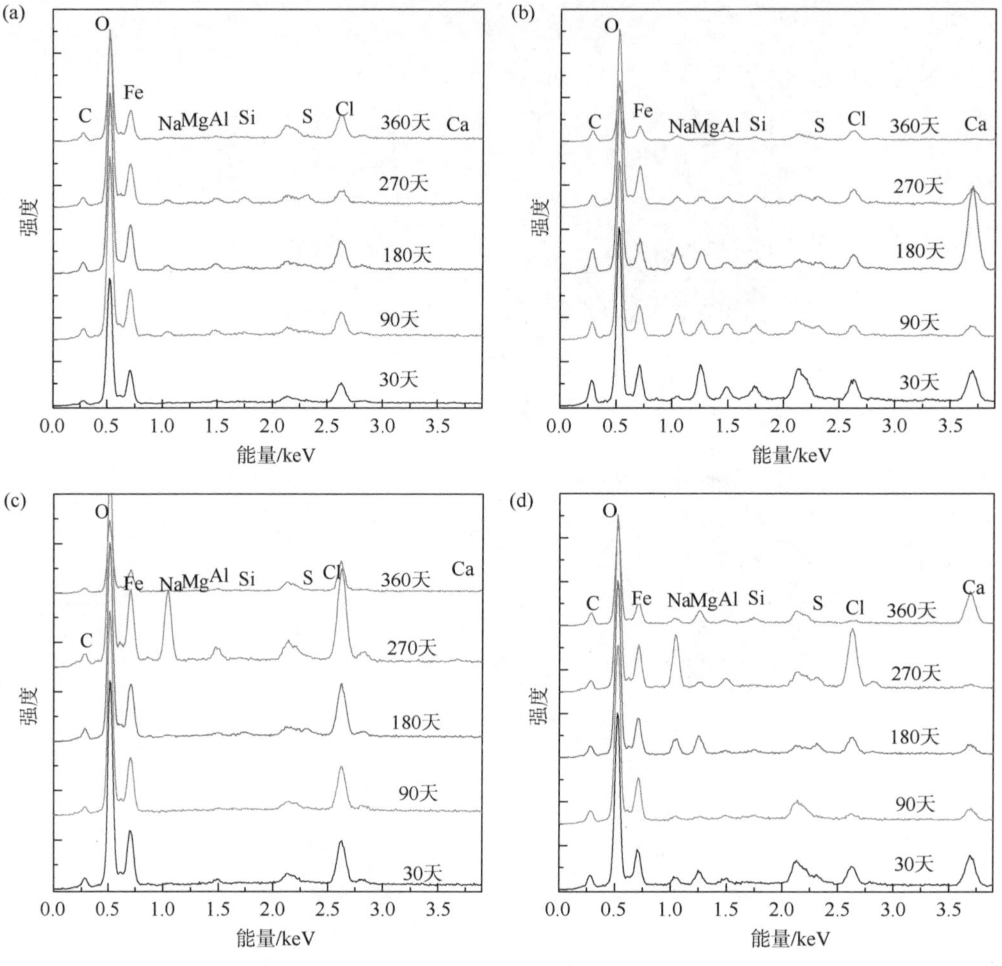

图 2-6　剥离下的锈层内外侧元素含量 EDS 测量结果

(a)青岛锈层内；(b)青岛锈层外；(c)三亚锈层内；(d)三亚锈层外

在含工业污染物 SO_2 的海洋大气环境中，含 S 阴离子的竞争力明显大于 Cl^- 离子。结合锈层下元素富集状态的分析，造成该结果的原因是硫酸的再生机理在锈层较厚时成为主导，阻碍了一部分 Cl 元素含量的升高，导致了青岛锈层内部的局部酸化元素富集和阔点蚀的发生。这也证明了青岛样品锈层截面不均匀电场出现的原因，即 SO_4^{2-} 的富集改变了元素分布，从而改变了锈层离子选择通过性的均匀性。

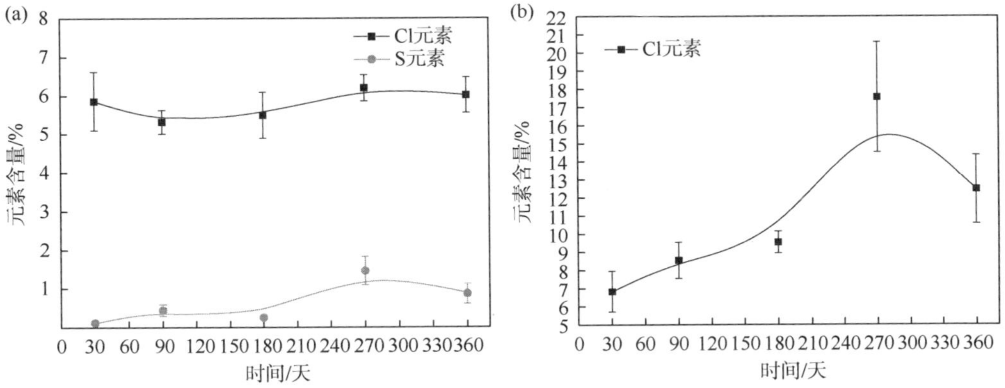

图 2-7　锈层内侧 Cl 和 S 元素的含量随时间的变化

(a)青岛锈层内；(b)三亚锈层内

2.2.3　点蚀坑内局部酸化行为

根据 Galvele 模型进行计算。点蚀的形貌(x, i)[1-3]和点蚀处的局部微环境热力学相关，并处于一个较为稳定的体系。在点蚀处的金属处于反应平衡时，金属此处的溶解为

$$Me \longrightarrow Me^{n+} + ne^- \tag{2-9}$$

金属溶解的同时发生水解作用。

Newman 写作

$$Me^{n+} + H_2O = MeOH^{(n-1)+} + H^+ \tag{2-10}$$

$$2Me^{n+} + H_2O + OH^- = 2MeOH^{(n-1)+} + H^+ \tag{2-11}$$

Frankel 写作

$$Me^{2+} + H_2O \longrightarrow Me(OH)^+ + H^+$$

$$Me(OH)^+ + H_2O \longrightarrow Me(OH)_2 + H^+ \tag{2-12}$$

在金属点蚀达到暂态的稳定过程，金属表层 pH 受氧化物或氢氧化物的影响，在此处，活化态金属也看作暂态稳定。由此计算点蚀内部的 pH。

点蚀坑深度 x 数值取剥离锈层的平均厚度和除锈后 3D 形貌点蚀坑深度的最大值，腐蚀电流密度 i 取带锈层测得的电流密度，计算点蚀坑内部的 pH。计算过程以外部环境为 $Fe(OH)_2$ 的电离平衡为例。根据 Galvele 模型[1]：

$$\frac{n \cdot F \cdot D_1}{{}^*K_1} c_4 \cdot c_5 + n \cdot F \cdot D_4 \cdot c_4 = x \cdot i + k \tag{2-13}$$

$$D_5 \cdot c_5 - D_3 \cdot K_w \frac{1}{c_5} - D_4 \cdot c_4 = k' \tag{2-14}$$

其中，c_j为j物质的浓度，单位为mol/L；D_j为j物质的扩散系数，单位为cm^2/s；$j = 1, 2, 3, 4, 5$，依次对应式(2-11)的五种物质。$D_1 = 10^{-5}cm^2/s$，$D_2 = 10^{-5}cm^2/s$，$D_3 = 5.3\times10^{-5}cm^2/s$，$D_4 = 10^{-5}cm^2/s$，$D_5 = 9.3\times10^{-5}cm^2/s$；$^*K_1$为$Fe^{2+}$的水解参数，$^*K_1 = 10^{-7}mol/L$；$K_w$为水的离子积常数，$K_w = 10^{-14}(mol/L)^2$。

取边界条件，设锈层最外层表面Fe^{2+}饱和，达到水解平衡，$K_s = 10^{15.1}(mol/L)^2$，则根据电离反应

$$Fe(OH)_2 \Longleftrightarrow Fe^{2+} + 2OH^- \tag{2-15}$$

解之得，$c(OH^-) = 1.167\times10^{-5}mol/L$，$c(H^+) = 8.57\times10^{-10}mol/L$。

$x = 0$时，$c_1 = 0mol/L$，$c_3 = 1.167\times10^{-5}mol/L$，$c_4 = 0mol/L$，$c_5 = 8.57\times10^{-10}mol/L$。$x$不为0时，$c_3 = 10^{pH-14}$，$c_5 = 10^{-pH}$。解之得

$$x\cdot i = (9\times10^{-pH} - 5.3\times10^{pH-14} + 6.183\times10^{-5})\times(1.9297\times10^{7-pH} + 1.9297) \tag{2-16}$$

由结果得pH与$x\cdot i$的关系，见图2-8。

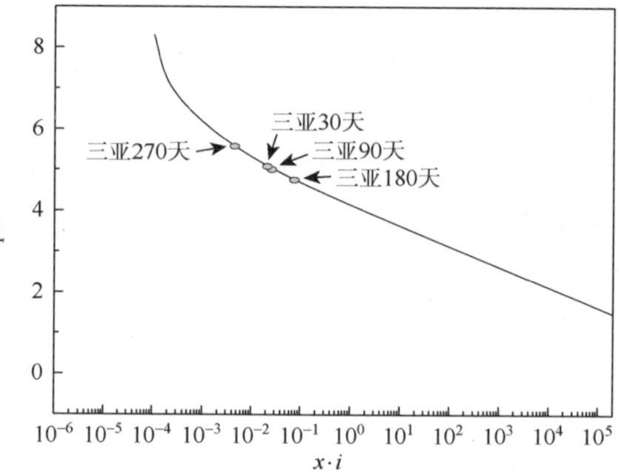

图2-8　根据Galvele模型计算的$x\cdot i$和蚀坑内pH的关系

表2-1中，pH计算结果1为大气薄液环境下金属表面润湿，以$Fe(OH)_2$的电离平衡为主要因素；结果2为锈层表面为中性pH环境。

表2-1　点蚀坑内部酸化计算结果

暴露地点和时间	剥离锈层平均深度/μm	点蚀深度/μm	腐蚀电流密度/(A/cm²)	点蚀深度/μm	$x\cdot i$	pH计算结果1	pH计算结果2
三亚 30 天	316	205.3	0.000049	521.3	2.55×10^{-2}	5.1	3.85
三亚 90 天	627	315	0.000027	942	2.54×10^{-2}	5.1	3.85
三亚 180 天	918	488.8	0.000073	1406.8	1.03×10^{-1}	4.7	3.30

续表

暴露地点和时间	剥离锈层平均深度/μm	点蚀深度/μm	腐蚀电流密度/(A/cm^2)	点蚀深度/μm	$x \cdot i$	pH 计算结果 1	pH 计算结果 2
三亚 270 天	968.25	821.8	0.000041	1790.1	7.34×10^{-2}	5.4	3.44
青岛 30 天	208	72.3	0.000195	280.3	5.47×10^{-2}		3.55
青岛 90 天	561.5	119.2	0.00003	680.7	2.04×10^{-2}		3.93
青岛 180 天	881.5	539	0.000038	1420.5	5.40×10^{-2}		3.56
青岛 270 天	794.25	638	0.000132	1432.3	1.89×10^{-1}		3.04

计算结果 1 和计算结果 2 都是最保守的 pH 计算结果。实际情况以环境提供的最外层薄液的环境性质作边界条件为准。结果 1 和结果 2 都是中性或碱性的环境。在实际环境青岛浪花飞溅区含 SO_2 的环境中，大气薄液和海水薄液受到 SO_2 影响，边界条件中 pH 会降低，因此含 SO_2 的环境 pH 结果应小于计算所得的数值。

由计算结果可知，在中性薄液环境下，青岛和三亚浪花飞溅区的点蚀坑底部 pH 都达到了 3～4，实际情况会更低。点蚀坑内部 pH 降低同锈层的厚度及腐蚀电流密度密切相关。随着时间的延长，点蚀坑内部的 pH 会越来越低。因此，E690 钢在青岛和三亚的腐蚀过程，不仅发生了严重的阴离子富集，而且存在严重的酸化行为。

2.2.4　离子选择通过性测量结果

离子选择通过性测量结果如图 2-9 所示。

图 2-9 是通过测量锈层两侧的电位差变化衡量锈层两侧 NaCl 溶液的扩散程度。两侧电位差主要由两部分构成，一部分是锈层内部的电位差，另一部分是离子在锈层中扩散产生的电位差。青岛锈层两侧的电位差逐渐减小，两侧不同浓度

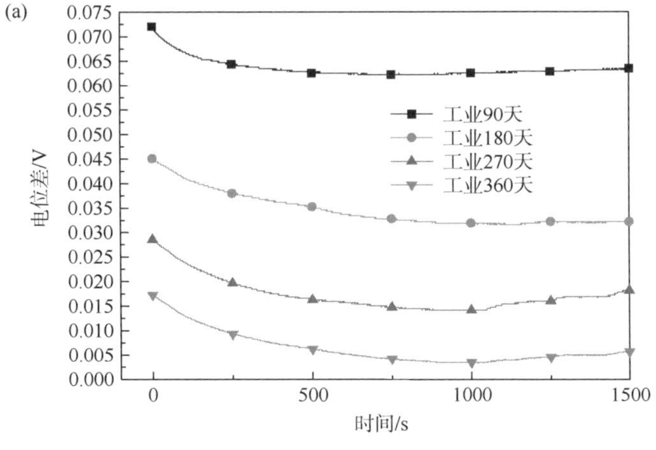

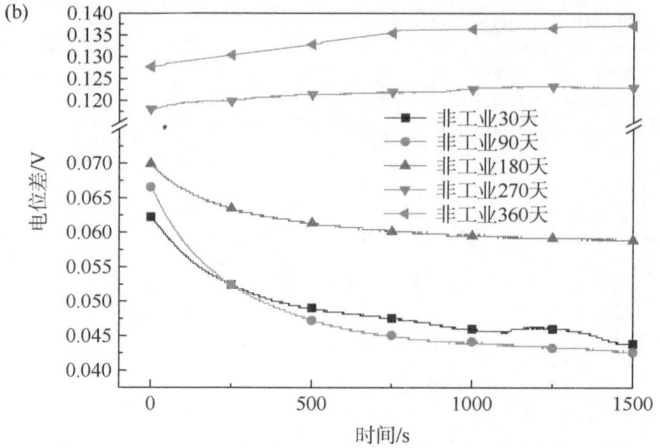

图 2-9　离子选择通过性测量结果

(a)青岛；(b)三亚

的 Na^+和 Cl^-可以在锈层中扩散。随着时间的延长，三亚锈层中的扩散作用逐渐减弱，锈层厚度的增加使得扩散变得困难。在 270 天以后，两侧电位差甚至逐渐增大，说明在锈层两侧不同浓度的 Na^+和 Cl^-没有在锈层中扩散，同时两侧已经形成新的电层分布，从而导致电位差逐渐增加；青岛锈层两侧电位差的变化幅度逐渐减小，说明锈层抑制扩散的能力逐渐减弱。

通过前面研究发现，锈层中发生了离子的偏聚，锈层内存在电偶对发生偏转产生的电场，定义锈层内外电位差($\varPsi_R$)

$$\varPsi_R = \varPsi_{outer} - \varPsi_{inner} \tag{2-17}$$

其中。$\varPsi_{outer}$为锈层外侧的电位；$\varPsi_{inner}$为锈层内侧电位。由于两侧离子浓度较低，$\varPsi_R$受其影响较小，近似看作常量。总电位差为

$$\varPsi_{total} = \frac{RT}{F}\ln\left[\frac{c_2}{c_1}\right] + \varPsi_R \tag{2-18}$$

锈层自身的电位和形貌共同影响了锈层的离子选择通过性，这里的参数用于表征在电位和形貌共同作用下对离子选择通过性能的影响。从电位随时间的变化的图像来看，将函数以指数形式进行拟合。

$$\varPsi = \varPsi_0 + A \cdot e^{Bt} \tag{2-19}$$

拟合的结果如表 2-2 所示。可见，电位的变化趋势符合 e 指数规律，拟合程度较高。三亚环境常数项 y_0 先减小后增大，青岛环境 y_0 先增大，270 天以后减小。说明三亚环境锈层产生的电场随着锈层的增厚始终增大，青岛环境锈层在达到一定厚度以后离子浓聚降低了锈层电场的均匀分布。青岛锈层 270 天以后厚度没有

明显增加，但是抑制离子扩散作用减弱，导致锈层不均匀性的增加和电场减小。

表 2-2　试验装置中扩散过程的电位变化拟合

项目		方程		
拟合方程		$y = y_0 + A \times \exp(B \cdot x)$		
		数值	标准差	均方差
青岛 90 天	y_0	0.04331	1.24×10^{-5}	0.99365
	A	0.02259	2.52×10^{-5}	
	B	−0.00357	9.07×10^{-6}	
青岛 180 天	y_0	0.05916	1.17×10^{-5}	0.99498
	A	0.01001	2.17×10^{-5}	
	B	−0.00322	1.66×10^{-5}	
青岛 270 天	y_0	0.12429	7.59×10^{-5}	0.99831
	A	−0.00568	6.45×10^{-5}	
	B	−0.00129	3.44×10^{-5}	
青岛 360 天	y_0	0.00617	2.98278×10^{-5}	0.99652
	A	0.01241	2.49633×10^{-4}	
	B	−0.00633	1.907×10^{-4}	
三亚 30 天	y_0	0.04694	1.41×10^{-5}	0.99905
	A	0.01533	1.68×10^{-5}	
	B	−0.00414	1.33×10^{-5}	
三亚 90 天	y_0	0.04331	1.24×10^{-5}	0.99861
	A	0.02259	2.52×10^{-5}	
	B	−0.00357	9.07×10^{-6}	
三亚 180 天	y_0	0.05916	1.17×10^{-5}	0.99437
	A	0.01001	2.17×10^{-5}	
	B	−0.00322	1.66×10^{-5}	
三亚 270 天	y_0	0.12429	7.59×10^{-5}	0.97055
	A	−0.00568	6.45×10^{-5}	
	B	−0.00129	3.44×10^{-5}	
三亚 360 天	y_0	0.13672	1.71668×10^{-5}	0.96605
	A	−0.01041	6.4692×10^{-5}	
	B	−0.00249	2.72495×10^{-5}	

图 2-10 为测试期间的电位下降幅度。在青岛工业污染物 SO_2 作用下的浪花飞溅区，锈层抑制扩散的作用逐渐减弱，导致测试时两侧 NaCl 不断从高浓度向低浓度扩散，从而测试期间电位下降幅度逐渐增大。在不含 SO_2 的三亚浪花飞溅区环境，内部 Cl 元素不断富集，使得锈层自身内外侧电位差逐渐增大，60 天以后限制离子扩散的能力逐渐增强，使得测试装置两侧浓差电池的电位反向增加。

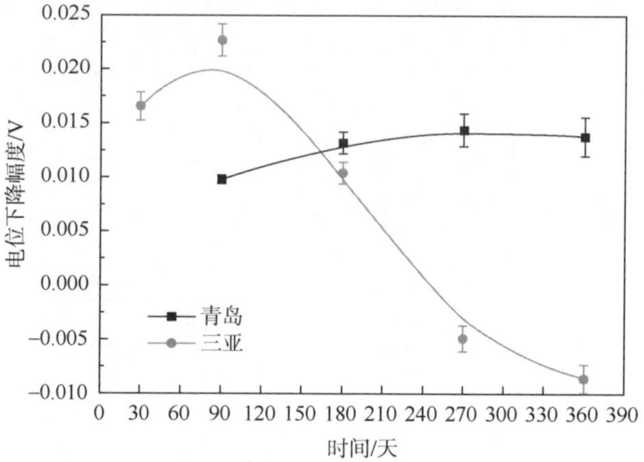

图 2-10　离子选择性测试的电位下降幅度

2.3　锈层特性的分析与讨论

2.3.1　实海样品锈层的半离子选择通过性

分析测量结果可知，锈层中的通道会使离子从高浓度扩散到低浓度，因此不能完全看作是离子选择性通过，而是与浓差电池的叠加。将锈层安置好后在去离子水中浸泡 2h，以此去除表面薄液干燥后析出的盐分，并使锈层再次经过润湿，该过程可以近似看作浪花飞溅区锈层在低潮位时的干湿交替过程。虽然定量结果是经部分脱水后再次润湿所得，与实际海洋环境有所出入，但与实际海洋环境下的锈层离子选择通过性相一致。

测量结果是直接在锈层两侧加入不同浓度的 NaCl 溶液以后测得的，在初态时，将锈层的行为看作一个整体，锈层自身的电位差看作锈层的离子阻隔性作用，因此作用于两侧浓差电池的只有锈层的离子阻隔性质。引入锈层的离子阻隔性系数 P，阻隔系数受 Ψ_R 和扩散离子的选择通过性的关系为：

$$\Psi_R = \frac{RT}{F} P \ln\left(\frac{c_2}{c_1}\right) \tag{2-20}$$

通过对方程求解可以得到：

青岛：$P_{0\sim90}=1.080$，$P_{0\sim180}=0.562$，$P_{0\sim270}=0.238$，$P_{0\sim360}=0.142$

三亚：$P_{0\sim30}=1.064$，$P_{0\sim90}=1.136$，$P_{0\sim180}=1.190$，$P_{0\sim270}=1.990$，$P_{0\sim360}=2.121$

其结果如图 2-11 所示。

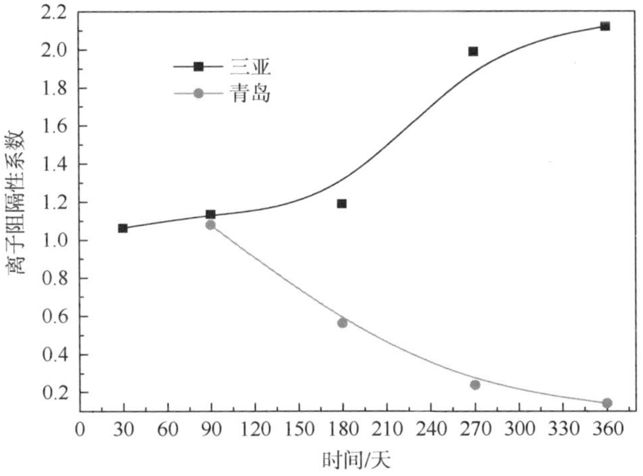

图 2-11　青岛和三亚浪花飞溅区锈层离子阻隔性系数 P 值变化

由图 2-11 可以看出，青岛锈层的离子阻隔性系数逐渐减小，三亚锈层的离子阻隔性系数逐渐增大。P 值与式(2-7)中的 T^+-T^-意义相似。当 P 值为正时，锈层性质是阳离子选择通过性，当 P 值为负时，是阴离子选择通过性。从图 2-11 的结果来看，三亚锈层的阳离子选择通过性一直较为稳定，随着锈层厚度增加，呈逐渐增加的态势。青岛浪花飞溅区锈层的阳离子选择通过性较小，随着时间延长也逐渐减小。这与第 1 章 SKP 测量和分析的结果相一致。在有 SO_2 的环境下，锈层下的电场并不连续，由于 Cl^-和 SO_2 的共同作用，部分锈层对阳离子的阻碍作用有限。随着锈层厚度的增加，锈层下的阴极区、阳极区更加明显，有 Cr 富集的区域，较多的阴离子富集提供了较好的阳离子选择通过性，其他部位的阳离子选择通过性较弱，电场方向不是完全垂直于锈层，对离子扩散作用的阻碍较小。

随着测量时间的延长，电位差也逐渐下降，这也说明剥离下的锈层具有部分离子选择性，同时离子还会随着时间延长发生扩散，扩散可以由菲克定律进行解释。由菲克第一定律可知

$$j_{\mathrm{Bz}}=-D_{\mathrm{BA}}\frac{\mathrm{d}c_{\mathrm{B}}}{\mathrm{d}z} \tag{2-21}$$

由于锈层片厚度较薄，两侧离子浓度相差较大，当锈层片内的浓度梯度看作线性关系时，有

$$j_{\mathrm{Bz}} = -D_{\mathrm{BA}} \frac{\mathrm{d}c_{\mathrm{B}}}{\mathrm{d}z} = -\frac{D_{\mathrm{BA}} \cdot (c_{\mathrm{B0t}} - c_{\mathrm{Blt}})}{l} \tag{2-22}$$

在 t 时刻，物质的通量：

$$c_{\mathrm{B0t}} = c_{\mathrm{B0}} - \int_0^t j_t \cdot A\mathrm{d}t \tag{2-23}$$

$$c_{\mathrm{Blt}} = c_{\mathrm{Bl}} + \int_0^t j_t \cdot A\mathrm{d}t \tag{2-24}$$

$$j_t = -D_{\mathrm{BA}} \frac{\mathrm{d}c_{\mathrm{B}}}{\mathrm{d}z} = -\frac{D_{\mathrm{BA}} \cdot (c_{\mathrm{B0t}} - c_{\mathrm{Blt}})}{l} \tag{2-25}$$

求解得

$$j_t = \mathrm{e}^{\frac{2DAt}{l}+C} \tag{2-26}$$

由菲克定律对扩散过程的计算结果同式(2-6)相一致。

2.3.2　钢在浪花飞溅区锈层的离子选择通过性

决定钢锈层耐蚀性的主要性质是锈层的多孔性、导电性离子选择性和还原性等性质。传统观点认为，钢合金成分均具有良好的阳离子选择通过性，可以提供比较好的耐候性能。很多研究也说明了锈层阳离子选择通过性对低合金钢耐候性能的重要作用。日本学者认为 Ni 元素在金属锈层中所形成的 $NiFe_2O_4$ 形成了阳离子选择通过性，能够改善低合金钢的耐候行为，通过干湿交替试验研究得出，在含 Ni 的合金中，在 Ni 含量小于 4%时，锈层显示阴离子选择通过性，并且随着 Ni 含量的增加而降低；在 Ni 含量为 3%左右时，表现为良好的耐蚀性。

锈层在浪花飞溅区，受海水电解质溶液影响，很容易开裂。此外，工业大气 SO_2 海洋环境因素会使得锈层内合金元素分布均匀的金属发生偏聚，导致锈层分布不均，阳离子选择通过性无法在薄液浓聚的作用力下克服阴离子的进入。因此在非工业环境中，发生了 Cl^-的富集；在工业污染环境下，发生了含 S 阴离子和 Cl^-的富集。两种元素的阴离子产生了竞争机理。从测量结果来看，在工业污染环境下，含 S 阴离子的富集为主导。在离子浓聚作用和阳离子选择通过性的相互抑制下，锈层中的元素偏聚处于不稳定状态，从而产生电场。锈层自身在浪花飞溅区干湿交替下产生了富阴离子现象，同时扩散又受到阳离子选择通过性阻碍的作用，使得锈层自身处于不稳定的正负电荷中心偏移的状态，这也是导致低合金钢在浪花飞溅区锈层容易脱落的原因。

在工业污染的浪花飞溅区，局部的酸再生机理使得锈层形成较为分离的阴极区和阳极区。阳极区产生容易使离子发生扩散的通道。随着锈层厚度的增加，酸再生机理产生的通道较好地保留了下来，从而使得离子有较好的通过性。

高温、高湿、高盐雾环境下产生的锈层虽然较为疏松，但是没有发生工业环

境中由 SO_2 的酸再生机理所产生的明显的离子的扩散通道。锈层较为疏松但没有局部明显的破坏，使得富含 Cl^- 的锈层形成了很强的离子选择能力。三亚环境 270 天的样品电位随时间延长出现了明显的反向增加，证明了浪花飞溅区干湿交替作用在锈层中呈梯度分布的阴离子形成了电场，在电场的行为下，产生了反向扩散或者形成了新的双电层，导致电位差增加。

由此说明，E690 钢在三亚浪花飞溅区的锈层依然保持了较好的离子选择性，限制了阴离子进入锈层，也证实了电场的存在；在含 SO_2 的青岛浪花飞溅区环境中，虽然形成的锈层较为致密，但严重的局部酸化使得锈层电场分布不均匀，限制离子扩散的作用降低，使得阴离子尤其是含 S 阴离子较容易进入锈层。

因此，在浪花飞溅区的低合金钢除了要具有耐海洋大气腐蚀的阳离子选择通过性外，还需要减少锈层中的裂纹和缝隙，以减少离子偏聚导致的不均匀电场的形成。有研究指出，合金钢中的元素 Cu 在锈层中可以明显细化内锈层中的晶粒，也有助于锈层内的成分保持不脱水的状态，避免形成裂纹，众多研究也证明了 Ni-Cu-P 系钢在浪花飞溅区比低合金钢耐蚀性能更优异，0.5%Ni-0.5%Cu-0.1%P 系的耐海水钢，相比于普通低合金钢，在浪花飞溅区能表现出较好的耐蚀性。细化的晶粒可以帮助浪花飞溅区锈层在离子浓聚和频繁的干湿交替环境下保持均匀，对提高低合金钢在浪花飞溅区的耐蚀性有很大提升。在浪花飞溅区影响锈层耐蚀性的重要因素还是锈层腐蚀产物膜的完整性。

2.3.3 钢在青岛和三亚环境的腐蚀动力学模型

从 1980 年开始，包含 4 大洲、38 个国家、183 个投样地点的 3 个碳钢大气腐蚀速率研究项目(ISOCORRAG、ICP/UNECE 和 MICAT)积累了大量长周期的腐蚀数据。ISO 9223—2012 根据剂量响应函数(DRF)推导了包括大气环境、海洋大气环境、工业污染环境和其他因素环境的众多反应速率方程。

ISO 9223—2012 标准中给出了包含 SO_2 沉积量、Cl^- 沉积量、温度和相对湿度这四种变量的腐蚀程度的反应方程，碳钢的该方程如下：

$$r_{\text{corr}} = 1.77 \times P_{\text{d}}^{0.52} \times \exp\left(0.020 \times \text{RH} + f_{\text{st}}\right) + 0.102 \times S_{\text{d}}^{0.62} \times \exp\left(0.033 \times \text{RH} + 0.040 \times T\right) \tag{2-27}$$

当 $T \leqslant 10$℃时

$$f_{\text{st}} = 0.150 \times (T - 10)$$

否则

$$f_{\text{st}} = -0.054 \times (T - 10)$$

$$N = 114，R^2 = 0.78$$

其中，r_{corr} 为金属第一年的腐蚀速率，μm/a；T 为第一年的平均温度，℃；RH 为第一年的平均相对湿度，%；P_{d} 为第一年 SO_2 的沉积量，mg/(m^2·d)；S_{d} 为第一年

Cl^-的沉积量，$mg/(m^2·d)$。根据 ISO 9223—2012 标准计算浪花飞溅区失厚速率，如表 2-3 所示。

表 2-3　根据 ISO 9223—2012 计算的 ISO 失厚速率同浪花飞溅区实测数据对比

	失重/g	失厚/(μm/a)	温度/℃	湿度/%	Cl^-沉积量/[$mg/(m^2·d)$]	SO_2沉积量/[$mg/(m^2·d)$]	ISO 失厚/(μm/a)
青岛	62.60	30.00	15.07	76.52	16.42	0.16	4.21
三亚	248.00	157.00	26.80	78.55	51.20	0.00	4.29

显然 ISO 9223—2012 标准中，碳钢大气腐蚀速率的失厚计算不符合浪花飞溅区环境，且不符合碳钢浪花飞溅区腐蚀动力学 Cl^-和 SO_2 作用的特点。因此，根据剂量响应函数计算浪花飞溅区低合金钢腐蚀速率，长周期金属腐蚀速率符合指数函数的关系：

$$Y = At^B \tag{2-28}$$

即

$$\lg Y = \lg A + B\lg t \tag{2-29}$$

根据前面的研究结果，锈层的离子选择通过性为 Cl^-和 SO_2 共同控制。假设离子的选择通过性控制了锈层中的微环境和金属的腐蚀速率，则剂量响应函数可以由

$$r_{\text{corr}} = f(\text{RH}, T, P_{\text{d}}, S_{\text{d}}, \tau) \tag{2-30}$$

改写作

$$r_{\text{corr}} = f(\text{RH}, T, L, \tau) \tag{2-31}$$

其中，L 为阳离子选择通过性系数，也就是离子阻隔性系数 P 值，但由于所测得的三亚和青岛环境 E690 钢均为阳离子选择通过性，因此该处引入 L 代表阳离子选择通过性。根据前人的研究结论[4, 5]，将式(2-29)展开为

$$\lg Y = a_1 \lg L + a_2 \lg\tau + a_3 RH + a_4 T + a_5 \tag{2-32}$$

剂量响应函数拟合数据如表 2-4 所示。

表 2-4　剂量响应函数拟合数据

	τ/a	Y(腐蚀失重)	T(平均温度)	RH(平均湿度)	L(阳离子选择通过性)
青岛	0.250	10.11	24.35	82.05	1.08
	0.500	24.20	18.66	77.89	0.56
	0.750	41.87	14.47	75.54	0.24
	1.000	62.60	15.07	76.52	0.14

续表

	τ/a	Y(腐蚀失重)	T(平均温度)	RH(平均湿度)	L(阳离子选择通过性)
三亚	0.083	20.59	29.24	78.12	1.06
	0.250	59.96	28.71	80.12	1.14
	0.500	124.18	27.40	78.74	1.19
	0.750	185.61	26.37	77.68	1.99
	1.000	248.00	26.80	78.55	2.12

根据表 2-4 的数据进行拟合，得到的结果如表 2-5 所示。

表 2-5　剂量响应函数拟合结果

	真实值	预测值		真实值	预测值
青岛	10.11	10.53	三亚	20.59	21.60
	24.20	24.40		59.96	51.35
	41.87	38.66		124.18	133.75
	62.60	66.31		185.61	188.37
				248.00	245.70

所以根据阳离子选择通过能力，浪花飞溅区腐蚀速率计算的剂量响应函数为

$$\lg Y = -0.443\lg[L] + 1.398\lg[\tau] - 0.251[\mathrm{RH}] + 0.257[T] + 18.693 \quad (N = 9, R^2 = 0.996) \tag{2-33}$$

将 L 与 Cl^-和 SO_2 浓度的关系式(2-14)代入得

$$\begin{aligned}\lg Y = &-0.443\lg\left(0.0253[\mathrm{Cl}]\tau - 10.458[\mathrm{S}]\tau + 0.833 + f_{\mathrm{s}}\right) + 1.398\lg[\tau] \\ &- 0.251[\mathrm{RH}] + 0.257[T] + 18.693\end{aligned} \tag{2-34}$$

当无 SO_2 污染时，$f_{\mathrm{s}} = 0$；当有 SO_2 污染时 $f_{\mathrm{s}} = 0.5178$。所以

$$r_{\mathrm{corr}} = L(-0.443) \cdot \mathrm{e}^{21.267 - 0.251RH + 0.257 f_{\mathrm{st}}} \cdot \tau^{1.398} \tag{2-35}$$

由于该拟合基于的数据量较小，因此只在一年期内拟合元数据所涵盖的范围内有效。如果能得到更多金属在飞溅区的腐蚀速率和阳离子选择通过性 L，则该方程更准确。

从拟合的结果可以看出，腐蚀速率随阳离子选择通过性 L 的增加而降低，随湿度的增加而降低。这说明较强的阳离子选择通过性对浪花飞溅区的离子浓聚有一定的抑制作用。湿度大于 76%后，随着湿度的增加，腐蚀速率有所降低，说明 E690 钢在较厚大气薄液中，氧扩散受限的同时，海水薄液减薄时带入锈层的离子也会在较厚的薄液时向外扩散，该扩散受锈层的阳离子选择通过性作用，因而使

得阳离子容易富集于锈层外表面，这与图 2-6 所得结果一致。因此，较大厚度的大气薄液覆盖于浪溅区金属表面时，会减轻 E690 钢在浪花飞溅区锈层下的离子浓聚行为。

2.4 本章小结

在青岛和三亚海域，采用实海浪花飞溅区环境 E690 钢试验，通过腐蚀形貌观察、腐蚀产物成分分析、锈层内元素分布分析、扫描开尔文探针分析、扫描电子显微镜的试验方法，研究了低合金钢在浪花飞溅区腐蚀产物的特性，结果表明以下几点。

(1) 浪花飞溅区锈层下发生严重的阴离子富集，其中三亚的 Cl^-富集程度逐渐增加，青岛锈层下含 S 阴离子同 Cl^-富集存在竞争机理，青岛锈层下 Cl^-富集程度较为稳定，S 阴离子富集程度逐渐增加。锈层下发生严重酸化。

(2) E690 钢在浪花飞溅区产生的锈层都具有阳离子选择通过性，但是三亚的阳离子选择通过性逐渐升高，青岛的阳离子选择通过性逐渐降低。这是由于在含 SO_2 的环境下锈层内合金元素分布不均匀。

(3) 三亚锈层两侧浓差电池的电位会反向增加，说明了锈层中阴离子由阳离子选择通过性限制了扩散，从而证实了钢在浪花飞溅区腐蚀的锈层中，离子正负电荷中心偏移而产生电场。

(4) 离子选择通过性控制下的低合金钢反应产物在锈层中扩散的通量满足菲克定律。较高的阳离子选择通过性湿度(>76%后)会抑制 E690 钢腐蚀速率的增加。

参考文献

[1] Galvele J R. Transport processes and the mechanism of pitting of metals[J]. Journal of the Electrochemical Society，1976，123(4)：464-474.

[2] Frankel G. Pitting corrosion of metals a review of the critical factors[J]. Journal of the Electrochemical Society，1998，145(6)：2186-2198.

[3] Newman R. Pitting corrosion of metals[J]. Electrochemical Society Interface，2010，19(1)：33-38.

[4] Chico B，Delafuente D，Daz I，et al. Annual atmospheric corrosion of carbon steel worldwide. An Integration of ISOCORRAG，ICP/UNECE and MICAT Databases[J]. Materials，2017，10(6)：601.

[5] Panchenko Y M，Marshakov A. Long-term prediction of metal corrosion losses in atmosphere using a power-linear function[J]. Corrosion Science，2016，109：217-229.

第 3 章　E690 钢在实海浪花飞溅区的点蚀机理与演化规律

点蚀的概念起源于不锈钢的腐蚀过程，本意是指不锈钢表面钝化膜被极性阴离子不断击穿，且在腐蚀界面发生严重酸化，腐蚀向基体内部发展，最终在金属表面形成面积很小的针状腐蚀缺陷的过程。海洋工程结构用钢一般为碳钢或低合金结构钢，表面并不存在类似不锈钢的钝化层，但是在海洋环境下，发生腐蚀后，伴随着厚度减薄，同时也发生类似点蚀的腐蚀过程，为区别不锈钢点蚀，该腐蚀称为阔点蚀。这种腐蚀诱发的局部酸化，伴随着应力的集中，导致了很多海洋工程钢结构的失效。因此，需要关注海洋工程用钢的阔点蚀行为和应力腐蚀开裂行为。低合金钢在浪花飞溅区的腐蚀受复杂的环境因素影响，包括干湿交替和海水电解质扩散等，形成了苛刻的锈层下微环境和难以评估的阔点蚀形貌，因此需要对高强度低合金钢浪花飞溅区的点蚀演化规律进行研究。

高强钢点蚀行为的演变和发展，在土壤中管线钢的研究中已经十分重要。统计学在管线钢的点蚀生长模型和最大点蚀深度的研究，最有代表性的工作是 Weibull 分布、Fréchet 分布和 Gumbel 分布，各种新的算法也不断出现，完善了管线钢工程安全的评价机理。Macdonald 等[1, 2]系统地描述了点蚀增长分析中沿深度分布的统计学分析。Laycock 等[3]建立了更直观的累计分布函数，其中包括点蚀的形状参数、位置参数和尺度参数，以描述点蚀的生长。然而这些研究方法并没有针对海洋环境，尤其是浪花飞溅区的环境，对海洋环境点蚀增长的控制因素缺乏深入研究。因此，将统计方法应用于低合金钢浪花飞溅区点蚀的研究十分必要。

本章通过统计学方法处理实海腐蚀试验数据，研究 E690 钢在三亚和青岛环境不同应力状态下的阔点蚀形貌的演变规律及主要影响因素。

3.1　浪花飞溅区实海暴露后的点蚀试验方法

3.1.1　试验样品及环境

试验材料同前章，制成 150mm × 50mm×4mm 的钢板和标准 U 形弯样品，U 形弯样品如图 3-1 所示。进行环境测试之前，样品螺钉部分用环氧树脂完全密封。

对高应力、高塑性形变区域(图 3-1A)和低应力、低塑性形变区域(图 3-1B)分别进行研究。

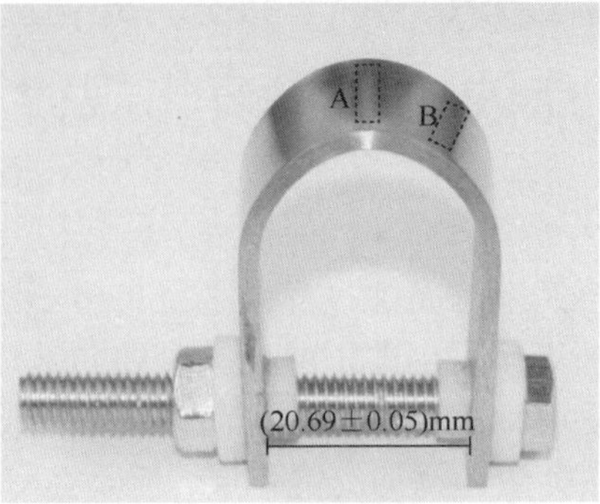

图 3-1　环境测试的 U 形弯样品

A.高应力、高塑性形变区；B.低应力、低塑性形变区

试验环境为实海投样，投样区域为青岛和三亚的浪花飞溅区。具体试验过程如前章。采用激光共聚焦显微镜对除锈后的形貌进行观察，并将三维立体显示图表面平面进行平整。统计面积的最小误差为 100 个像素。

3.1.2　点蚀测量

对点蚀的测量借鉴了表面粗糙度的测量方法，并进行二维化的测量和处理。具体测量过程示意图如图 3-2 所示。图 3-2(a)为一个阔点蚀的抽象图，将所有点蚀统一用阔点蚀描述。取 2 个较大面积(1500μm×1000μm，2600μm×3700μm)进行点蚀形貌统计。将点蚀的深度分为 150 个 dx，得到沿 x 分布的 dy，结果如图 3-2(b)所示。根据粗糙度的定义，表面均匀变化的形貌具有连续的曲线，而不均匀且粗糙度较高的表面会有不连续的曲线。

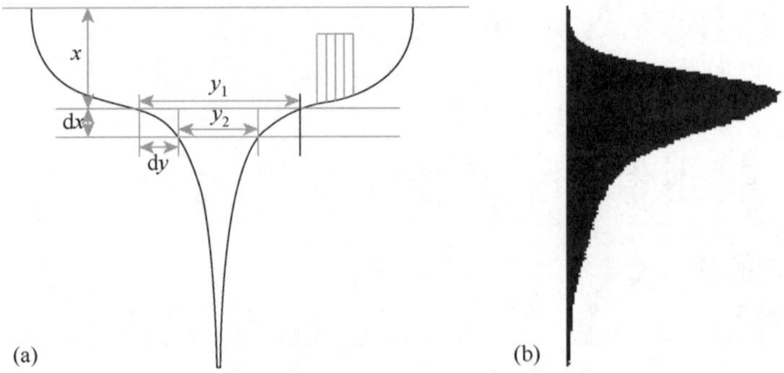

图 3-2　阔点蚀形貌测量示意图(a)和测量结果(b)

对沿深度分布的阔点蚀截面面积进行统计分析。以玻尔兹曼(Boltzmann)累计分布函数(CDF)描述图 3-2(b)。统计方程为

$$f(x)=\frac{A_1-A_2}{1+\mathrm{e}^{\frac{x-x_0}{D}}}+A_2 \tag{3-1}$$

统计方程的导数方程为

$$f'(x)=-\frac{A_1-A_2}{1+\mathrm{e}^{\frac{x-x_0}{D}}}\times\mathrm{e}^{\frac{x-x_0}{D}}\times\frac{1}{D} \tag{3-2}$$

其中，A_1、A_2 为 y 沿 x 的边界值；x_0 为点蚀横截面积变化最大处所在的深度。

令 $g(x)=1+\mathrm{e}^{\frac{x-x_0}{D}}$，得到 $g(x)=2$ 时 $f'(x)=0$，此时 $x=x_0$，$f(x_0)=\frac{A_1-A_2}{2}$。对方程进行求解，x_0 代表点蚀坑横截面积变化最大处的蚀坑高度，归一化后的 x_0 表示相对高度。$\frac{1}{2}(A_1+A_2)$ 为点蚀坑横截面积变化最大处的蚀坑的截面面积，归一化后的 $\frac{1}{2}(A_1+A_2)$ 表示相对截面面积。$-\frac{1}{4}(A_1-A_2)\frac{1}{\mathrm{d}x}$ 为该处的蚀坑变化率，归一化后的 $-\frac{1}{4}(A_1-A_2)\frac{1}{\mathrm{d}x}$ 表示相对的蚀坑面积变化率。

为了对点蚀的形貌进行更好的研究，对除锈后样品不同高度截面点蚀坑的面积进行了统计，以青岛 90 天的平板样品为例，统计数据如图 3-3 和表 3-1 所示。并对测量结果进行归一化处理，即用测量的面积结果与视场总面积作比值，测量的截面深度与总的点蚀坑样品的深度作比值。以青岛浪花飞溅区 90 天除锈后的点蚀坑形貌为例，在对除锈后的样品测量以后，对样品表面平面进行校正，选取金属蚀坑最外处的深度为 0，进行截面横截阔点蚀。记录阔点蚀面积和深度的关系。

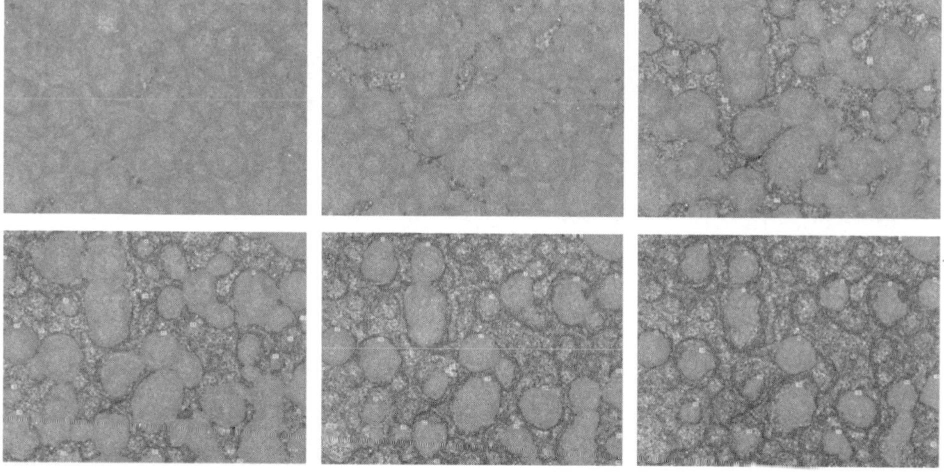

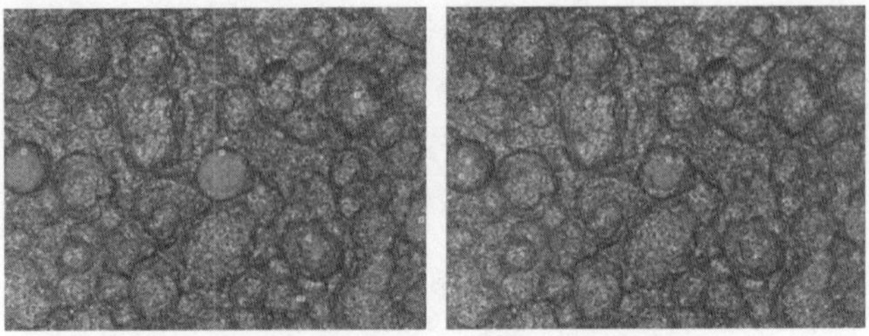

图 3-3 除锈后样品某一深度横向截面面积

这里利用了归一化方法将拟合数据转换为[0, 1]范围，归一化公式为

$$X_{\text{norm}} = \frac{X - X_{\min}}{X_{\max} - X_{\min}} \tag{3-3}$$

其中，X_{norm} 为归一化后的数值；X 为原始值，$X_{\max}$ 和 $X_{\min}$ 分别为原始数据的最大值和最小值。进行数据的归一化后的拟合，可以消除随时间延长的点蚀深度的改变，有利于在相同尺度上比较腐蚀影响因素。数据归一化示例如表 3-1 所示。

表 3-1 除锈后样品不同高度横向截面面积统计

深度/μm	截面面积/μm^2	截面面积归一化/%	高度归一化/%
0	1521482	0	1
5.444	1521426	0.026515096	0.999963
15.444	1517721	0.075220269	0.997528
25.444	1483750	0.123925442	0.975201
35.444	1368976	0.172630615	0.899765
55.444	1025960	0.270040961	0.674316
75.444	752863.9	0.367451307	0.494823
95.444	499985.9	0.464861653	0.328618
115.444	275266.9	0.562271999	0.18092
135.444	154933.2	0.659682345	0.10183
155.444	54919.31	0.757092691	0.036096
165.444	27653.12	0.805797864	0.018175
175.444	9309.603	0.854503037	0.006119
185.444	1983.514	0.90320821	0.001304
195.444	183.793	0.951913383	0.000121
205.317	0	1	0

3.1.3 特定点蚀深度的表面粗糙度表征

粗糙度的测量采用高度特征参数、间距特征参数和形状特征参数。点蚀或阔点蚀的形貌同表面粗糙度的测量有一定差别，主要原因就是阔点蚀坑存在一个宏观的横截面面积减小的趋势。图 3-2(b)便是高度特征参数和形状特征参数的沿高度的概率密度分布。但图 3-2(b)中包含了点蚀坑的宏观形貌变化趋势，点蚀壁沿深度的粗糙度测量需要摒除该宏观趋势。当去除该宏观趋势时，其波动如图 3-4 所示。

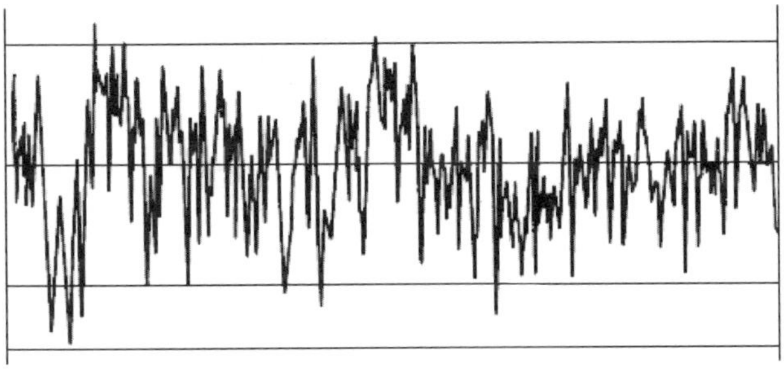

图 3-4　点蚀横截面沿深度的横截面积变化去掉宏观趋势后的特征示意图

该特征体现了去除点蚀宏观形貌变化的外壁粗糙度特征。因此图 3-2(b)中在某一深度较为离散的数值则体现了该深度处的粗糙度特征，二维化的图形能够表现出在某一特定深度下点蚀外壁的粗糙度。

3.2　实海暴露后的点蚀试验结果

3.2.1　E690 钢在青岛、三亚浪花飞溅区的阔点蚀演化行为

对实海浪花飞溅区的样品进行除锈后，可以得到锈层下的金属基材表面形貌。E690 钢在青岛和三亚的阔点蚀形貌如表 3-2 和表 3-3 所示。低合金钢在海洋环境中处于活化状态，因此腐蚀是非均匀的阳极溶解行为。因此，本章中的点蚀或阔点蚀代指低合金钢的非均匀的阳极溶解行为。

表 3-2　青岛环境低合金钢点蚀形貌

单元	无塑变 (1500μm×1000μm)	低塑变 (2600μm×3700μm)	高塑变 (2600μm×3700μm)
30 天	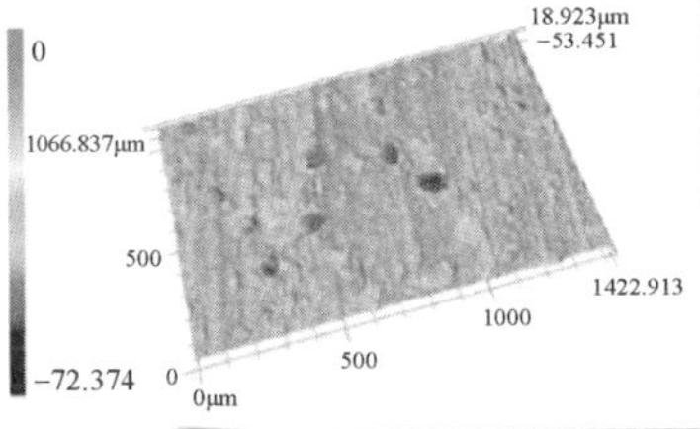	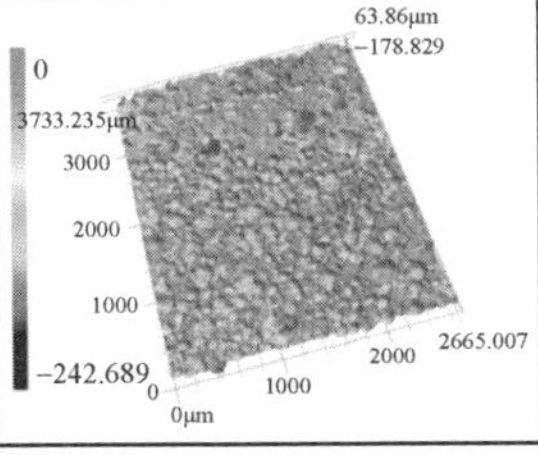	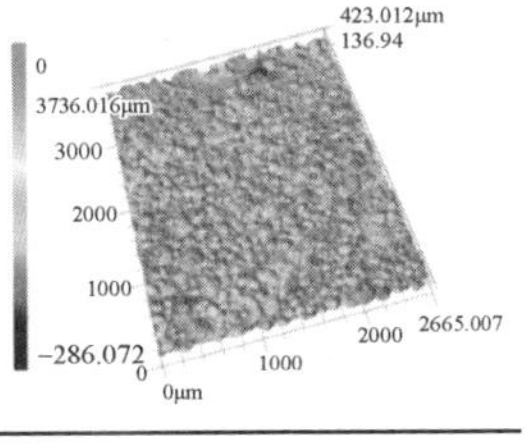

续表

单元	无塑变 (1500μm×1000μm)	低塑变 (2600μm×3700μm)	高塑变 (2600μm×3700μm)
90 天	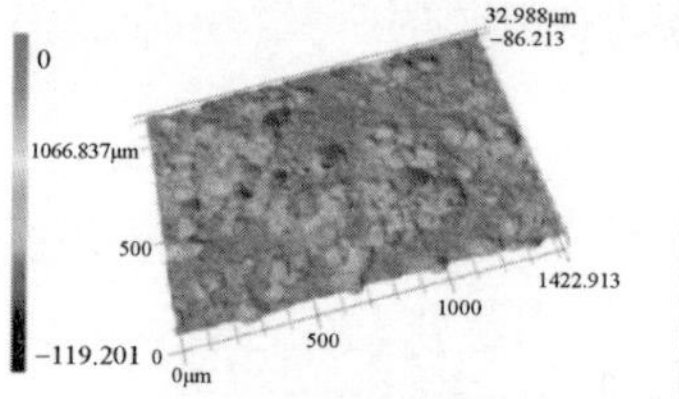	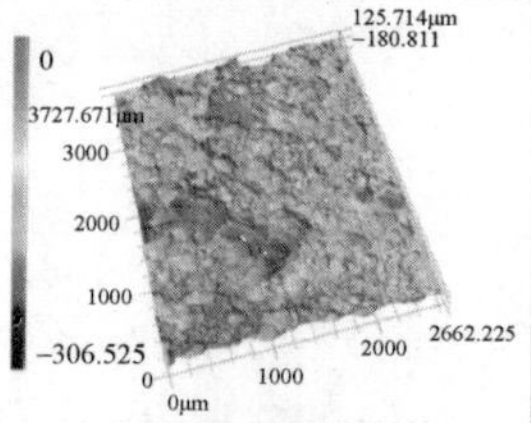	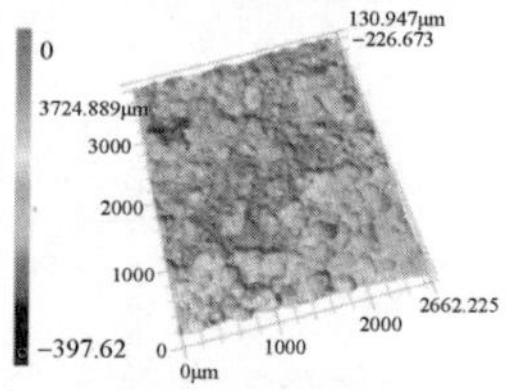
180 天		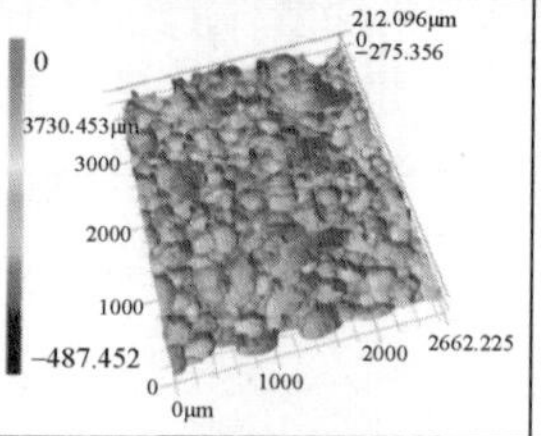	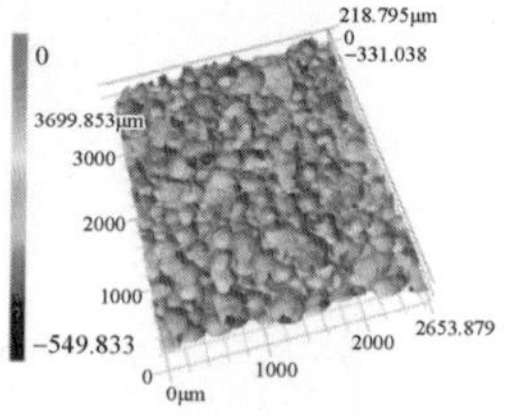
270 天	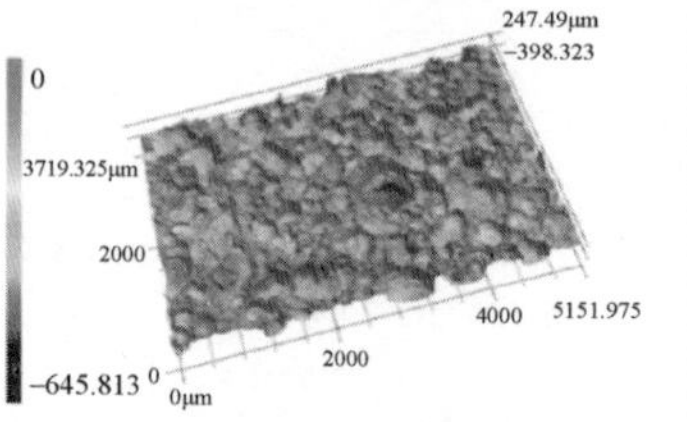	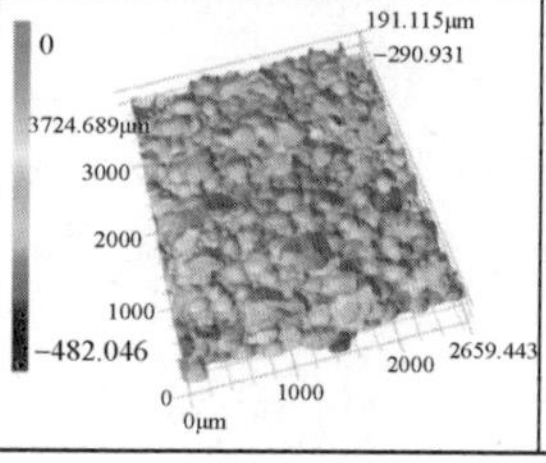	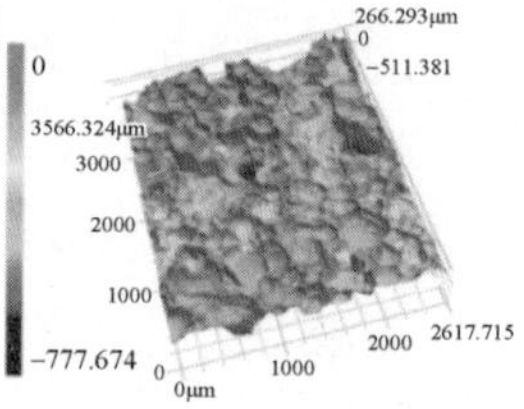

表 3-3　三亚环境低合金钢点蚀形貌

单元	无塑变(1500μm×1000μm)	低塑变(2600μm×3700μm)	高塑变(2600μm×3700μm)
30 天	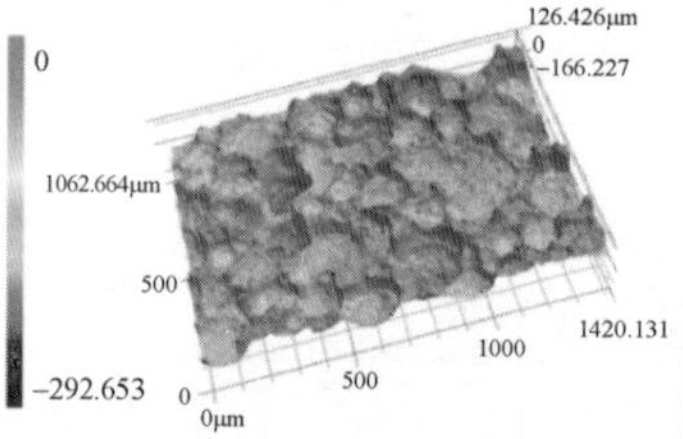	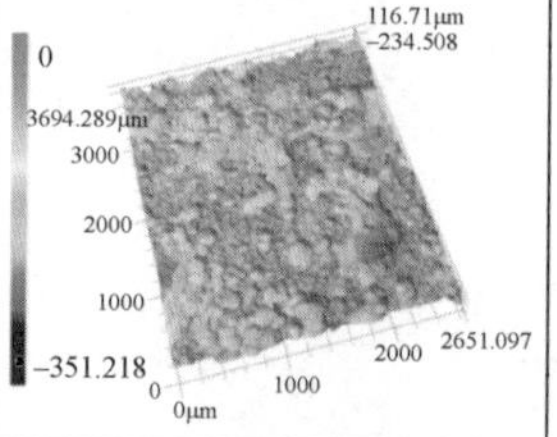	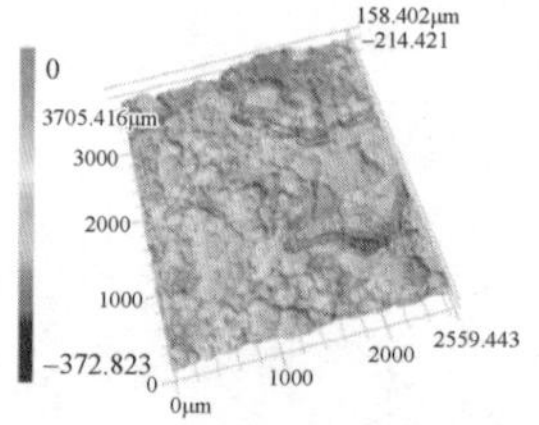
90 天	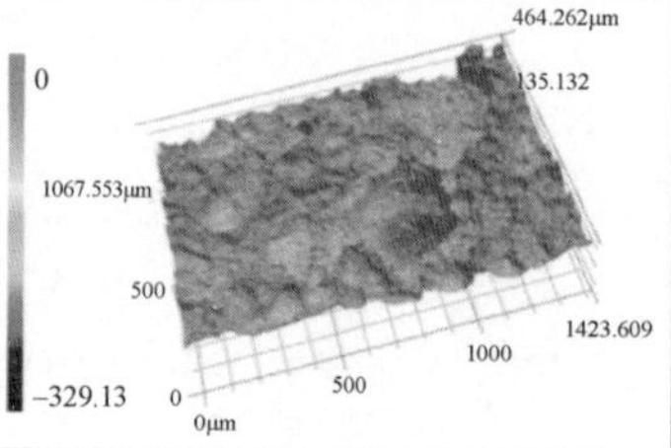	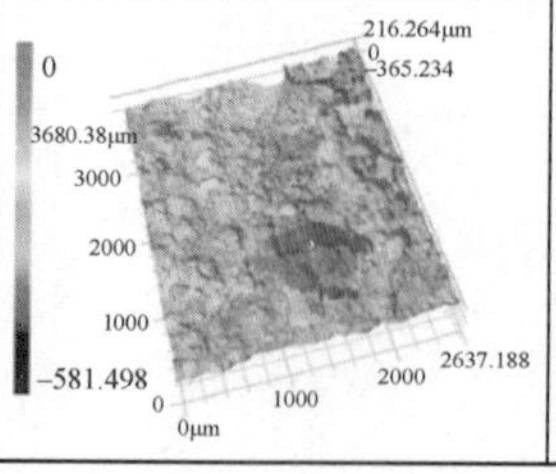	

续表

单元	无塑变(1500μm×1000μm)	低塑变(2600μm×3700μm)	高塑变(2600μm×3700μm)
180 天	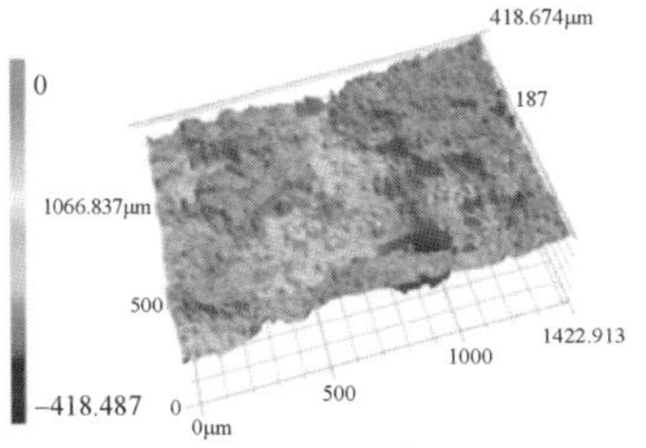	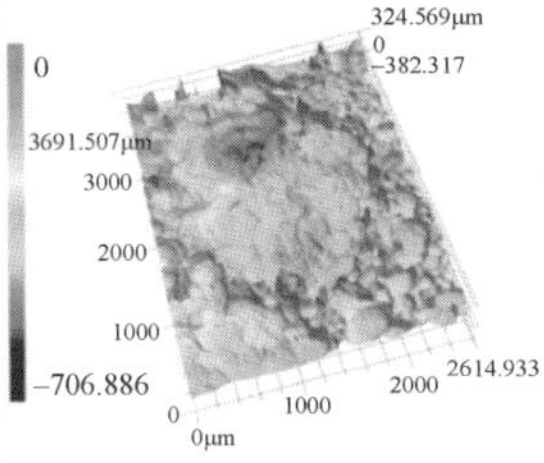	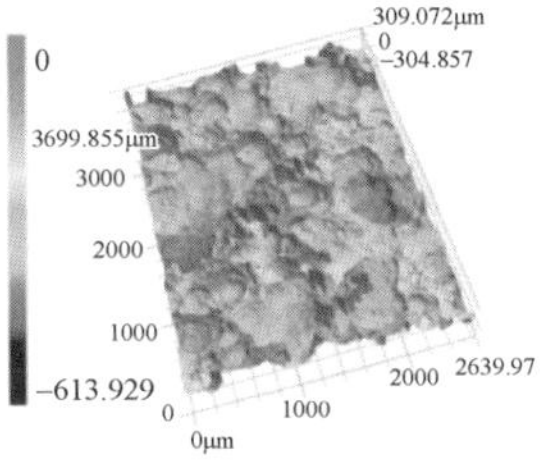
270 天	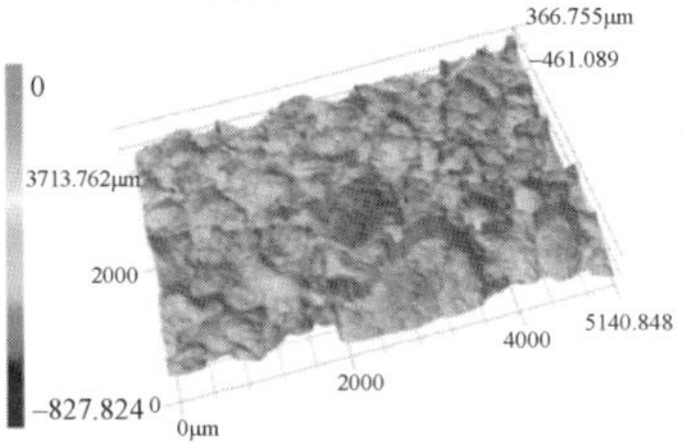	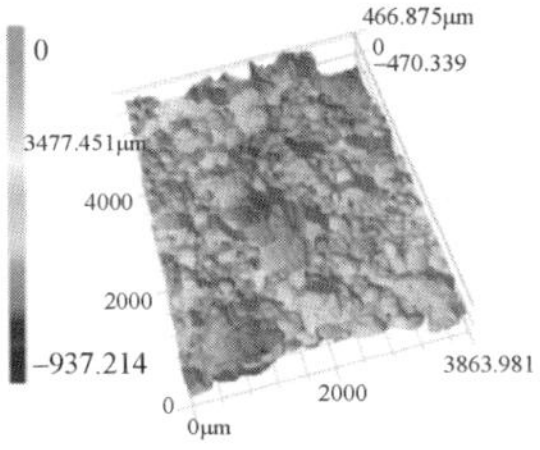	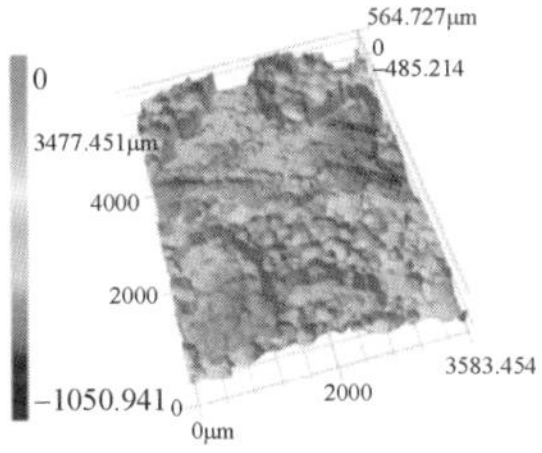

从点蚀的形貌来看，青岛和三亚的样品随着时间的延长都是全面腐蚀伴随着局部的点蚀。从测量结果看，三亚环境的全面腐蚀程度和点蚀深度均大于青岛。青岛和三亚浪花飞溅区锈层下都有较深的点蚀坑，三亚的点蚀深度明显大于青岛。在青岛工业环境中，点蚀更为分散。青岛环境下金属表面锈层较为致密，因此容易在蚀坑内发生酸化，而不是将点蚀连成一片。在应力作用下，点蚀数量更多且更均匀。在三亚环境，阳极溶解状况远大于青岛。塑性形变部分的点蚀同样倾向于发展成阔点蚀状态。三亚 270 天以后样品在塑性形变的作用下，点蚀的阳极溶解非常严重。

3.2.2　无应力部分点蚀坑的统计结果

图 3-5 和图 3-6 是未归一化的点蚀坑统计的麦克斯韦-玻尔兹曼分布和拟合结果。图中 x 轴的最大值显示的是点蚀坑的最大深度。曲线的形状就是统计面积中所有点蚀坑的加和结果，表征点蚀坑宏观统计后的形貌。E690 钢在三亚环境，随着最大点蚀深度的增大，较浅的点蚀也在向深处发展。由于未归一化的数据受随时间延长点蚀深度增加影响较为明显，难以看出深点蚀和浅点蚀的发展规律，所以需要进行归一化处理。归一化后的结果略去了随时间变化动力学影响的点蚀深度发展的过程，可以比较出点蚀的相对深度分布状况。

图 3-7 和图 3-8 是 E690 低合金钢在青岛和三亚浪花飞溅区的腐蚀样品经除锈后，对点蚀沿深度进行横截面积的统计，再经过归一化处理得到的结果。从图 3-7 可知，青岛 30 天的样品较浅处的点蚀横截面积较大，较浅的点蚀较多，这是由于

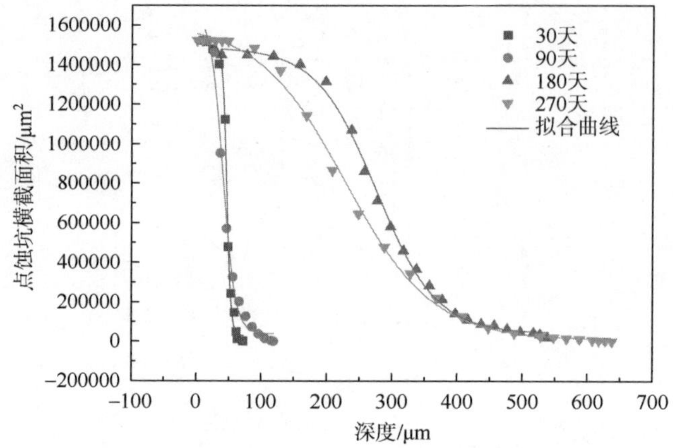

图 3-5　青岛浪花飞溅区阔点蚀麦克斯韦-玻尔兹曼统计

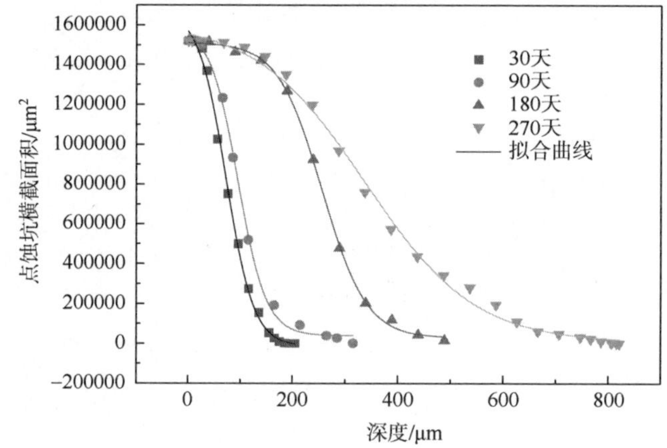

图 3-6　三亚浪花飞溅区阔点蚀麦克斯韦-玻尔兹曼统计

初期锈层较为均匀，金属基材倾向于均匀腐蚀的状态。90 天后虽然锈层厚度增加，但不均匀的锈层使得局部扩散较为容易，部分点蚀开始向深处发展。270 天以后，锈层较厚，结合图 3-3 可知，较深处点蚀的酸化恶劣环境，使得个别点蚀坑发展为较大且较深的点蚀坑。较多浅点蚀的发展，可以近似看作金属发展为均匀腐蚀的倾向，青岛和三亚浪花飞溅区 E690 钢的均匀腐蚀的发展均小于点蚀的发展。三亚环境初期也是较多点蚀处于相对较深的位置，随着时间的延长，深处的点蚀较为离散，部分连接成阔点蚀的区域局部酸化较为严重，发生严重阳极溶解，从而再促进新的阳极溶解平面上发生点蚀。因此，在均匀腐蚀的基础上加上锈层下恶劣的微环境，促进了点蚀的向深处发展。青岛均匀腐蚀发展的程度小于三亚，多为个别较深的点蚀向深处发展。

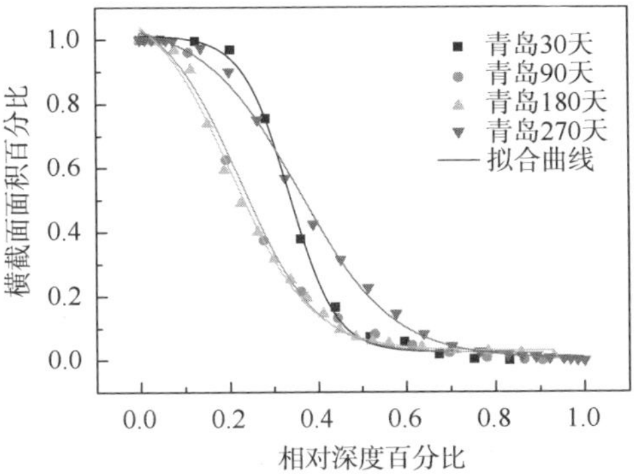

图 3-7　青岛除锈后样品不同高度横向截面面积归一化统计

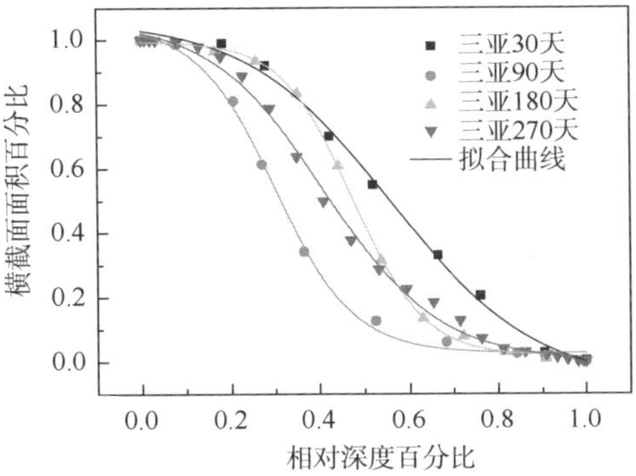

图 3-8　三亚除锈后样品不同高度横向截面面积归一化统计

3.2.3　环境和应力的协同作用

图 3-9 对低合金钢青岛浪花飞溅区高应力点蚀坑内的微观形貌进行了观察。点蚀坑内没有出现很明显的微裂纹，90 天和 180 天样品形貌呈川流状，应力集中

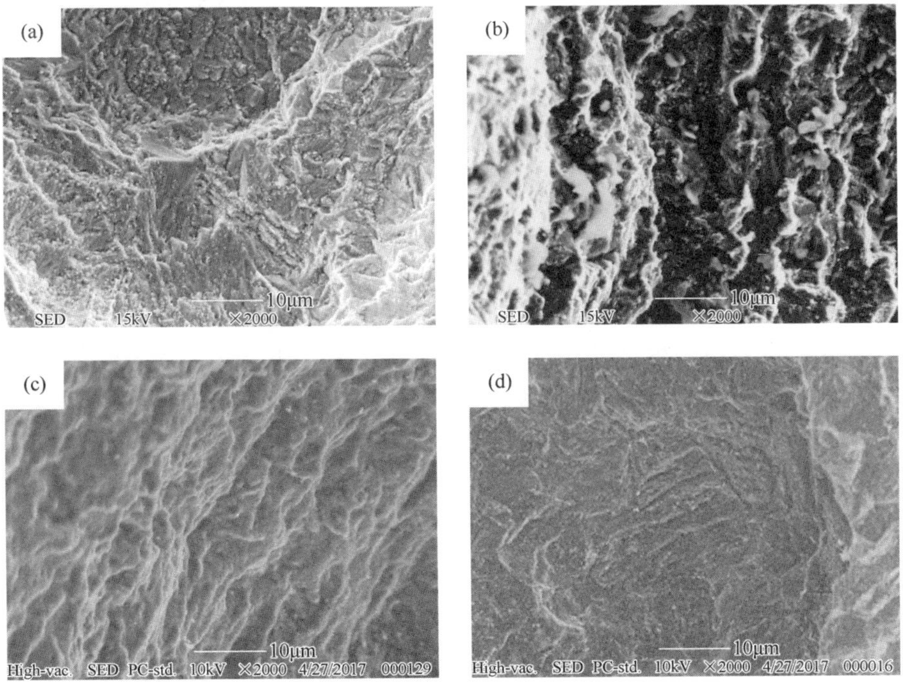

图 3-9　青岛样品高应力点蚀坑内微裂纹形貌

(a)30 天；(b)90 天；(c)180 天；(d)270 天

于点蚀坑深处，促进了点蚀的发展。270 天以后，点蚀坑继续向深处发展，点蚀坑内也聚集了微裂纹。裂纹尖端的闭塞电池效应使得点蚀坑内发生进一步酸化，析氢作用得到加强。在应力集中和析氢反应的作用下产生了应力腐蚀开裂(SCC)的萌生和扩展。因此，E690 钢在青岛浪花飞溅区的 SCC 机理为阳极溶解和氢脆的混合机理。

三亚环境点蚀坑内微裂纹形貌如图 3-10 所示。在 30 天时，点蚀坑内部没有发现明显的微裂纹。从图 3-10(b)中可以看到大点蚀坑内的小点蚀边缘出现了向外扩展的裂纹，点蚀内的酸化和应力集中促进了裂纹的萌生。E690 钢在三亚浪花飞溅区的 SCC 机理也是阳极溶解和氢脆的混合机理，但是与青岛不同的是，三亚环境较为严重的阔点蚀状况和 Cl^- 的富集，使得阔点蚀内部容易发生更小的点蚀，从而促进裂纹萌生和发生。

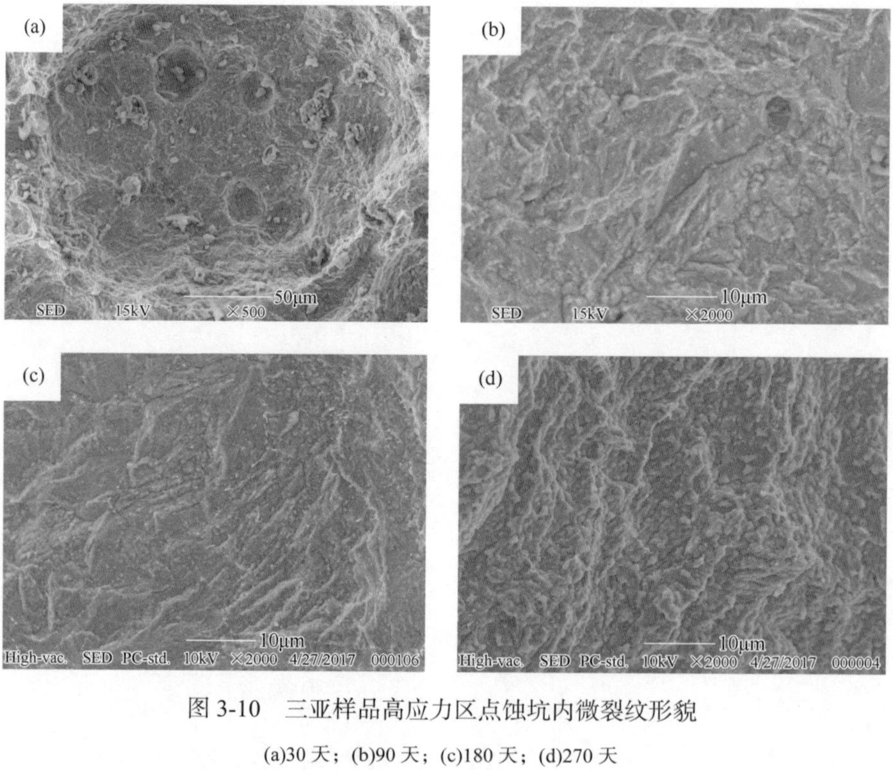

图 3-10　三亚样品高应力区点蚀坑内微裂纹形貌

(a)30 天；(b)90 天；(c)180 天；(d)270 天

3.2.4　青岛环境应力部分点蚀坑的统计结果

同无应力部分不同的是，在青岛浪花飞溅区，U 形弯高应力部分和低应力部分的归一化统计结果较为一致，如图 3-11 和图 3-12 所示。在不同的相对深度上，点蚀的分布状况基本一致。E690 钢高应力区和低应力区在青岛浪花飞溅区均匀腐蚀和点蚀的发展较为一致。但是随着时间的延长，可以看出在高应力区，x 值较小、点蚀较浅处，横截面积有所减少。这说明了 E690 钢在青岛环境受应力的作用，点蚀向深处的发展较强。综合前文的分析，点蚀深处 SO_4^{2-} 的再生机理同较强的酸化作用促进了高应力处的点蚀向深处的发展。

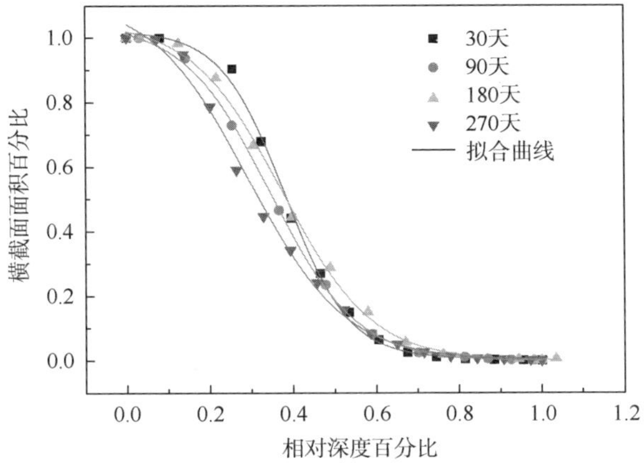

图 3-11　青岛样品高应力部分的麦克斯韦-玻尔兹曼统计和拟合结果

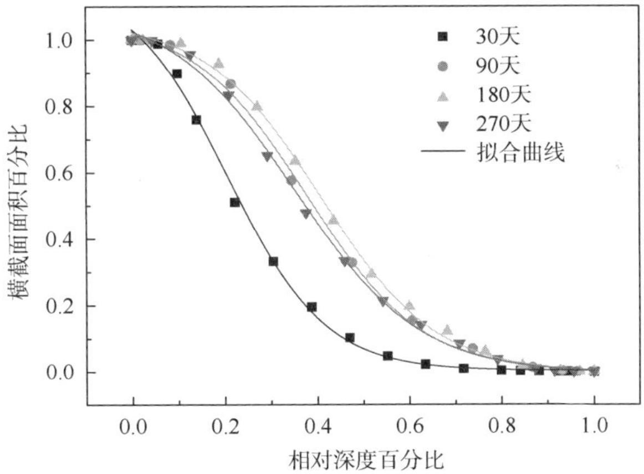

图 3-12　青岛样品低应力部分的麦克斯韦-玻尔兹曼统计和拟合结果

表 3-4 是图 3-11 的点蚀统计的玻尔兹曼累计分布拟合结果。其中，x_0 表示横截面面积变化最大处的位置，最多点蚀在此消亡。可以看出，随着时间的延长，较多点蚀开始在点蚀坑较浅处消亡，同上文分析相一致，E690 钢高应力部分在青岛浪花飞溅区点蚀向深处发展。

表 3-4　青岛样品高应力部分的拟合数值结果

模型	玻尔兹曼统计			
方程	$y = A_2 + (A_1 - A_2)/\{1 + \exp[(x - x_0)/dx]\}$			
		数值	标准差	方差
C5-I 30 天	A_1	1.02258	0.01596	0.99746
	A_2	0.00505	0.00866	
	x_0	0.38178	0.00504	
	dx	0.07629	0.00442	
C5-I 90 天	A_1	1.04562	0.00977	0.99952
	A_2	−0.00237	0.00427	
	x_0	0.34547	0.00364	
	dx	0.10281	0.00326	
C5-I 180 天	A_1	1.05038	0.01699	0.99826
	A_2	0.000451	0.00856	
	x_0	0.37439	0.00651	
	dx	0.10736	0.00583	
C5-I 270 天	A_1	1.12281	0.04069	0.99557
	A_2	0.001	0.01186	
	x_0	0.29411	0.01168	
	dx	0.11568	0.00912	

图 3-12 是 E690 钢低应力部分点蚀坑归一化的统计结果，从图中可以看出，在深处点蚀发展的同时，低应力部分点蚀偏向于向均匀腐蚀发展的程度也比较高。表 3-5 的拟合结果中，x_0 的值在 90 天后变化不明显，同上述结果相一致。

表 3-5　青岛样品低应力部分的拟合数值结果

模型	玻尔兹曼统计			
方程	$y = A_2 + (A_1 - A_2)/\{1 + \exp[(x - x_0)/dx]\}$			
		数值	标准差	方差
C5-I 30 天	A_1	1.17156	0.04195	0.99767
	A_2	0.00272	0.00742	
	x_0	0.20709	0.01034	
	dx	0.10401	0.00698	

续表

模型	玻尔兹曼统计			
方程	$y = A_2 + (A_1 - A_2)/\{1 + \exp[(x - x_0)/dx]\}$			
		数值	标准差	方差
C5-I 90 天	A_1	1.06171	0.01988	0.99843
	A_2	−0.00266	0.01014	
	x_0	0.37845	0.00829	
	dx	0.12314	0.00801	
C5-I 180 天	A_1	1.05553	0.01546	0.99856
	A_2	0.00402	0.00934	
	x_0	0.40821	0.0062	
	dx	0.12261	0.00602	
C5-I 270 天	A_1	1.09938	0.02544	0.99813
	A_2	−0.0044	0.01009	
	x_0	0.3515	0.00877	
	dx	0.13369	0.00789	

3.2.5 三亚环境应力部分点蚀坑的统计结果

同青岛归一化后统计结果不同的是，如图 3-13 所示，三亚高应力、高塑性形变区域的点蚀坑在相对较浅位置保持了较为一致的规律，都有较大的横截面积；

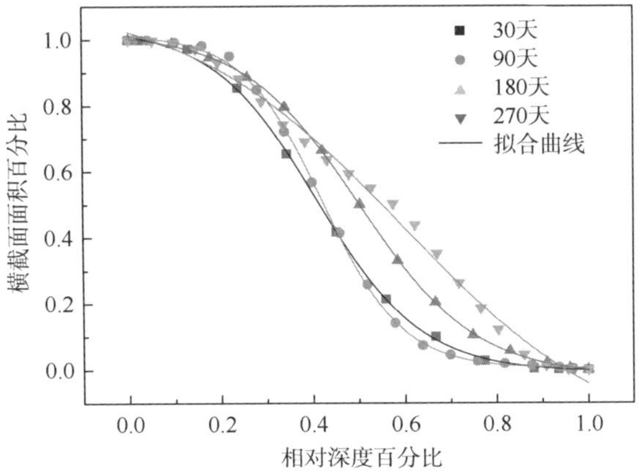

图 3-13 三亚样品高应力部分的麦克斯韦-玻尔兹曼统计和拟合结果

在点蚀坑的相对较深位置，点蚀坑的横截面积占比明显增加。这说明随着时间延长，在点蚀坑相对深度较深的位置腐蚀加剧。结合三亚样品的腐蚀形貌和无应力部分的分析，随着时间的延长，E690 钢在三亚浪花飞溅区环境较浅的点蚀逐渐连接成大的阳极溶解区域。

表 3-6 的玻尔兹曼分布的拟合结果中，x_0 的深度逐渐增加，也说明了随着时间的延长，浅处点蚀的发展程度较高，容易形成类似均匀腐蚀的阔点蚀坑，从而促进深处点蚀的发展。

表 3-6　三亚样品高应力部分的拟合数值结果

模型	玻尔兹曼统计			
方程	$y = A_2 + (A_1 - A_2)/\{1 + \exp[(x - x_0)/dx]\}$			
		数值	标准差	方差
C5-I 30 天	A_1	1.03683	0.00774	0.99962
	A_2	−0.0073	0.00461	
	x_0	0.40983	0.0033	
	dx	0.11301	0.00315	
C5-I 90 天	A_1	1.0158	0.00505	0.99954
	A_2	0.00425	0.00394	
	x_0	0.42225	0.00218	
	dx	0.08592	0.00199	
C5-I 180 天	A_1	1.02077	0.00347	0.99991
	A_2	−0.01904	0.00302	
	x_0	0.50208	0.00156	
	dx	0.12509	0.0016	
C5-I 270 天	A_1	1.12593	0.05118	0.99385
	A_2	−0.25403	0.08841	
	x_0	0.59545	0.0253	
	dx	0.23738	0.03158	

图 3-14 和表 3-7 是三亚样品低应力部分的统计和拟合结果，该部分数据略微离散，没有比较一致的规律。

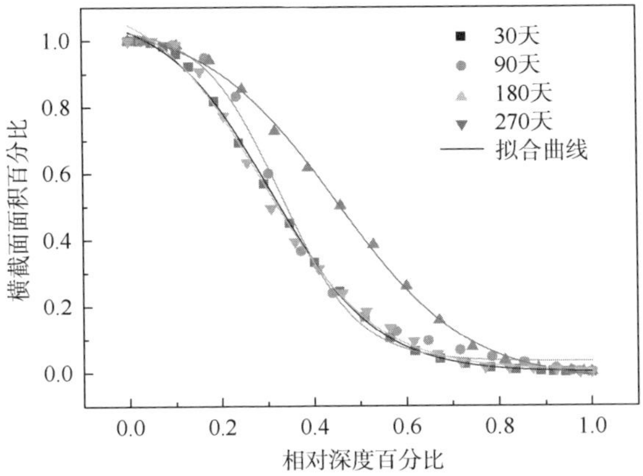

图 3-14 三亚样品低应力部分的麦克斯韦-玻尔兹曼统计和拟合结果

表 3-7 三亚样品低应力部分的拟合数值结果

模型	玻尔兹曼统计			
方程	$y = A_2 + (A_1 - A_2)/\{1 + \exp[(x - x_0)/dx]\}$			
		数值	标准差	方差
C5-I 30 天	A_1	1.09296	0.01313	0.99923
	A_2	−0.00122	0.00486	
	x_0	0.30827	0.00416	
	dx	0.11331	0.00356	
C5-I 90 天	A_1	1.04111	0.02496	0.99414
	A_2	0.03189	0.01151	
	x_0	0.3295	0.00845	
	dx	0.08332	0.00738	
C5-I 180 天	A_1	1.05824	0.01533	0.99867
	A_2	−0.0316	0.01059	
	x_0	0.45047	0.0062	
	dx	0.14163	0.00651	
C5-I 270 天	A_1	1.13716	0.03802	0.99579
	A_2	0.00465	0.0108	
	x_0	0.29248	0.01086	
	dx	0.11978	0.0084	

3.2.6　二维化处理的点蚀形貌图

借鉴表面粗糙度的测量方法，二维化的点蚀形貌图不仅可以直观体现出点蚀在相对深度的分布状况，还能直观表现出点蚀坑不同深度壁面的粗糙度，结果如表 3-8 所示。

表 3-8　二维化的点蚀形貌图

单元	青岛无塑变	青岛低塑变	青岛高塑变	三亚无塑变	三亚低塑变	三亚高塑变
30 天						
90 天						
180 天						
270 天						

从表 3-8 的结果可以直观观察到高应力区和低应力区点蚀分布的区别，高应力区的主峰明显下移，说明 E690 钢点蚀向深处发展受应力作用影响明显。由此也可见，青岛和三亚浪花飞溅区不同的离子浓聚状态，也导致了金属溶解速率的不同。

3.3　浪花飞溅区的点蚀机理与演化规律

3.3.1　E690 钢在浪花飞溅区的最大点蚀深度

E690 钢在青岛和三亚浪花飞溅区均发生非常严重的点蚀行为，最大点蚀深度如图 3-15 所示。塑性变形会促进点蚀产生与发展。虽然两种浪花飞溅区下 E690 钢的 SCC 都受阳极溶解和氢脆控制，但是两种侧重程度不同。在青岛浪花飞溅区腐蚀初期，应力对低合金钢点蚀的促进作用较为明显，但随着锈层的增厚，应力状态对最大点蚀深度的影响较弱。在三亚环境，应力状态的最大点蚀深度明显高于无应力状态。

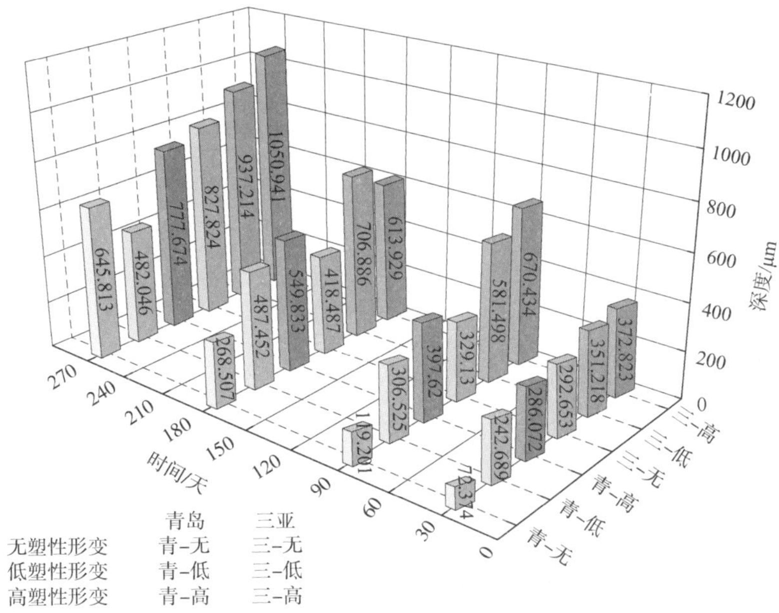

图 3-15　E690 钢在青岛和三亚浪花飞溅区受不同程度应力下的最大点蚀深度

3.3.2　E690 钢在浪花飞溅区点蚀形貌特征

将数据进行归一化，然后对统计的结果进行拟合，得到描述点蚀形态的特征值，结果如图 3-16 所示。

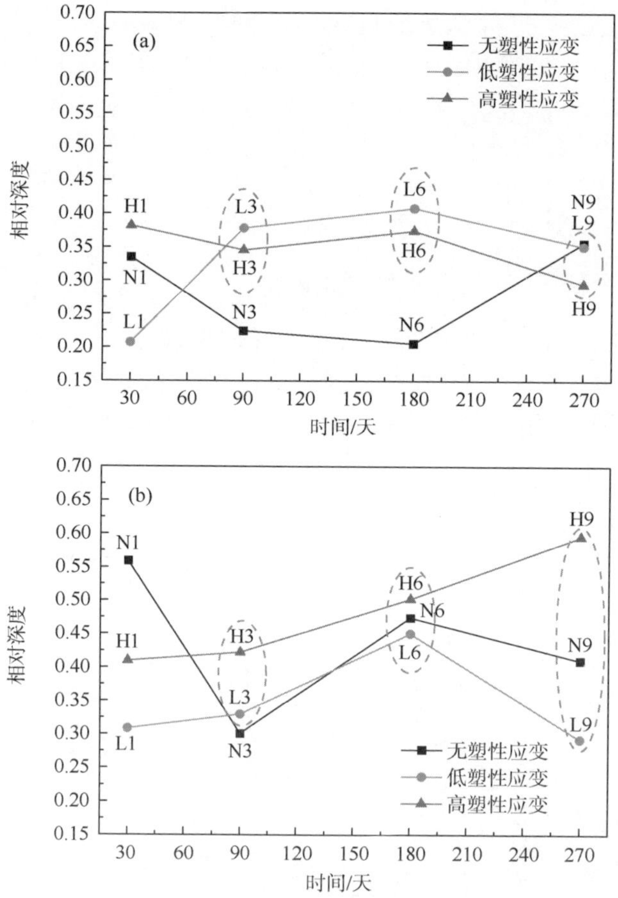

图 3-16　横截面积变化最大处的相对深度

(a)青岛；(b)三亚

对横截面积变化最大处的相对深度进行比较，可以明显发现，样品表面锈层较厚以后，横截面积变化最大处的相对深度的高应力区和低应力区在青岛和三亚比较的结果产生明显区别(虚线标出)。三亚环境高应力区点蚀明显向深发展，并且高应力区的深度随时间延长逐渐变深。在青岛环境中，低应力区的点蚀反而更倾向于向更深发展。在富氧条件下，酸的再生机理：

$$4FeSO_4 + O_2 + 6H_2O \longrightarrow 4FeOOH + 4H_2 + 4H_2SO_4 \tag{3-4}$$

$$2H_2SO_4 + 2Fe + O_2 \longrightarrow 2FeSO_4 + 2H_2O \tag{3-5}$$

在低应力区，由于高应力区金属溶解提供电子，反应(3-4)被抑制，从而低应力区锈层中 FeOOH 的含量降低，离子的浓聚和酸化的环境产生致密锈层，使点蚀向均匀发展的控制受限。低应力区更容易发生 Cl^-破坏锈层，增加金属表面粗糙度，促进点蚀向均匀腐蚀发展。因此低应力区酸化和应力集中减弱，最大点蚀深度比高应力区较浅，而且点蚀横截面积变化最大处较深。

图 3-17 是点蚀坑横截面积统计中，横截面积变化最大处的截面面积。$(A_1 + A_2)/2$ 的数值越小，表明以相对深度 x_0 处为分界线，比 x_0 深的点蚀所占横截面积越小，深处点蚀越为窄深。在三亚浪花飞溅区，E690 钢点蚀在高应力区横截面积变化最大处的面积明显小于低应力处，高应力区点蚀更为窄深。而青岛在 30 天锈层较薄时，样品高应力部分明显较窄且深，但是随着锈层厚度的增加，高应力区和低应力区的横截面积变化差别不明显。

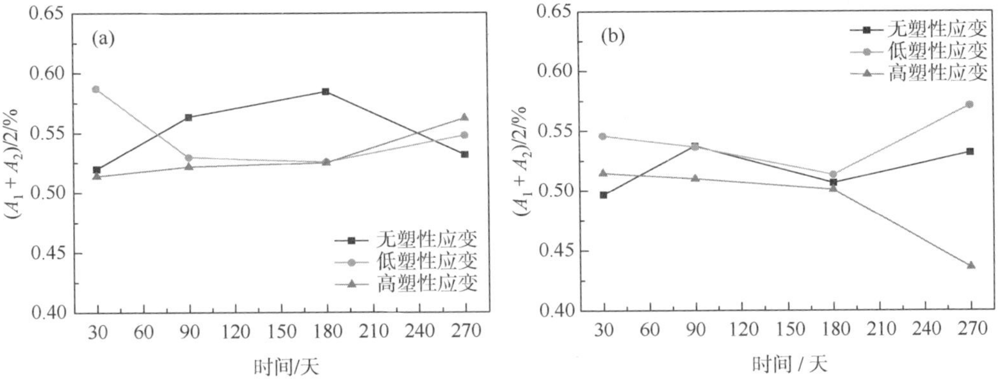

图 3-17　横截面积变化最大处的截面面积

(a)青岛；(b)三亚

图 3-18 是横截面积变化最大处 x_0 位置的截面面积变化率。沿深度发展，横截面积不断缩小，所以变化率为负值。该变化率的绝对值越大，说明在 x_0 处点蚀坑横截面积收紧越大，收紧越小的点蚀可以看作倾向于向均匀腐蚀发展。因此，可以看出，青岛样品高应力区在 x_0 处收紧更大，低应力区 x_0 深度的点蚀比高应力区更倾向于向均匀溶解方向发展。无应力区的点蚀向均匀腐蚀发展的程度较小，同表 3-2 所示结果相一致。三亚环境由于受高 Cl^- 浓度的影响，金属表面粗糙度较高，均匀腐蚀较为严重，所以横截面面积变化率的数值较青岛样品普遍较低。

综合以上研究结论，青岛和三亚浪花飞溅区 E690 钢的点蚀发展如图 3-19 所示。在青岛环境，低应力部分得到电子，抑制了保护性的 α-FeOOH 的形成，导致表面锈层容易被破坏，金属基材有相对较高的粗糙度，浅处的点蚀容易发生溶解；在高应力区，工业环境下的 SO_2 使得金属表面锈层较为致密，再加上含硫阴离子的存在抑制了 Cl^- 的富集，对致密锈层破坏较小。SO_4^{2-} 的再生机理加上点蚀深处的严重酸化，使得最大点蚀深度逐渐增加。

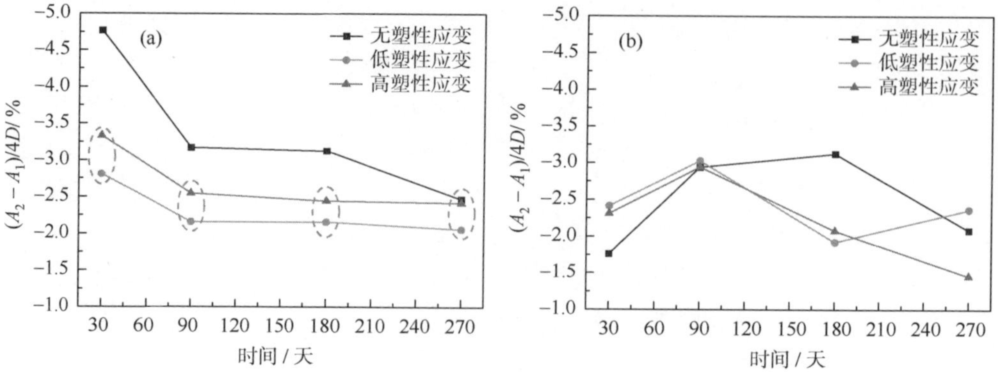

图 3-18　横截面积变化最大处截面面积的变化率

(a)青岛；(b)三亚

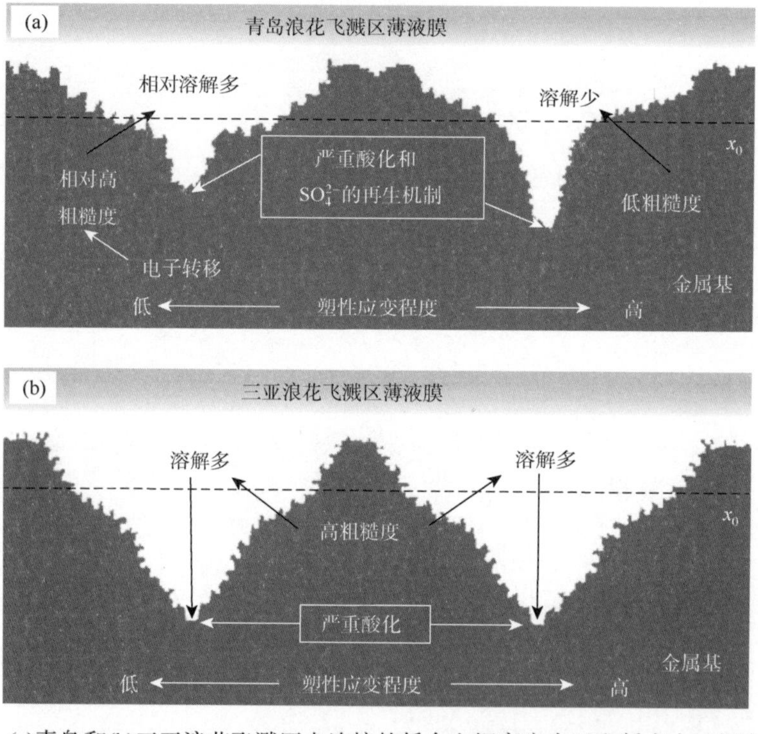

图 3-19　(a)青岛和(b)三亚浪花飞溅区电连接的低合金钢高应力区和低应力区阔点蚀特征

在三亚环境，Cl^-在锈层中的富集显著作用于高应力和低应力部分的金属基材，导致金属基材有较高的粗糙度，促进了金属基材的溶解。Cl^-与应力协同作用，再加上严重的酸化行为，出现了更深的点蚀。Cl^-与较高应力的协同作用促进点蚀向深处发展。

3.4　本 章 小 结

将青岛和三亚实海腐蚀点蚀坑的 3D 形貌进行降维处理，通过对降维后数据的分析，对受 C5-I 环境、C5-M 环境应力大小和阴极/阳极区域等多因素的协同作用对点蚀坑形貌的发展进行了研究，得出以下结论。

(1) E690 钢在青岛和三亚都发生了严重的点蚀行为，三亚的最大点蚀深度远大于青岛，但青岛最大点蚀深度增加较为迅速。

(2) 三亚环境锈层内高 Cl^-的富集使得金属表面有较高的粗糙度，促进了金属的阳极溶解，进而在阔点蚀深处发生更深的点蚀。

(3) 在受工业污染物 SO_2 影响的浪花飞溅区，金属表面锈层较为致密。青岛锈层内 Cl^-富集程度较为恒定，因此对致密锈层的破坏较少，腐蚀失重较低。但青岛浪花飞溅区钢的点蚀受锈层内 SO_4^{2-} 离子浓聚和再生机理控制，随着锈层厚度的增加，酸化不断严重，最大点蚀深度增加迅速。

(4) 应力作用促进 E690 钢在青岛和三亚浪花飞溅区的点蚀向深处发展。高应力状态在三亚环境的促进作用更为明显。

参 考 文 献

[1] Engelhardt G，Macdonald D. Unification of the deterministic and statistical approaches for predicting localized corrosion damage. I. Theoretical foundation[J]. Corrosion Science，2004，46(11)：2755-2780.

[2] Engelhardt G，Woollam R C，Macdonald D. Deterministic prediction of localized corrosion damage in oil and gas pipelines[J]. ECS Transactions，2013，50(31)：141-153.

[3] Laycock P，Cottis R，Scarf P. Extrapolation of extreme pit depths in space and time[J]. Journal of the Electrochemical Society，1990，137(1)：64-69.

第4章　浪花飞溅区离子浓聚对E690钢应力腐蚀机理的影响

通过前章的研究发现，海洋工程用 E690 钢在浪花飞溅区服役时，在构件表面发生了严重的离子浓聚现象，最终表现为表面有一层白色的盐层结晶。海水薄液会带着较高浓度的 Cl^- 到金属表面，工业污染海洋大气中的 SO_2 也会溶于薄液中。因此，这层盐层结晶成分十分复杂，在进一步的腐蚀进程中，盐层中的各种离子会扩散进入锈层中，甚至通过锈层，直接到达金属基体表面，并可能在基体与锈层界面处发生浓聚。这将大大提高金属基体表面的各种腐蚀性离子含量，使局部腐蚀环境迅速恶化，除了均匀腐蚀和点蚀外，也会诱发钢的应力腐蚀，导致应力腐蚀造成的海洋设备灾难性事故。

应力腐蚀开裂(stress corrosion cracking, SCC)是金属材料在应力和特殊环境腐蚀介质共同作用下发生的脆性开裂。现代工业发展过程中产生了大量的由应力腐蚀引起的突发和灾难性重大事故。1925 年，Moore 发现黄铜季裂现象的实质是黄铜在含氨的敏感环境介质中产生的沿晶型应力腐蚀，这是应力腐蚀案例首次在实验室的系统分析与科学认识。1967 年，Parkins 将力学与电化学测量方法相结合，建立了研究应力腐蚀机理与规律的主要方法，并对不同应力状态与介质协同作用的环境敏感断裂形式和体系进行了大量的研究，极大深化了对应力腐蚀规律与机理的认识。Parkins 是应力腐蚀研究与理论的主要奠基人。与此同时，随着应力腐蚀事故在石油化工、海洋工程、核电等领域中大量发生，应力腐蚀的研究呈放射状发展，逐渐成为材料腐蚀与防护学科中最有特色的研究体系之一。近年来，对应力腐蚀裂纹顶端微纳米尺度上的力学-化学行为与机理的研究也逐步展开。同时，认识到应力腐蚀现象也发生在非金属材料中，例如，高分子材料的环境开裂与金属的应力腐蚀有着同样的特征与规律。已提出的阳极溶解型应力腐蚀机理主要有如下几种：①滑移溶解机理或膜破裂理论；②择优溶解机理，包括沿晶择优溶解模型和隧道腐蚀模型；③介质导致解理机理；④腐蚀促进塑性变形导致 SCC 理论。关于氢脆机理，尚无统一认识。各种理论的共同点是：氢原子通过应力诱导扩散在高应力区富集，当富集的氢浓度达到临界值，使材料断裂。富集氢通过以下理论起作用：①氢压理论；②吸附氢降低表面能理论；③弱键理论；④氢促进局部塑性变形理论。

本章在室内选用含有不同 Cl^- 浓度和不同 SO_2 浓度的溶液，模拟实海浪花飞溅区的环境，采用慢应变速率拉伸试验，研究浪花飞溅区离子浓聚作用对 E690 钢的均匀腐蚀点蚀和应力腐蚀行为及其演化规律。

4.1　浪花飞溅区离子浓聚模拟试验方法

试验材料为 E690 钢,化学成分和组织形貌同前章。慢应变速率拉伸按照 GB/T 15970 标准制作，长度方向平行于材料轴向，如图 4-1 所示。

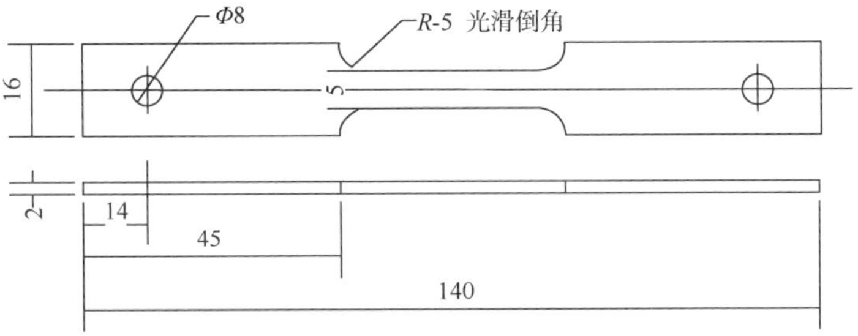

图 4-1　慢应变速率拉伸样品结构和尺寸(单位：mm)

试验环境 1 为 3.5%、7%、10.5%、14%、17.5%、21%、24.5%和饱和 NaCl 溶液。试验环境 2 为 7%的 NaCl 溶液加 0.1%、1%和 2%的 $NaHSO_3$ 溶液，pH 为 3。选用以上两组溶液环境用于模拟浪花飞溅区的离子浓聚环境。

拉伸试验在慢应变速率拉伸试验机上进行，拉伸应变速率为 $0.5\times10^{-6}s^{-1}$。试验温度为室温(25℃±1℃)。试验后先通过数码照相机采集断口宏观形状照片。采用扫描电镜对断口和裂纹形貌进行观察。

4.2　浪花飞溅区离子浓聚模拟应力腐蚀试验结果

4.2.1　不同 Cl^-浓度下 E690 钢的应力腐蚀行为

图 4-2 为不同浓度 NaCl 溶液下 E690 钢的慢拉伸应变(SSRT)试验后的样品宏观形貌和二次裂纹形貌。由宏观形貌可以看出，样品表面均发生了不同程度的腐蚀和应力腐蚀开裂。表面多为黄色的腐蚀产物和少量的黑色腐蚀产物。从除锈后的微观形貌来看，E690 钢在不同浓度 NaCl 溶液中腐蚀后，金属基材表面较为致密，二次微裂纹数量较少。在 NaCl 浓度为 21%时二次裂纹最明显。从断口侧面可以观察到明显的点蚀形貌，在 3.5%、7%、24.5%和饱和 NaCl 溶液中点蚀最为明显。

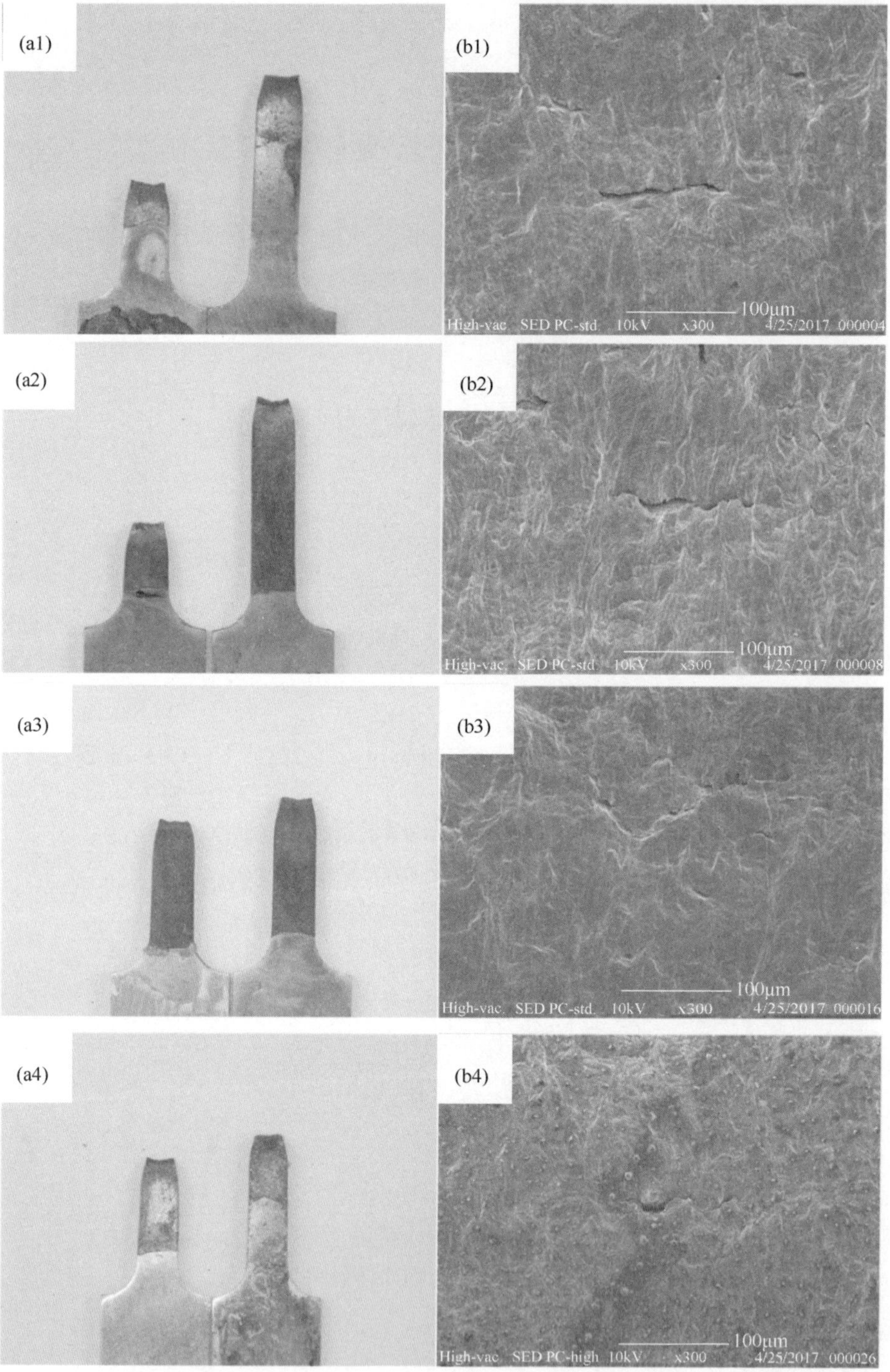
(a1)
(b1)
100μm
High-vac. SED PC-std. 10kV x300 4/25/2017 000004
(a2)
(b2)
100μm
High-vac. SED PC-std. 10kV x300 4/25/2017 000008
(a3)
(b3)
100μm
High-vac. SED PC-std. 10kV x300 4/25/2017 000016
(a4)
(b4)
100μm
High-vac. SED PC-high 10kV x300 4/25/2017 000026

图 4-2　不同浓度 NaCl 溶液环境下 E690 钢的 SSRT 断口侧面宏观形貌和微观形貌

(a)断口宏观形貌，(b)微观形貌；1. 3.5% NaCl，2. 7% NaCl，3. 10.5% NaCl，4. 14% NaCl，5. 17.5% NaCl，6. 21% NaCl，7. 24.5% NaCl，8. 饱和 NaCl

图 4-3 为 E690 钢拉伸断口的表面形貌和断口内部形貌。从断口表面形貌看出，断口宏观上出现明显的颈缩现象，说明 E690 钢在 NaCl 溶液中有一定的韧性特征。断口内部两侧出现韧窝特征，断口中部均出现较为平整的阶梯状形貌，呈现脆性断口特征，为解理和准解理形貌。

图 4-4 为 E690 钢在不同浓度 NaCl 溶液中的 SSRT 应力-应变曲线。可以看出，随着 NaCl 浓度的增加，屈服强度和抗拉强度略微有所增加。结合图 4-2 的断口形貌结果进行分析，断口形貌为凹盆状，剪切唇内有较多韧窝。裂纹起源于相内，裂纹宏观沿线分布，啮合较好，间隙小，裂尖较为尖锐。断口附近的残留塑性变形小，断口比较平直，扩展面不连续且为非标准解理面，断裂模式为含有脆性和韧性的准解理断裂。

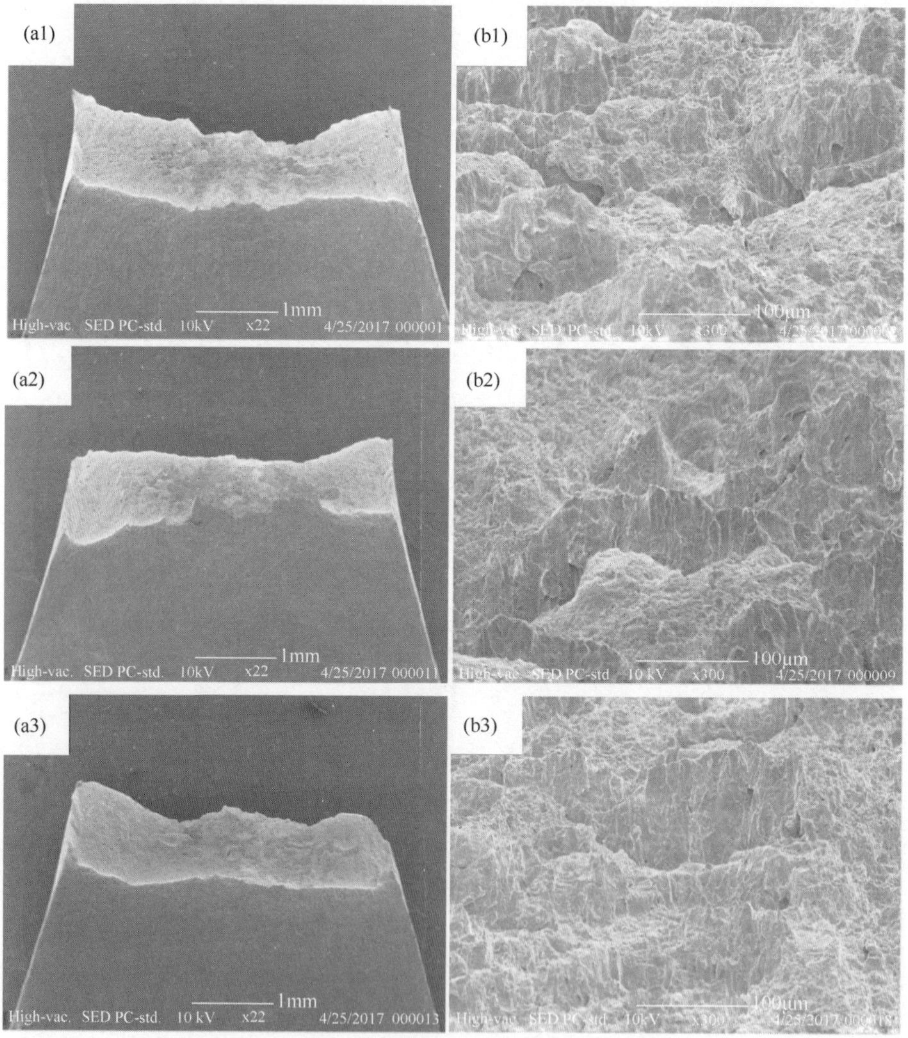

(a4)
1mm
High-vac.　SED PC-std.　10kV　x22　4/25/2017 000020
(b4)
100μm
(a5)
1 mm
High-vac.　SED PC-high　10 kV　x 22　4/25/2017 000004
(b5)
100 μm
(a6)
1 mm
High-vac.SED　PC-std.　10 kV　x 22　5/272017 000024
(b6)
(a7)
1 mm
High-vac.　SED PC-std.　10 kV　x 22　5/27/2017 000028
(b7)
100 μm

图 4-3　不同浓度 NaCl 溶液环境下 E690 钢的 SSRT 试验的断口微观形貌

(a)断口表面形貌，(b)断口内部形貌；1. 3.5% NaCl，2. 7% NaCl，3. 10.5% NaCl，4. 14% NaCl，5. 17.5% NaCl，6. 21% NaCl，7. 24.5% NaCl，8. 饱和 NaCl

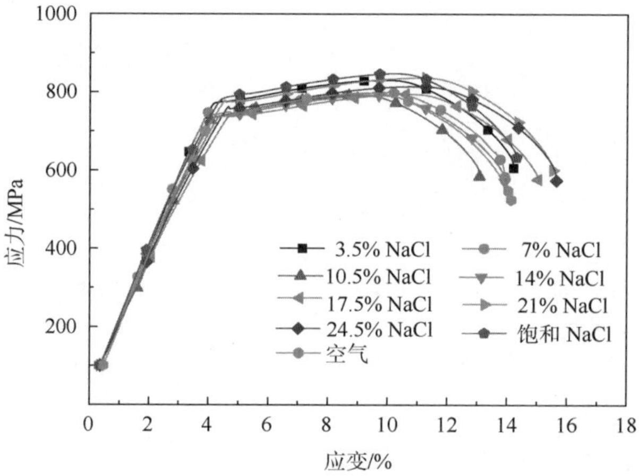

图 4-4　E690 钢在不同浓度 NaCl 溶液中的 SSRT 应力-应变曲线

将应力-应变曲线转化为真实应力-应变曲线，并根据范性形变宏观特征公式进行拟合：

$$\sigma = k\varepsilon^n$$

其中，k 为强化系数；ε 为应变；n 为应变硬化指数。结果如图 4-5 所示。

由表 4-1 塑性区的拟合结果可知，在 NaCl 浓度为 17.5%时，强化系数最低，$k = 17.49$。E690 钢在不同浓度 NaCl 溶液环境中的强化系数与应变硬化指数如图 4-6 所示。应变硬化指数变化不大，但与强化系数基本呈反比例关系。强化系数 k 主要同材料性能有关，应变硬化指数同材料与环境介质的作用较为密切。应变硬化指数表征了材料均匀形变的能力。

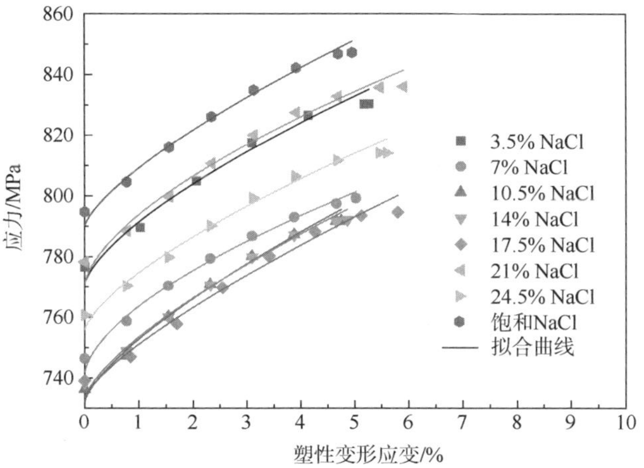

图 4-5　E690 钢在不同浓度 NaCl 溶液环境中塑性区的拟合

表 4-1　塑性区拟合结果

模型	回归分析			
方程	$y=a+b\times x^c$			
		数值	标准差	方差
3.5% NaCl	a	770.62108	0.22275	0.98377
	b	20.72211	0.22751	
	c	0.68307	0.0051	
7% NaCl	a	741.17657	0.1306	0.99195
	b	22.39953	0.1362	
	c	0.61153	0.00273	
10.5% NaCl	a	732.19015	0.14524	0.99094
	b	20.54065	0.15076	
	c	0.72229	0.00368	
14% NaCl	a	733.1421	0.12803	0.99053
	b	20.28825	0.13245	
	c	0.70995	0.00321	
17.5% NaCl	a	733.54162	0.18218	0.9838
	b	17.49198	0.17758	
	c	0.76033	0.00473	
21% NaCl	a	770.20988	0.22206	0.98201
	b	23.56839	0.22405	
	c	0.62196	0.00402	

续表

模型	回归分析			
方程	$y = a + b \times x^c$			
		数值	标准差	方差
24.5% NaCl	a	755.55396	0.15898	0.98756
	b	19.11533	0.15968	
	c	0.69484	0.00381	
标准 NaCl 溶液	a	789.81535	0.12713	0.99071
	b	19.33907	0.13069	
	c	0.71885	0.00331	

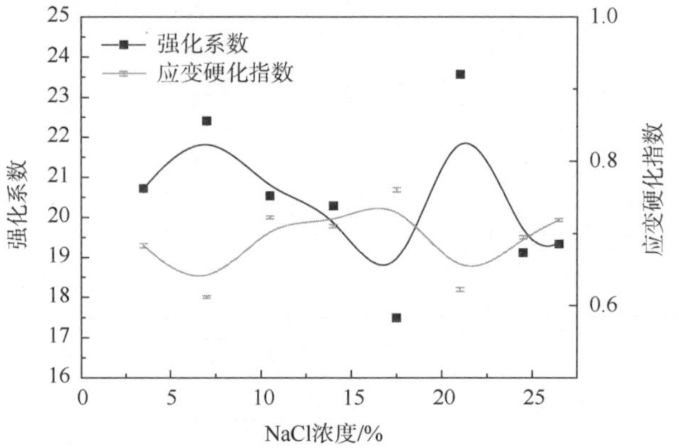

图 4-6　E690 钢在不同浓度 NaCl 溶液环境中的强化系数与应变硬化指数

由图 4-6 中可以看出，在 7%～17.5% NaCl 浓度区间，随着浓度的增加，E690 钢的应变硬化指数逐渐升高。在此区间，E690 钢的位错弹性有所提高，强化系数有所下降。

图 4-7 为断面收缩率的计算结果，从图中得出，E690 钢在不同浓度的 NaCl 溶液中保持了较高的韧性，Cl^-对 E690 钢在溶液中的 SCC 敏感性影响较小，在 14%和饱和 NaCl 溶液中 SCC 敏感性较高。

4.2.2　Cl^-和 SO_2 的协同作用下 E690 钢的应力腐蚀行为

图 4-8 为 7% NaCl + 不同浓度 $NaHSO_3$ 溶液环境下 E690 钢的 SSRT 断口侧面宏观形貌和微观形貌。由图 4-8 可以看出，样品表面均发生了不同程度的腐蚀，在 $NaHSO_3$ 浓度为 0.1%时，样品表面腐蚀较轻微，随着 $NaHSO_3$ 浓度的增加，表面锈层的颜色逐渐加深，锈层厚度增加。试样在 $NaHSO_3$ 浓度为 0.1%时断口边缘

有明显的二次裂纹形貌，随着 $NaHSO_3$ 浓度的增加，二次裂纹逐渐消失。

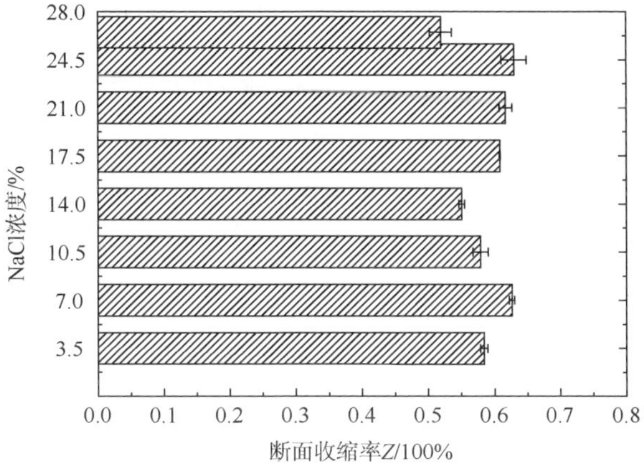

图 4-7　断面收缩率 Z

图 4-9～图 4-11 是 E690 钢在 7% NaCl + 不同浓度 $NaHSO_3$ 溶液中腐蚀性能变化情况。

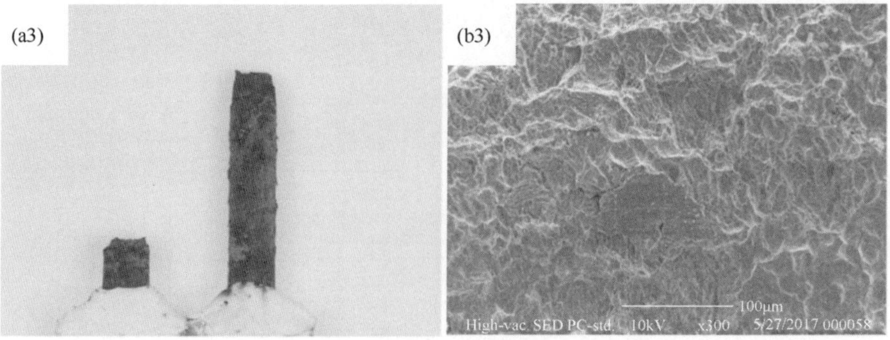

图 4-8　7% NaCl + 不同浓度 $NaHSO_3$ 溶液环境下 E690 钢的 SSRT 断口侧面宏观形貌和微观形貌

(a)断口宏观形貌，(b)二次裂纹形貌；1.0.1%$NaHSO_3$，2.1%$NaHSO_3$，3.2%$NaHSO_3$

由表 4-2 塑性区的拟合结果可以知道，在 $NaHSO_3$ 浓度为 0.1%时，强化系数最高，$k = 22.37$，应变硬化指数最低。E690 钢在 7% NaCl + 不同浓度 $NaHSO_3$ 溶液环境中的强化系数与应变硬化指数如图 4-12 所示。应变硬化指数变化不大，与强化系数基本呈反比例关系。强化系数 k 主要同材料性能有关，应变硬化指数和材料与环境介质的作用较为密切。应变硬化指数在 $NaHSO_3$ 浓度为 0.1%最低，说明材料均匀形变的能力较弱。

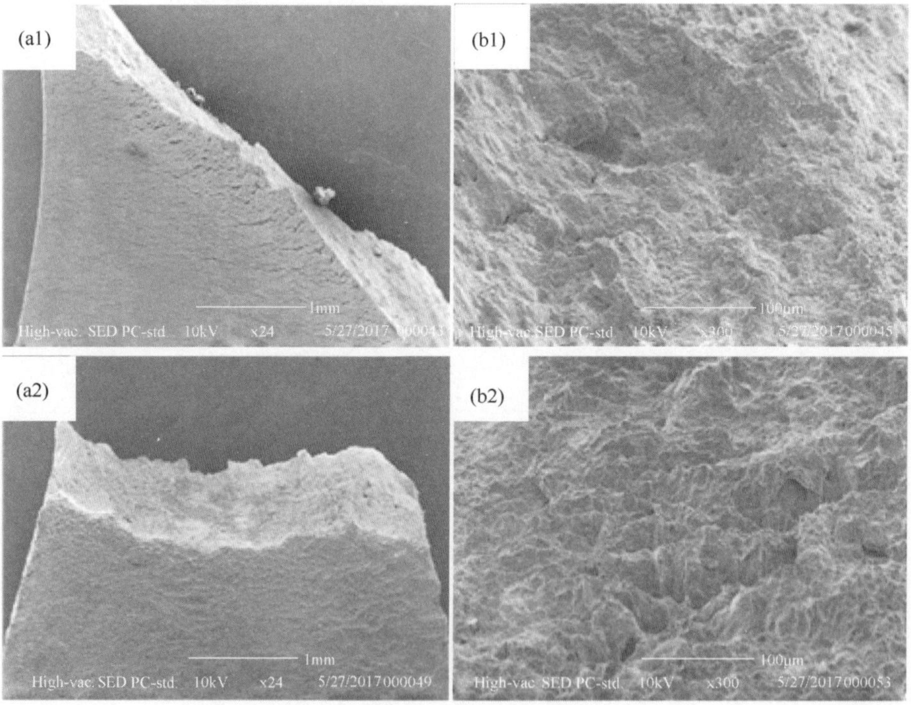

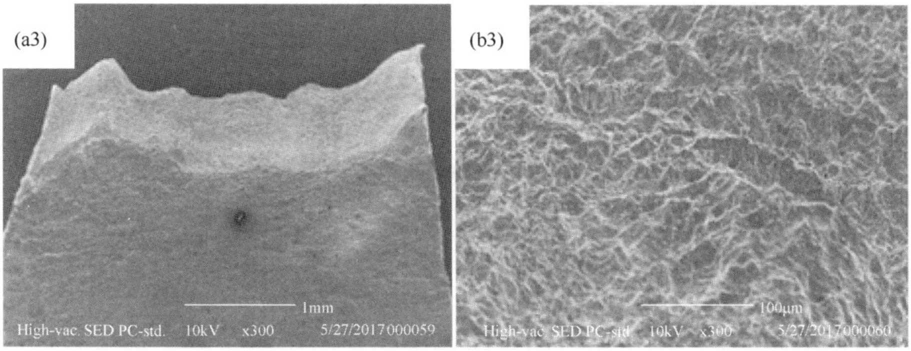

图 4-9　7% NaCl + 不同浓度 $NaHSO_3$ 溶液环境下 E690 钢的 SSRT 的断口微观形貌

(a)断口形貌，(b)二次裂纹形貌；1. 0.1% $NaHSO_3$，2. 1% $NaHSO_3$，3. 2% $NaHSO_3$

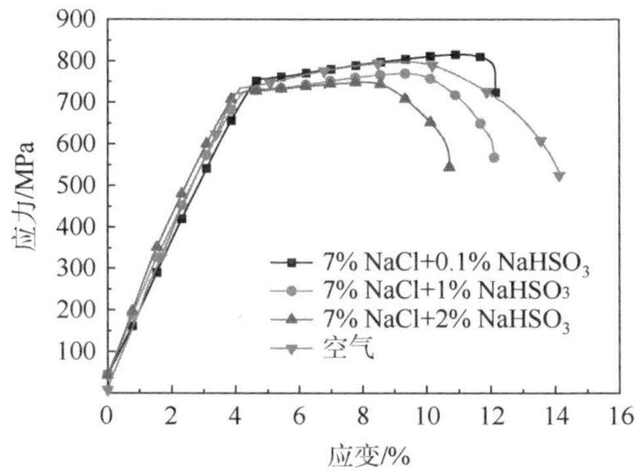

图 4-10　E690 钢在 7% NaCl + 不同浓度 $NaHSO_3$ 溶液中的 SSRT 曲线

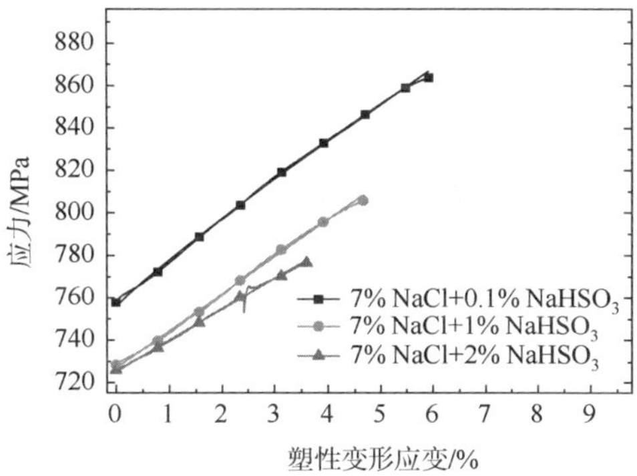

图 4-11　E690 钢在 7% NaCl + 不同浓度 $NaHSO_3$ 溶液环境中塑性区的拟合

表 4-2　塑性区拟合结果

模型	回归			
方程	$y = a + b \times x^c$			
		数值	标准差	方差
7% NaCl + 0.1% $NaHSO_3$	*a*	755.59689	0.06646	0.99588
	b	22.37705	0.06058	
	c	0.9023	0.00133	
7% NaCl + 1% $NaHSO_3$	*a*	726.98895	0.06824	0.99403
	b	17.42297	0.06613	
	c	1.00275	0.00219	
7% NaCl + 2% $NaHSO_3$	*a*	724.96173	0.0732	0.98601
	b	15.12542	0.0788	
	c	0.97563	0.00347	

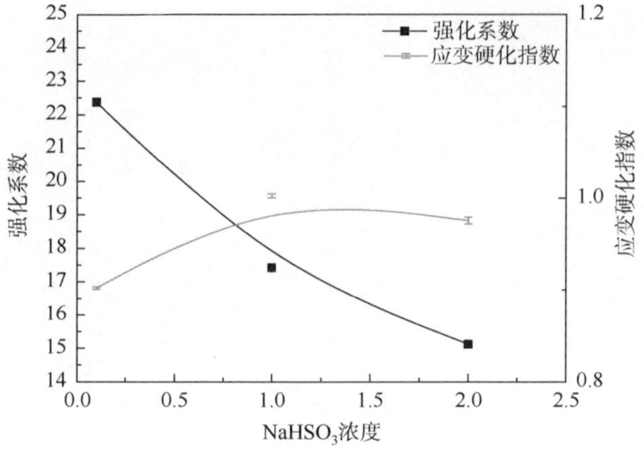

图 4-12　E690 钢在 7% NaCl+ 不同浓度 $NaHSO_3$ 溶液环境中的强化系数和应变硬化指数

从断口的断面形貌和侧面形貌来看，在 0.1% $NaHSO_3$ 溶液中，E690 钢显示出了很多的垂直于拉应力方向的微裂纹，裂纹平直且较深，在较高浓度的 $NaHSO_3$ 溶液中则没有出现此情况。这说明在低浓度 $NaHSO_3$ 中，E690 钢表面没有形成对金属有保护性作用的锈层，当 Cl^-、H^+、SO_2、O_2 等侵蚀性物质通过微裂纹进入基体表面时，不断促进裂纹中的局部阳极溶解。从图 4-13 的断面收缩率曲线来看，低浓度 $NaHSO_3$ 下 E690 钢有较高的 SCC 敏感性。因此在含有工业污染物 SO_2 的浪花飞溅区环境中，E690 钢发生应力腐蚀开裂的主要原因是溶液环境中的酸性物质作用于金属基材，促进了微裂纹的发展，从而引起应力腐蚀开裂。在较高浓度的 $NaHSO_3$ 溶液中，表面产生的致密锈层会阻止金属表面直接在酸性环境中产生大量的阳极溶解。

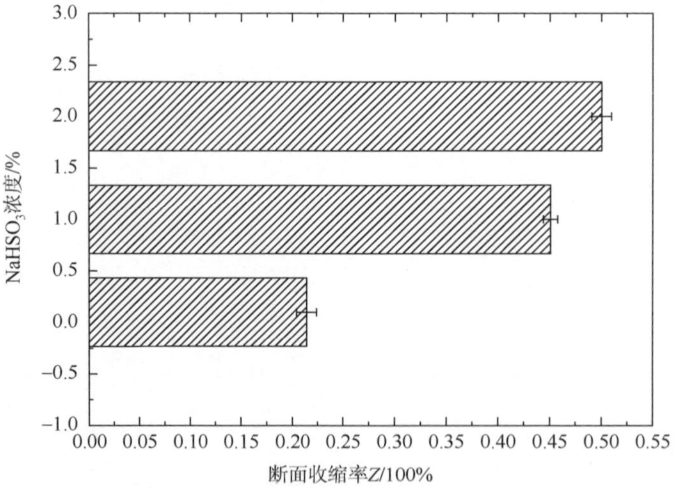

图 4-13　E690 钢在 7% NaCl+ 不同浓度 $NaHSO_3$ 溶液环境中的断面收缩率

4.3 离子浓聚对 E690 钢应力腐蚀的影响机理

低合金钢在浪花飞溅区受到海洋大气和海水环境中 Cl^-的影响，在工业污染海洋环境中还受到 SO_2的影响。两种物质都会在锈层中发生酸化，促进阳极溶解和氢脆的发生。从应变硬化指数来看，两种物质均能提高 E690 钢的均匀形变能力，Cl^-提高的区间为 7%～17.5%，SO_2随浓度的升高而提高了 E690 钢的均匀形变能力。E690 钢的均匀形变能力提高后抗拉强度也有变化。在 Cl^-环境中，SCC 敏感性在 14%时最高。在含 SO_2 环境中，高浓度的 SO_2 促使金属表面形成致密的 α-FeOOH，裂纹扩展得到了抑制。在含硫 0.01mol/L 的溶液中，由于形成的锈层较为疏松，腐蚀性物质不断进入金属基体，促进了金属的进一步腐蚀。因此，SO_2对浪花飞溅区的应力腐蚀有双重作用：在腐蚀初期促进了 SCC 裂纹的萌生，但随着时间延长，又通过形成致密的锈层从而抑制金属的进一步腐蚀。

在含硫的浪花飞溅区环境中，SCC 敏感性远大于不含硫的环境。不含硫环境中只有少量的点蚀坑和微裂纹。$NaHSO_3$对 SCC 裂纹的萌生具有明显促进作用，在低浓度的 $NaHSO_3$作用下，腐蚀性物质不断侵入金属表面，不断促进腐蚀和应力腐蚀开裂。

因此，对于 E690 钢在浪花飞溅区环境的腐蚀，在含工业污染物 SO_2的环境中更容易发生 SCC。即使在有涂装保护的海洋工程 E690 钢中，大气污染物 SO_2溶于涂层破损处的薄液中时，也会显著降低 E690 钢的耐蚀性能。

4.4 本 章 小 结

通过对 E690 钢在不同室内模拟浪花飞溅区环境下的 SSRT 试验，研究了不同浓度的 Cl^-与 Cl^-和 SO_2协同作用下，E690 钢 SCC 敏感性强化系数和应变硬化情况的变化情况，得到如下结论。

(1) 三亚浪花飞溅区海水薄液凝聚过程中产生的高浓度的 Cl^-，会加重均匀腐蚀，诱发 E690 钢点蚀和 SCC；工业污染海洋大气中的 SO_2溶于电解质薄液后，发生浓聚作用，使得 E690 钢 SCC 敏感性明显升高。

(2) E690 钢在 0.1% $NaHSO_3$浓度时，应变硬化指数最低，说明材料均匀形变的能力较弱，SCC 敏感性较高。SO_2对浪花飞溅区的应力腐蚀有双重作用：在腐蚀初期促进了 SCC 裂纹的萌生，但随着时间延长，又通过形成致密的锈层从而抑制了金属的进一步腐蚀。

第 5 章　E690 钢在模拟浪花飞溅区的应力腐蚀机理与演化规律

应力腐蚀开裂(SCC)是高强钢在海洋环境中使用时发生突发性破坏事故的主要形式之一。海洋工程用高强钢的工作环境恶劣，尤其是南海海域，高强钢长期服役于高温、高湿、高盐及其他腐蚀性介质的严酷复杂海洋环境中。其海洋大气区由于海洋环境的影响，湿度、温度、风速、昼夜和风霜雨雪变化剧烈，环境湿度大，干湿交替作用明显，金属表面的薄液膜很少稳定不变，呈现厚度和分布形态不断变化的动态性和分散性特征的干湿交替状态。而且其液膜中腐蚀性离子如 Cl^-等浓度高，使海洋工程用高强钢处于高 SCC 的敏感的干湿交替腐蚀环境中。加之海洋自身重量，工作应力、工作载荷及环境载荷极高，并且大量的焊接加工过程造成大量的残余应力存在，当这些应力高于临界值时，在环境和应力联合作用下，高强钢裂纹萌生并逐渐扩展，最终导致高强钢 SCC 现象发生。海洋工程目前大量使用的是低中碳配以适当合金元素和诸如淬火、回火等处理的低合金钢，这类钢具有一定的 SCC 敏感性，只要环境中有水甚至潮湿大气，均可引起破裂。

由于海洋环境干湿交替下高强钢的 SCC 危害极大，其已经成为广泛关注的重要问题之一。但目前对海洋环境干湿交替中的 SCC 研究还不充分，人们并没有认清干湿交替环境中 SCC 行为及影响因素，对干湿交替环境下的 SCC 机理及裂纹的扩展模式更没有清晰的认识。

本章通过周浸试验方法模拟我国西沙严酷海洋干湿交替环境，采用动电位极化交流阻抗法和恒位移试样长期干湿交替试验，研究 E690 钢在严酷海洋干湿交替环境下的 SCC 行为和机理，并对其裂纹扩展模式及腐蚀产物和锈层进行分析。

5.1　模拟浪花飞溅区的应力腐蚀试验方法

试验材料为 E690 钢，同前章。试验电化学试样为 $1cm^2$ 正方形试样，焊接导线后用环氧树脂密封留出 $1cm^2$ 工作面。恒位移应力腐蚀 C 形环及 U 形弯试样长度方向均平行于材料轴向。

采用周浸腐蚀试验箱，进行干湿交替试验，模拟南海海洋浪花飞溅区环境，中国南海海水含盐量约为 3.4%，水浴溶液选择 3.5% NaCl，pH = 7.5，中国南海海域气温可超过 25℃，某海域 2008～2011 年最高平均温度为 30.38℃，所以溶液温度为 30℃±2℃，干燥室温度为 30℃±2℃，下浸时间为 12min，上升时间为 48min。试验周期最长为 2880h。

电化学试验在多通道电化学工作站上进行，采用三电极体系，E690 钢原始材料和不同时长干湿交替试验后的试样为工作电极，饱和甘汞电极(SCE)为参比电极，Pt 片为对电极，试验溶液为 3.5% NaCl。EIS 试验从腐蚀电位开始，振幅约 10mV，频率为 0.01～10000Hz，动电位极化曲线扫描速率为 0.5mV/s。采用恒位移打孔 C 形环和 U 形弯试样干湿交替试验研究了 E690 钢 SCC 敏感性和裂纹扩展模式。恒位移应力腐蚀试样如图 5-1 所示，U 形弯试样是将平板试样正面中心位置打孔(孔直径为 2.17mm)，并将其压弯至张角 30°±1°，然后用螺栓加载至张角为 0°(U 形)。C 形环试样加载为屈服强度的 90%，并在顶端中心位置打孔(孔直径为 2.17mm)。将螺栓部位用硅胶密封试样表面除油后，进行不同时长的干湿交替试验，在不同时长干湿交替试验后先用体视显微镜观察试样表面的腐蚀产物形貌；并收集腐蚀产物，采用 XRD 和 EDS 进行腐蚀产物成分及锈层分析，对干湿交替 2880h 之后的试样进行锈层分析；之后切取待观察部位，去除腐蚀产物，用扫描电子显微镜对试样表面及裂纹形貌进行观察。

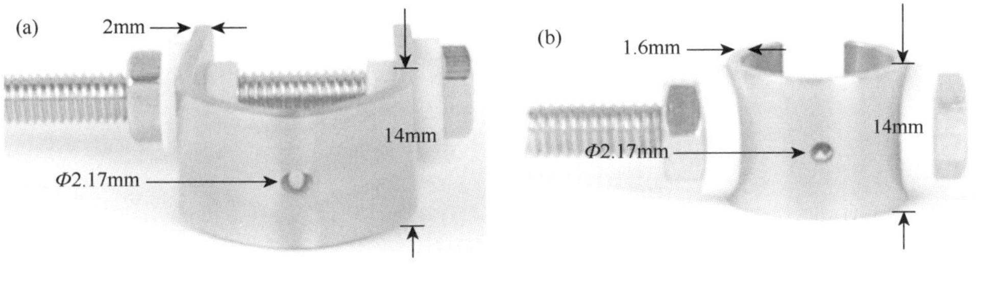

图 5-1　恒位移应力腐蚀试样结构

(a)U 形弯试样；(b)C 形环试样

5.2　模拟浪花飞溅区的应力腐蚀试验结果

5.2.1　干湿交替环境下 E690 钢电化学行为

图 5-2 为不同时长干湿交替后带锈 E690 钢的动电位极化曲线，由图可见，不同时长干湿交替后 E690 钢电化学行为有明显的差异，随干湿交替时间的延长，阳极电流密度逐渐减小，阴极电流密度逐渐增大，而阴极电流密度增大会极大地促进析氢作用的发生，进而促进氢致 SCC 的发生。图 5-3 为不同时长干湿交替后

E690 钢的腐蚀电流密度和腐蚀电位，由图可知，试样的腐蚀电流密度先增大后减小；腐蚀电位先减小后增大，说明在干湿交替初期，形成的腐蚀产物对 E690 钢的腐蚀有促进作用，当腐蚀产物达到一定厚度和结构时，对基体本身有一定的保护作用，使其耐腐蚀性能增加，但在锈层底部，Cl^-浓度增加，易使局部酸性提高，并形成点蚀，在拉应力的作用下，可能引起 SCC 现象的发生。这与实海腐蚀试验完全一致。

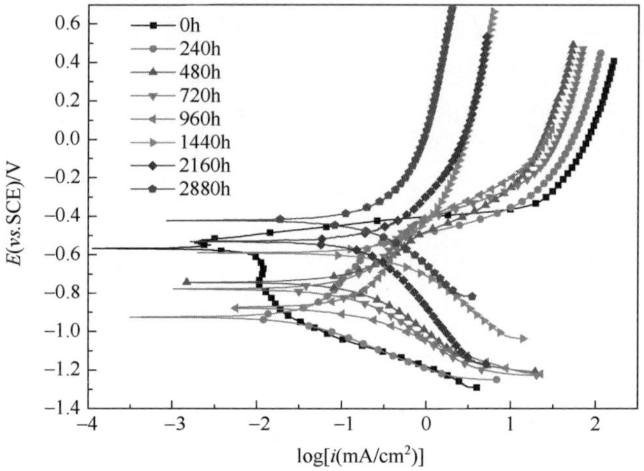

图 5-2　不同时长干湿交替后 E690 钢的动电位极化曲线

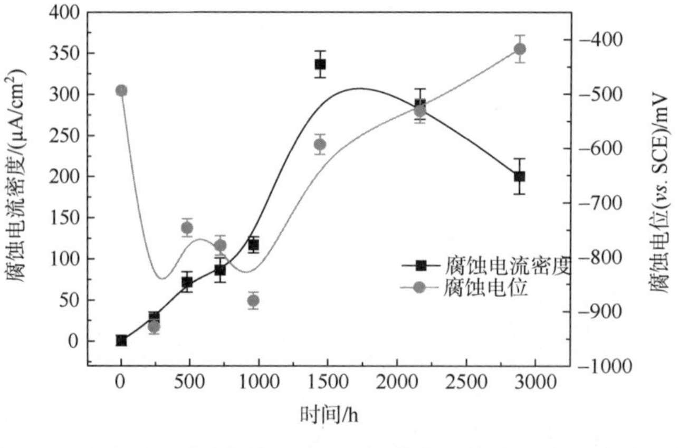

图 5-3　不同时长干湿交替后 E690 钢的腐蚀电流密度和腐蚀电位

图 5-4 为不同时长干湿交替后带锈 E690 钢的 Nyquist 图，由图可见，不同时长干湿交替后带锈试样阻抗谱虽都呈单一容抗弧特征，但随干湿交替时间的延长，电化学阻抗弧的半径先减小后增大。与动电位极化曲线测量结果一致，

说明其锈层初期对 E690 钢的腐蚀有一定的促进作用，但随时间的延长，锈层对基体起到了一定的保护作用，减缓了其腐蚀，这对 SCC 也会产生很大的影响。其等效电路图如图 5-5 所示，$R_{outerlayer}$、$C_{outerlayer}$ 分别为外锈层电阻、电容，$R_{innerlayer}$、C 分别为内锈层电阻、电容，Q 为常相位角，R_{ct} 为电荷转移电阻，Z_w 为扩散阻抗。

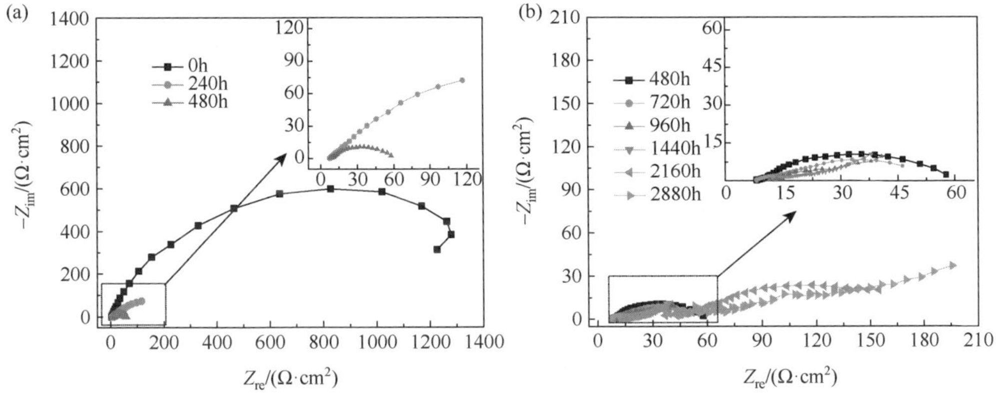

图 5-4　不同时长干湿交替后带锈 E690 钢的 Nyquist 图

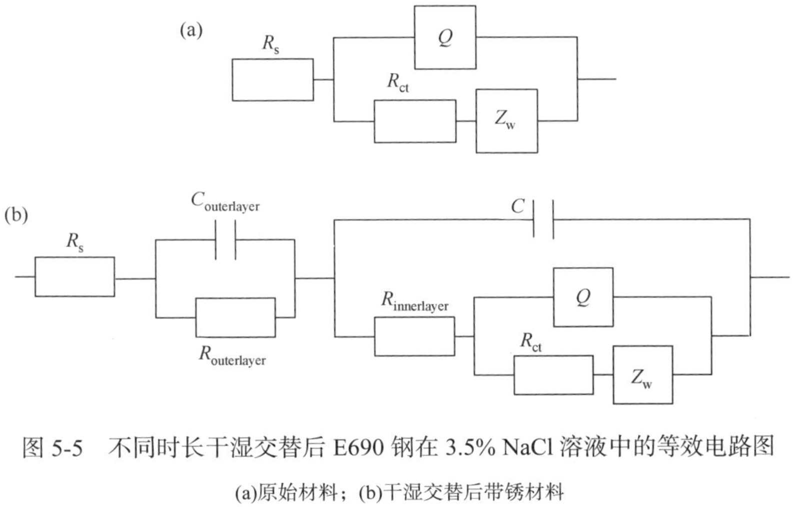

图 5-5　不同时长干湿交替后 E690 钢在 3.5% NaCl 溶液中的等效电路图

(a)原始材料；(b)干湿交替后带锈材料

5.2.2　干湿交替环境下 E690 钢的应力腐蚀行为

采用恒位移 C 形环和 U 形弯试样对 E690 钢在海洋干湿交替环境下的 SCC 行为和敏感性进行研究，图 5-6 为 2880h 干湿交替后 E690 钢恒位移应力腐蚀试样宏观形貌，可以看出，恒位移 C 形环和 U 形弯表面都有大量的腐蚀产物生成，锈层中都有白色的 NaCl 颗粒存在，两种试样没有明显的区别。图 5-7、图 5-8 分别为不同时长干湿交替后 C 形环和 U 形弯试样的腐蚀产物形貌图，由图可以看出两种试样的腐蚀形貌没有明显的差异，随干湿交替时间的延长，试样表面的腐蚀产物都逐渐增多，试验后期大量疏松的腐蚀产物沉积在试样表面；白色的 NaCl 颗粒逐渐增多；试样顶端的圆孔逐渐被腐蚀产物覆盖，720h 时已无法观察到圆孔；试样表层腐蚀产物整体疏松，这有利于 NaCl 颗粒的沉积和穿透，NaCl 沉积在试样表面，极易造成酸化和点蚀等腐蚀现象的发生，在拉应力的作用下，导致 SCC 的发生。

采用 C 形环试样研究了海洋干湿交替环境下 E690 钢的 SCC 行为，图 5-9 为不同时长干湿交替后 E690 钢 C 形环顶端的表面形貌，由图可知，随时间延长，试样表面的腐蚀逐渐加剧，720h 后大量腐蚀坑产生，并且逐渐增多变大，从 C 形环顶端可以观察到，在圆孔顶端的应力集中区域，腐蚀现象明显加剧，720h 后此现象尤为突出，应力集中区域形成了腐蚀槽，这说明在模拟海洋干湿交替环境下，应力能促进 E690 钢的阳极溶解，加速腐蚀。

采用 U 形弯试样进一步研究了海洋干湿交替环境下 E690 钢的 SCC 敏感性，图 5-10 为不同时长干湿交替后 E690 钢 U 形弯顶端的表面形貌，可以看出，随时间延长，试样表面的腐蚀逐渐加剧，480h 后大量腐蚀坑产生，720h 时试样圆孔顶端观察到大量的微裂纹，960h 时圆孔顶端可以观察到明显的 SCC 裂纹，之后随时间的延长，圆孔顶端裂纹的宽度和深度逐渐增加，这说明在模拟海洋干湿交替环境下，E690 钢具有一定的 SCC 敏感性。大多数裂纹都发生在 U 形弯圆孔顶端的应力集中区域，并且随时间的延长，顶端应力集中区域腐蚀现象明显加剧，形成了腐蚀槽，这说明在模拟海洋干湿交替环境下，应力能促进 E690 钢的阳极溶解和 SCC 现象的发生，而阳极溶解也进一步促进了 E690 钢的 SCC。

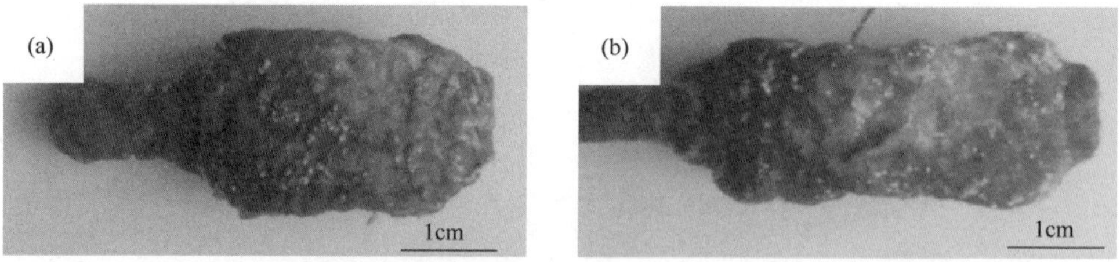

图 5-6　2880h 干湿交替后 E690 钢恒位移应力腐蚀试样宏观形貌

(a)C 形环；(b)U 形弯

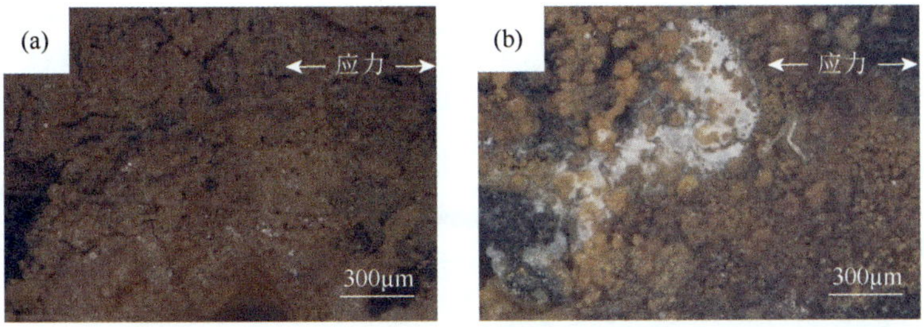

图 5-7　不同时长干湿交替后 E690 钢 C 形环试样的腐蚀产物形貌

(a)120h；(b)2880h

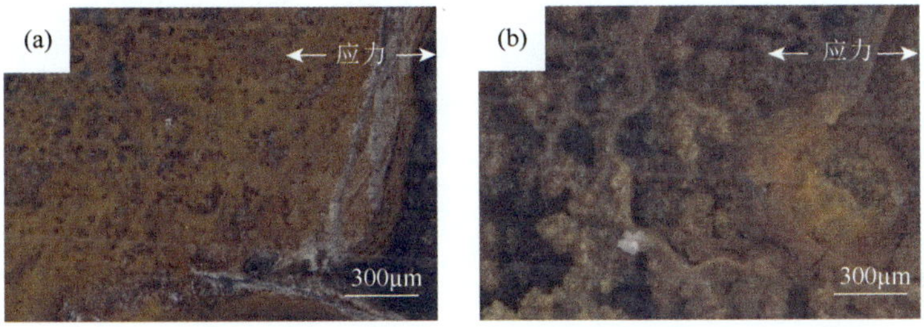

图 5-8　不同时长干湿交替后 E690 钢 U 形弯试样的腐蚀产物形貌

(a)120h；(b)2880h

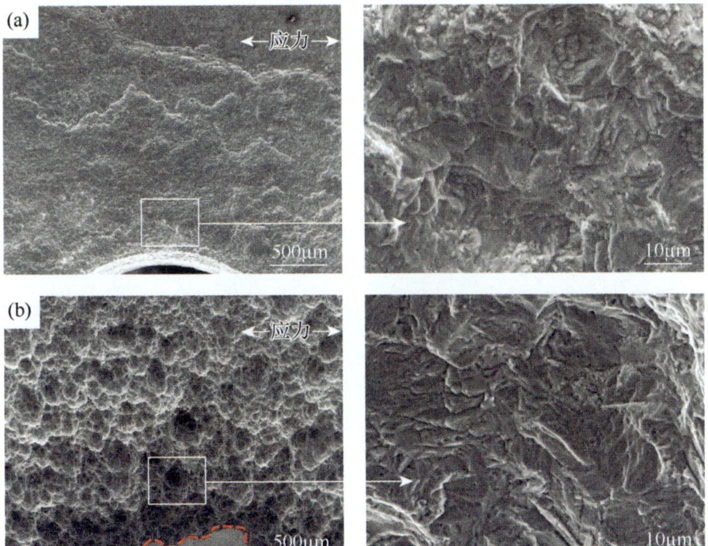

图 5-9　不同时长干湿交替后 E690 钢 C 形环顶端的表面形貌

(a)720h；(b)2160h

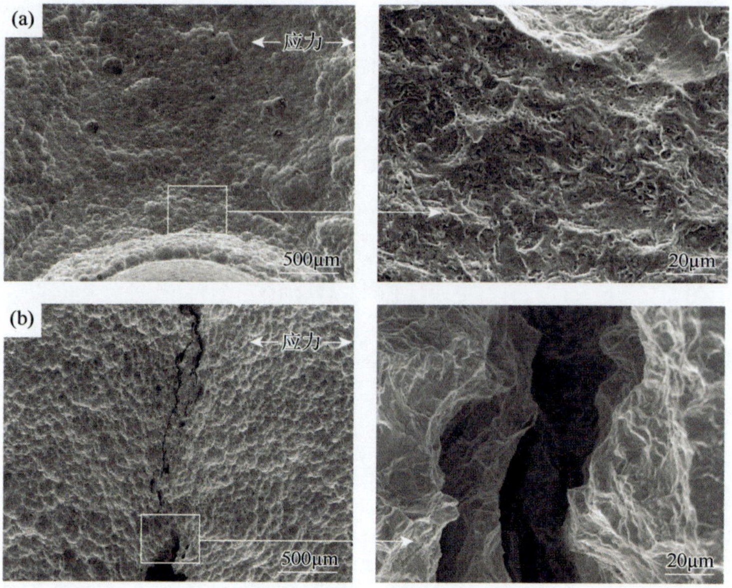

图 5-10 不同时长干湿交替后 E690 钢 U 形弯顶端的表面形貌

(a)240h；(b)2880h

5.2.3 干湿交替环境下 E690 钢腐蚀产物

采用 EDS 和 XRD 分析方法，对模拟海洋干湿交替环境中，不同时长干湿交替下 E690 钢的腐蚀产物进行分析。图 5-11 为 2880h 干湿交替后 E690 钢腐

元素	质量分数/wt%	原子百分比/at%
OK	19.72	42.55
CrL	12.77	8.48
FeL	47.61	29.43
NiL	0.64	0.38
CuL	0.00	0.00
NaK	2.42	3.63
SiK	5.80	7.13
MoL	2.49	0.90
ClK	6.20	6.04
MnK	2.35	1.48

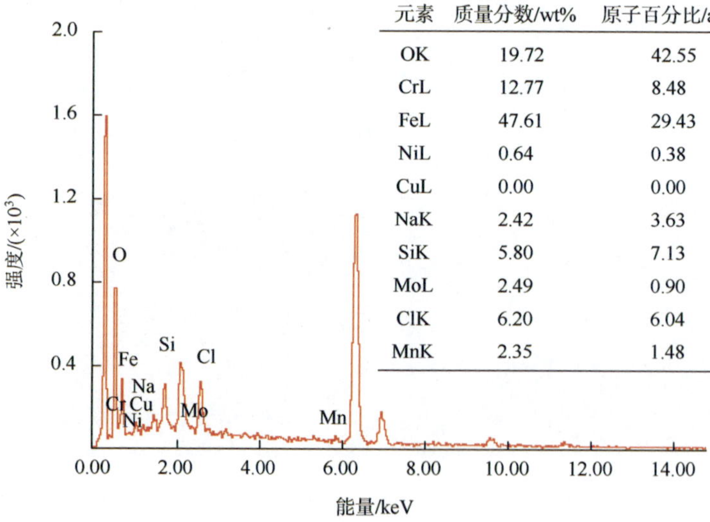

图 5-11 2880h 干湿交替后 E690 钢腐蚀产物的 EDS 分析

蚀产物的 EDS 分析，可以看出，腐蚀产物以 Fe 的氧化物为主，还有部分 Cl^- 存在。图 5-12 为不同时长干湿交替后 E690 钢恒位移试样的腐蚀产物的 XRD 分析，由图可以看出 U 形弯与 C 形环在模拟海洋干湿交替环境下的腐蚀产物基本相同，没有明显的区别；都由 Fe_3O_4、α-FeOOH、β-FeOOH、γ-FeOOH、FeOCl 组成；而且随干湿交替时间的延长，腐蚀产物的种类没有发生明显的变化，基本稳定。大量研究表明，腐蚀产物层的种类对金属材料的耐腐蚀性能有很大的影响，Fe_3O_4 相对疏松，腐蚀性粒子 Cl^- 等容易穿过其到达基体表面，引

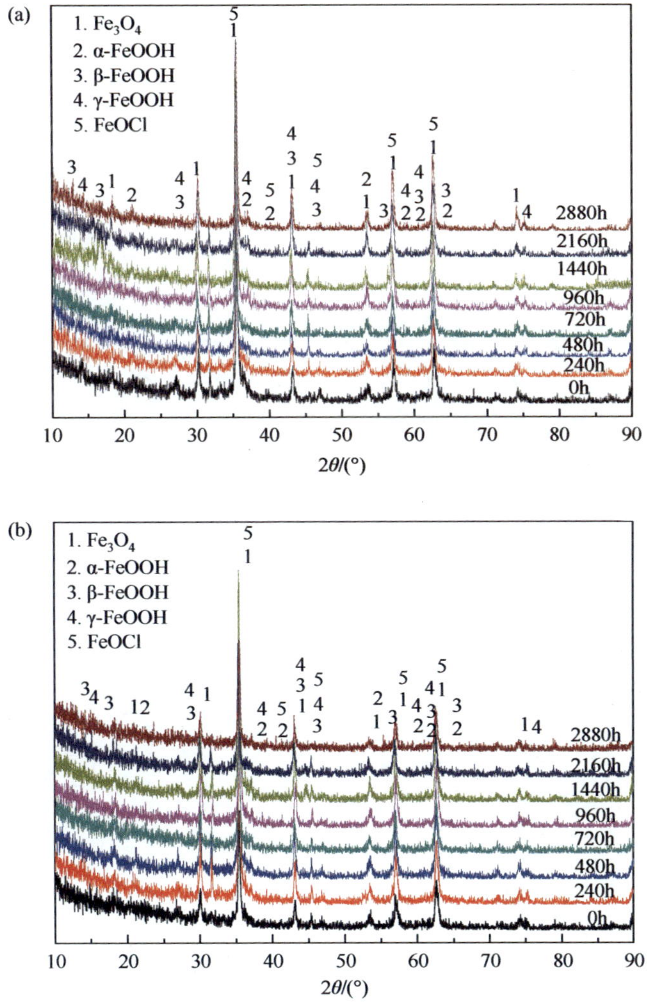

图 5-12　不同时长干湿交替后 E690 钢恒位移试样的腐蚀产物的 XRD 分析

(a)U 形弯；(b)C 形环

起基体表面 Cl^-浓度的增加，造成酸化，诱发 SCC；另外，β-FeOOH 的生成，有利于抑制材料的阳极过程，而促进材料的阴极反应过程，这也与电化学试验结果相一致，随着干湿交替时间的延长，E690 钢的阴极电流逐渐增大，阳极电流逐渐减小，阴极反应的加强，促进了阴极析氢过程，而氢进入金属内部容易导致 SCC 的发生。

5.3　模拟浪花飞溅区的应力腐蚀机理与演化规律

5.3.1　海洋干湿交替环境下应力腐蚀行为

通过对海洋干湿交替环境下 E690 的 SCC 研究发现，E690 钢存在一定的 SCC 敏感性，并且其 SCC 与阳极溶解有关(图 5-10)。如图 5-13 所示，对恒位移 U 形环试样进行进一步的观察，可以发现无论裂纹的萌生还是扩展，都与阳极溶解有关，从图 5-13(a)和(b)可以看出，阳极溶解的点蚀坑内有明显的裂纹萌生，而在裂纹的扩展阶段[图 5-13(c)和(d)]，裂纹的扩展路径上有明显的阳极溶解的点蚀坑，

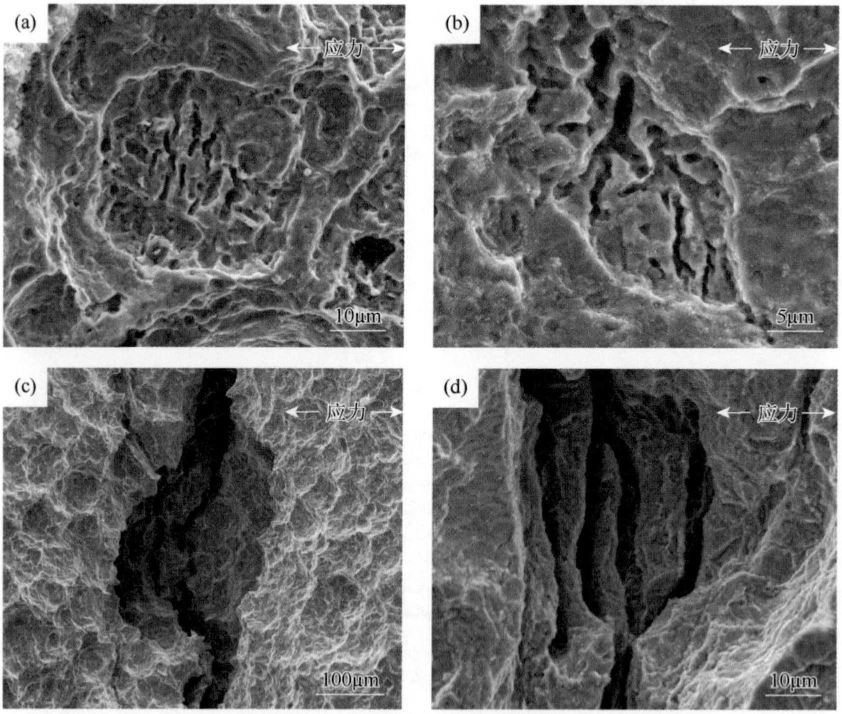

图 5-13　海洋干湿交替环境下 E690 钢阳极溶解诱发应力腐蚀开裂

(b)图(a)局部放大形貌；(d)图(c)局部放大形貌

这主要是因为在干湿交替环境下，阳极溶解产生点蚀，点蚀内部应力集中，形成裂纹源。在阳极溶解的同时，点蚀坑内部发生局部酸化，导致该区域氢浓度升高，阴极析氢电流密度大大增加，而析氢电流密度的增加，也会促进氢致裂纹的发生。阳极溶解及阴极析氢作用共同促进了裂纹的萌生和扩展，而应力及析氢作用也进一步加大了材料表面的阳极溶解作用。因此，E690 高强钢在模拟海洋干湿交替环境下 SCC 的机理为阳极溶解为主、氢脆为辅的混合控制模式。

为确定 E690 钢在海洋干湿交替环境中的 SCC 裂纹的扩展模式和机理，将 U 形弯试样垂直于裂纹沿圆孔顶端横截面切开，进行观察。E690 钢在模拟海洋干湿交替环境下的裂纹扩展形貌见图 5-14，由图可见，随干湿交替时间的延长，裂纹逐渐增大；各时长干湿交替后，裂纹都为典型的穿晶扩展模式；并且在裂纹扩展的各个阶段，裂纹萌生处都有明显的局部阳极溶解现象(点蚀)，裂纹都萌生于点蚀坑内，随时间的延长，点蚀坑逐渐增大。而同上所述，点蚀坑内的局部酸化，也会加大阴极析氢电流密度的增大(图 5-2)，从而促进氢致裂纹的发生。这更进一步说明，模拟海洋干湿交替环境中 E690 钢 SCC 的机理为阳极溶解为主、氢脆为辅的混合控制机理。

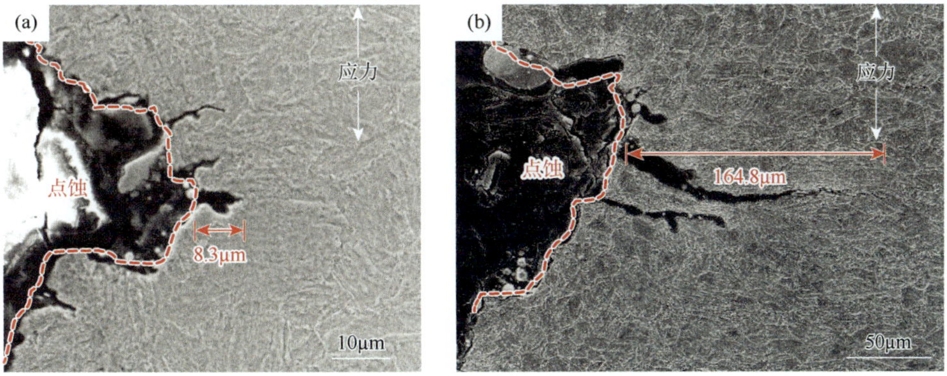

图 5-14　E690 钢在模拟海洋干湿交替环境下的裂纹扩展形貌

(a)960h；(b)2880h

结合图 5-14，对模拟海洋干湿交替环境下的 E690 钢的裂纹扩展模式进行进一步的分析，图 5-15 为 E690 钢在模拟海洋干湿交替环境下的裂纹扩展模式，从图 5-15(a)可知，随时间延长，裂纹扩展长度逐渐增大，在裂纹扩展初期，裂纹扩展长度稳定增长，在 2160h 后，裂纹扩展长度快速增大；从图 5-15(b)可知，裂纹扩展初期，裂纹扩展速率基本稳定，在 2160h 后，裂纹扩展速率快速增大，2400h 后尤为明显。这说明在模拟海洋干湿交替环境下，E690 钢裂纹扩展速率基本稳定，在材料失稳后，裂纹发生快速扩展。

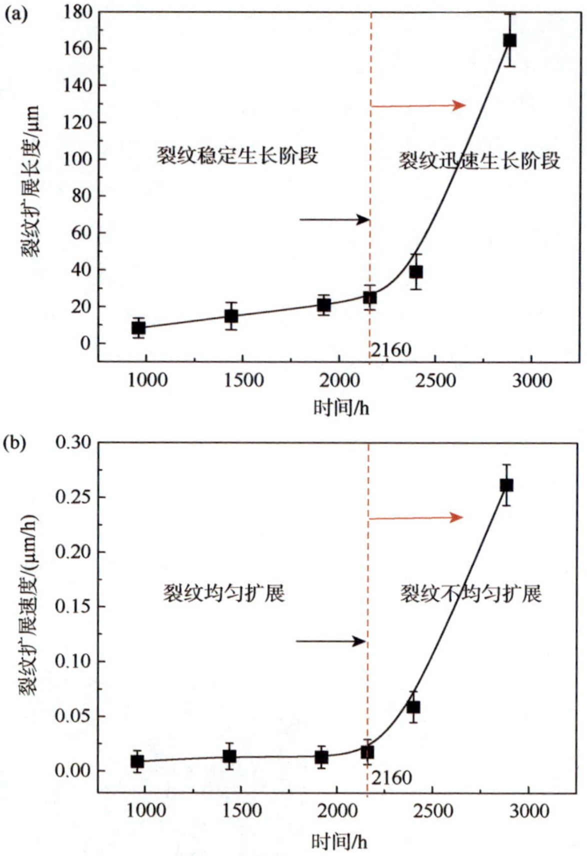

图 5-15　E690 钢在模拟海洋干湿交替环境下的裂纹扩展模式

(a)裂纹扩展长度；(b)裂纹扩展速率

5.3.2　海洋干湿交替环境下腐蚀产物对应力腐蚀的影响

大量研究表明，腐蚀产物的种类及结构对材料的耐腐蚀性能及 SCC 行为有较大的影响，这主要是因为腐蚀产物的种类及结构的不同，改变了材料表面的状态和环境，进而影响了材料表面的电化学特性。图 5-16 为 2880h 干湿交替后 E690 钢表面的腐蚀产物层形貌图，可以看出，E690 钢在模拟严酷海洋干湿交替环境下，腐蚀锈层厚度较大，腐蚀产物层基本分为三层，内锈层乃至中间锈层较为致密，外锈层比较疏松，这会对材料的腐蚀及 SCC 产生较大的影响。

图 5-17 为 2880h 干湿交替后 E690 钢腐蚀产物层的 EDS 分析，由图可知，腐蚀产物的最外层 a 主要是 Fe 的氧化物，并有 NaCl 在锈层表面沉积；腐蚀产物的中层 b 主要为 Fe 的氧化物，并有大量的 Cr 在 b 层中沉积，结合形貌图 5-16，这一锈层区域相对致密，说明 Cr 促进了锈层的致密化；腐蚀产物的最内层 c 有大量

的 Cl^- 沉积，这说明 Cl^- 易穿过表层及中层的腐蚀产物层，到达基体表面，并形成浓聚。

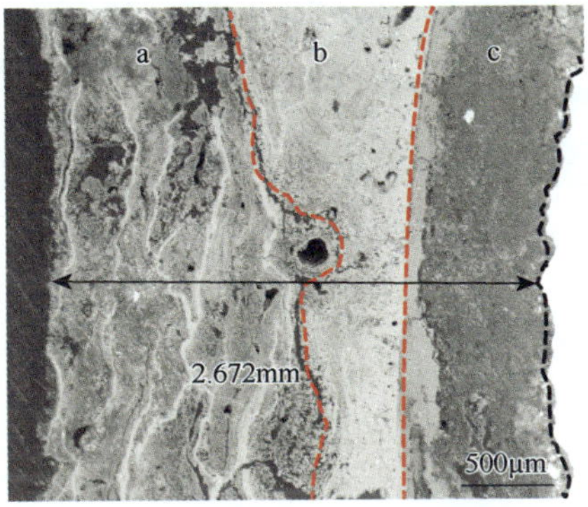

图 5-16　2880h 干湿交替后 E690 钢的腐蚀产物层形貌

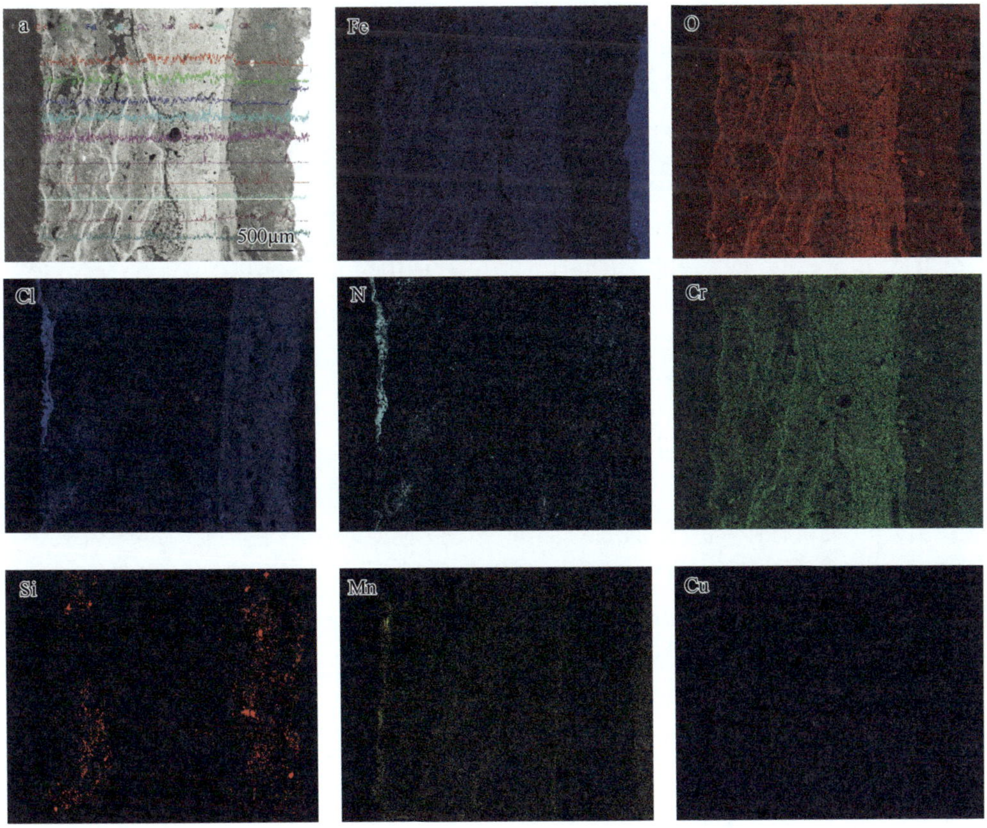

图 5-17　2880h 干湿交替后 E690 钢腐蚀产物层的 EDS 分析

结合腐蚀产物成分分析及锈层分析，E690 钢在模拟实海浪花飞溅区的干湿交替环境下的电化学反应如下。

在水浴过程中：

阳极反应：

$$Fe \longrightarrow Fe^{2+} + 2e^- \tag{5-1}$$

$$Fe^{2+} \longrightarrow Fe^{3+} + e^- \tag{5-2}$$

阴极反应：

$$O_2 + 2H_2O + 4e^- \longrightarrow 4OH^- \tag{5-3}$$

总反应：

$$Fe^{3+} + Cl^- + OH^- \longrightarrow FeOCl + H^+ \tag{5-4}$$

在干燥过程中：

(1) 外锈层：

$$FeOCl + OH^- \longrightarrow \beta\text{-}FeOOH + Cl^- \tag{5-5}$$

阳极反应：

$$Fe_3O_4 \longrightarrow \gamma\text{-}Fe_2O_3 + e^- \tag{5-6}$$

阴极反应：

$$Fe^{2+} + 8\beta\text{-}FeOOH + 2e^- \longrightarrow 3Fe_3O_4 + 4H_2O \tag{5-7}$$

(2) 内锈层：

$$Fe^{3+} + Cl^- + OH^- \longrightarrow FeOCl + H^+ \tag{5-8}$$

$$FeOCl + OH^- \longrightarrow \beta\text{-}FeOOH + Cl^- \tag{5-9}$$

此干湿交替环境下，锈层不断致密化及 β-FeOOH 的生成，减缓了金属表面的阳极溶解作用，有利于锈层下阴极析氢反应的发生；同时，金属表面 Cl^-浓聚，有利于点蚀的形成，并使表面酸化，致使阴极析氢电流密度增大，促进氢向金属中的渗透，氢可以聚集在缺陷较多的晶界部位，在拉应力的作用下产生局部微裂纹，并促进裂纹的生长，且 Cl^-浓度的升高和析氢作用会进一步导致阳极溶解作用的发生。以上分析再次表明，模拟实海浪花飞溅区的干湿交替环境下，E690 钢的 SCC 机理为阳极溶解和氢脆的混合控制机理。

5.4　本 章 小 结

通过实海浪花飞溅区的干湿交替环境，采用动电位极化和交流阻抗电化学试验方法，以及恒位移试样长期干湿交替试验，以及对腐蚀产物和锈层进行分析，研究了 E690 钢在模拟海洋干湿交替环境下的 SCC 行为和机理，并对其裂纹扩展模式及腐蚀产物和锈层进行了分析。研究结果表明以下几点。

(1) 模拟实海浪花飞溅区的干湿交替环境下，随试验周期延长，E690 钢阴极电流密度逐渐增大，阳极电流密度逐渐减小，耐腐蚀性能先减小后略有增大。

(2) E690 钢在模拟实海浪花飞溅区干湿交替环境下具有明显的 SCC 敏感性，SCC 机理为阳极溶解和氢脆的混合控制机理。裂纹扩展模式为典型的穿晶扩展。

(3) 模拟实海浪花飞溅区干湿交替环境下，E690 钢腐蚀产物以 Fe_3O_4 为主，并伴有 α-FeOOH、β-FeOOH、γ-FeOOH、FeOCl。Cr 促进了锈层的致密化，有利于材料耐腐蚀性能的提高，减缓了均匀腐蚀；但 Cl^- 能穿过此锈层并富集在金属基体表面，加速局部阳极溶解；这种锈层结构也促进了金属基体表面的局部酸化和氢浓度的升高，促进了析氢作用的发生；加之应力集中进一步促进了局部阳极溶解和氢的吸收，导致 E690 钢在模拟严酷海洋干湿交替环境下发生明显的 SCC。

第 6 章　E690 钢在模拟浪花飞溅区应力腐蚀的环境因素作用规律

除材料因素外，环境因素对 SCC 的产生与发展起到了决定性的作用，是研究海洋环境材料 SCC 科学问题时非常重要的一方面。海洋环境中干湿交替下的高强钢的 SCC，离不开 SCC 需要的环境要素。海洋干湿交替环境下腐蚀及 SCC 主要环境影响因素为相对湿度、降水量、温度、温差、Cl^-浓度、污染物等。

由于相对湿度变化、降水量、日照时间、温差、风速等作用的影响，暴露于海洋大气区、浪花飞溅区、海水潮差区环境下的金属材料表面处于干湿交替变化的状态，干湿交替导致金属表面盐浓度较高，更直接影响了表面薄液膜的厚度及状态，从而影响金属材料的腐蚀速率，并直接影响钢铁的 SCC 敏感性。在海洋干湿交替环境中，污染物对钢的腐蚀及 SCC 作用明显，它直接改变了金属表面干湿交替环境的 pH，而 pH 的变化会造成 SCC 敏感性的变化。与其他类型的薄液环境相比，海洋干湿交替环境下含有大量海盐粒子，海盐粒子有很强的吸湿性，在金属表面形成强腐蚀性电解质液膜，加速了金属的腐蚀及 SCC 的进行。有研究表明，海盐粒子中的 Cl^-具有强烈的穿透性，容易穿过表面腐蚀产物层而渗透到基体，Cl^-促进了基体的阳极溶解和表面的酸化，在应力的作用下，加大了材料发生 SCC 的可能性。

海洋干湿交替环境下高强钢腐蚀及 SCC 的环境影响因素较多，而且各种因素往往交错叠加，使高强钢在海洋环境中的腐蚀及 SCC 变得尤为复杂，研究环境因素对高强钢干湿交替环境下 SCC 的影响也极为重要。但目前环境因素对海洋干湿交替环境下的 SCC 行为影响的研究还不充分，人们并没有认清不同环境因素对干湿交替环境下 SCC 发生及发展的影响，对不同干湿交替环境条件下 SCC 的机理及裂纹的扩展模式也没有清晰的认识。

本章通过模拟实海浪花飞溅区的干湿交替环境，采用动电位极化和交流阻抗法，以及恒位移试样长期干湿交替试验，重点研究不同 Cl^-浓度和 pH 环境对 E690 钢 SCC 行为和机理的影响，并对其裂纹扩展模式及腐蚀产物和锈层进行分析。

6.1　模拟实海浪花飞溅区的试验方法

试验材料为 E690 钢，与前章相同。采用周浸腐蚀试验箱进行干湿交替试验的方法模拟严酷的海洋干湿交替环境，水浴温度为 30℃±2℃，干燥室温度为 30℃±2℃。各环境因素试验条件见表 6-1。所有试验方法和步骤同前章。

表 6-1　各环境因素试验条件

	pH	NaCl	干湿交替频率		pH	NaCl	干湿交替频率
1	7.5	3.5%	下浸 0.2h/上升 0.8h	6	7.5	7%	下浸 0.2h/上升 0.8h
2	1.5	3.5%	下浸 0.2h/上升 0.8h	7	7.5	14%	下浸 0.2h/上升 0.8h
3	3.5	3.5%	下浸 0.2h/上升 0.8h	8	7.5	3.5%	下浸 12h 上升 12h
4	5.5	3.5%	下浸 0.2h/上升 0.8h	9	7.5	3.5%	下浸 24h/上升 24h
5	7.5	1.5%	下浸 0.2h/上升 0.8h	10	7.5	3.5%	下浸 60h/上升 60h

6.2　主要环境影响因素的试验结果

6.2.1　pH 对 E690 钢在干湿交替环境中应力腐蚀行为的影响

不同 pH 的薄液环境下，金属的电化学腐蚀行为有很大的区别。图 6-1(a)为不同 pH 2880h 干湿交替后带锈 E690 钢的动电位极化曲线，由图可见，不同 pH 干湿交替后 E690 钢的电化学行为有明显的差异，随 pH 的降低，阳极电流密度逐渐增大，当 pH 降低到 3.5 时，零电流电位有明显的降低，但当 pH 继续降低到 1.5 时，零电流电位变化不大。图 6-1(b)为不同 pH 下，2880h 干湿交替后 E690 钢的腐蚀电流密度和零电流电位曲线，由图可知，随 pH 的降低，试样的腐蚀电流密度逐渐增大，零电流电位值逐渐减小，说明在模拟海洋干湿交替环境中，较高 pH 条件下形成的腐蚀产物对 E690 钢基体有一定的保护作用，使其耐腐蚀性能升

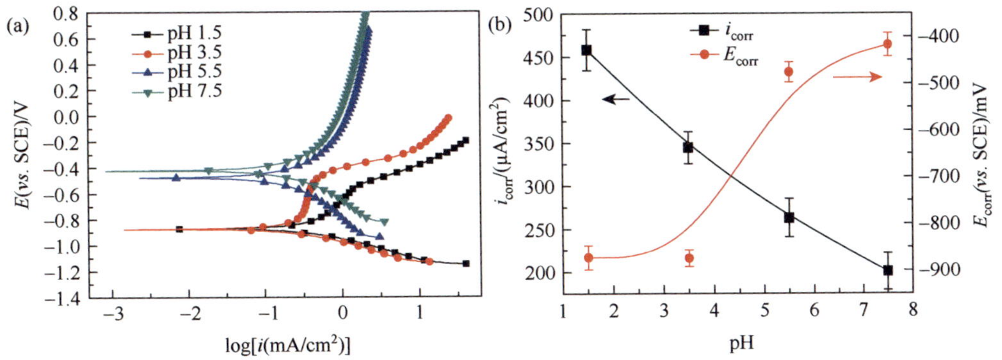

图 6-1　不同 pH 干湿交替 E690 钢

(a)动电位极化；(b)腐蚀电流密度和零电流电位曲线

高，而随 pH 的降低，材料的腐蚀速率加快，腐蚀产物层形成相对困难，材料的耐腐蚀性能逐渐下降，进而影响 SCC 的发生。

图 6-2 为不同 pH 干湿交替后带锈 E690 钢的 Nyquist 图，图 6-2(a)和(b)分别为 240h 和 2880h 干湿交替后的 Nyquist 图，由图可见，无论干湿交替时间的长短，不同 pH 干湿交替后，带锈试样阻抗谱虽都呈单一容抗弧特征，但随 pH 的降低，电化学阻抗弧的半径逐渐减小，说明在模拟海洋干湿交替环境下，随 pH 的降低，材料的耐腐蚀性能下降，锈层形成相对困难，当 pH 较高时，形成的锈层对 E690 钢的腐蚀起到了一定的保护作用，减缓了其腐蚀，这对 SCC 也产生很大的影响。这与动电位极化曲线的测量结果一致。其等效电路图如图 6-3 所示，$R_{outerlayer}$、$C_{outerlayer}$ 分别为外锈层电阻和电容，$R_{innerlayer}$ 和 C 分别为内锈层电阻和电容，Q 为常相位角，R_{ct} 为电荷转移电阻，Z_w 为扩散阻抗。

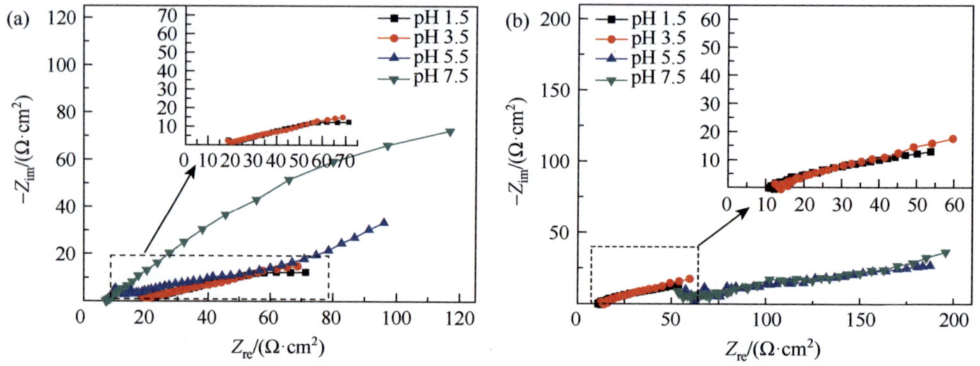

图 6-2 不同 pH 干湿交替后带锈 E690 钢的 Nyquist 图

(a)240h；(b)2880h

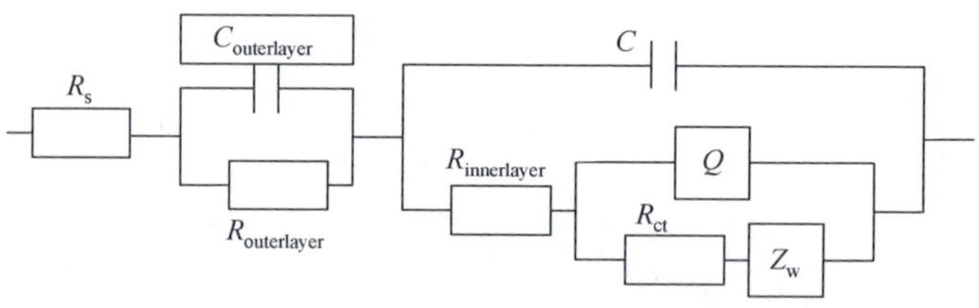

图 6-3 不同 pH 干湿交替后带锈 E690 钢在 3.5% NaCl 溶液中的等效电路图

表 6-2 为不同 pH 下 2880h 干湿交替后 E690 钢的恒位移应力腐蚀试样的宏观形貌，恒位移 C 形环和 U 形弯表面都有大量的腐蚀产物生成，随 pH 的降低，腐蚀产物层的厚度明显减小，锈层中的白色 NaCl 颗粒也逐渐减少，两种试样的宏观形貌没有明显的区别。表 6-3 和表 6-4 分别为不同 pH 下不同时长干湿交替后 C

形环和 U 形弯试样的腐蚀产物形貌图，由图可以看出两种恒位移试样腐蚀形貌没有明显的差异，各 pH 条件下，两种恒位移试样随干湿交替时间的延长，试样表面的腐蚀产物都有较为明显的变化，随 pH 的降低，不同时长干湿交替下的腐蚀产物都逐渐减少。在 pH 为 7.5 与 5.5 的条件下，生成的腐蚀产物较多，随干湿交替时间的延长，腐蚀产物明显增多，干湿交替试验后期大量疏松的腐蚀产物沉积在试样表面，白色的 NaCl 颗粒也逐渐沉积，试样顶端的圆孔逐渐被腐蚀产物覆盖，pH 为 7.5 与 5.5 时分别约 720h 和 960h 时无法观察到圆孔，试样表层腐蚀产物整体疏松，这有利于 NaCl 颗粒的沉积和穿透，NaCl 沉积在试样表面，极易造成基体表面局部环境的酸化和点蚀等腐蚀现象的发生，在拉应力的作用下，导致 SCC 的发生。在 pH 为 3.5 与 1.5 的条件下，生成的腐蚀产物相对较少，随干湿交替时间延长，腐蚀产物增多的现象不明显；pH 为 1.5 时，腐蚀产物层基本没有变化，并没有大量的疏松的腐蚀产物沉积在试样表面；pH 为 3.5 时，试验后期才有较多腐蚀产物沉积；并且在 pH 为 3.5 与 1.5 时，白色的 NaCl 颗粒也没有增多的现象，试样顶端的圆孔直到 2880h 后都没被腐蚀产物覆盖，试样整体没有形成一个较厚的腐蚀产物层。

表 6-2 不同 pH 下 2880h 干湿交替后 E690 钢恒位移应力腐蚀试样的宏观形貌

	pH 1.5	pH 3.5	pH 5.5	pH 7.5
C 形环				
U 形弯				

表 6-3 不同 pH 下不同时长干湿交替后 E690 钢 C 形环试样的腐蚀产物形貌

	pH 1.5	pH 3.5	pH 5.5	pH 7.5
120h	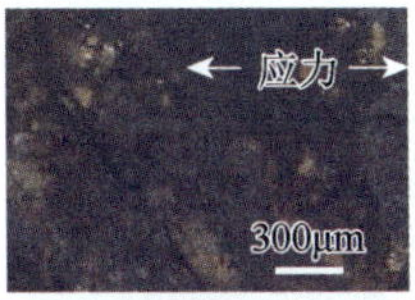	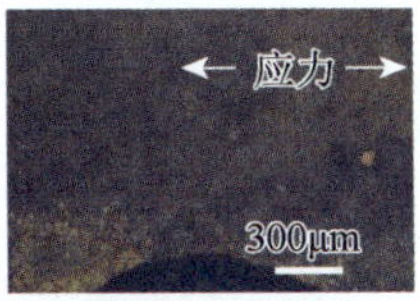	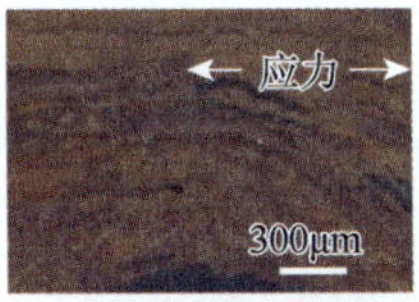	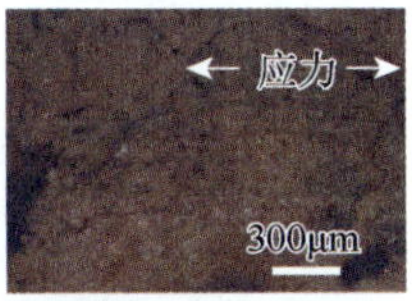
2880h		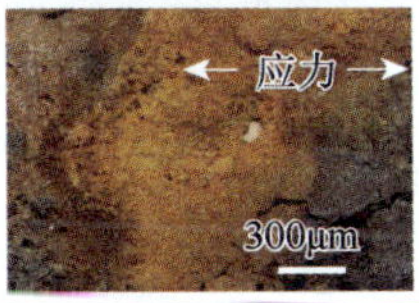	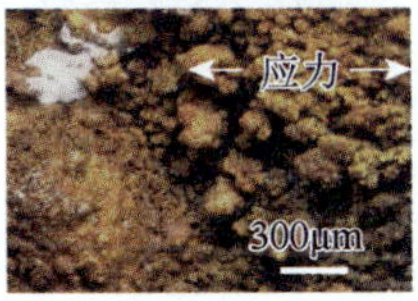	

表 6-4　不同 pH 下不同时长干湿交替后 E690 钢 U 形弯试样的腐蚀产物形貌

	pH 1.5	pH 3.5	pH 5.5	pH 7.5
120h		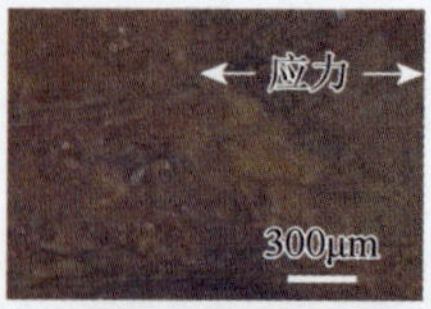	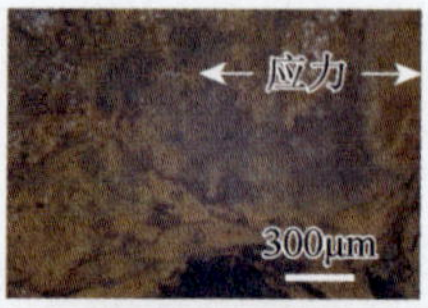	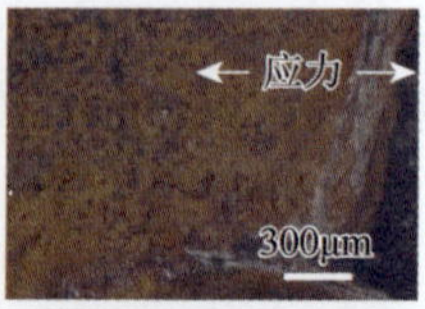
2880h			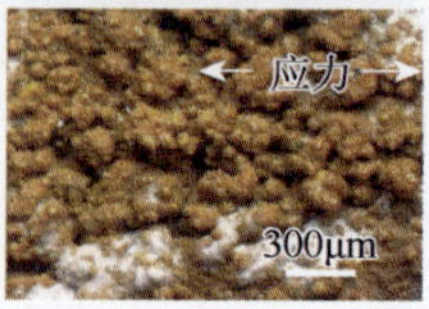	

采用 C 形环试样研究了不同 pH 下模拟海洋干湿交替环境中 E690 钢的 SCC 行为，图 6-4 为不同 pH 下 2880h 干湿交替后 E690 钢 C 形环顶端的表面形貌，由图可知，pH 较低时材料以均匀腐蚀为主，腐蚀较为严重，随 pH 的升高，试样表面的局部腐蚀逐渐加剧，坑深逐渐加大，尤其是 pH 为 7.5 时，材料表面有大量较深的腐蚀坑产生，并且坑深较大，这主要与基体表面形成的腐蚀产物层的结构有关。在 pH 较低时，材料表面难以形成保护性较好的腐蚀产物层，不能对基体有较好的保护作用，大量的腐蚀产物被酸溶解进入溶液中，基体一直处于较快的均匀腐蚀状态，这不利于材料 SCC 的发生与发展。在 pH 为 3.5 的条件下，观察到了微小的裂纹萌生，但由于均匀腐蚀发展较快，裂纹难以发展。从 C 形环顶端

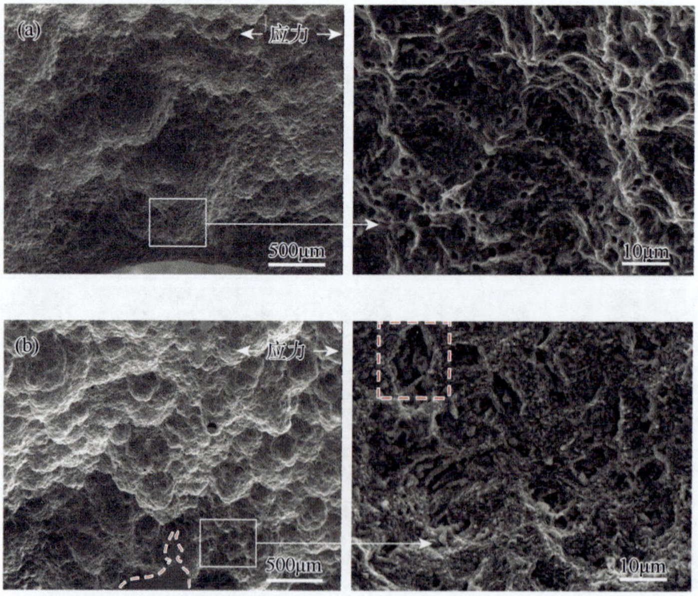

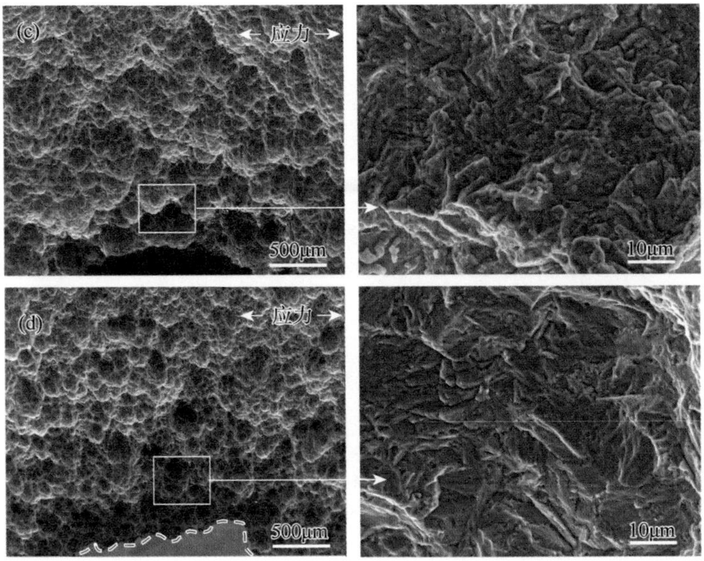

图 6-4　不同 pH 下 2880h 干湿交替后 E690 钢 C 形环顶端的表面形貌

(a)pH = 1.5；(b)pH = 3.5；(c)pH = 5.5；(d)pH = 7.5

可以观察到，在圆孔顶端的应力集中区域，腐蚀现象明显加剧，当 pH 为 7.5 时，此现象尤为突出，应力集中区域形成了腐蚀槽，这说明在模拟海洋干湿交替环境下，应力能促进 E690 钢的局部阳极溶解，加速腐蚀。

图 6-5 为不同 pH 下 2880h 干湿交替后 E690 钢 U 形弯顶端的表面形貌，由图可以看出，随 pH 的升高，试样表面的腐蚀坑逐渐加剧。各 pH 条件下，在试样圆孔顶端都观察到大量明显的 SCC 裂纹，随 pH 的升高，圆孔顶端的裂纹的宽度和深度逐渐增加，这说明在模拟海洋干湿交替环境下，不同 pH 条件下 E690 钢都具有一定的 SCC 敏感性，并随 pH 的升高，SCC 敏感性逐渐升高，在 pH 为 7.5 时 SCC 敏感性最高。这一现象的发生与腐蚀产物层的形成有关，较低 pH 条件下，难以形成腐蚀产物层，使材料表面的均匀腐蚀过快，使形成的裂纹被不断均匀腐蚀消耗，而不利于 SCC 的发生和扩展。较高 pH 条件下，基体表面会形成较为完整的腐蚀产物层，在腐蚀产物层形成局部高盐高酸的环境，在应力联合作用下，有利于局部阳极溶解的发生，当裂纹形成时，局部的阳极溶解与 SCC 加剧。随 pH 的降低，SCC 敏感性逐渐降低。不同 pH 条件下裂纹都发生在 U 形弯圆孔顶端的应力集中区域，在长时间的干湿交替试验后，试样应力集中区域都形成了腐蚀槽，这说明在模拟海洋干湿交替环境下，应力能促进 E690 钢的局部阳极溶解和 SCC 现象的发生，而阳极溶解也进一步促进了 E690 钢的 SCC。

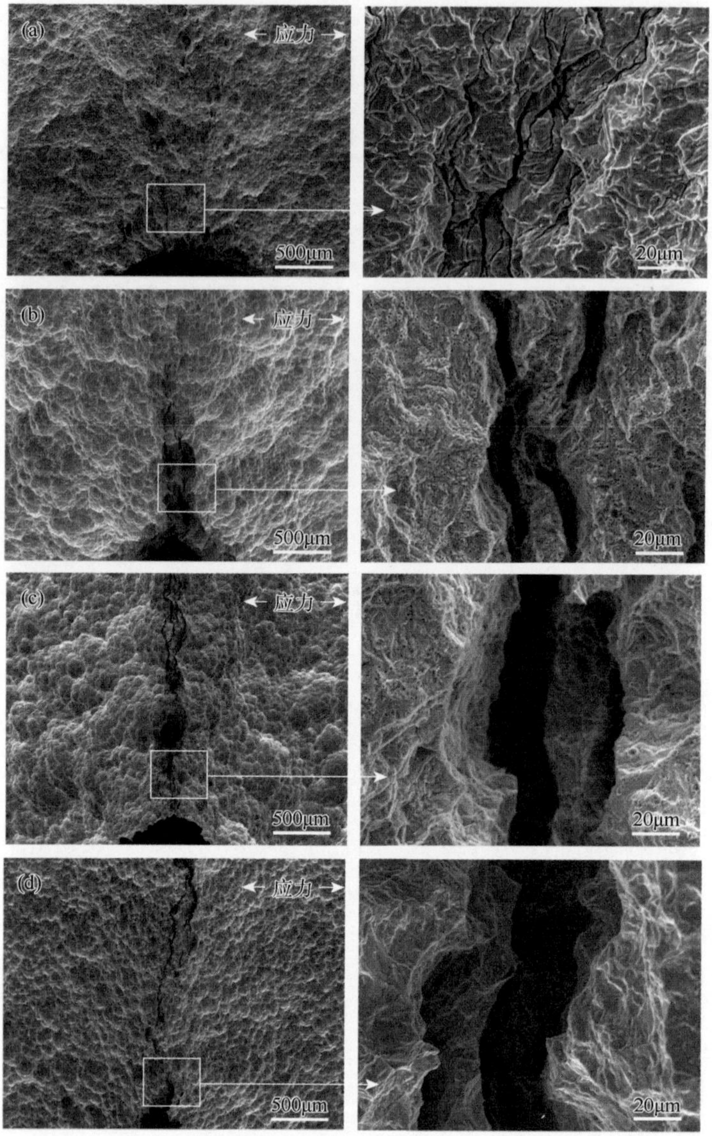

图 6-5　不同 pH 下 2880h 干湿交替后 E690 钢 U 形弯顶端的表面形貌

(a)pH = 1.5；(b)pH = 3.5；(c)pH = 5.5；(d)pH = 7.5

采用 EDS 和 XRD 分析方法，对模拟海洋干湿交替环境中，不同 pH 下 E690 钢的腐蚀产物进行分析。图 6-6 为不同 pH 条件下 2880h 干湿交替后 E690 钢腐蚀产物的 EDS 分析，可以看出腐蚀产物以 Fe 的氧化物为主，还有部分 Cl^-存在，从元素种类上没有明显的差别。图 6-7 为不同 pH 条件下 2880h 干湿交替后 E690 钢腐蚀产物的 XRD 分析，由图可以看出，U 形弯与 C 形环在不同 pH 模拟海洋干湿交替环境下的腐蚀产物种类基本相同，没有明显的区别，都由 Fe_3O_4、α-FeOOH、β-FeOOH、γ-FeOOH、FeOCl 组成，基本稳定。

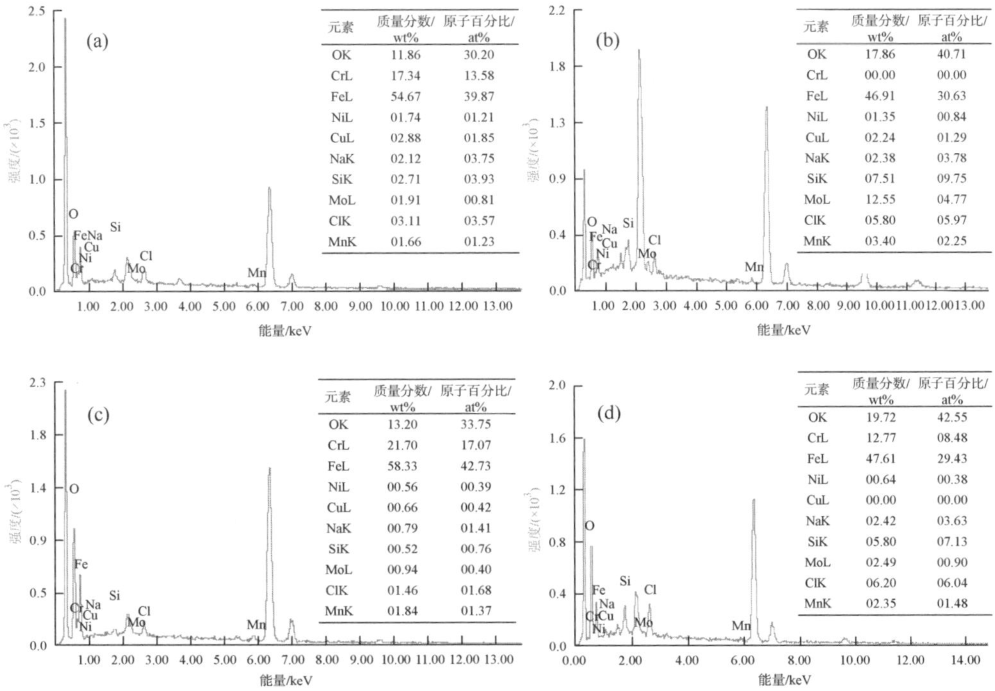

图 6-6　不同 pH 条件下 2880h 干湿交替后 E690 钢腐蚀产物的 EDS 分析

(a)pH = 1.5；(b)pH = 3.5；(c)pH = 5.5；(d)pH = 7.5

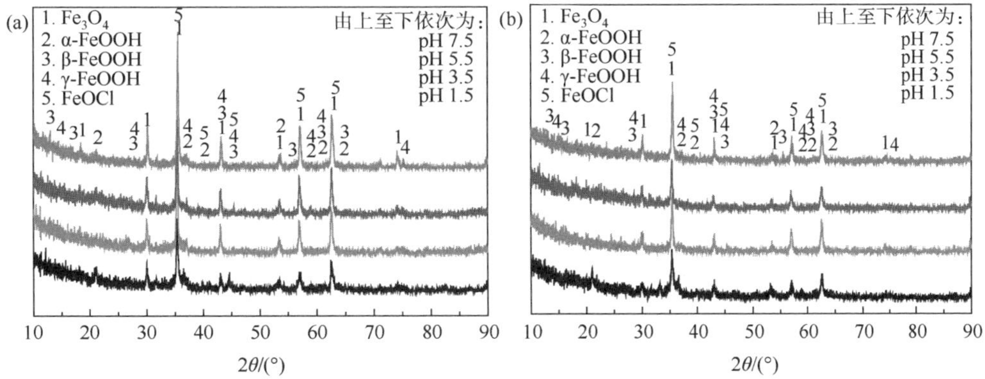

图 6-7　不同 pH 条件下干湿交替后 E690 钢腐蚀产物的 XRD 分析

(a)U 形弯；(b)C 形环

对不同 pH 的恒位移 U 形弯试样进行观察，如图 6-8 所示，可以发现各 pH 条件下的裂纹产生都与阳极溶解有关，阳极溶解的点蚀坑内有明显的裂纹萌生和扩展。阳极溶解及阴极析氢作用共同促进了裂纹的萌生和扩展，高强钢在不同 pH 的干湿交替环境下 SCC 的机理为阳极溶解为主、氢脆为辅的混合控制模式。

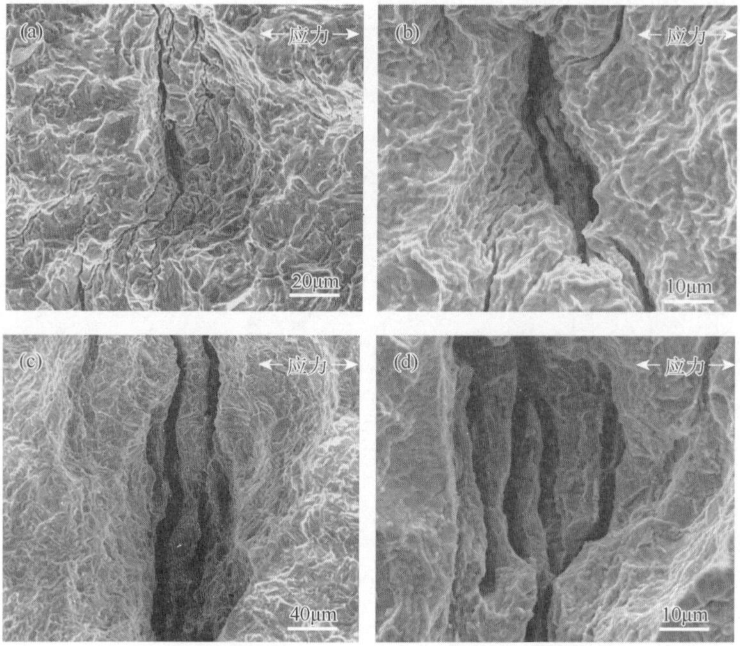

图 6-8　不同 pH 的干湿交替环境下 E690 钢阳极溶解诱发应力腐蚀开裂

(a)pH = 1.5；(b)pH = 3.5；(c)pH = 5.5；(d)pH = 7.5

6.2.2　Cl⁻浓度对 E690 钢在干湿交替环境中应力腐蚀行为的影响

图 6-9(a)为不同 Cl^-浓度下 2880h 干湿交替后带锈 E690 钢的动电位极化曲线及其拟合结果，由图可见，不同 Cl^-浓度干湿交替后带锈 E690 钢的电化学行为有明显的差异，随 Cl^-浓度的增加，阳极电流密度先减小后增大，阴极电流密度先增大后减小，当 NaCl 浓度增加到 3.5%时，阳极电流密度相对最小，而阴极电流密度相对较大。图 6-9(b)为不同 Cl^-浓度 2880h 干湿交替后带锈 E690 钢的腐蚀电流密度和零电流电位曲线，由图可知，随 Cl^-浓度的增加，试样的腐蚀电流密度先减小后增大再减小；零电流电位值先增大再减小，NaCl 浓度增加到 3.5%时，腐蚀电流密度最小，零电流电位最大，这与不同 Cl^-浓度条件下长期干湿交替后形成的腐蚀产物层有关，说明在模拟海洋干湿交替环境下，NaCl 浓度较小时，基体表面不能形成较好的腐蚀产物保护层；NaCl 浓度增加到 3.5%时，形成的腐蚀产物对

E690 钢基体有一定的保护作用，使其耐腐蚀性能升高，腐蚀电流密度减小；NaCl 浓度增加到 7%时，由于 Cl^-对腐蚀产物层的消耗，腐蚀产物层对基体的保护作用减小，腐蚀电流密度增大；而 NaCl 浓度增加到 14%时，由于 NaCl 浓度过大，腐蚀产物的生成速率高于 Cl^-对腐蚀产物的消耗速率，使得腐蚀产物层的保护作用得到加强，腐蚀电流密度反而减小。当腐蚀产物达到一定厚度和结构时，对基体本身有一定的保护作用，使其耐腐蚀性能升高，但在锈层底部，Cl^-浓度增加，易使局部酸性提高，并形成点蚀，在拉应力的作用下，可能引起 SCC 现象的发生。

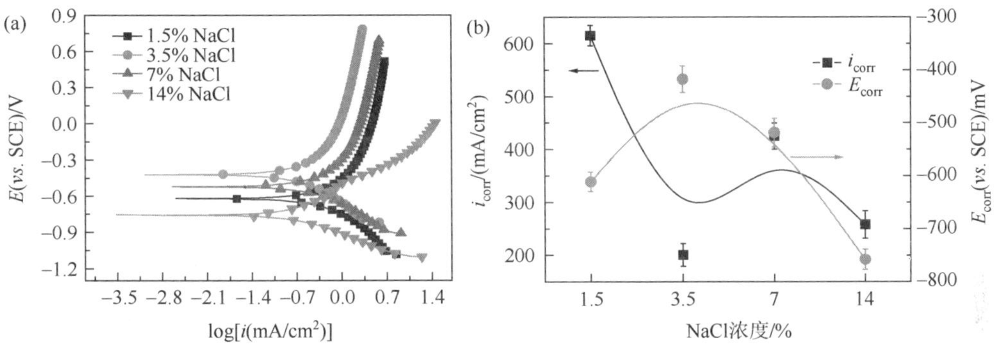

图 6-9　不同 Cl^-浓度下 2880h 干湿交替后带锈 E690 钢的动电位极化曲线以及腐蚀电流密度和零电流电位曲线

(a)动电位极化曲线；(b)腐蚀电流密度和零电流电位曲线

图 6-10 为不同 Cl^-浓度长期干湿交替后带锈 E690 钢的 Nyquist 图，图 6-10(a)和(b)分别为 240h 和 2880h 干湿交替后的 Nyquist 图，由图可见，不论干湿交替时

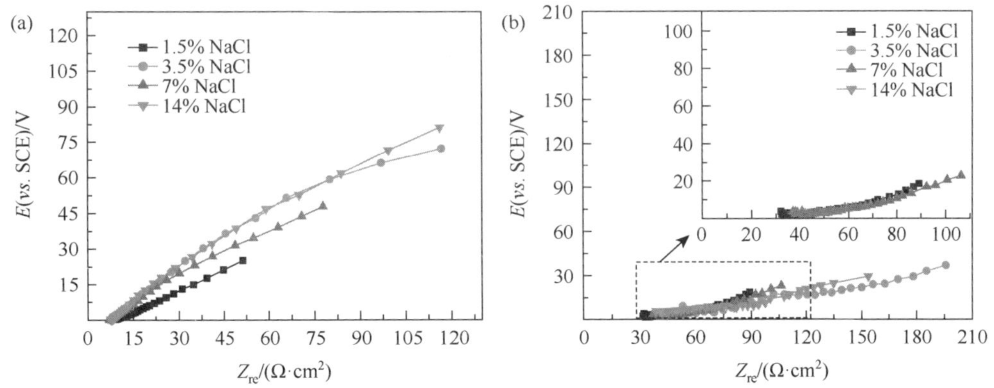

图 6-10　不同 Cl^-浓度长期干湿交替后带锈 E690 钢的 Nyquist 图

(a)240h；(b)2880h

间的长短，不同 Cl⁻浓度干湿交替后带锈试样的阻抗谱都呈单一容抗弧特征，但随 Cl⁻浓度的增加，电化学阻抗弧的半径先增大后减小再增大，这种现象的发生与腐蚀产物层的种类和结构有关，说明在模拟海洋干湿交替环境下，随 Cl⁻浓度的增加，生成的腐蚀产物层对基体的保护作用先增大后减小再增大，在 NaCl 浓度为 3.5% 和 14%时形成的锈层对 E690 钢起到了一定的保护作用，减缓了其腐蚀，这也会对 SCC 产生很大的影响。该结论与动电位极化曲线测量结果一致。其等效电路图如图 6-11 所示。

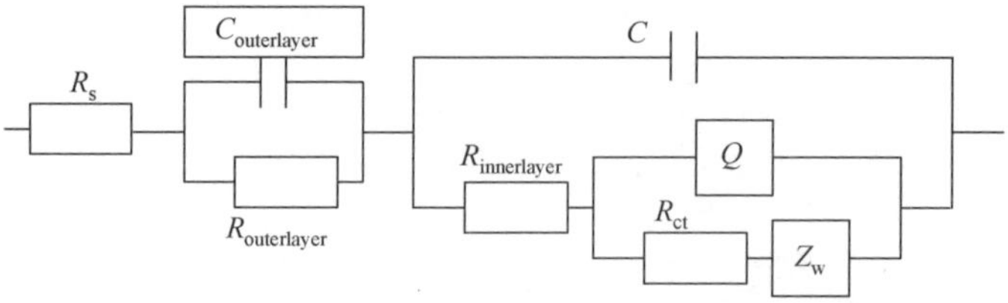

图 6-11　不同 Cl⁻浓度干湿交替后带锈 E690 钢在 3.5% NaCl 溶液中的等效电路图

表 6-5 为不同 Cl⁻浓度下 2880h 干湿交替后 E690 钢恒位移应力腐蚀试样的宏观形貌，由表看出，恒位移 C 形环和 U 形弯表面都有大量的腐蚀产物生成，随 Cl⁻浓度升高，锈层中的白色 NaCl 颗粒逐渐增多，两种试样宏观形貌没有明显的区别。表 6-6 和表 6-7 分别为不同 Cl⁻浓度下不同时长干湿交替后 C 形环和 U 形弯打孔试样的腐蚀产物形貌图，由图可以看出两种恒位移试样腐蚀形貌没有明显的差异，腐蚀都非常严重。各 Cl⁻浓度条件下，两种恒位移试样都随干湿交替时间的延长，表面的腐蚀产物逐渐增多，在大约 720h 后所有试样的孔洞基本都被腐蚀产物所覆盖。随 Cl⁻浓度增加，试样表面沉积的白色 NaCl 颗粒逐渐增多，随时间延长，沉积量逐渐增大，NaCl 浓度为 14%时这种现象尤为明显，但在 NaCl 浓度为 1.5%时整个试验过程中都没有观察到明显的 NaCl 颗粒的沉积。试样表层腐蚀产物整体疏松，这有利于 NaCl 颗粒的穿透和沉积，NaCl 沉积在试样表面，极易造成基体表面局部环境的酸化和点蚀等腐蚀现象的发生，在拉应力的作用下，导致 SCC 的发生。

表 6-5　不同 Cl⁻浓度下 2880h 干湿交替后 E690 钢恒位移应力腐蚀试样的宏观形貌

	NaCl 1.5%	NaCl 3.5%	NaCl 7%	NaCl 14%
C 形环	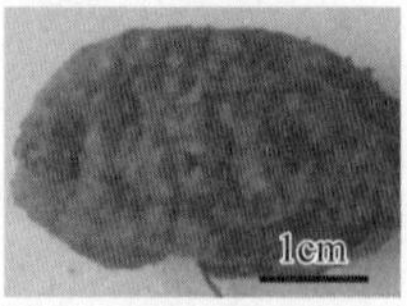		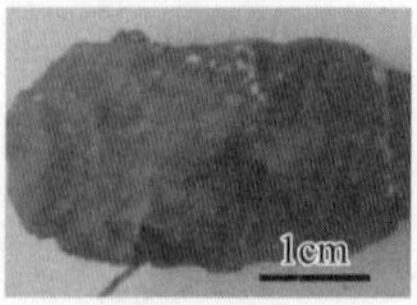	

续表

	NaCl 1.5%	NaCl 3.5%	NaCl 7%	NaCl 14%
U形弯	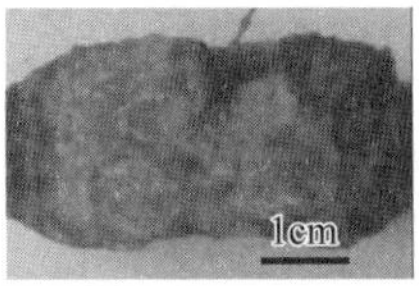		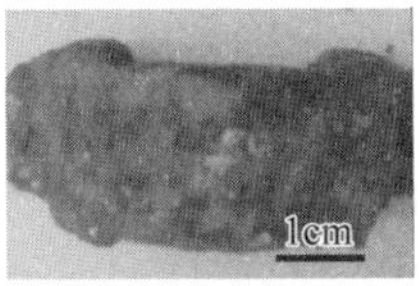	

表 6-6 不同 Cl^-浓度下不同时长干湿交替后 E690 钢 C 形环打孔试样的腐蚀产物形貌

	NaCl 1.5%	NaCl 3.5%	NaCl 7%	NaCl 14%
120h	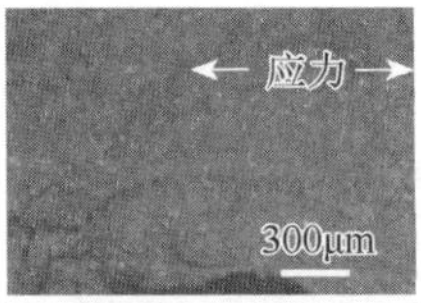	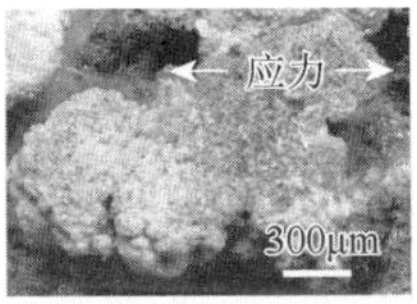	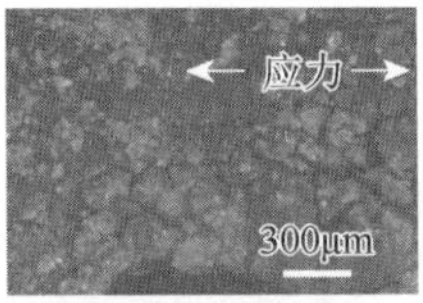	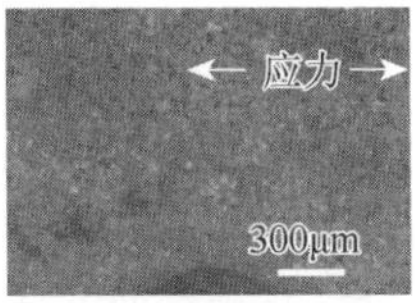
2880h		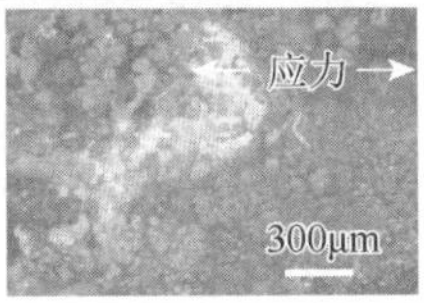	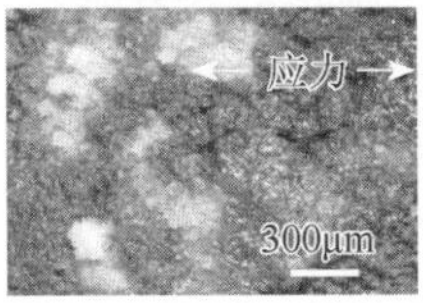	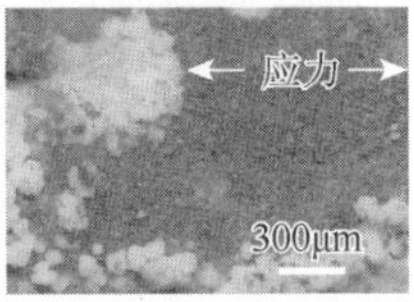

表 6-7 不同 Cl^-浓度下不同时长干湿交替后 E690 钢 U 形弯打孔试样的腐蚀产物形貌

	NaCl 1.5%	NaCl 3.5%	NaCl 7%	NaCl 14%
120h	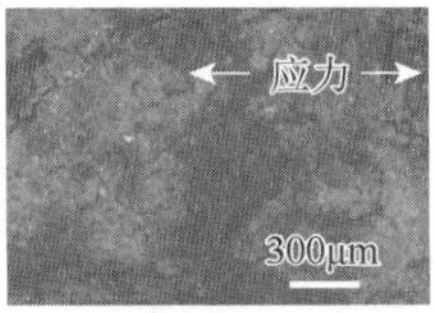	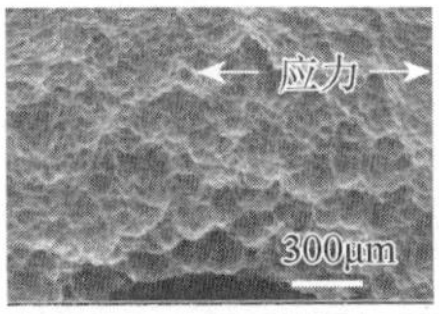	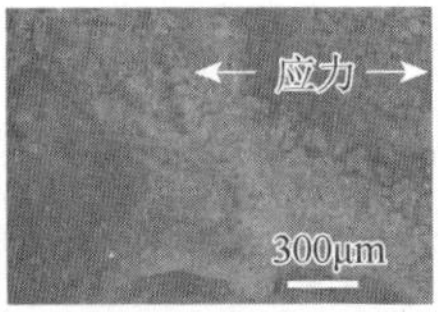	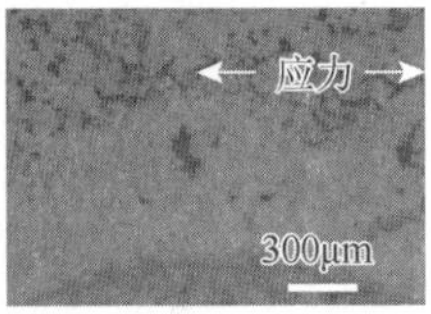
2880h		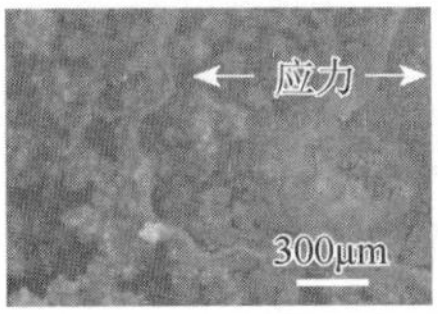		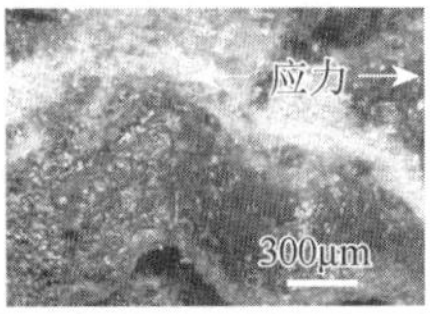

图 6-12 为不同 Cl^-浓度下 2880h 干湿交替后 E690 钢 C 形环顶端的表面形貌，由图可知，在 NaCl 浓度为 1.5%时，C 形环试样圆孔顶端减薄现象明显，出现了大量的孔洞，这说明 NaCl 浓度为 1.5%时，试样表面难以形成致密的保护性腐蚀产物层，由于 Cl^-等因素的作用，基体一直处于较高速的均匀腐蚀状态，难以发生 SCC 裂纹的萌生和扩展。当 NaCl 浓度大于 1.5%时，试样表面出现了大量的腐蚀坑，尤其是 NaCl 浓度为 3.5%时，材料表面有大量较深的腐蚀坑产生，NaCl 浓度为 14%

时，这一现象也较为明显，这主要与基体表面形成的腐蚀产物层的结构有关，在 NaCl 浓度为 3.5%时，试样表面形成了较为致密的保护性腐蚀产物层，氧浓度减少，一定程度阻碍了材料的均匀腐蚀的发生，但在腐蚀产物层下，大量的 Cl^-聚集，试样表面形成点蚀坑；在 NaCl 浓度为 7%时，Cl^-浓度增加，由于 Cl^-对腐蚀产物层的溶解，腐蚀产物层的形成变得相对困难，这一现象有所减弱；当 NaCl 浓度增加到 14%时，由于 Cl^-浓度过大，试样的腐蚀产物层的形成速率高于 Cl^-对腐蚀产物的溶解速率，使材料表面能形成较为稳定的腐蚀产物层，形成与 NaCl 浓度为 3.5%时较为相同的现象。当 NaCl 浓度为 3.5%时，在 C 形环顶端可以观察到，在圆孔顶端的应力集中区域，腐蚀现象明显加剧，应力集中区域形成了腐蚀槽，这说明在模拟海洋干湿交替环境下，应力能促进 E690 钢的局部阳极溶解，加速腐蚀。

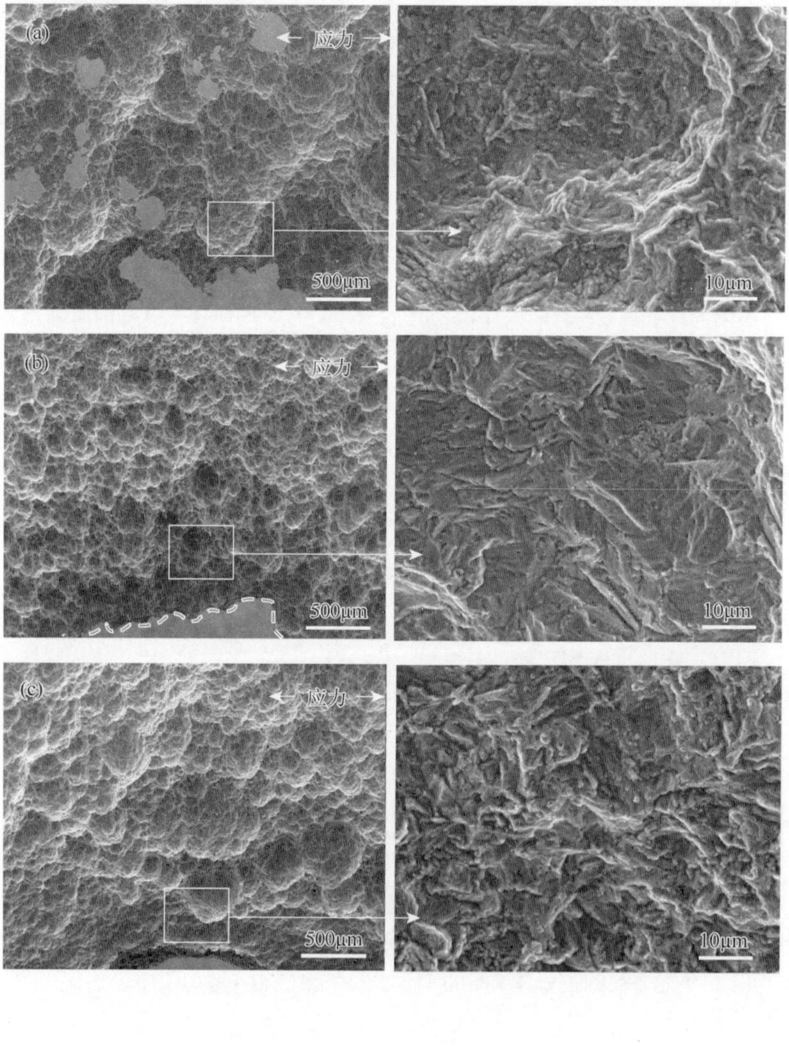

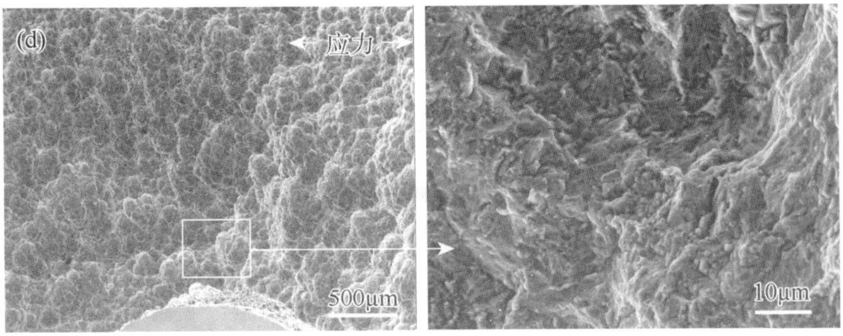

图 6-12　不同 Cl⁻浓度下 2880h 干湿交替后 E690 钢 C 形环顶端的表面形貌

(a)NaCl 浓度为 1.5%；(b)NaCl 浓度为 3.5%；(c)NaCl 浓度为 7%；(d)NaCl 浓度为 14%

图 6-13 为不同 Cl^-浓度下 2880h 干湿交替后 E690 钢 U 形弯顶端的表面形貌，由图可以看出，各 Cl^-浓度条件下，从试样圆孔顶端都观察到大量明显的 SCC 裂纹，随 Cl^-浓度的增加，圆孔顶端的裂纹的宽度和深度先增大后减小再增大，这说明在模拟海洋干湿交替环境下，不同 Cl^-浓度条件下 E690 钢都具有一定的 SCC 敏感性，随 Cl^-浓度的增加，SCC 敏感性先升高后降低再升高，NaCl 浓度为 3.5%时 SCC 敏感性最高。当 NaCl 浓度为 3.5%时，基体表面会形成较为完整的保护性腐蚀产物层，氧浓度减少，对基体的均匀腐蚀有一定的阻碍作用，但在腐蚀产物层下容易形成 Cl^-聚集，在试样表面形成点蚀坑，点蚀坑内部酸化，析氢作用加强，并且点蚀坑内部会形成应力集中，在应力作用下，发生 SCC。在 NaCl 浓度为 7%时，Cl^-浓度增加，由于 Cl^-对腐蚀产物层的溶解，腐蚀产物层的形成变得相对困难，SCC 现象有所减弱；当 NaCl 浓度增加到 14%时，由于 Cl^-浓度过高，试样的腐蚀产物层的形成速率高于 Cl^-对腐蚀产物的溶解速率，使材料表面能形成较为稳定的腐蚀产物层，SCC 敏感性反而升高。而且不同 Cl^-浓度条件下裂纹都发生在 U 形弯圆孔顶端的应力集中区域，在长时间的干湿交替试验后，试样应力集中区域都形成了腐蚀槽，这说明在模拟海洋干湿交替环境下，应力能促进 E690 钢的局部阳极溶解和 SCC 现象的发生，而阳极溶解也进一步促进了 E690 钢的 SCC。

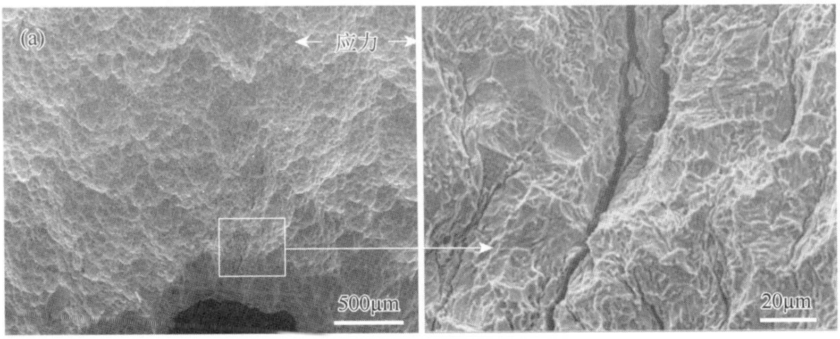

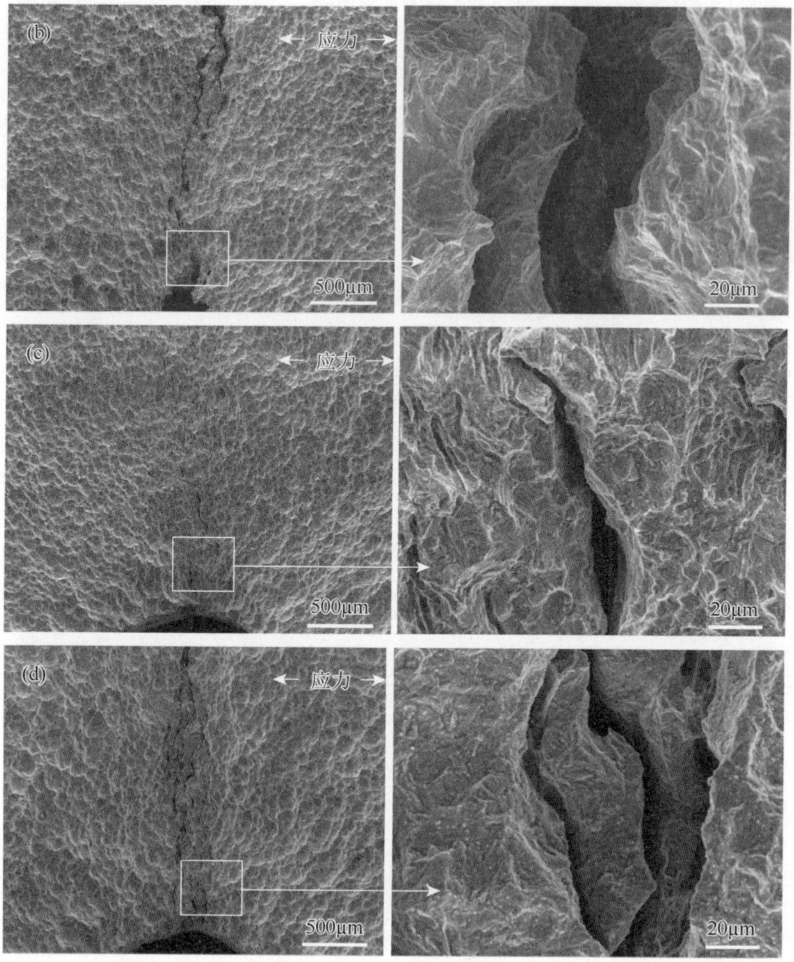

图 6-13　不同 Cl^-浓度下 2880h 干湿交替后 E690 钢 U 形弯顶端的表面形貌

(a)NaCl 浓度为 1.5%；(b)NaCl 浓度为 3.5%；(c)NaCl 浓度为 7%；(d)NaCl 浓度为 14%

采用 EDS 和 XRD 分析方法，对模拟海洋干湿交替环境中不同 Cl^-浓度下 E690 钢的腐蚀产物进行分析。图 6-14 为不同 Cl^-浓度下 2880h 干湿交替后 E690 钢腐蚀产物的 EDS 分析，可以看出腐蚀产物以 Fe 的氧化物为主，还有部分 Cl^-存在，元素种类没有明显的差别。图 6-15 为不同 Cl^-浓度下 2880h 干湿交替后 E690 钢腐蚀产物的 XRD 分析，U 形弯与 C 形环在模拟不同 pH 的模拟海洋干湿交替环境下的腐蚀产物种类基本相同，没有明显的区别，都由 Fe_3O_4、α-FeOOH、β-FeOOH、γ-FeOOH、FeOCl 组成，基本稳定，当 NaCl 浓度增加到 7%和 14%时，有 $Fe_2(OH)_3Cl$ 生成。由于 Fe_3O_4 相对疏松，腐蚀性粒子 Cl^-等容易穿过其到达基体表面，引起基体表面 Cl^-浓度的增加，造成点蚀和酸化，诱发 SCC。

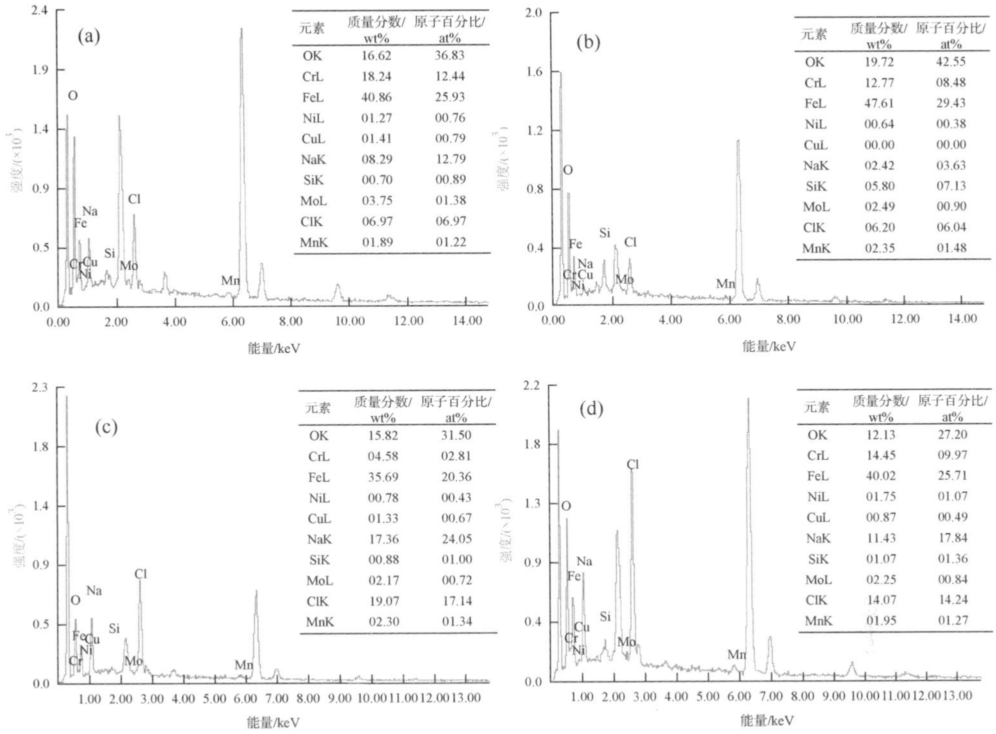

(a)

元素	质量分数/wt%	原子百分比/at%
OK	16.62	36.83
CrL	18.24	12.44
FeL	40.86	25.93
NiL	01.27	00.76
CuL	01.41	00.79
NaK	08.29	12.79
SiK	00.70	00.89
MoL	03.75	01.38
ClK	06.97	06.97
MnK	01.89	01.22

(b)

元素	质量分数/wt%	原子百分比/at%
OK	19.72	42.55
CrL	12.77	08.48
FeL	47.61	29.43
NiL	00.64	00.38
CuL	00.00	00.00
NaK	02.42	03.63
SiK	05.80	07.13
MoL	02.49	00.90
ClK	06.20	06.04
MnK	02.35	01.48

(c)

元素	质量分数/wt%	原子百分比/at%
OK	15.82	31.50
CrL	04.58	02.81
FeL	35.69	20.36
NiL	00.78	00.43
CuL	01.33	00.67
NaK	17.36	24.05
SiK	00.88	01.00
MoL	02.17	00.72
ClK	19.07	17.14
MnK	02.30	01.34

(d)

元素	质量分数/wt%	原子百分比/at%
OK	12.13	27.20
CrL	14.45	09.97
FeL	40.02	25.71
NiL	01.75	01.07
CuL	00.87	00.49
NaK	11.43	17.84
SiK	01.07	01.36
MoL	02.25	00.84
ClK	14.07	14.24
MnK	01.95	01.27

图 6-14　不同 Cl^-浓度下 2880h 干湿交替后 E690 钢腐蚀产物的 EDS 分析

(a)NaCl 浓度为 1.5%；(b)NaCl 浓度为 3.5%；(c)NaCl 浓度为 7%；(d)NaCl 浓度为 14%

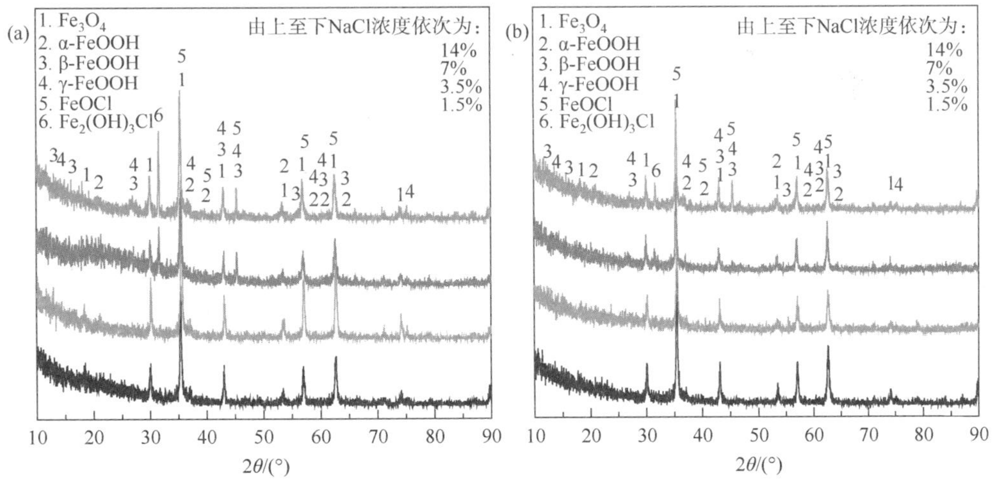

图 6-15　不同 Cl^-浓度下 2880h 干湿交替后 E690 钢腐蚀产物的 XRD 分析

(a)U 形弯；(b)C 形环

对不同 Cl^-浓度的恒位移 U 形弯试样进行观察，如图 6-16 所示，可以发现各 Cl^-浓度条件下的裂纹产生都与阳极溶解有关，阳极溶解的点蚀坑内有明显的裂纹萌生和扩展，这主要是因为在干湿交替环境下，Cl^-大量富集在锈层，容易造成局部阳极溶解而产生点蚀，点蚀内部应力集中，形成裂纹源。在阳极溶解和 Cl^-作用的同时，点蚀坑内部发生局部酸化，导致该局部区域 H^+浓度升高，阴极析氢电流密度大大增加，而析氢电流密度的增加，也会促进氢致裂纹的发生。因此，高强钢在不同 Cl^-浓度干湿交替环境下 SCC 的机理为阳极溶解为主、氢脆为辅的混合控制模式。在较低的 Cl^-浓度(NaCl 浓度为 1.5%)或较高浓度(NaCl 浓度为 14%)条件下，由于不能形成稳定的腐蚀产物层或腐蚀产物层被溶解，均匀腐蚀不能被控制，这不利于局部的阳极溶解和局部酸化，对裂纹的萌生和扩展反而产生不利的影响，产生的裂纹会被均匀腐蚀消耗，使得 E690 钢 SCC 敏感性降低。

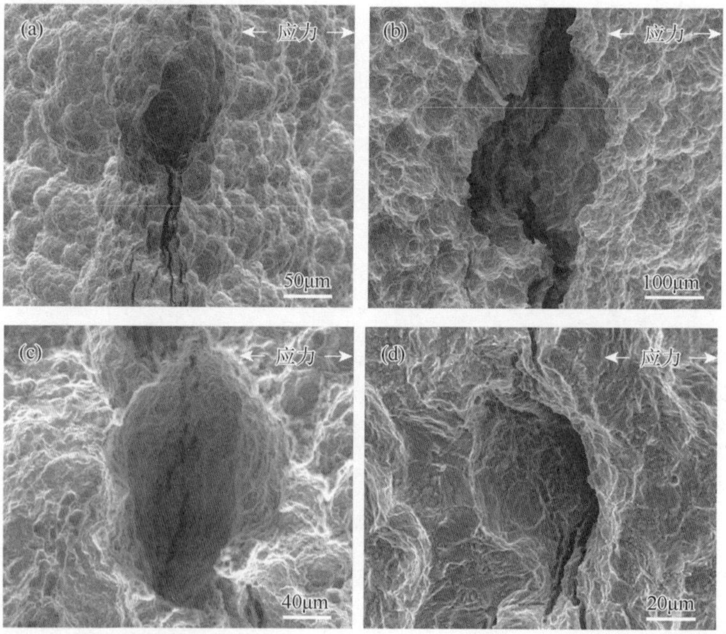

图 6-16　不同 Cl^-浓度干湿交替环境下 E690 钢阳极溶解诱发应力腐蚀开裂

(a)NaCl 浓度为 1.5%；(b)NaCl 浓度为 3.5%；(c)NaCl 浓度为 7%；(d)NaCl 浓度为 14%

6.3　模拟浪花飞溅区应力腐蚀的环境因素作用规律

6.3.1　不同 pH 下模拟海洋干湿交替环境中 SCC 裂纹扩展机理

为确定 E690 钢在不同 pH 下模拟海洋干湿交替环境中 SCC 裂纹的扩展模式

和机理，将 U 形弯试样垂直于裂纹沿圆孔顶端横截面切开，进行观察，裂纹扩展形貌如图 6-17 所示，由图可见，随 pH 的增大，裂纹扩展长度逐渐增加，在 pH 为 7.5 时裂纹扩展长度最大，达到了 164.8μm；各 pH 条件下，裂纹都为典型的穿晶扩展模式；在各 pH 条件下，裂纹萌生处都有明显的局部阳极溶解现象(点蚀)，裂纹都萌生于点蚀坑内，pH 为 7.5 时，点蚀坑最大。图 6-18 为 E690 钢在不同 pH 的海洋干湿交替环境下的裂纹扩展速率。从图可知，在较低 pH 时裂纹扩展速率较小，随 pH 的增大，裂纹扩展速率逐渐增大。

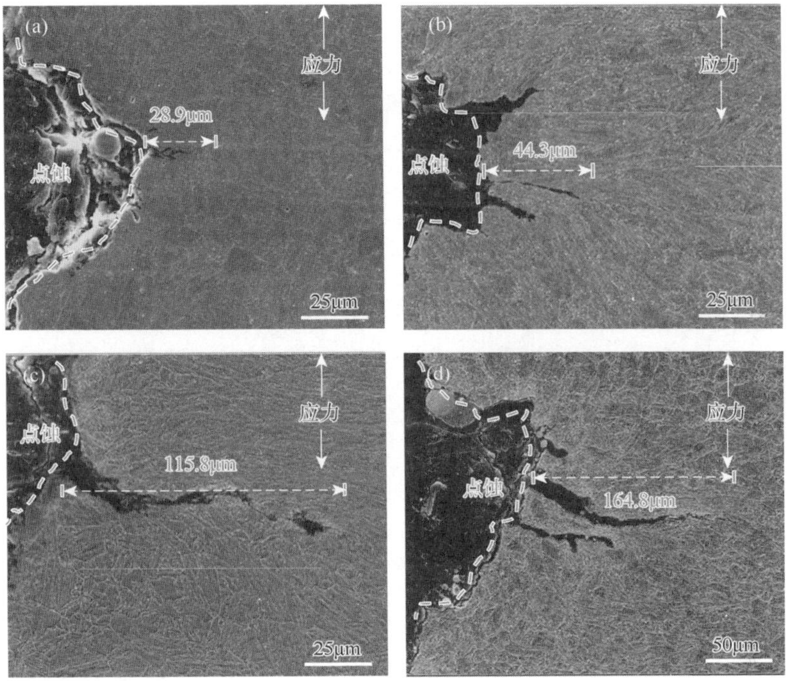

图 6-17　E690 钢在海洋不同 pH 的干湿交替环境下裂纹扩展形貌

(a)pH = 1.5；(b)pH = 3.5；(c)pH = 5.5；(d)pH = 7.5

图 6-19 为不同 pH 下 2880h 干湿交替后 E690 钢表面的腐蚀产物层形貌图，由图可知，在 pH 为 1.5 时，锈层最薄，没有明显的分层现象，随着 pH 的升高，材料表面的腐蚀产物层逐渐变厚，锈层变得逐渐致密；但 pH 在 3.5 和 5.5 时，锈层较为疏松，并有大量的裂纹存在；当 pH 为 7.5 时锈层最厚，内锈层和中间锈层都较为致密，在应力的作用下，锈层的致密化利于锈层局部阳极溶解和析氢作用的发生，促进 SCC，当 pH 较低时难以形成致密的保护性的腐蚀产物层，基体整体处于较快的阳极溶解状态，不利于 SCC 发生。

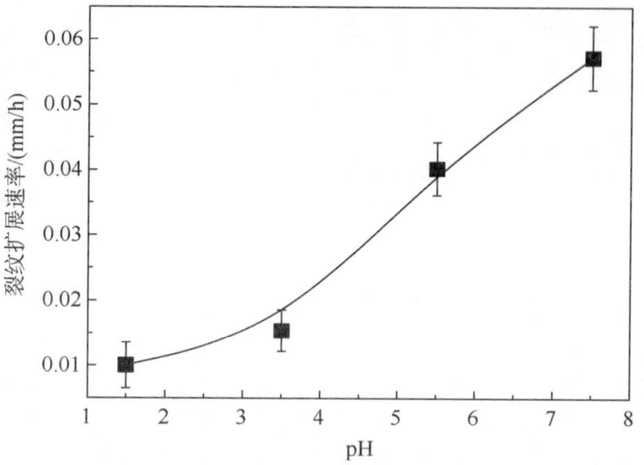

图 6-18　E690 钢在不同 pH 的海洋干湿交替环境下的裂纹扩展速率

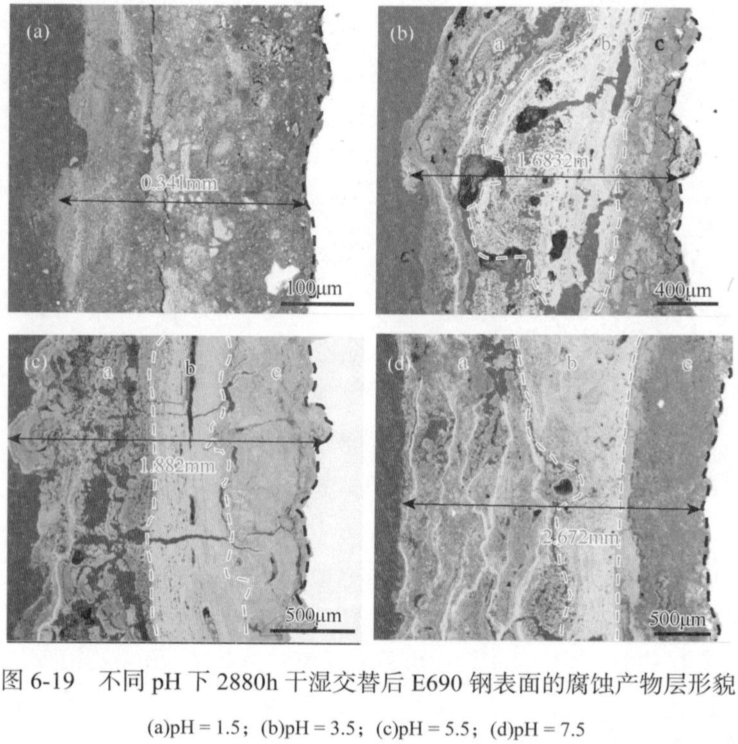

图 6-19　不同 pH 下 2880h 干湿交替后 E690 钢表面的腐蚀产物层形貌

(a)pH = 1.5；(b)pH = 3.5；(c)pH = 5.5；(d)pH = 7.5

图 6-20 为不同 pH 下 2880h 干湿交替后 E690 钢腐蚀产物层的 EDS 分析，由图可知，不同 pH 的模拟海洋干湿交替环境下腐蚀产物以铁的氧化物为主，在较低 pH 时，材料表面锈层没有 Cl^-富集现象的发生，也没有观察到 Cr 在锈层中的沉积，Cr 和 Cl 较为均匀地分布在腐蚀产物中。随着 pH 的升高，腐蚀产物内层的

Cl 富集现象逐渐明显，并且在较为致密的中层的腐蚀产物中观察到了 Cr 的沉积逐渐增多，在 pH 为 7.5 时，大量的 Cl 富集在基体表面，这说明 Cl^-易穿过表层及中层的腐蚀产物层，到达基体表面，并形成浓聚。在 pH 为 7.5 时，有明显的 Cr 在中层腐蚀产物中富集，而 Cr 促进了锈层的致密化，对基体起到了一定的保护作用，有利于降低基体整体的阳极溶解作用。

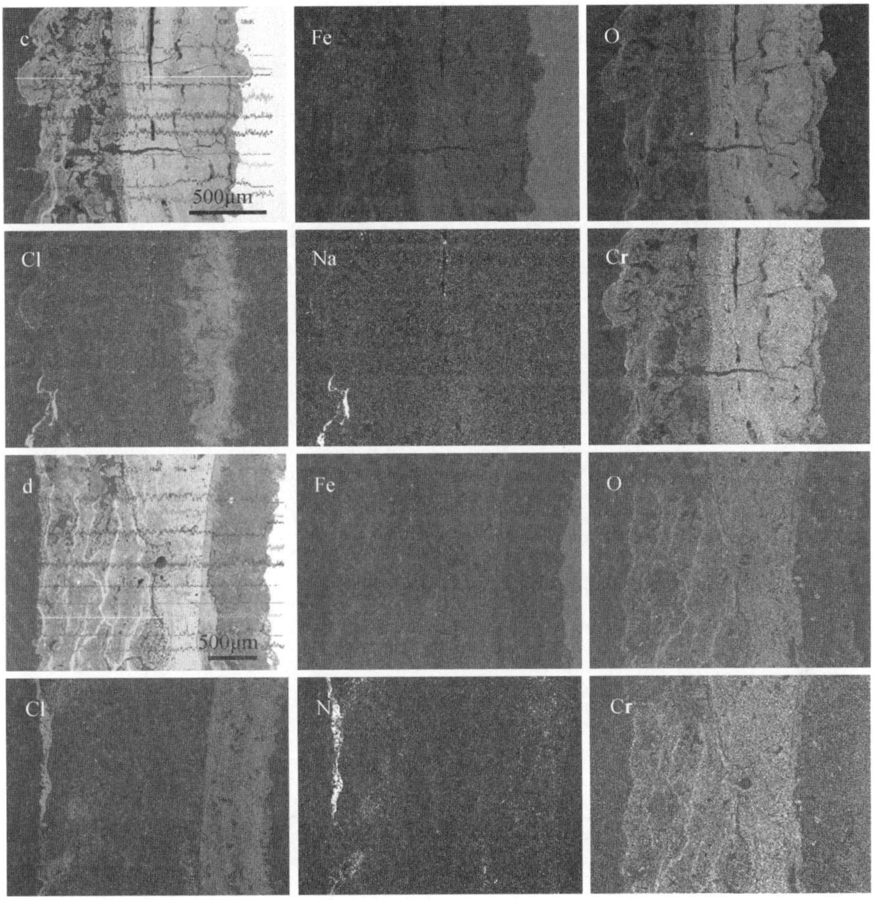

图 6-20　不同 pH 下 2880h 干湿交替环境后 E690 钢腐蚀产物层的 EDS 分析

(a)pH = 1.5；(b)pH = 3.5；(c)pH = 5.5；(d)pH = 7.5

海洋干湿交替环境下，随着 pH 升高，锈层不断致密化，且 β-FeOOH 的生成减缓了金属表面整体阳极溶解作用；同时，金属表面 Cl^-浓聚，有利于点蚀坑的形成，点蚀坑会导致内部应力集中，在应力的作用下，加快了材料表面的局部阳极溶解作用，使腐蚀坑内酸化，造成局部 H^+浓度增加，致使阴极析氢电流密度增大，促进氢向金属中的渗透，氢可以聚集在缺陷较多的晶界部位，在拉应力的作用下产生局部微裂纹，并促进裂纹的生长，Cl^-浓度的增加和析氢作用会进一步导致局部阳极溶解作用的发生。分析再次表明，模拟海洋干湿交替环境下，随 pH 的升高，E690 钢的 SCC 敏感性逐渐升高，其 SCC 机理为阳极溶解为主、氢脆为辅的混合控制机理。

6.3.2 不同 Cl^-浓度下模拟海洋干湿交替环境中 SCC 裂纹扩展机理

E690 钢在不同 Cl^-浓度的海洋干湿交替环境下的裂纹扩展形貌如图 6-21 所示，由图可见，随 Cl^-浓度的增大，裂纹扩展长度先增大后减小再增大，在 NaCl 浓度为 3.5%时裂纹扩展长度最大；各 Cl^-浓度条件下，裂纹都为典型的穿晶扩展模式；并且在各 Cl^-浓度条件下，裂纹萌生处都有明显的局部阳极溶解现象(点蚀)，裂纹都萌生于点蚀坑内。结合图 6-21，对不同 Cl^-浓度的模拟海洋干湿交替环境下的 E690 钢的裂纹扩展速率进行进一步的分析。图 6-22 为 E690 钢在不同 Cl^-浓度的模拟海洋干湿交替环境下的裂纹扩展速率。这更进一步说明，模拟海洋干湿交替环境中 E690 钢随 Cl^-浓度的增加，SCC 敏感性先升高后降低再升高，SCC 裂纹扩展的机理为阳极溶解为主、氢脆为辅的混合控制机理。

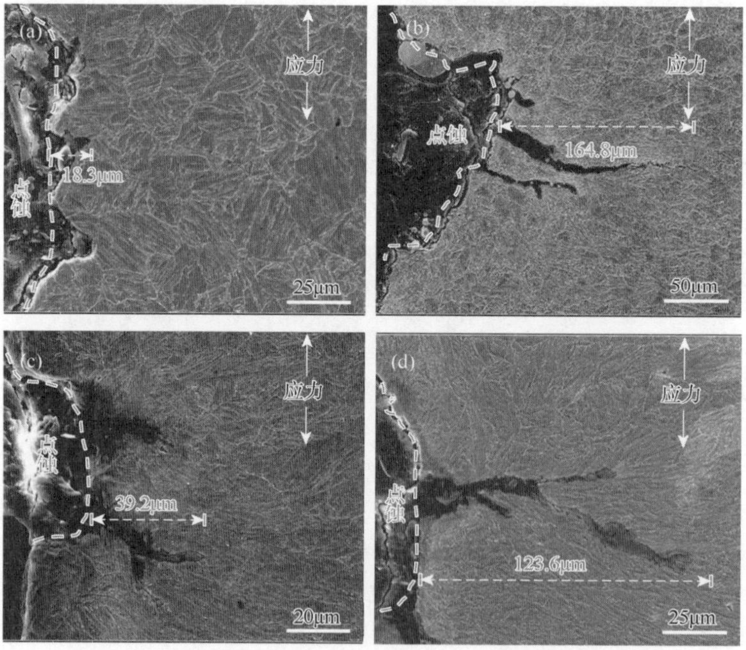

图 6-21　E690 钢海洋在不同 Cl^-浓度的海洋干湿交替环境下的裂纹扩展形貌

(a)NaCl 浓度为 1.5%；(b)NaCl 浓度为 3.5%；(c)NaCl 浓度为 7%；(d)NaCl 浓度为 14%

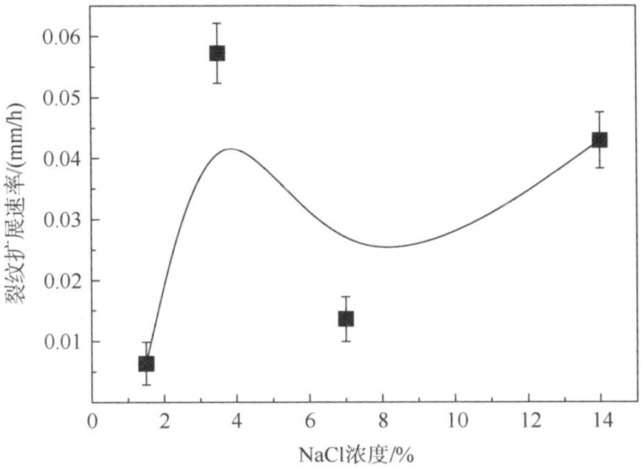

图 6-22　E690 钢在不同 Cl⁻浓度的模拟海洋干湿交替环境下的裂纹扩展速率

图 6-23 为不同 Cl⁻浓度下 2880h 干湿交替后 E690 钢表面的腐蚀产物层形貌图，由图可知，不同 Cl⁻浓度条件下，均有大量的腐蚀产物生成，腐蚀产物层较厚，但 NaCl 浓度为 1.5%时，虽然腐蚀产物层较厚，但腐蚀产物层较为疏松，有大量的空隙，与基体的结合也不好；当 NaCl 浓度为 7%时，锈层相对较薄，也不够致

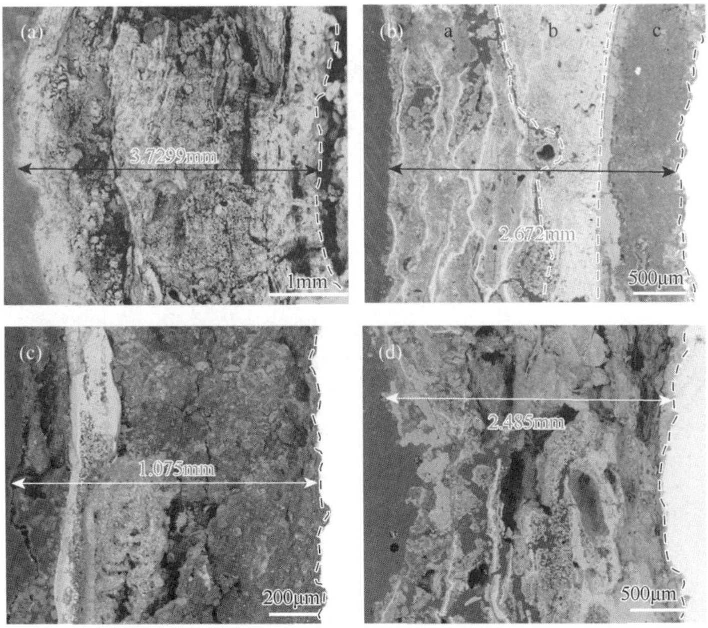

图 6-23　不同 Cl⁻浓度下 2880h 干湿交替后 E690 钢表面的腐蚀产物层形貌

(a)NaCl 浓度为 1.5%；(b)NaCl 浓度为 3.5%；(c)NaCl 浓度为 7%；(d)NaCl 浓度为 14%

密，这主要是因为腐蚀产物层被 Cl^-溶解，这两种条件下锈层没有对基体起到很好的保护作用，容易使基体整体处于较快的阳极溶解状态，利于均匀腐蚀的发生，而 SCC 敏感性降低；当 NaCl 浓度为 3.5%时，锈层最为致密，内锈层和中间锈层都较为致密，在应力的作用下，锈层的致密化利于锈层局部阳极溶解和析氢作用的发生，促进 SCC；当 NaCl 浓度超过 3.5%时，腐蚀产物的生成速率大于 Cl^-对腐蚀产物的溶解速率，大量的腐蚀产物生成，锈层也相对致密，使得 SCC 敏感性反而升高。

图 6-24 为不同 Cl^-浓度下 2880h 干湿交替后 E690 钢腐蚀产物层的 EDS 分析，由图可知，不同 Cl^-浓度海洋干湿交替环境下腐蚀产物以铁的氧化物为主，在 Cl^-浓度较小时(NaCl 浓度为 1.5%)，基体表面锈层没有 Cl^-的富集现象的发生，在腐蚀产物表面有大量的 Cl^-富集，也没有观察到 Cr 在锈层中的沉积，Cr 较为均匀地分布在腐蚀产物中；在 NaCl 浓度为 3.5%时，大量的 Cl^-富集在基体表面，这说明 Cl^-易穿过表层及中层的腐蚀产物层，到达基体表面并浓聚，并且在中层的腐蚀产物层中有明显的 Cr 的富集，而 Cr 促进了锈层的致密化，对基体起到了一定的保护作用，这有利于降低基体整体的阳极溶解作用。而 NaCl 浓度为 7%时，也没有明显的 Cl^-富集现象，Cl^-较为均匀地分布在锈层中，Cr 在靠近外锈层有少量富集。当 NaCl 浓度达到 14%时，现象与浓度为 3.5%时较为接近。

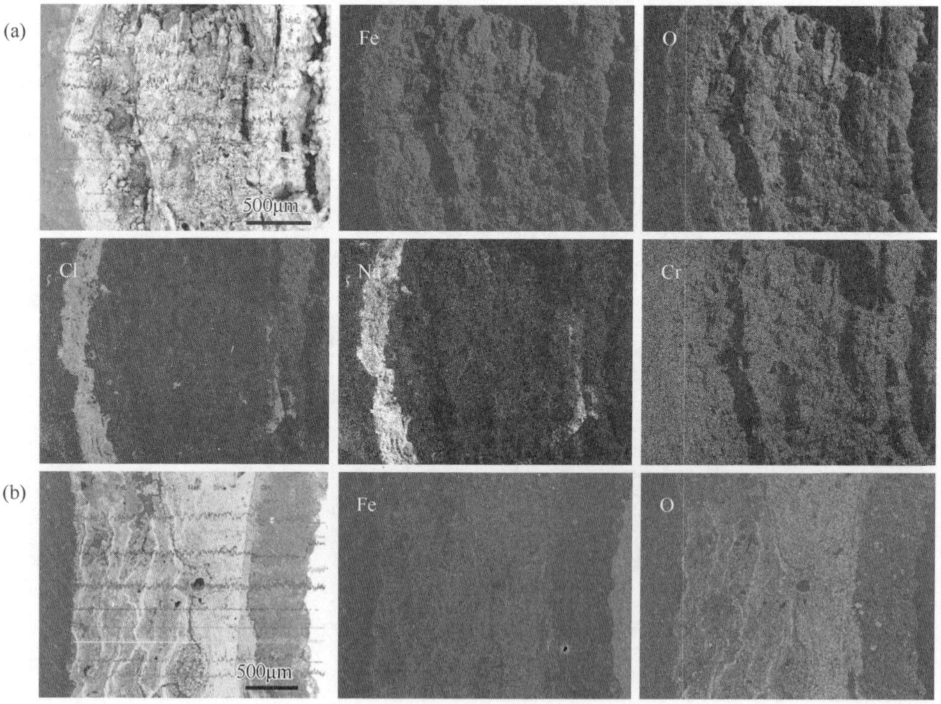

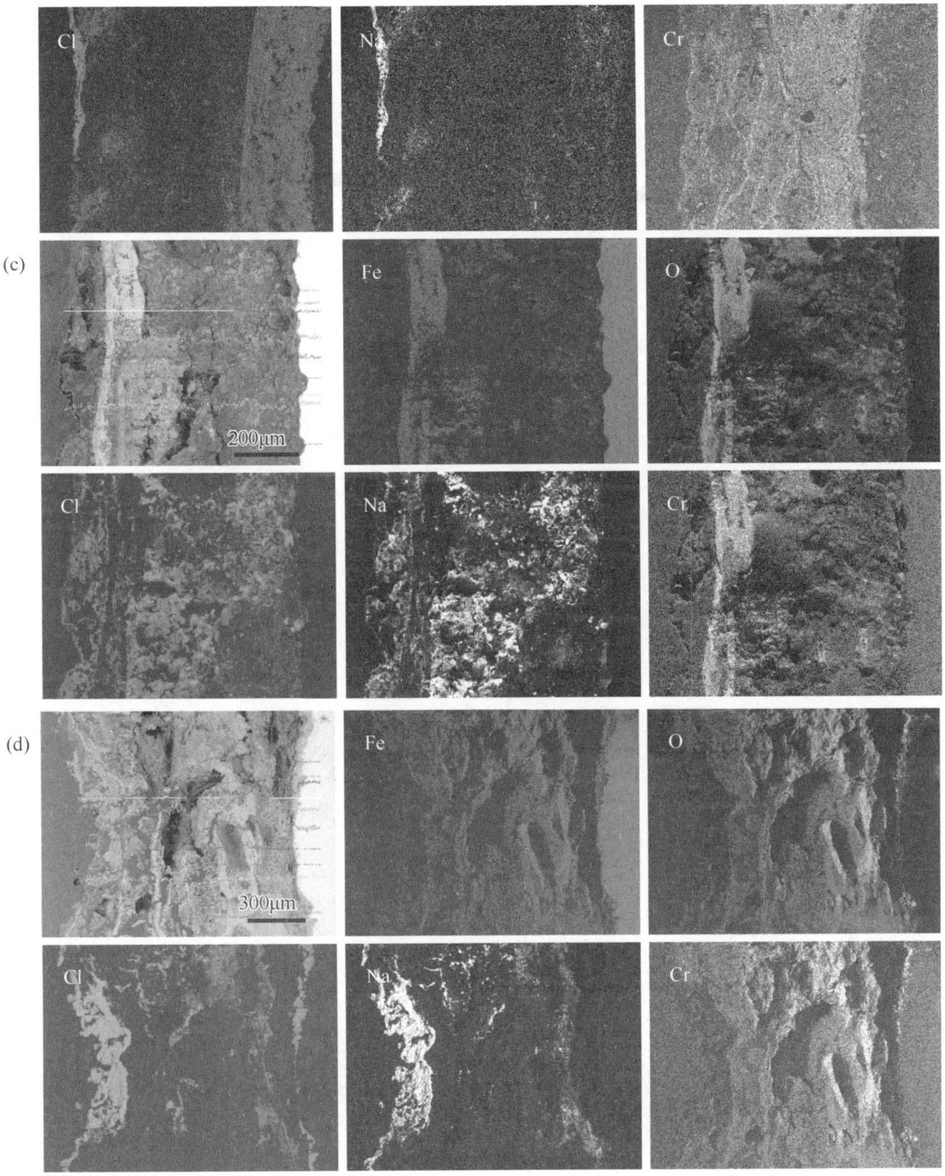

图 6-24　不同 Cl^-浓度下 2880h 干湿交替后 E690 钢腐蚀产物层的 EDS 分析

(a)NaCl 浓度为 1.5%；(b)NaCl 浓度为 3.5%；(c)NaCl 浓度为 7%；(d)NaCl 浓度为 14%

6.4　本 章 小 结

通过模拟实海浪花飞溅区的干湿交替环境，采用动电位极化和交流阻抗电化学试验方法，以及恒位移试样长期干湿交替试验，重点研究了 Cl^-浓度、pH 等环境因素对干湿交替环境下 E690 钢 SCC 行为和机理的影响，并对其裂纹扩展模式及腐蚀产物和锈层进行了分析。研究结果表明以下几点。

(1) pH 和 Cl^-浓度对 E690 钢在模拟海洋干湿交替环境下的电化学和 SCC 行为具有重要影响。不同 pH 和 Cl^-浓度的海洋干湿交替环境下，E690 钢都有明显的 SCC 现象发生。pH 增大，SCC 敏感性升高，pH 为 7.5 时 SCC 敏感性相对最高；Cl^-浓度影响了锈层的结构和致密程度，随 Cl^-浓度增加，SCC 敏感性先升高后降低再升高，NaCl 浓度为 3.5%时 SCC 敏感性相对最高。

(2) pH 和 Cl^-浓度等多种模拟严酷海洋干湿交替环境下，SCC 机理为阳极溶解为主、氢脆为辅的混合控制机理，裂纹扩展模式为典型的穿晶扩展。应力促进 E690 钢阳极溶解，材料的 SCC 敏感性升高。

(3) 不同条件的模拟海洋干湿交替环境下，E690 钢腐蚀产物都以 Fe_3O_4 为主，并伴有 α-FeOOH、β-FeOOH、γ-FeOOH、FeOCl 等。锈层的结构和种类，对 E690 钢的 SCC 敏感性有很大的影响，Cr 促进了锈层的致密化，降低了材料均匀腐蚀。腐蚀产物的富集，尤其是致密化程度的提高，加之 Cl^-在腐蚀产物内层的富集，导致局部阳极溶解作用加强，同时促进了锈层中的点蚀底部及裂纹尖端的析氢作用，SCC 敏感性升高。

第 7 章 E690 钢在模拟浪花飞溅区与海洋全浸区应力腐蚀行为比较研究

通过前几章研究发现，不同环境影响因素下，E690 钢在海洋干湿交替环境中的 SCC 敏感性有较大的差别，另外，浪花飞溅时间与频率对 E690 钢 SCC 敏感性也有很大的影响。在海洋全浸环境和海洋薄液环境中，E690 钢的 SCC 行为及敏感性有何差别呢？这是值得关注的问题。大量研究表明：海洋薄液环境中 SCC 的发生与海洋全浸环境中有着很大的不同，这主要是由海洋薄液环境的特殊性造成的。对海洋薄液环境中的 SCC 的研究主要有以下几种：真实环境下恒变形或恒位移的投样试验，试验周期长，成本高，并且真实环境中 SCC 的影响因素复杂，并不能对单一因素进行深入的研究，对海洋薄液环境中 SCC 的主要影响因素的辨别较为困难，不能定量研究海洋薄液环境中金属材料的 SCC 敏感性；灯芯法模拟海洋薄液环境中的 SCC 试验，其较好地模拟了海洋薄液环境中的 SCC，并得出了较多重要的成果，但不能定量控制薄液厚度，只能研究单一薄液厚度下的 SCC，并且不能模拟整个薄液的形成过程，具有一定的局限性；模拟海洋全浸中 SCC 试验，其虽然简单易行，但与真实海洋薄液环境中 SCC 有着很大的差别，从腐蚀机理角度有着很大的偏差，并不能模拟真实海洋薄液环境中的金属材料的 SCC。湿气下形成薄液环境的 SCC 试验是目前较好的一种研究 SCC 行为和机理的方法，但目前采用此方法开展的研究还较少，并没有进行大量深入的 SCC 研究。目前对海洋全浸及海洋薄液环境中的 SCC 研究还不充分，人们并没有认清海洋薄液环境中高强钢的 SCC 机理及裂纹扩展模式，对海洋薄液环境中的 SCC 大多只停留在发生的可能性上。对海洋薄液环境和海洋全浸环境中高强钢的 SCC 行为机理及其敏感性的差别没有清晰的认识。

本章通过模拟海洋全浸环境和海洋薄液环境，采用动电位极化和交流阻抗法，进行慢应变速率拉伸试验以及恒位移试样试验，研究了 E690 钢在海洋全浸环境和海洋薄液环境中的 SCC 行为和机理，并对两者环境中的裂纹扩展模式及腐蚀产物和锈层进行了比较分析。

7.1 模拟浪花飞溅区与海洋全浸区试验方法

试验材料为 E690 钢，与上章材料相同。所有试验与前几章相同。通过采用雾化装置(图 7-1)，将试验装置(慢应变速率拉伸和恒位移试验)中持续分别通入稳定湿气，使试验样品始终处于 100%湿度的稳定气氛环境中，以模拟海洋薄液环境，试验温度为 30℃±2℃，pH = 7.5，雾化溶液为 3.5% NaCl。通过 3.5% NaCl 溶液，模拟海洋全浸环境(海水环境)，试验温度为 30℃±2℃，pH = 7.5。

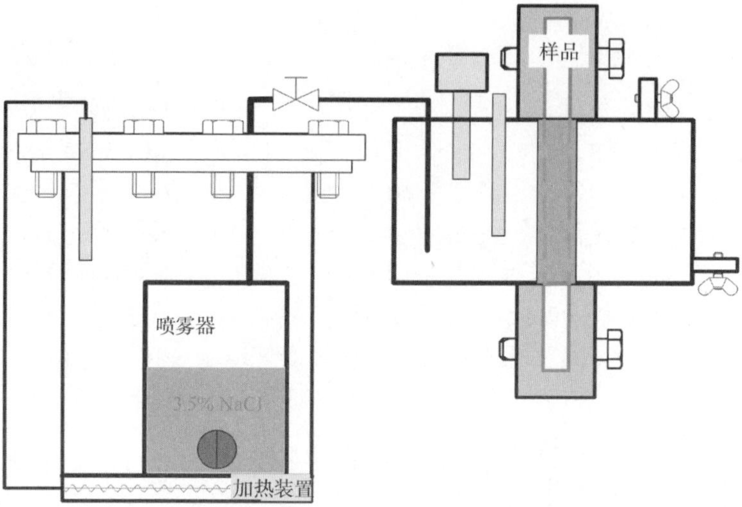

图 7-1　雾化及慢应变速率拉伸试验装置图

7.2　模拟浪花飞溅区与海洋全浸区试验结果

7.2.1　E690 钢在海洋全浸区与薄液环境中的腐蚀电化学行为比较

图 7-2 为模拟海水环境和海洋薄液环境中 2880h 后带锈 E690 钢的动电位极化曲线，由图可见，不同环境中长期暴露 2880h 试验后 E690 钢的电化学行为有明显的差异，模拟海水中的腐蚀电流密度小于模拟海洋薄液环境的腐蚀电流密度，阳极电流密度逐渐减小，原始试样与海洋环境浸泡后试样的阴极电流密度基本相同，模拟海洋薄液环境暴露后的样品阴极电流密度最大，这主要与生成的腐蚀产物层的种类和结构有关，由于海洋薄液环境中生成腐蚀产物一定程度上阻碍了材料表面阳极反应的发生，阴极电流密度的增加会促进析氢作用的发生，进而促进氢致 SCC 的发生。

图 7-3 为不同环境中长期暴露 2880h 试验后 E690 钢的 Nyquist 图，由图可见不同环境下长期暴露 2880h 试验后带锈试样阻抗谱虽都呈单一容抗弧特征，与原始试样相比，在不同环境中长期暴露后的试样的阻抗弧值都有所减小，模拟海洋薄液腐蚀性能先减小后增大，这主要与生成的腐蚀产物有关，腐蚀前期生成的腐

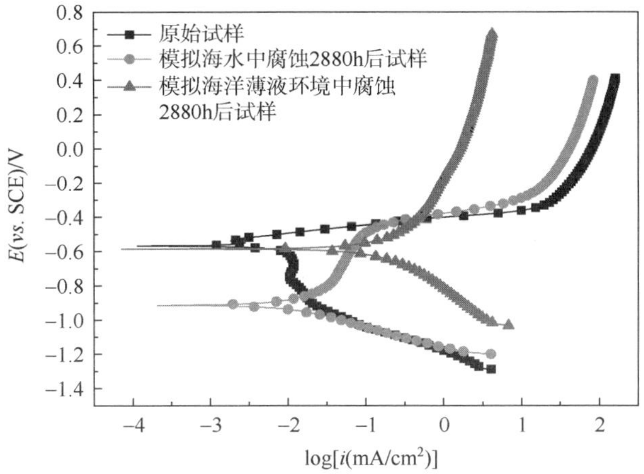

图 7-2　不同环境中 E690 钢的动电位极化曲线

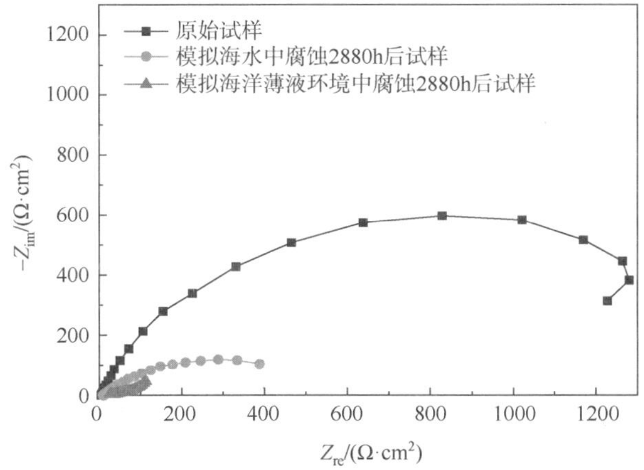

图 7-3　不同环境中 E690 钢的 Nyquist 图

蚀环境中阻抗弧值最小，其耐腐蚀性能最低。图 7-4 为不同时长和不同环境下暴露试验后 E690 钢的 Nyquist 图，由图可见各试验周期下，模拟海水和模拟海洋薄液环境中带锈样品阻抗谱虽都呈单一容抗弧特征，但模拟海水环境中的阻抗弧值都大于模拟海洋薄液环境中的阻抗弧值，说明海水环境相对于海洋薄液环境中材料的耐腐蚀性能更好，与动电位极化曲线测量结果一致。比较不同试验周期下，海水环境中的交流阻抗弧可以发现，随试验周期的延长，在 360h 后阻抗弧值有减小的趋势，但基本稳定，阻抗弧值变化不大，说明随时间的延长，海水环境下材料的耐腐蚀性能逐渐降低，但在 360h 后腐蚀产物层基本稳定，材料的耐腐蚀性能变化不大；比较不同试验周期下薄液环境中的交流阻抗弧值，可以发现，随试验周期的延长，材料的阻抗弧值先减小，2160h 后有增大的趋势，说明在海洋薄液环境中，材料的腐蚀产物比较疏松，并对腐蚀有一定的促进作用；试验后期，形成的锈层逐渐致密，对材料有一定的保护作用，使其耐腐蚀性能增加，这对 SCC 也会产生很大的影响。其等效电路图如图 7-5 所示，$R_{outerlayer}$ 和 $C_{outerlayer}$ 分别为外锈层电阻和电容，$R_{innerlayer}$ 和 C 分别为内锈层电阻和电容，Q 为常相位角，R_{ct} 为电荷转移电阻，Z_w 为扩散阻抗。

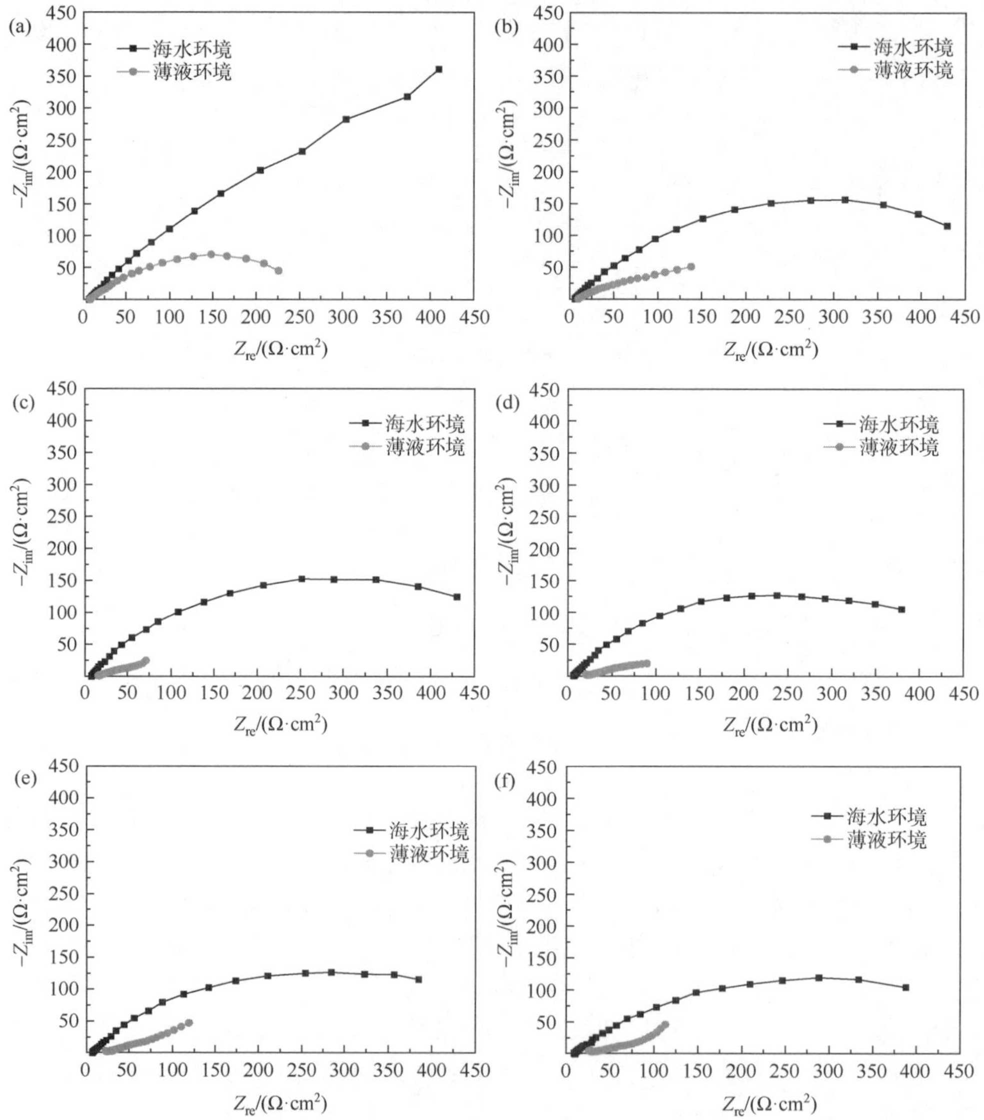

图 7-4　模拟海水和海洋薄液环境中 E690 钢 Nyquist 图

(a)120h；(b)360h；(c)720h；(d)1440h；(e)2160h；(f)2880h

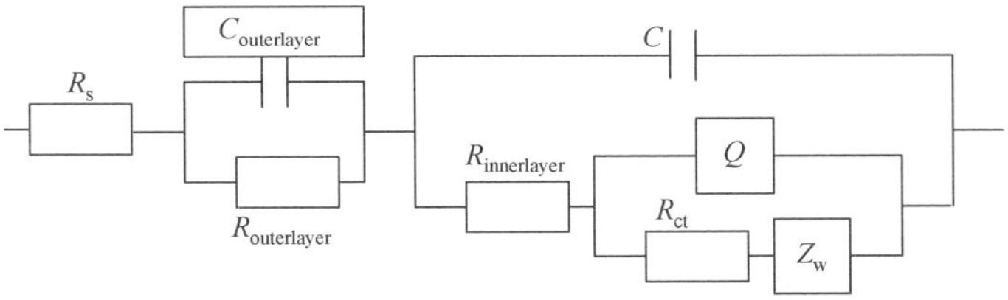

图 7-5　模拟海水和海洋薄液环境中 E690 钢的等效电路图

7.2.2　E690 钢在海洋全浸区与薄液环境中的应力腐蚀敏感性比较

图 7-6 为不同模拟海洋环境中 E690 钢 SSRT 后的宏观形貌，由图可见，按空气模拟海水和模拟海洋薄液环境顺序，腐蚀逐渐加剧。空气中 SSRT 试验后试样表面并没有腐蚀产物生成；模拟海水环境中试样表面有少量的腐蚀产物生成，断口区域腐蚀较为严重，以均匀腐蚀为主；海洋薄液环境中腐蚀最为严重，有大量的腐蚀产物生成，在断口处可以观察到明显的侧边裂纹。这说明在海洋薄液环境中材料的阳极溶解作用更强，主要因为海洋薄液环境中，氧的扩散速率相对海水环境中较快，使海洋薄液环境中氧的浓度维持在较高的水平，有利于材料阳极溶解过程的发生，阳极溶解导致局部腐蚀产生，在应力作用下造成了材料腐蚀开裂现象的发生。

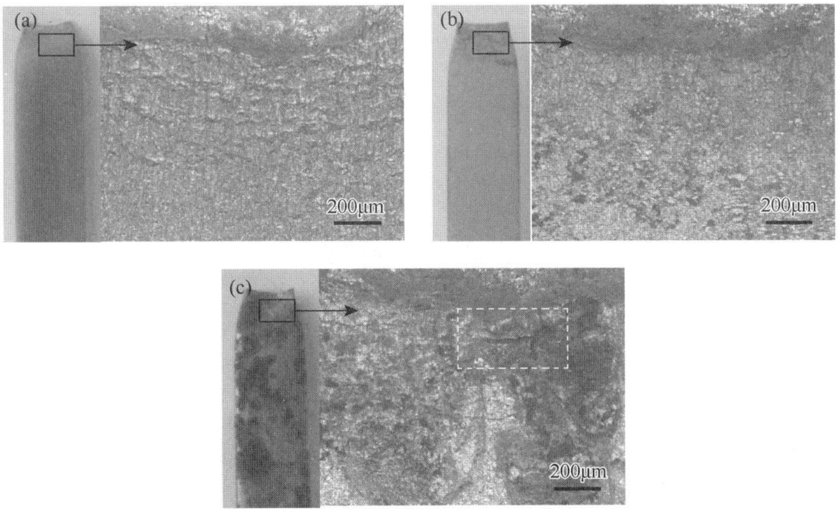

图 7-6　不同环境中 E690 钢 SSRT 后的宏观形貌

(a)空气；(b)模拟海水环境；(c)模拟海洋薄液环境

图 7-7 是 E690 钢分别在空气、模拟海水及模拟海洋薄液环境中的慢应变速率

拉伸(SSRT)应力-应变曲线。由图可见，模拟海水和模拟海洋薄液环境中 E690 钢与空气中的力学性能有一定的差异，E690 钢在模拟海水环境中的 SSRT 曲线与其在空气中的曲线差异相对较小，模拟海洋薄液环境中差异明显，且按照空气、模拟海水和模拟薄液环境的顺序，材料的延伸率逐渐降低。这表明，模拟海水环境及模拟海洋薄液环境下的 SCC 敏感性和塑性损失逐渐升高。

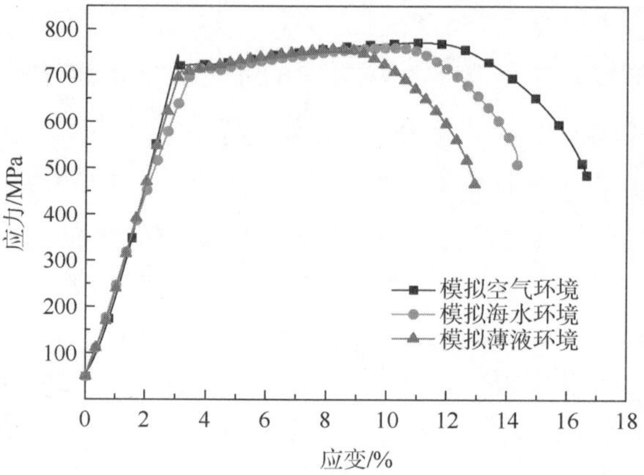

图 7-7 不同环境中 E690 钢应力-应变曲线

为量化 E690 钢在模拟海水和模拟海洋薄液环境中的 SCC 敏感性，以延伸率损失(I_δ)、断面收缩率损失(I_ψ)和断裂韧性损失(I_ε)表征其 SCC 敏感性，其计算公式如下：

$$I_\psi = \left(1 - \frac{\psi_s}{\psi_0}\right) \times 100\% \tag{7-1}$$

$$I_\delta = \left(1 - \frac{\delta_s}{\delta_0}\right) \times 100\% \tag{7-2}$$

$$I_\varepsilon = \left(1 - \frac{\varepsilon_s}{\varepsilon_0}\right) \times 100\% \tag{7-3}$$

式中，ψ_s 为模拟海水或海洋薄液环境中试样的断面收缩率；ψ_0 为空气中试样的断面收缩率；δ_s 为模拟海水或海洋薄液环境中试样的伸长率；δ_0 为空气中试样的伸长率；ε_s 为模拟海水或海洋薄液环境中试样的断裂韧性；ε_0 为空气中试样的断裂韧性。图 7-8 是 E690 钢在模拟海水及海洋薄液环境中的 SCC 敏感性。可见，在海水和海洋薄液环境中 E690 钢都具有一定的 SCC 敏感性，海水环境中 SCC 敏感性较低，与其相比，海洋薄液环境中的 I_δ 和 I_ψ 增大，SCC 敏感性升高。这表明海洋薄液环境中 E690 钢的 SCC 敏感性比海水环境中更高，易发生 SCC。

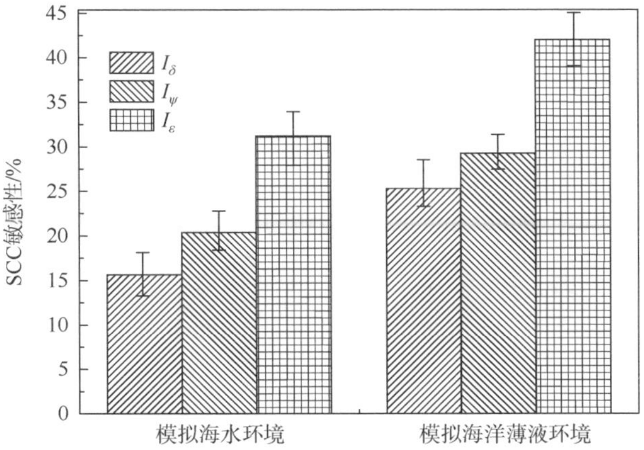

图 7-8　不同环境中 E690 钢 SCC 敏感性

图 7-9 所示为 E690 钢分别在空气、模拟海水及模拟海洋薄液环境中的断口 SEM 形貌。由宏观断口形貌可见，各环境条件下，E690 钢在断口边缘附近均发生颈缩现象，表明材料发生断裂时仍具有一定的韧性特征，但随着空气、模拟海水和模拟海洋薄液环境的变化，颈缩现象逐渐减弱，断面收缩率有降低趋势，脆性增强，并且材料在空气与介质中拉伸断面比较，介质条件下断口更为平整，断面收缩率更小，海洋薄液环境中更为明显，SCC 敏感性更高。由微观形貌可见，在各环境条件下试样断口边缘疑似 SCC 裂纹区的断口微观形貌有明显的差异，在空气环境中[图 7-9(a)]，试样断口边缘微观形貌基本上是韧窝形貌；在海水环境中[图 7-9(b)]，SCC 裂纹壁上存在脆性断口特征，有解离和准解离形貌，并有少量韧窝存在；在海洋薄液环境中[图 7-9(c)]断口上明显存在较大面积 SCC 裂纹壁，且具有阶梯状河流花样，其形貌为典型的脆性形貌。这说明在模拟海水环境中和海洋薄液环境中 E690 钢具 SCC 敏感性，模拟海水环境中 SCC 敏感性相对较低，海洋薄液环境中 SCC 敏感性较高。

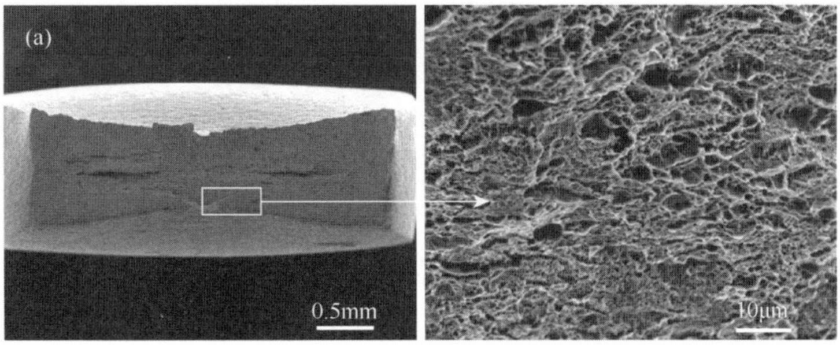

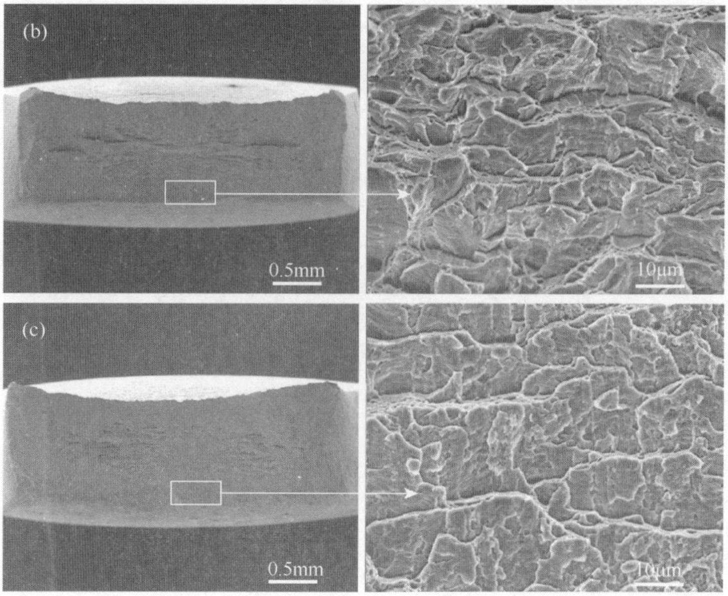

图 7-9　不同环境中 E690 钢断口形貌

(a)空气；(b)模拟海水环境；(c)模拟海洋薄液环境

分别在空气、模拟海水及模拟海洋薄液环境中 E690 钢 SSRT 试样侧边裂纹形貌如图 7-10 所示。由图可看出，在各环境条件下，E690 钢 SSRT 侧边形貌存在较大差异，在空气环境中[图 7-10(a)]，试样侧壁没有明显的侧边裂纹，为韧性断裂；在模拟海水环境中[图 7-10(b)]，侧壁上存在侧边裂纹，有明显的阳极溶解现象发生(点蚀)；在海洋薄液环境中[图 7-10(c)]试样侧边存在明显的侧边裂纹，裂纹的长度和深度较大，试样的阳极溶解现象明显，并且可以观察到大量小的侧边裂纹。与模拟海水环境中相比，海洋薄液环境中材料有更多侧边裂纹，裂纹的长度和宽度都更明显。这说明在模拟海水和海洋薄液环境中 E690 钢具有一定的 SCC 敏感性，海水环境中的 SCC 敏感性相对较低，海洋薄液环境中的 SCC 敏感性较高。

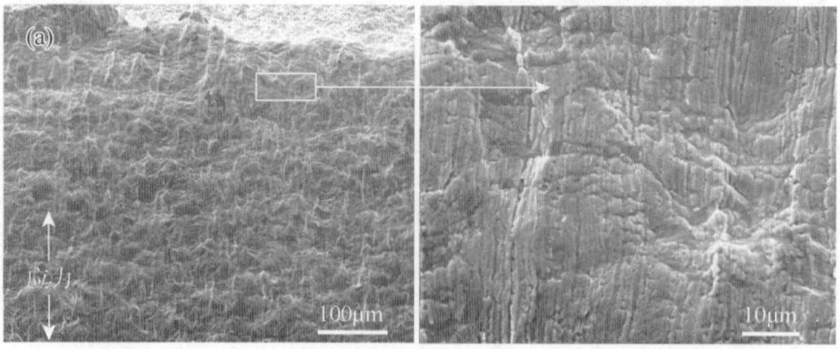

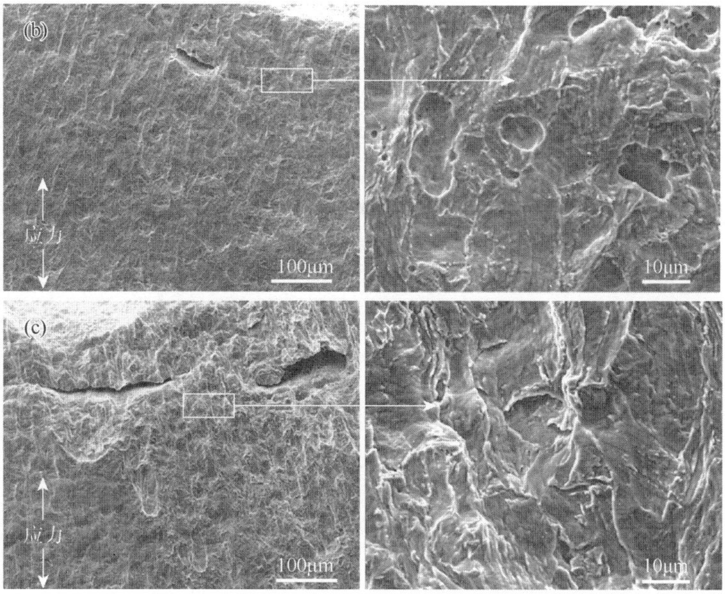

图 7-10　不同环境中 E690 钢侧边裂纹形貌

(a)空气；(b)模拟海水环境；(c)模拟海洋薄液环境

7.2.3　E690 钢在海洋全浸区与薄液环境中的腐蚀产物比较

采用 EDS 和 XRD 分析方法，对模拟海洋全浸和海洋薄液环境中 E690 钢的腐蚀产物进行分析。图 7-11 为 2880h 后的 E690 钢腐蚀产物的 EDS 分析，可以看出腐蚀产物以铁的氧化物为主，还有部分 Cl^-存在。图 7-12 为模拟海水和海洋薄液环境中 E690 钢恒位移试样的腐蚀产物分析，由图可以看出 U 形弯与 C 形环在

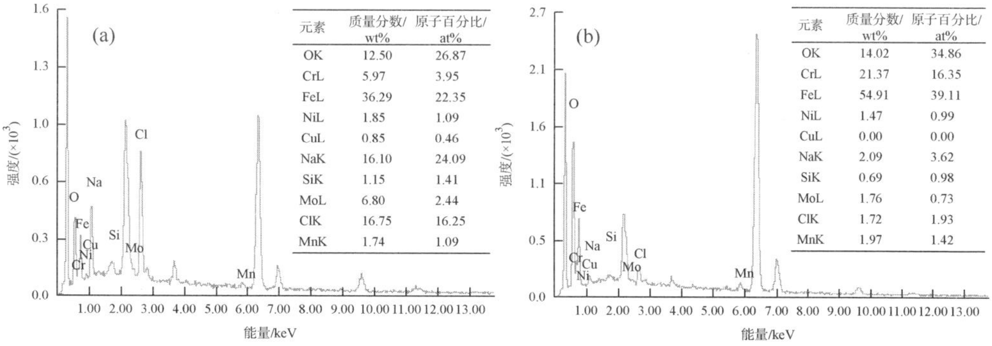

图 7-11　不同环境中 E690 钢腐蚀产物的 EDS 分析

(a)模拟海水环境；(b)模拟海洋薄液环境

同种环境中的腐蚀产物基本相同，没有明显的区别；都由 Fe_3O_4、α-FeOOH、β-FeOOH、γ-FeOOH、FeOCl、$Fe_2(OH)_3Cl$ 及 Fe_2O_3 组成；而且模拟海水和海洋薄液环境中，两种试样的腐蚀产物的种类没有发生明显的变化，基本稳定，模拟海水环境中不稳定的中间腐蚀产物含量较高。大量研究表明腐蚀产物层的种类对金属材料的耐腐蚀性能有很大的影响，一方面，Fe_3O_4 相对疏松，腐蚀性粒子 Cl^- 等容易穿过其到达基体表面，引起基体表面 Cl^- 浓度的升高，造成点蚀和酸化，诱发 SCC；另一方面，β-FeOOH 的生成有利于抑制材料的阳极过程，从而促进材料的阴极反应过程。

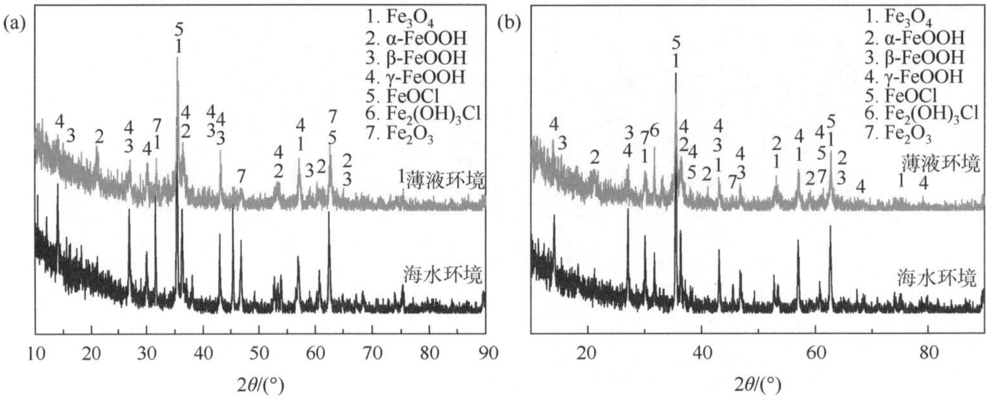

图 7-12 不同环境中 E690 钢腐蚀产物 XRD 分析

(a)U 形弯；(b)C 形环

7.3 模拟浪花飞溅区与海洋全浸区应力腐蚀行为比较

7.3.1 海洋全浸区和海洋薄液环境中应力腐蚀行为

对模拟海水和海洋薄液环境中 E690 钢恒位移 U 形试样和 SSRT 试样进行观察和研究，如图 7-13 所示，由图可以看出，在模拟海水和海洋薄液环境中，材料的腐蚀形貌差别较大，比较图 7-13(a)和(b)可以发现，在不同环境中的长期恒位移 U 形弯试验后，模拟海水环境中，材料表面以均匀腐蚀为主，有少量裂纹产生，而在模拟海洋薄液环境中，有明显的 SCC 裂纹产生，并且裂纹处有明显的阳极溶解现象发生；比较图 7-13(c)和(d)可以发现，在不同环境中的 SSRT 试验后，侧边的腐蚀形貌差异较大，模拟海水环境中，试样的表面只发现了较小的点蚀坑，局部腐蚀现象较弱；在模拟海洋薄液环境中，试样表面有明显的局部阳极溶解现象发生，并在局部阳极溶解部位发现了小的裂纹。以上的研究发现，在模拟海水和海洋薄液环境中，E690 钢的 SCC 与阳极溶解有关，模拟海洋薄液环境中 E690 钢的阳极溶解作用更强，随试验周期的延长，阳极溶解产生的腐蚀产物容易富集在试样表面，形成较为致密的腐蚀产物层，并且 Cl^-沉积在试样表面，在腐蚀产物层下阳极溶解极易形成点蚀等局部腐蚀现象，点蚀内部应力集中，形成裂纹源，而且在阳极溶解的同时，点蚀坑内部发生局部酸化，导致该区域 H^+浓度升高，阴极析氢电流密度增加，而析氢电流密度的增加，促进氢致裂纹的发生，阳极溶解及阴极析氢作用共同促进了裂纹的萌生和扩展。模拟海洋薄液环境中的 SCC 敏感性高于海水环境中，在模拟海水和海洋薄液环境中 SCC 的机理为阳极溶解为主、氢脆为辅的混合控制模式。

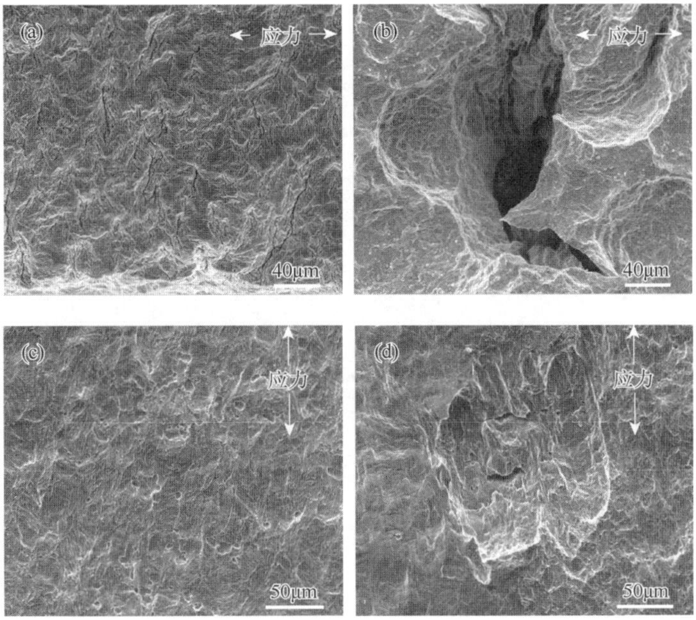

图 7-13　不同环境中 E690 钢阳极溶解诱发应力腐蚀开裂

(a)模拟海水中 U 形弯；(b)模拟海洋薄液中 U 形弯；(c)模拟海水中 SRRT；(d)模拟海洋薄液中 SSRT

E690 钢在模拟海洋薄液环境中裂纹扩展形貌如图 7-14 所示，由图可见，模拟海洋薄液环境中，SSRT 试验和 U 形弯长期试验后的试样的裂纹扩展形貌都为典型的穿晶扩展模式；并且两种试验条件下，裂纹萌生处都有明显的局部阳极溶解现象(点蚀)，裂纹都萌生于点蚀坑内，点蚀坑内会发生应力集中和局部酸化，加大了材料局部阴极析氢电流密度，促进氢致裂纹的发生。这也进一步说明，模拟海洋薄液环境中 E690 钢 SCC 裂纹的扩散机理为阳极溶解为主、氢脆为辅的混合控制机理。

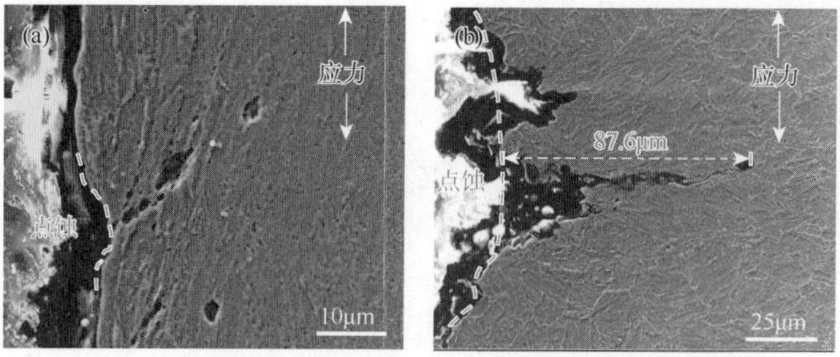

图 7-14　模拟海洋薄液环境中 E690 钢的裂纹扩展形貌

(a)SSRT；(b)U 形弯

7.3.2　海洋全浸区和海洋薄液环境中腐蚀产物对应力腐蚀的影响

图 7-15 为模拟海水和海洋薄液环境中 E690 钢 2880h 后的腐蚀产物层形貌图，由图可以看出，E690 钢在模拟海水环境中 2880h 后腐蚀产物层非常疏松，厚度较薄，只有 0.049mm，没有明显的分层现象；在模拟海洋薄液环境中 2880h 后，试样表面的腐蚀产物较为致密，厚度较大，达到了 1.220mm，有明显的分层现象发生，腐蚀产物内层更为致密，说明在海洋薄液环境中材料的腐蚀更为严重，更有利于腐蚀产物的生成和沉积。致密的腐蚀产物层有利于局部阳极溶解点蚀和析氢作用的发生，进而促进 SCC 的发生，海水环境中难以形成致密的腐蚀产物层，基体以均匀腐蚀为主，SCC 敏感性相对较低。这是海洋薄液环境中 SCC 敏感性高于海水环境中的原因之一。

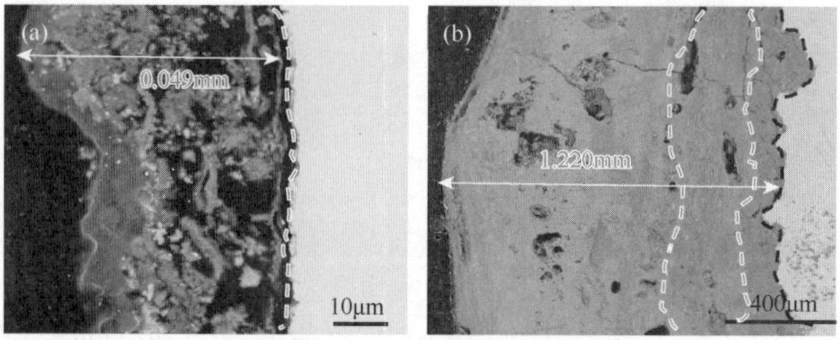

图 7-15　不同环境中 E690 钢 2880h 后腐蚀产物层形貌

(a)模拟海水环境；(b)模拟海洋薄液环境

图 7-16 为模拟海水和海洋薄液环境中 2880h 后 E690 钢的腐蚀产物层 EDS 分析，由图可知，模拟海水环境和海洋薄液环境中腐蚀产物以铁的氧化物为主，模拟海水环境中试样表面没有 Cl^- 富集现象的发生。只有在锈层表面有 NaCl 的富

集现象发生，Cr 在锈层中的沉积现象也不明显，没有形成连续稳定的含 Cr 的腐蚀产物层；而在模拟海洋薄液环境中试样的腐蚀产物层较为致密，在腐蚀产物的内层 Cl^-富集现象逐渐明显，大量的 Cl^-富集在基体表面，并且在较为致密的中层的腐蚀产物中观察到了 Cr 的沉积现象，这说明在海洋薄液环境中，Cl^-易穿过表层及中层的腐蚀产物层，到达基体表面，并形成浓聚，而 Cr 在中层腐蚀产物中富集，促进了锈层的致密化，有利于降低基体整体的阳极溶解作用，阻碍均匀腐蚀的发生，而在海水环境下，不能形成较为致密的腐蚀产物层，使材料以均匀腐蚀为主。

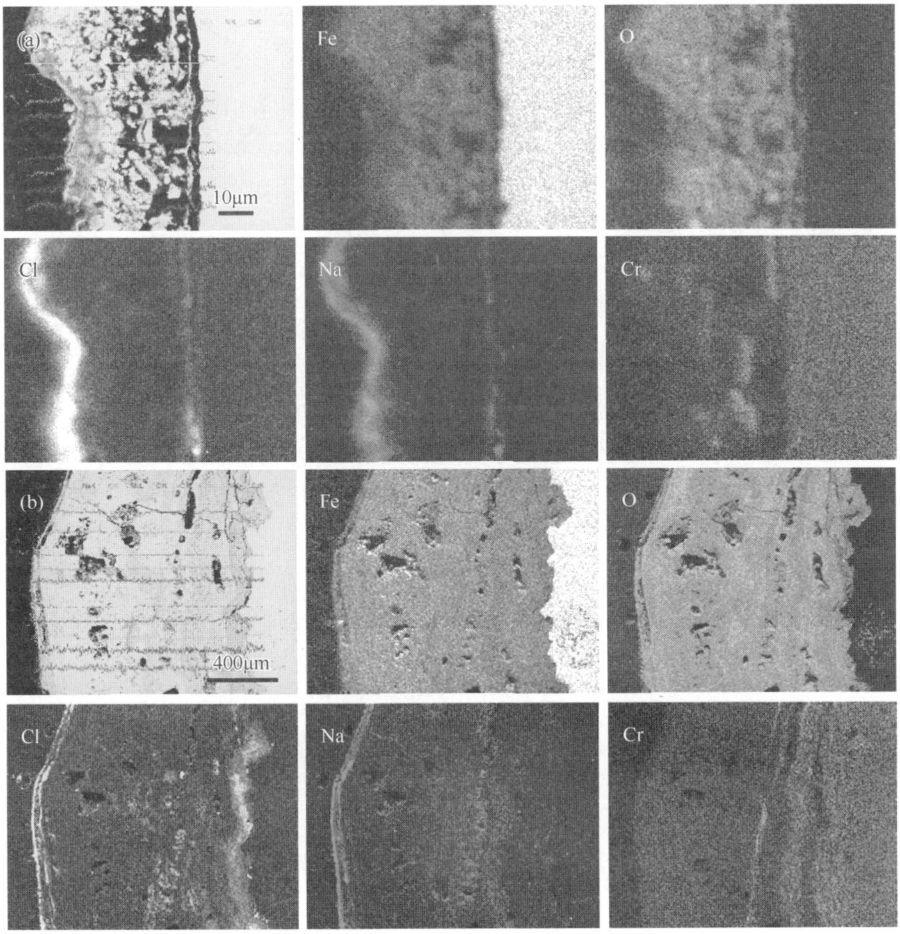

图 7-16　不同环境中 E690 钢腐蚀产物层 EDS 分析

(a)模拟海水环境；(b)模拟海洋薄液环境

海洋薄液环境中，由于薄液的几何结构，氧浓度能长期维持在较高水平，腐蚀相对严重，并且海洋薄液环境有利于腐蚀性离子(Cl^-)促进锈层致密化的 Cr 和腐蚀产物的沉积，锈层不断致密化，减缓了金属表面整体阳极溶解作用，使均匀腐蚀受到抑制；并且金属表面 Cl^-浓聚，有利于点蚀坑的形成，点蚀坑会导致内部应力集中，在应力的作用下，加快了材料的局部阳极溶解，并使腐蚀坑内部酸化，造成局部氢离子浓度升高，使点蚀坑内相对于其他部位成为小的阴极，致使阴极析氢电流密度增加，促进氢向金属中渗透，氢可以聚集在缺陷较多的部位，在应力的作用下产生局部微裂纹，并促进裂纹的生长，并且 Cl^-富集和析氢作用会进一步导致局部阳极溶解作用的发生，进而促进裂纹的扩展；在海水环境中试样表面的氧浓度难以一直维持在较高水平，阳极溶解过程相对较弱，难以形成较多的腐蚀产物，海水环境中溶液的流动性较强并具有一定的溶解作用，使得 Cl^-和腐蚀产物难以在试样表面富集，难以形成局部腐蚀，试样以均匀腐蚀为主，SCC 敏感性相对较低。以上分析再次表明，E690 钢在海洋薄液环境中的 SCC 敏感性高于海水环境中，并且其 SCC 机理为阳极溶解为主、氢脆为辅的混合控制机理。

7.3.3　海洋薄液环境对裂尖行为的影响

在海洋薄液环境中的裂纹，加上应力的作用，裂纹尖端的阳极过程在海洋薄液条件下较海水条件下得到加强，主要是因为：第一，在海洋薄液环境中，表层金属由于阳离子水化，阳极作用减弱，但裂尖的水分并不会减少，由于介质的二维传输特性，为保持电平衡，裂尖的阳极作用和阳极溶解时间反而可能会得到增加，裂纹尖端的离子浓聚和酸化程度加剧，进而促进裂纹尖端的快速扩展；第二，由于应力的作用，海洋薄液环境中，裂纹尖端很难形成保护性的膜，并不能起到降低阳极溶解的作用，反而在应力条件下，裂纹尖端的活性更高，在局部缺陷处，裂纹的扩展速率更高；第三，海洋薄液环境中，由于氧的扩散更加容易进行，氧更容易到达裂纹非裂尖区，造成裂纹非裂尖区的阴极过程加强，进一步促进了裂尖的酸化和阳极过程的进行，氧浓差电池作用也不断加强，裂纹扩展将变得更加容易进行；第四，由于海洋薄液环境加大了裂纹尖端的酸化，产生氢的阴极还原作用，使部分氢原子扩散到金属内部，极易引起氢脆破裂。

另外，海洋薄液环境本身也使腐蚀性离子不断浓聚，这是由于在一些薄液及其干湿交替区域和裂纹内部，溶液不断蒸发和补充，浓度比溶液大得多。在 SCC 裂缝的微区内，由于阴离子电迁移入缝内，加之不断浓缩，缝内 Cl^-浓度比外部大许多倍。因此，海洋薄液环境中尤其是裂纹内部，腐蚀性介质不断升高，给钢的应力腐蚀开裂提供了强烈的敏感环境，促进了裂纹萌生与扩展。

7.4　本章小结

通过模拟严酷海洋全浸环境和海洋薄液环境，采用动电位极化和交流阻抗法、慢应变速率拉伸试验及恒位移试样试验，研究了 E690 钢在模拟海洋全浸和海洋薄液环境中的 SCC 行为和机理，并对两种环境下的裂纹扩展模式及腐蚀产物和锈层进行了比较分析。研究结果表明以下几点。

(1) 相对于模拟海洋全浸环境，模拟海洋薄液环境中的阳极电流密度较低，阴极电流密度较高，阴极过程在海洋薄液环境下被促进。

(2) E690 钢在模拟海洋全浸和海洋薄液环境都发生 SCC 现象，海洋薄液环境中的 SCC 敏感性较高，高于海洋全浸环境中的 SCC 敏感性；SCC 机理为阳极溶解为主、氢脆为辅的混合控制机理；裂纹扩展模式为典型的穿晶扩展。

(3) E690 钢在海洋薄液环境中 SCC 敏感性高于海水环境的本质原因为海洋薄液环境更有利于氧的扩散传质，促进了局部氧的去极化过程和腐蚀产物层的致密化，该过程与 Cl^-在腐蚀产物内层的富集过程存在协同作用，促进了锈层下的局部阳极溶解和点蚀底部及裂纹尖端的析氢作用，这些过程促进了 SCC 的萌生和扩展。

(4) 模拟海洋全浸和海洋薄液环境中，E690 钢腐蚀产物以 Fe_3O_4 为主，并伴有 α-FeOOH、β-FeOOH、γ-FeOOH、FeOCl、$Fe_2(OH)_3Cl$ 及 Fe_2O_3。Cr 促进了锈层的致密化，使 E690 钢由均匀腐蚀向局部腐蚀转变，有利于 SCC 发生。

第 8 章　氧对 E690 钢在模拟浪花飞溅区应力腐蚀机理的影响规律

由前章研究可以得出，氧浓度及氧扩散速率的差异是造成海洋全浸和海洋薄液环境中的 SCC 行为差异的主要原因之一。氧的扩散影响了海洋薄液环境下的阴阳极过程，对高强钢的腐蚀过程产生了极大的影响，对其 SCC 过程也起到了重要的作用，但环境中氧对高强钢 SCC 过程具体的影响规律和作用机理，仍是有待进一步研究的问题。

氧对不同环境中各种金属的 SCC 行为影响不同，该影响一直是研究的热点。有研究表明 SCC 的倾向随氧的参与而降低[1]，但是在缺氧时，SCC 更易发生，在某种程度上，氧的还原阻止了氢的析出。Magdowski 等[2]发现，在水溶液中 SCC 裂纹扩展速率不受溶液中氧的影响。Pollock[3]分别研究了超高强度钢在水蒸气/氧气的气氛中和通氧气的水溶液中的 SCC 行为，发现在相对湿度为 25%～100%的水蒸气中增加氧的含量，可以起到抑制 SCC 裂纹扩展的作用，但是在溶液中增加氧的含量却达不到相同的效果。不同的观点认为氧对 SCC 有促进作用，如在奥氏体不锈钢-Cl^-体系中，如果溶液中不含氧或氧化物，Cl^-浓度即使比较高(1000ppm)，也不发生破裂；如果含有微量氧(几 ppm 以上)，即使 Cl^-只有十余 ppm，也会破裂。Sun 等[4]研究了超高强度钢 Cr12 在大气环境中 SCC 行为，发现由于阴极反应的供氧量充足，点蚀更容易发生，从而 SCC 敏感性升高。也有研究发现[5]：随着溶液中氧溶解量的增加，合金的 SCC 敏感性升高。在薄层液膜条件下，氧更容易扩散到达铝合金基体的表面，并作为主要的去极化剂参与铝合金的 SCC 过程。同时，当含氧量增加后，阴极过程以氧的还原为主，减小了氢的破坏作用，降低了合金的 SCC 敏感性。也有观点认为：对 SCC 而言，O_2能够氧化 H，降低氢致滞后开裂(HIC)发生危险，从而抑制 HIC 型 SCC 裂纹萌生，但是 O_2可以使闭塞区形成氧浓差闭塞电池，加速闭塞区的阳极溶解，升高 SCC 敏感性或增大裂纹扩展速率。

随着 SCC 研究的不断深入，对氧在 SCC 中作用的研究发现，氧对裂纹的萌生和扩展有很大的作用。Thomas 等[6]把 U 形弯试样沿横截面剖开，制成包含 SCC 顶端区的 TEM 试样，观察发现，在沿晶 SCC 裂尖前方存在一个氧化物(Cr_2O_3)区，它们沿晶界深入约 10nm，氧化物中存在很多纳米尺寸的疏松区；SCC 裂纹的形核扩展和氧化物中的疏松区密切相关。陆永浩等[7]研究了敏化的 304L 不锈钢紧凑拉伸试样发生 SCC 后的裂尖微区成分，结果表明，在不连续的 SCC 裂纹周围及裂尖前方存在几百纳米宽的氧化物区，成分为 Cr_2O_3、Fe_3O_4 或其混合物。在氧化物中存在大量的纳米级浅裂纹，在裂尖应力集中作用下，氧化物中首先形成不连续的微裂纹，它们长大并和主裂纹连接就导致 SCC 裂纹的不连续形核及扩展。晶界氧化后，由于氧化物的尺寸往往大于金属自身尺寸，此时会在晶界氧化物周围产生较大的氧化物楔形力，在晶界周围形成数百兆帕的拉应力，导致 SCC 的发生。目前，氧浓度对材料 SCC 敏感性的研究不断丰富，但没有形成统一的认识，对海洋薄液环境中氧浓度对高强钢 SCC 行为和敏感性的研究还不充分，并没有认清薄液环境中，氧浓度对高强钢的 SCC 敏感性、机理及裂纹扩展模式的影响。在海洋薄液环境中，氧浓度对高强钢 SCC 行为的影响机理，有待进一步澄清。

本章通过模拟海洋薄液环境，采用拉伸条件下原位动电位极化和交流阻抗法电化学测量、慢应变速率拉伸试验，研究了 E690 钢在不同氧浓度的海洋薄液环境中的 SCC 行为和机理，并对不同氧浓度条件下的腐蚀产物进行比较分析。

8.1　氧对模拟浪花飞溅区腐蚀影响的试验方法

试验材料为 E690 钢，与前章使用材料相同。应力腐蚀慢应变速率拉伸(SSRT)试样如图 8-1 所示。试验电化学试样为在应力腐蚀慢应变速率拉伸试样的基础上，表面涂以硅胶(图 8-1 红色线内)，保留 0.72cm^2 的工作面(图 8-1 蓝色区域)。

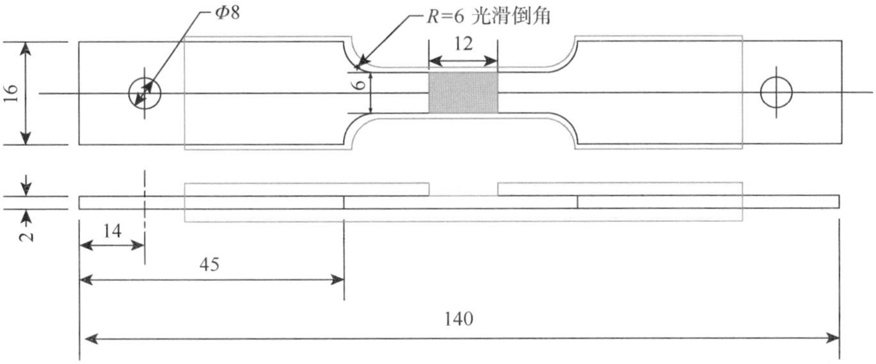

图 8-1　拉伸下电化学试样结构(单位：mm)

通过采用自制的气体控制雾化装置[图 8-2(a)]，在试验装置(SSRT 和电化学试样)中分别通入不同氧浓度的稳定湿气，使试验样品始终处于 100%相对湿度的不同氧浓度的稳定气氛环境中，氧浓度分别为 0%、15%、21%、50%、纯氧，其余部分用 N_2 补充以模拟不同氧浓度的海洋薄液环境，试验温度为 30℃±2℃，pH = 7.5，雾化溶液为 3.5% NaCl。

电化学试验装置见图 8-2(b)，E690 钢慢应变速率拉伸试样用硅胶密封后为工作电极，Ag/AgCl 为参比电极，Pt 丝为对电极，用环氧密封参比电极及对电极进行试验(三电极体系如图 8-3 所示)。其余试验与前章相同。

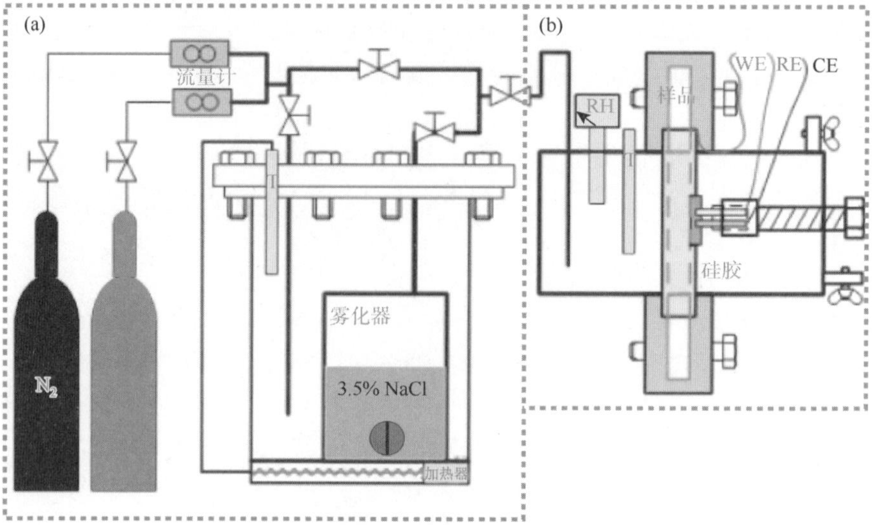

图 8-2 气体控制雾化及薄液拉伸电化学试验装置

(a)雾化装置；(b)薄液拉伸电化学装置

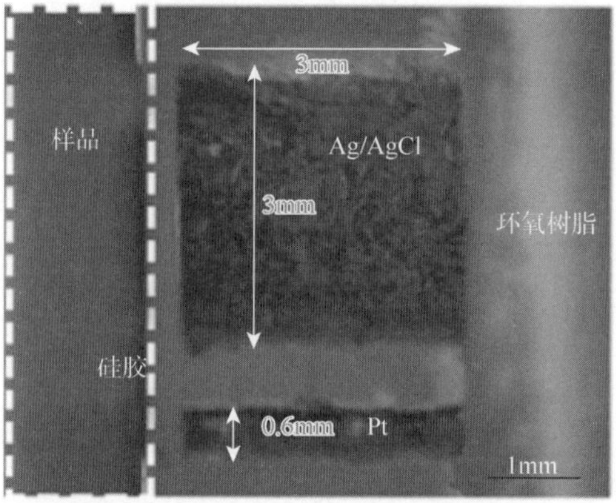

图 8-3 薄液电化学试验三电极体系

8.2 氧对模拟浪花飞溅区应力腐蚀机理影响的试验结果

8.2.1 氧对受力状态下 E690 钢在海洋薄液环境中电化学行为的影响

图 8-4 为受力状态下，不同 O_2 浓度的模拟海洋薄液环境中的 E690 钢动电位极

化曲线，由图可见，不同 O_2 浓度的模拟海洋薄液环境中，受力状态下的 E690 钢电化学行为有明显的差异，随 O_2 浓度的升高，阳极电流密度和阴极电流密度都逐渐增加，腐蚀电流密度逐渐正移，零电流电位逐渐负移。图 8-5 为受力状态下，不同 O_2 浓度模拟海洋薄液环境中 E690 钢的腐蚀电流密度及零电流电位曲线，由图可知，随 O_2 浓度的增加，E690 钢的零电流电位逐渐降低，腐蚀电流密度逐渐升高。这说明受力状态下，海洋薄液环境中，随 O_2 浓度的增加，E690 钢发生腐蚀的趋势逐渐升高，腐蚀过程逐渐加剧，促进了 E690 钢表面的阴极和阳极反应过程。

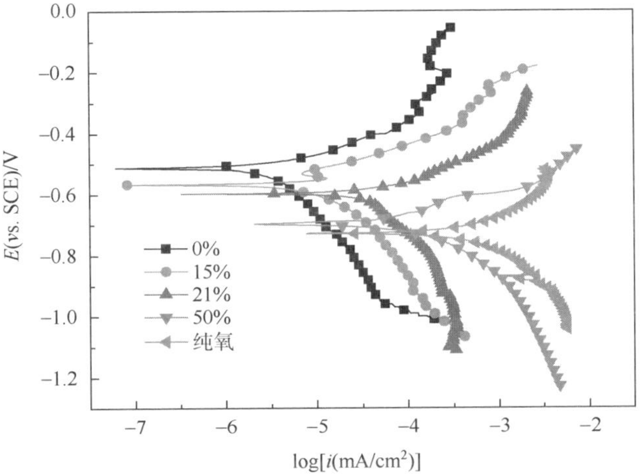

图 8-4　不同氧浓度的海洋薄液环境中拉伸状态 E690 钢的动电位极化曲线

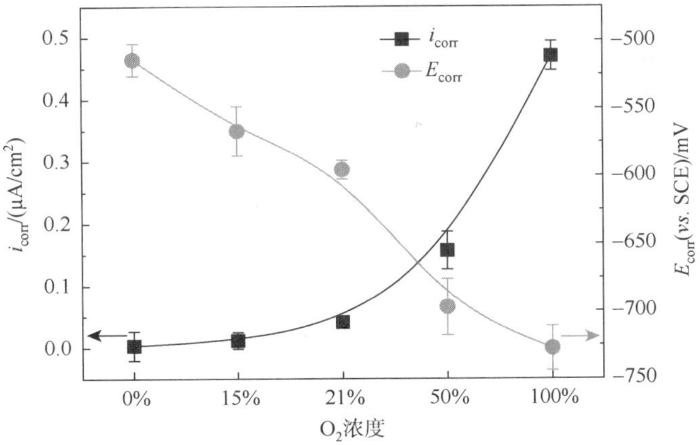

图 8-5　不同氧浓度的海洋薄液环境中拉伸状态 E690 钢的腐蚀电流密度及零电流电位

图 8-6 为受力状态下，不同 O_2 浓度的模拟海洋薄液环境中 E690 钢的 Nyquist 图，由图可见，受力状态下，不同 O_2 浓度的模拟海洋薄液环境中 E690 钢阻抗谱

特征虽然都基本相同，但随 O_2 浓度的增加，电化学阻抗弧的半径逐渐减小，其耐腐蚀性能逐渐降低，这与动电位极化曲线测量结果一致。以上研究说明受力状态下，海洋薄液环境中，氧浓度的增加，促进了 E690 钢的腐蚀，加速了其阴阳极过程，使其耐腐蚀性能降低，而海洋薄液环境中的阳极溶解过程和阴极过程的加强，对 E690 钢的 SCC 行为也会产生较大的影响。其等效电路图如图 8-7 所示，R_s 为薄液环境的液体电阻，C 为电容，Q 为常相位角，R_{ct} 为电荷转移电阻，Z_w 为扩散阻抗。

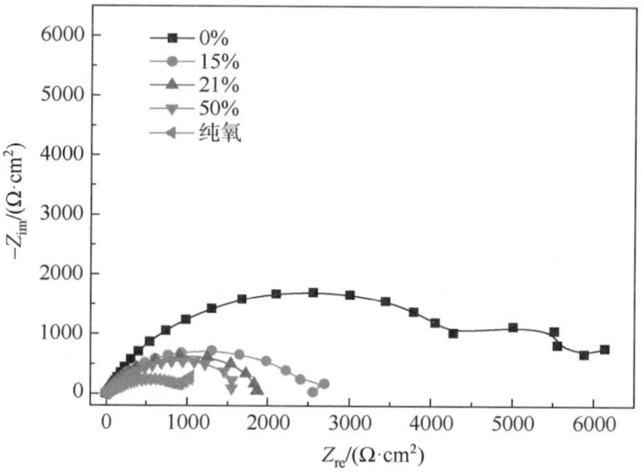

图 8-6　不同氧浓度的海洋薄液环境中拉伸状态 E690 钢的 Nyquist 图

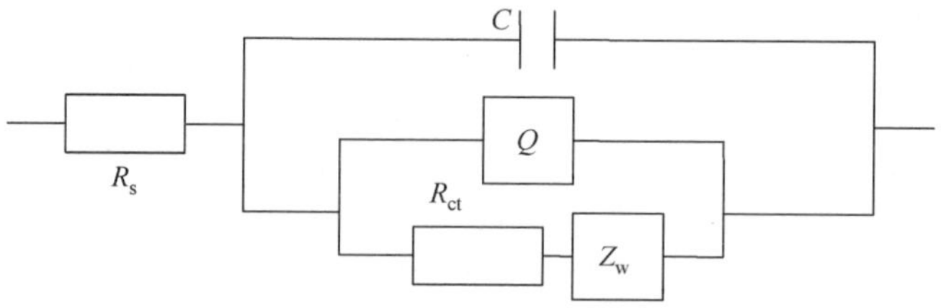

图 8-7　不同氧浓度的海洋薄液环境中拉伸状态 E690 钢的等效电路图

8.2.2　氧对 E690 钢在海洋薄液环境中应力腐蚀行为的影响

图 8-8 为不同氧浓度的模拟海洋薄液环境中 E690 钢 SSRT 后的宏观形貌图，由图可见，空气环境中 SSRT 试验后试样表面没有明显的腐蚀现象发生，但在模拟海洋薄液环境中，随 O_2 浓度的升高，试样表面的腐蚀现象逐渐加剧，试样表面的腐蚀产物逐渐增多。在 O_2 浓度为 0%时，SSRT 试验后试样表面腐蚀较为轻微；当 O_2 浓度达到 50%时，试样表面有大量的红锈生成；在 O_2 浓度为纯氧时，试样表面已基本被红锈覆盖。这主要是因为，模拟海洋薄液环境中，随 O_2 浓度的增加，

氧的扩散速率得到加强，O_2浓度越大，试样表面越能维持在较高的氧浓度水平，使材料处于较高的阳极溶解状态，促进了材料的腐蚀。

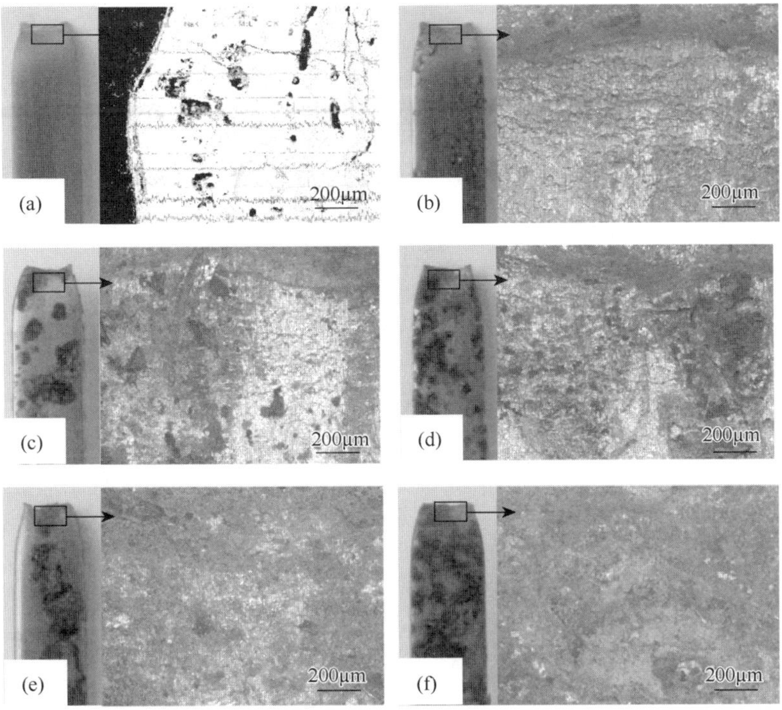

图 8-8　不同氧浓度的模拟海洋薄液环境中 E690 钢的 SSRT 后的宏观形貌

(a)空气；(b)0% O_2；(c)15% O_2；(d)21% O_2；(e)50% O_2；(f)纯氧

图 8-9 是 E690 钢在不同 O_2 浓度的模拟海洋薄液环境中的 SSRT 应力-应变曲线。由图可见，在不同 O_2 浓度的模拟海洋薄液环境中，E690 钢与在空气中的力学性能有一定的差异，随 O_2 浓度的增加，材料的延伸率先降低后升高。这表明，模拟海洋薄液环境中，随 O_2 浓度的增加，E690 钢的 SCC 敏感性和塑性损失先升高后降低。

为量化 E690 钢在不同 O_2 浓度的模拟海洋薄液环境中的 SCC 敏感性，以延伸率损失(I_δ)、断面收缩率损失(I_ψ)和断裂韧性损失(I_ε)表征其 SCC 敏感性，其计算公式如下：

$$I_\psi = \left(1 - \frac{\psi_s}{\psi_0}\right) \times 100\% \tag{8-1}$$

$$I_\delta = \left(1 - \frac{\delta_s}{\delta_0}\right) \times 100\% \tag{8-2}$$

$$I_{\varepsilon}=\left(1-\frac{\varepsilon_{\mathrm{s}}}{\varepsilon_{0}}\right)\times 100\% \tag{8-3}$$

式中，ψ_s为不同 O_2 浓度下模拟海洋薄液环境中试样的断面收缩率；ψ_0为空气中试样的断面收缩率；δ_s为不同 O_2 浓度中模拟海洋薄液环境中试样的伸长率；δ_0为空气中试样的伸长率；ε_s为不同 O_2 浓度中模拟海洋薄液环境中试样的断裂韧性；ε_0为空气中试样的断裂韧性。图 8-10 是 E690 钢在不同 O_2 浓度的模拟海洋薄液环境中的 SCC 敏感性。可见，在各 O_2 浓度下的模拟海洋薄液环境中，E690 钢都具有一定的 SCC 敏感性，随 O_2 浓度的增加，E690 钢的 I_δ、I_ψ 和 I_ε 都先升高后降低，SCC 敏感性先升高后降低。当 O_2 浓度为 21%时，E690 钢的 SCC 敏感性最高，而当 O_2 浓度为 100%时，其 SCC 敏感性最低。

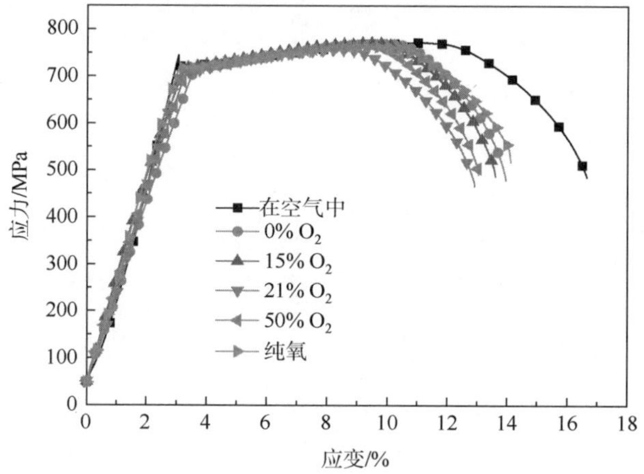

图 8-9　E690 钢在不同氧浓度的模拟海洋薄液环境中的 SSRT 应力-应变曲线

图 8-11 为在不同 O_2 浓度的模拟海洋薄液环境中 E690 钢 SSRT 断口的 SEM 形貌。由宏观断口形貌可见，不同 O_2 浓度条件下，E690 钢在断口边缘附近均发生颈缩现象，表明材料发生断裂时仍具有一定的韧性特征，但随 O_2 浓度的增加，颈缩现象先减弱后增强，断面收缩率先降低后升高，脆性先升高后降低。比较 E690 钢在空气与不同 O_2 浓度的模拟海洋薄液环境中的拉伸断面，不同 O_2 浓度介质条件下断口更为平整，断面收缩率更小，O_2 浓度为 21%时此现象最为明显，SCC 敏感性最高。由微观形貌可见，在各 O_2 浓度环境条件下，试样断口边缘疑似 SCC 裂纹区的断口微观形貌有明显的差异，在空气环境中[图 8-11(a)]，试样断口边缘微观形貌基本上是韧窝形貌；各 O_2 浓度条件下[图 8-11(b)～(f)]，试样断口边缘都有脆性特征，有解离和准解离形貌，随 O_2 浓度的增加，SCC 裂纹壁上脆性断口特征先增强后减弱；当 O_2 浓度为 21%时，断口的脆性特征最

为明显，断口上明显存在 SCC 裂纹壁具有阶梯状河流花样，其形貌为典型的脆性形貌[图 8-11(d)]，当 O_2 浓度达到纯氧时，试样断口的脆性特征减弱，有少量韧窝存在，并存在明显的阳极溶解现象。这说明在不同 O_2 浓度的模拟海洋薄液环境中，E690 钢都具有一定的 SCC 敏感性，随 O_2 浓度的增加，E690 钢在模拟海洋薄液环境中的 SCC 敏感性先升高后降低。O_2 浓度为 21%时，模拟海洋薄液环境中的 SCC 敏感性最高。

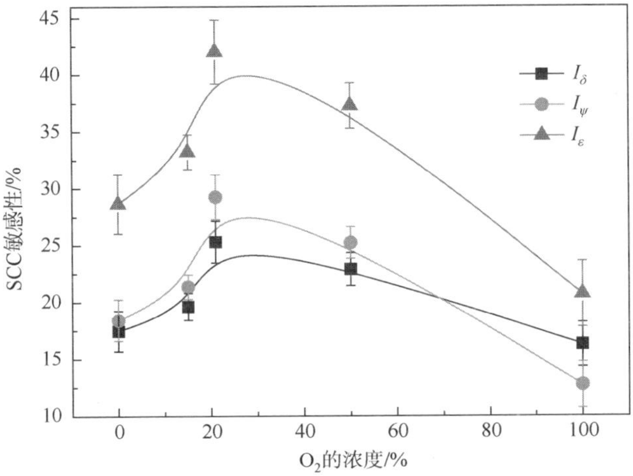

图 8-10 E690 钢在不同氧浓度的模拟海洋薄液环境中的 SCC 敏感性

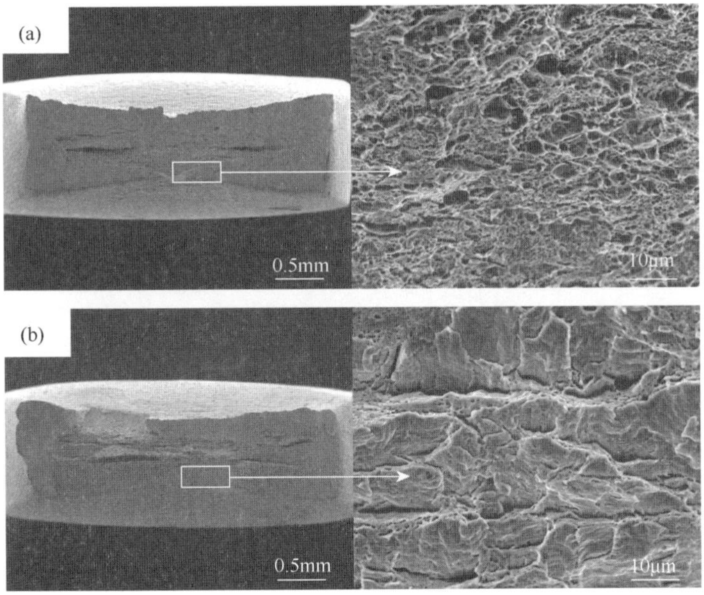

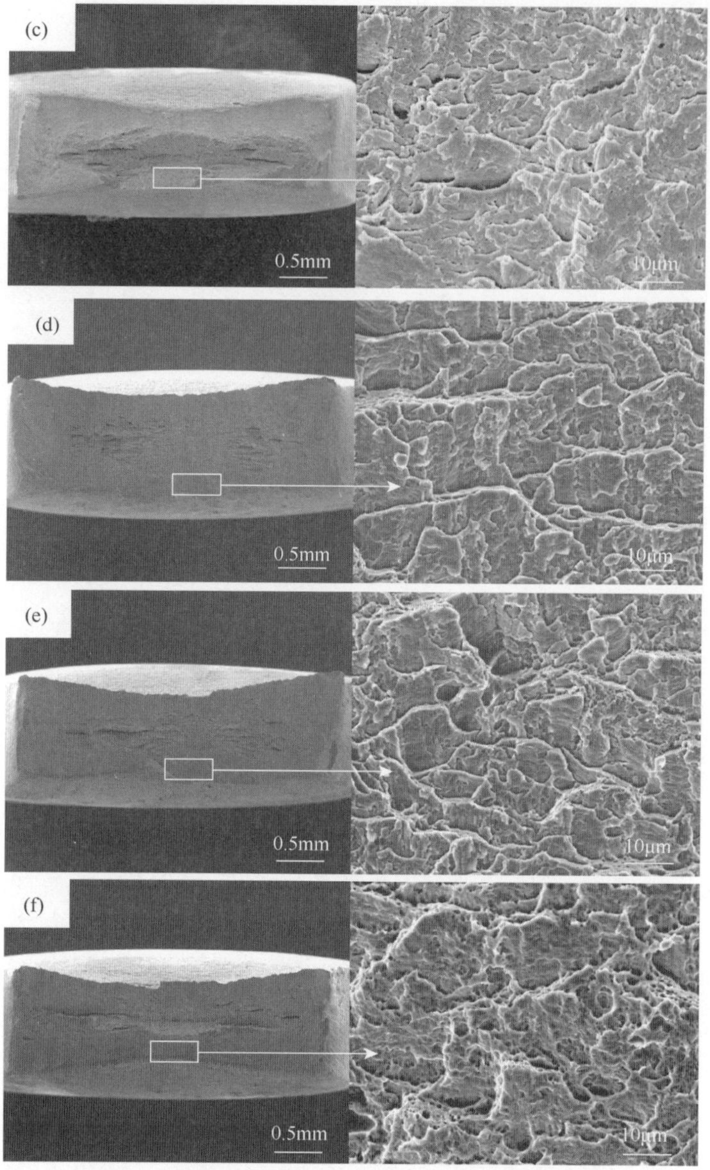

图 8-11　在不同氧浓度的海洋薄液环境中 E690 钢 SSRT 断口的 SEM 形貌

(a)空气；(b)0% O_2；(c)15% O_2；(d)21% O_2；(e)50% O_2；(f)纯氧

在不同 O_2 浓度的模拟海洋薄液环境中 E690 钢 SSRT 试样侧边裂纹形貌如图 8-12 所示。由图可看出，在各 O_2 浓度环境条件下，E690 钢 SSRT 试样侧边形貌存在较大差异，在空气环境中[图 8-12(a)]，试样侧壁没有明显的侧边裂纹，为韧性断裂；模拟海洋薄液环境中，随 O_2 浓度的增加[图 8-12(b)～(f)]，SSRT

试样侧壁阳极溶解现象逐渐加剧，试样侧壁上发生侧边裂纹的数量先增大后减小。在 O_2 浓度为 21%的海洋薄液环境中，试样侧壁存在明显的侧边裂纹，裂纹的长度和深度相比于其他浓度条件下都最大[图 8-12(d)]，试样的阳极溶解现象明显，并且可以观察到大量小的侧边裂纹；当 O_2 浓度达到纯氧时，试样侧壁的侧边裂纹较小，但其阳极溶解现象最为明显，腐蚀严重，产生的侧边裂纹又被快速的阳极溶解所消耗。进一步说明在不同 O_2 浓度的海洋薄液环境中，E690 钢都具有一定的 SCC 敏感性，随 O_2 浓度的增加，E690 钢在海洋薄液环境中的 SCC 敏感性先升高后降低。O_2 浓度为 21%时，SCC 敏感性最高。这主要是因为，海洋薄液环境中，随着 O_2 浓度的增加，氧的扩散速率逐渐加快，使薄液中的氧得到快速的补充，一直维持在较高的水平，材料的阳极溶解作用随 O_2 浓度的升高而逐渐加强，有利于材料阳极溶解过程的发生，阳极溶解导致局部腐蚀产生，在应力作用下造成了材料腐蚀开裂现象的发生，但是当 O_2 浓度过大时，一方面阳极溶解作用得到加强，快速的阳极溶解作用会使已生成的裂纹被腐蚀消耗，难

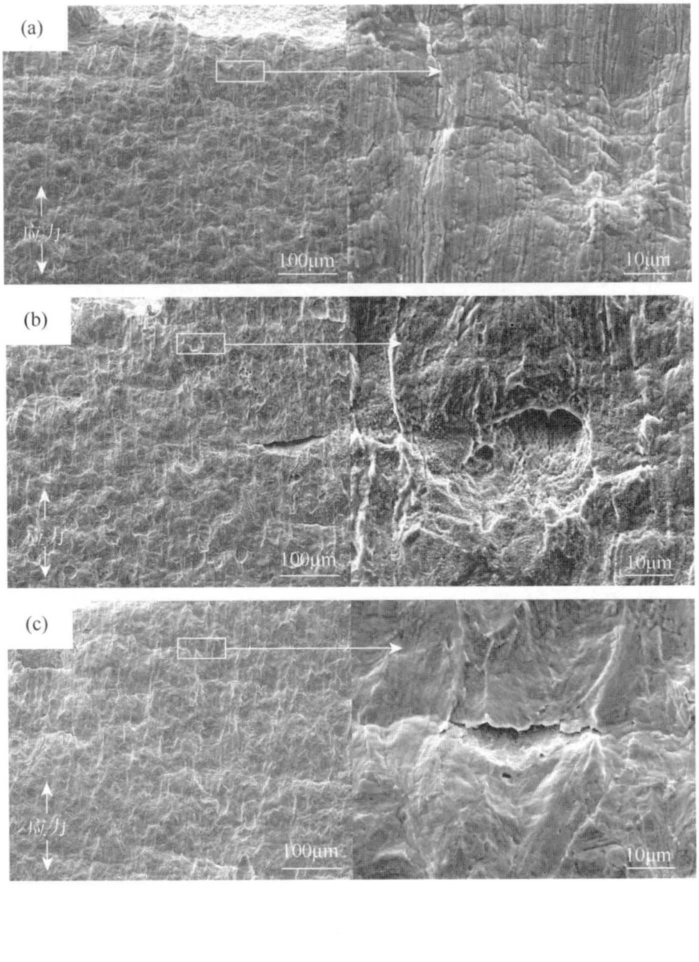

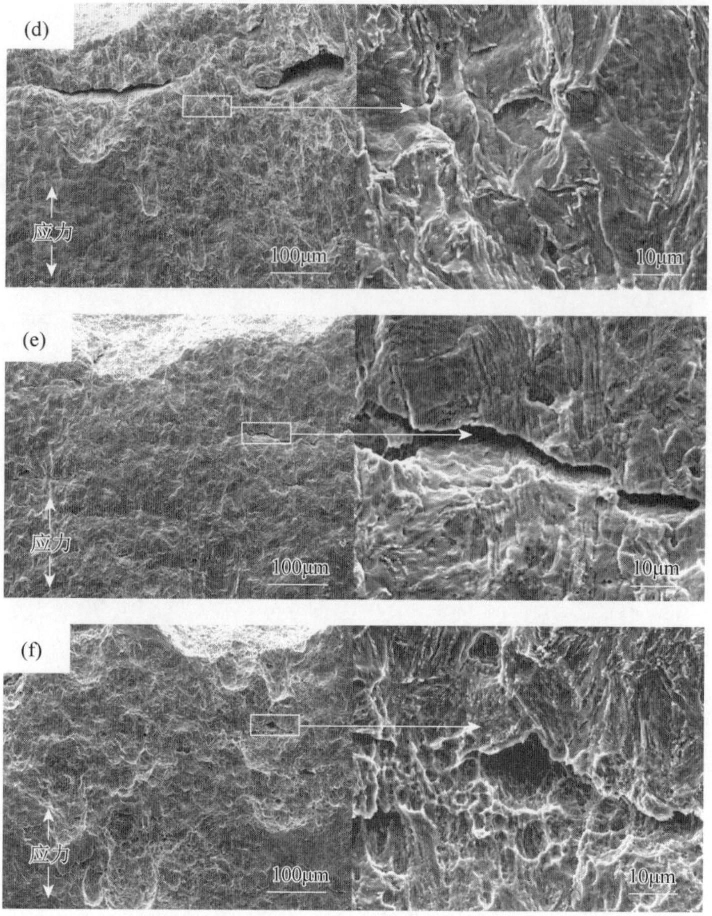

图 8-12　在不同氧浓度的模拟海洋薄液环境中 E690 钢 SSRT 试样侧边裂纹形貌

(a)空气；(b)0% O_2；(c)15% O_2；(d)21% O_2；(e)50% O_2；(f)纯氧

以扩展；另一方面，阴极过程以氧的还原为主，减小了氢的破坏作用，并且 O_2 能够氧化 H，降低 HIC 发生危险，从而抑制 HIC 型 SCC 裂纹萌生，使得较大氧浓度时，SCC 敏感性反而下降。这也表明不同 O_2 浓度的海洋薄液环境下 E690 钢 SCC 的机理为阳极溶解和氢脆共同作用的混合控制模式。

8.2.3　氧对 E690 钢在海洋薄液环境中腐蚀产物的影响

图 8-13 为不同 O_2 浓度的模拟海洋薄液环境中 SSRT 试验后 E690 钢腐蚀产物的激光拉曼光谱分析，可以看出各 O_2 浓度的模拟海洋薄液环境中腐蚀产物基本相同，没有明显的区别，氧浓度的升高对腐蚀产物种类的影响不大，以铁的氧化物

为主，都由 Fe_3O_4、α-FeOOH、β-FeOOH、γ-FeOOH、γ-Fe_2O_3、α-Fe_2O_3 组成。Fe_3O_4 及 Fe_2O_3 相对疏松，腐蚀性粒子 Cl^-等容易穿过其到达基体表面，形成点蚀等局部腐蚀，造成酸化和应力集中，诱发 SCC。

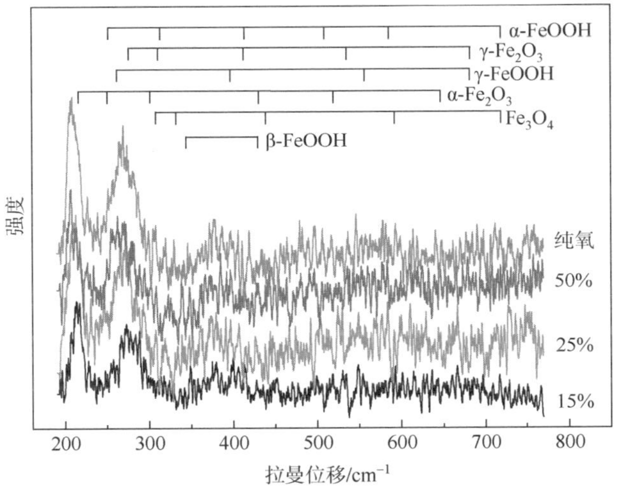

图 8-13 不同氧浓度的模拟海洋薄液环境中 E690 钢表面腐蚀产物的激光拉曼光谱分析

8.3 氧对模拟浪花飞溅区应力腐蚀机理的影响规律

通过对不同 O_2 浓度的海洋薄液环境中 E690 的 SCC 研究发现，各 O_2 浓度条件下 E690 钢都存在一定的 SCC 敏感性，并且其 SCC 与阳极溶解有关(图 8-12)，如图 8-14 所示，对 SSRT 试样侧壁进行进一步的观察，可以发现，各 O_2 浓度条件下，试样表面都存在局部腐蚀现象，都有明显的阳极溶解发生，当 O_2 浓度为 0%时[图 8-14(a)]，试样表面只有由 Cl^-引起的少量点蚀现象发生，没有较大面积的局部阳极溶解现象；但当 O_2 浓度达到 15%时[图 8-14(b)]，试样表面有明显的局部阳极溶解现象发生，并且在局部阳极溶解区域，可以观察到明显的裂纹；随着氧浓度的不断增加[图 8-14(c)～(e)]，可以观察到明显的局部阳极溶解现象发生，各 O_2 浓度条件下都有局部腐蚀坑产生，而在腐蚀坑内部都可以观察到侧边裂纹。这说明不同 O_2 浓度的海洋薄液环境中 E690 的裂纹都萌生于局部阳极溶解区域，材料的局部阳极溶解，加之 Cl^-的作用，会形成点蚀及腐蚀坑，造成局部酸化和应力集中，导致裂纹的萌生，阳极溶解作用导致了 SCC 现象的发生，是各 O_2 浓度条件下的海洋薄液环境中 E690 钢的 SCC 的主要机理之一。

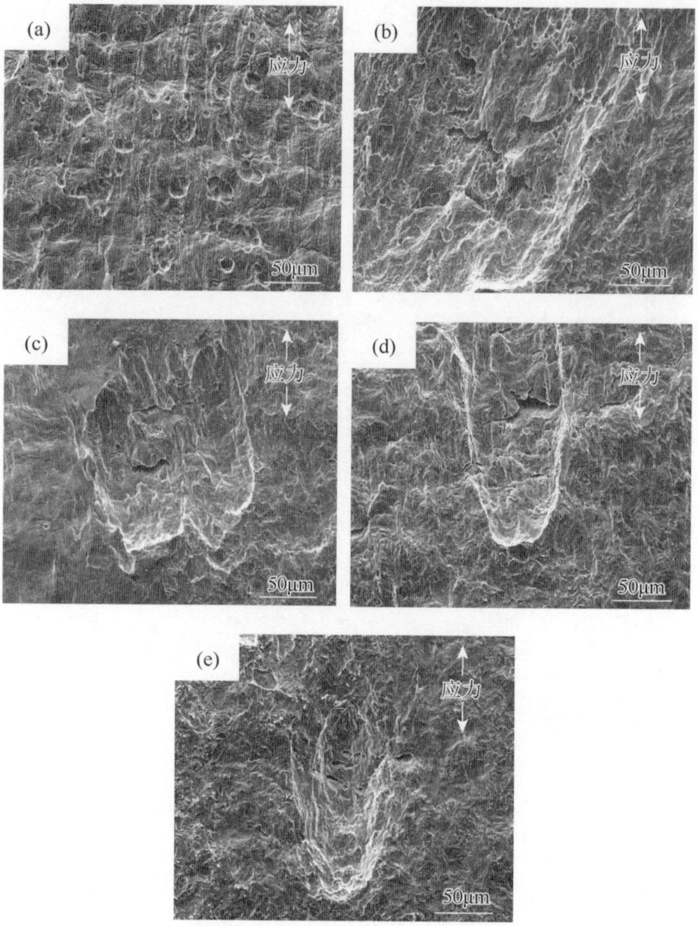

图 8-14　不同氧浓度的海洋薄液环境中 E690 钢阳极溶解诱发应力腐蚀开裂

(a)0% O_2；(b)15% O_2；(c)21% O_2；(d)50% O_2；(e)纯氧

为确定 E690 钢在不同 O_2 浓度的海洋薄液环境中的 SCC 裂纹的扩展模式和机理，将 SSRT 试样侧壁垂直于裂纹沿横截面切开，进行观察。E690 钢在不同 O_2 浓度海洋薄液环境中的裂纹扩展形貌见图 8-15，由图可见，海洋薄液环境中，各 O_2 浓度条件下试样的裂纹都为典型的穿晶扩展模式；在 O_2 浓度较小时，裂尖较为尖锐，尤其在 O_2 浓度为 0%时裂尖最为尖锐。随 O_2 浓度的增加，裂尖的尖锐程度逐渐降低。这说明随 O_2 浓度的增加，氧的还原阻止了氢的析出，裂纹扩展中 H 的作用逐渐减弱，氢致裂纹现象逐渐减弱，而氧的阳极溶解作用逐渐加强。这也更进一步说明，海洋薄液环境中 E690 钢 SCC 的机理为阳极溶解和氢脆的混合控制机理。

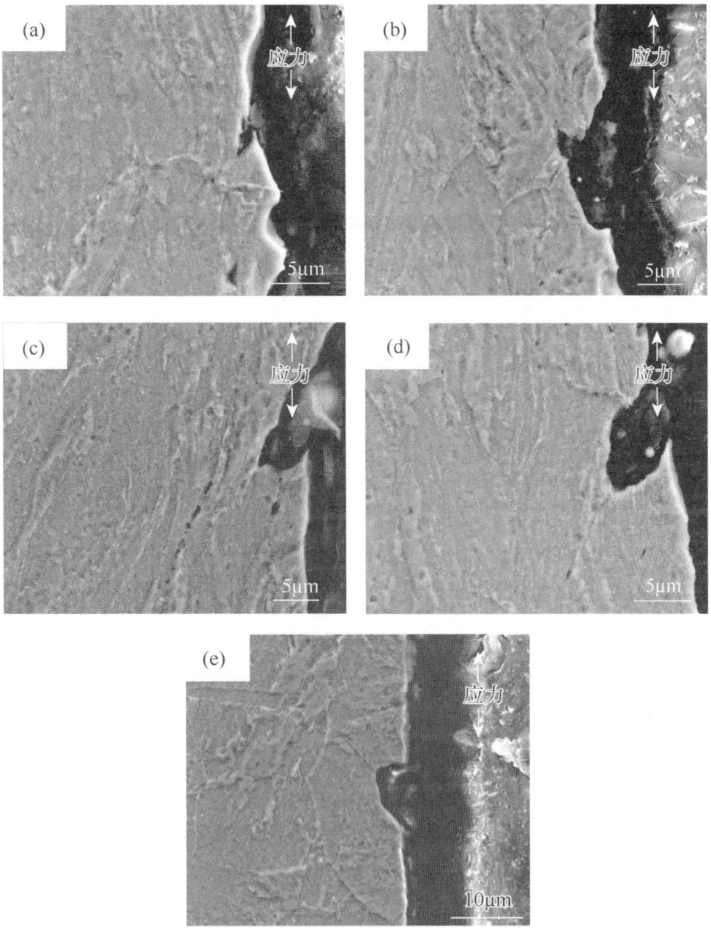

图 8-15　不同氧浓度的海洋薄液环境中 E690 钢的裂纹扩展形貌

(a)0% O_2；(b)15% O_2；(c)21% O_2；(d)50% O_2；(e)纯氧

E690 钢在海洋薄液环境中的电化学反应过程为

阳极反应：
$$M \longrightarrow M^{n+} + ne^- \tag{8-4}$$

阴极反应：
$$O_2 + 2H_2O + 4e^- \longrightarrow 4OH^- \tag{8-5}$$

薄液中水和氧不断得到供应，铁锈不断生成，总反应为

$$4Fe + 3O_2 + 2H_2O \longrightarrow 4FeOOH \tag{8-6}$$

当有腐蚀性的 Cl^-存在时，Cl^-的催化反应机理为

$$Fe + Cl^- \longrightarrow FeCl_{ad} + eFeCl_{ad} \longrightarrow FeCl^+ + eFeCl^+ \longrightarrow Fe^{2+} + Cl^- \tag{8-7}$$

可见在海洋薄液环境中 O_2 对材料的电化学反应起到重要的作用，在拉应力的作用下，进一步影响材料的 SCC 行为。通过研究发现，不同 O_2 浓度的海洋薄液

环境中 E690 钢都具有一定的 SCC 敏感性，随 O_2 浓度的增加，E690 钢在海洋薄液环境中的 SCC 敏感性先升高后降低(图 8-9～图 8-12)。O_2 浓度为 21%时，SCC 敏感性最高，O_2 浓度为纯氧时，SCC 敏感性最低。这主要是因为，海洋薄液环境中，溶液相对较少、较薄，液膜比表面积较大，具有极好的溶氧条件，促进了材料表面阳极溶解现象的发生，并且随 O_2 浓度的增加，氧的扩散速率逐渐加快，使薄液中较大 O_2 浓度时，氧得到快速的补充，一直维持在较高的浓度水平，材料的阳极溶解作用随 O_2 浓度的增加而逐渐加强，有利于材料阳极溶解过程的发生(图 8-4～图 8-6)，海洋薄液环境中，由于其几何结构、液体及腐蚀性离子吸附的不确定性等原因，阳极溶解导致局部腐蚀产生，形成点蚀等腐蚀现象，点蚀内部应力集中，形成裂纹源，在阳极溶解的同时，点蚀坑内部发生局部酸化，导致该区域 H^+ 浓度增加，阴极析氢电流密度增加，促进氢致裂纹的发生，阳极溶解及阴极析氢作用共同促进了裂纹的萌生和扩展。但是当 O_2 浓度过大时，一方面，阳极溶解作用得到不断加强，快速的阳极溶解作用会使已生成的裂纹被腐蚀消耗，难以扩展；另一方面，阴极过程以氧的还原为主，氧的还原阻止了氢的析出，减小了氢的破坏作用，并且 O_2 能够氧化由于酸化形成的 H^+，降低了 HIC 的发生，从而抑制 HIC 型 SCC 裂纹萌生，使得较高氧浓度时，SCC 敏感性反而下降。这充分地表明不同 O_2 浓度的海洋薄液环境中 E690 钢 SCC 的机理为阳极溶解和氢脆共同作用的混合控制模式。

8.4 本章小结

通过模拟严酷海洋薄液环境，采用拉伸条件下原位动电位极化和交流阻抗法电化学测量、慢应变速率拉伸试验，研究了 E690 钢在不同氧浓度的模拟海洋薄液环境中的 SCC 行为和机理，并对不同氧浓度条件下的裂纹扩展模式及腐蚀产物进行比较分析。研究结果表明以下几点。

(1) O_2 的扩散传质对模拟海洋薄液环境中的 SCC 起到关键作用，随 O_2 浓度的增加，E690 钢的阳极和阴极电流密度逐渐升高，腐蚀电流密度逐渐加大，耐腐蚀性能逐渐降低。

(2) E690 钢在不同 O_2 浓度的模拟海洋薄液环境中，都有明显的 SCC 现象发生，随 O_2 浓度的增加，SCC 敏感性先升高后降低。导致模拟海洋薄液环境中 E690 钢 SCC 敏感性增大的临界氧浓度值为 21%，当低于临界氧浓度值时，O_2 浓度的增加导致 O_2 扩散速率加快，促进阴极和阳极反应过程，加速了局部阳极溶解，当高于临界氧浓度时，裂纹被腐蚀消耗，同时氧还原降低了氢的析出，减小了氢的破坏作用，纯氧时，SCC 敏感性最低；其 SCC 机理为阳极溶解和氢脆的混合控制机理；裂纹扩展模式为典型的穿晶扩展。

(3) O_2 浓度为 15%至纯氧时的模拟海洋薄液环境中，E690 钢腐蚀产物都由 Fe_3O_4、α-FeOOH、β-FeOOH、γ-FeOOH、γ-Fe_2O_3、α-Fe_2O_3 组成。随 O_2 浓度的增加，腐蚀产物的种类变化不大。

参 考 文 献

[1] Delanty B，O'Beirne J. Major field study compares pipeline SCC with coatings[J]. Oil and Gas Journal，1992，90(24)：39-44.

[2] Magdowski R，Speidel M. Clean steels for steam turbine rotors—their stress corrosion cracking resistance[J]. Metallurgical and Materials Transactions A，1988，19(6)：1583-1596.

[3] Pollock W J. Stress corrosion cracking of a low carbon ultra-high strength steel in humid environments[J]. Corrosion Science，1975，15(9)：545-551.

[4] Sun M，Xiao K，Dong C F，et al. Stress corrosion cracking behavior of ultrahigh strength steel in the atmospheric environment[J]. Science & Technoloy Review，2012，30(30)：129-134.

[5] Tsai T C，Chuang T H. Technical note：Relationship between electrical conductivity and stress corrosion cracking susceptibility of Al 7075 and Al 7475 alloys[J]. Corrosion，1996，52：414.

[6] Thomas L E，Bruemmer S M. High-resolution characterization of intergranular attack and stress corrosion cracking of alloy 600 in high-temperature primary water[J]. Corrosion，2000，56：572-578.

[7] 陆永浩，褚武扬，高克伟，等. 304L 不锈钢在高温水中的应力腐蚀裂纹扩展[J]. 金属学报，2004，40(7)：763-767.

第 9 章　氢对 E690 钢在模拟浪花飞溅区应力腐蚀机理的影响规律

根据前几章的分析可以看出，海洋薄液环境中高强钢 SCC 过程中氢的作用也不能忽视，氢甚至起到关键作用。虽然很多研究者认为海洋薄液环境中阴极过程主要是氧的还原过程，没有氢的作用，但很多研究表明，海洋薄液环境中有明显的渗氢过程，并对金属的 SCC 产生了很大的影响。

高强钢在海洋薄液环境中发生氢渗透的前提是氢原子产生吸附，对氢渗透起到关键作用的是氢原子数量，氢原子数量越多，在浓度梯度和拉应力的协同作用下，氢向金属的扩散加剧，氢致开裂的可能性越大。海洋薄液环境中的阴极过程不但有氧的作用，也会有氢参与反应，这就为高强的氢致开裂提供了外部条件；并且高强钢自身及焊接加工过程中的内氢，也提供了氢的内部来源；另外，拉应力会通过提高海洋薄液环境中氢的吸收量，使环境中的氢扩散并富集到缺陷处，从而增加氢致开裂发生的概率；海洋环境中存在大量 Cl^-及 SO_2，Cl^-有强极性和穿透性，可发生一系列的水解作用，加大氢离子的产生，因此，研究海洋薄液条件下的 SCC，离不开对氢的行为研究。

随着对海洋薄液环境中 SCC 研究的不断深入，研究表明，海洋薄液环境中氢不但对阴极过程产生影响，而且对 SCC 有促进作用。郑传波[1]认为海洋中腐蚀性离子的反应大大加强了氢的产生，较大的浓度梯度加速了氢向金属中的渗透，导致氢脆的发生。Huang 等[2]首先对纯铁在蒸馏水及海水干湿循环条件下的氢渗透进行了研究，发现在海洋薄液中，氢渗透现象是普遍存在的，氢的还原非常明显。Huang 等[2]将氢渗透试验技术与 SSRT 相结合，研究了 35CrMo 高强度钢在模拟海洋薄液环境受力过程中，试样形变对氢渗透行为的影响和环境致脆机理，结果表明，海洋薄液环境中有明显的氢渗透行为，形变对材料的氢渗透行为有很大的影响，在试样弹性形变阶段，氢渗透电流由于金属晶格能以及新的活性点的增加而不断增大，在塑性形变阶段，由于新产生的材料位错对氢的陷阱作用占主导地位，氢渗透电流减小；随着塑性形变的进行，氢渗透动力的增加作用占据主导地位，使得在临界点之后，氢渗透电流又逐渐增大。

目前，氢对材料 SCC 敏感性的研究不断丰富，但对海洋薄液环境中氢对高强钢 SCC 行为机理及其演化规律等的研究还不充分，有关海洋薄液环境中氢对高强钢的 SCC 敏感性腐蚀机理及裂纹扩展模式等基础问题，并未有统一的认识。因此，对海洋薄液环境中，氢对高强钢 SCC 行为的影响规律，有待进一步的研究。

本章通过模拟海洋薄液环境，采用拉伸条件下原位动电位极化和交流阻抗法电化学测量、慢应变速率拉伸试验，研究了不同电流密度下充氢的 E690 钢在海洋薄液环境中的 SCC 行为和机理，并对不同电流密度下充氢的 E690 钢的裂纹扩展模式和腐蚀产物进行了比较分析。

9.1　氢对模拟浪花飞溅区腐蚀影响的试验方法

试验材料为 E690 钢，与前章使用材料相同。对拉伸试样和电化学试样进行不同电流密度下的充氢，充氢溶液采用 0.2mol/L NaOH + 0.25g/L 硫脲，充氢前对充氢液充氮气除氧 1h。充氢电流密度分别为 $0mA/cm^2$、$10mA/cm^2$、$25mA/cm^2$、$50mA/cm^2$ 和 $100mA/cm^2$，充氢时间为 24h。通过采用雾化装置，将试验装置(慢应变速率拉伸和电化学试样)中分别通入稳定湿气，使试样始终处于 100%湿度的稳定气氛环境中，以模拟海洋薄液环境，试验温度为 30℃±2℃，pH = 7.5，雾化溶液为 3.5% NaCl。其他试验均与前几章相同。

9.2　氢对模拟浪花飞溅区应力腐蚀机理影响的试验结果

9.2.1　氢对受力状态下 E690 钢在海洋薄液环境中电化学行为的影响

为研究海洋薄液环境中受力状态下，不同氢浓度下 E690 钢的电化学行为的差异，进行了受力状态下，模拟海洋薄液环境中，在不同电流密度($0mA/cm^2$、$10mA/cm^2$、$25mA/cm^2$、$50mA/cm^2$ 和 $100mA/cm^2$)下充氢 24h 后 E690 钢的电化学测量，图 9-1 为受力状态下，模拟海洋薄液环境中不同电流密度充氢后的 E690 钢动电位极化曲线，由图可见，模拟海洋薄液环境中，受力状态下不同电流密度充氢的 E690 钢的电化学行为有明显的差异，随充氢电流密度的升高，E690 钢的阳极电流密度和阴极电流密度都逐渐增加，腐蚀电流密度逐渐正移，零电流电位逐渐负移。图 9-2 为受力状态下，模拟海洋薄液环境中，不同电流密度充氢的 E690 钢的零电流电位及腐蚀电流密度曲线，由图可知，随充氢电流密度的升高，E690 钢的零电流电位逐渐降低，腐蚀电流密度逐渐升高。这说明受力状态下，海洋薄液环境中，随充氢电流密度的升高，E690 钢发生腐蚀的趋势逐渐升高，腐蚀过程逐渐加剧，氢浓度的增加，促进了 E690 钢在海洋薄液环境中表面的阴极和阳极反应过程。

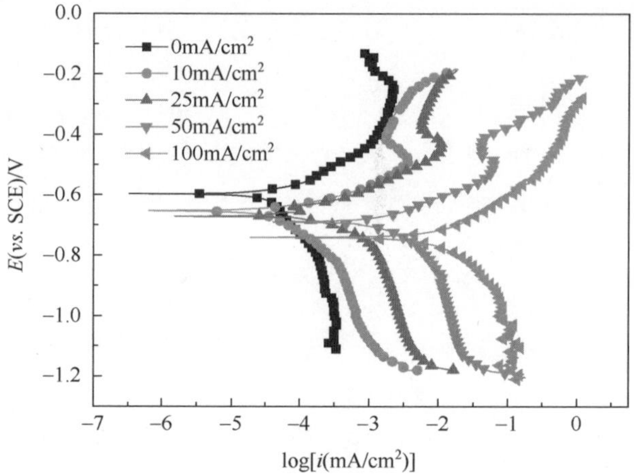

图 9-1　不同电流密度下充氢 24h 后海洋薄液环境中拉伸状态 E690 钢的动电位极化曲线

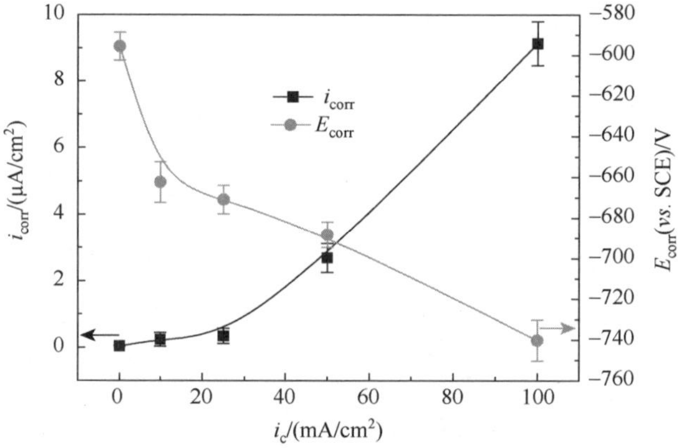

图 9-2　不同电流密度下充氢 24h 后海洋薄液环境中拉伸状态 E690 钢的零电流电位及腐蚀电流密度曲线

图 9-3 为受力状态下,模拟海洋薄液环境中,不同电流密度下充氢 24h 后 E690 钢的 Nyquist 图，由图可见，受力状态下，模拟海洋薄液环境下，除充氢电流密度为 0 mA/cm^2 的条件下，不同氢浓度的 E690 钢阻抗谱特征都基本相同，但随充氢电流密度的升高，电化学阻抗弧的半径逐渐减小，其耐腐蚀性能逐渐降低，这与动电位极化曲线测量结果一致。以上研究说明，受力状态下，海洋薄液环境中，随 E690 钢氢浓度的增加，腐蚀过程加剧，阴阳极过程都被促进，其耐腐蚀性能降低，薄液环境中的阳极溶解过程和阴极过程的加强，对 E690 钢的 SCC 行为也会产生较大的影响。海洋薄液环境中，受力状态下，不同 H^+浓度下 E690 钢的等效电路图如图 9-4 所示，R_s 为薄液环境的液体电阻，C 为电容，Q 为常相位角，R_{ct} 为电荷转移电阻，Z_w 为扩散阻抗。

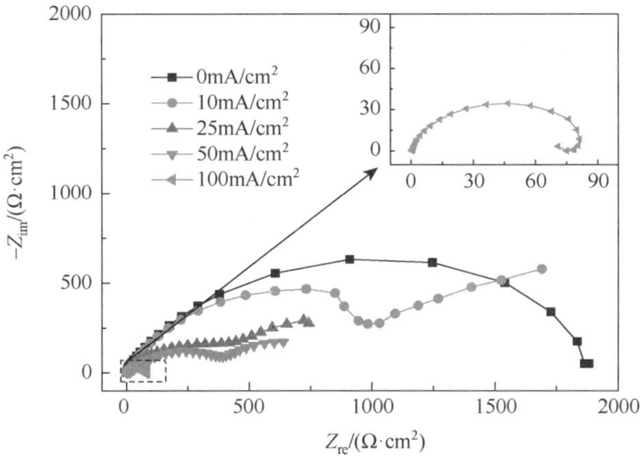

图 9-3　不同电流密度下充氢 24h 后海洋薄液环境中拉伸状态 E690 钢的 Nyquist 图

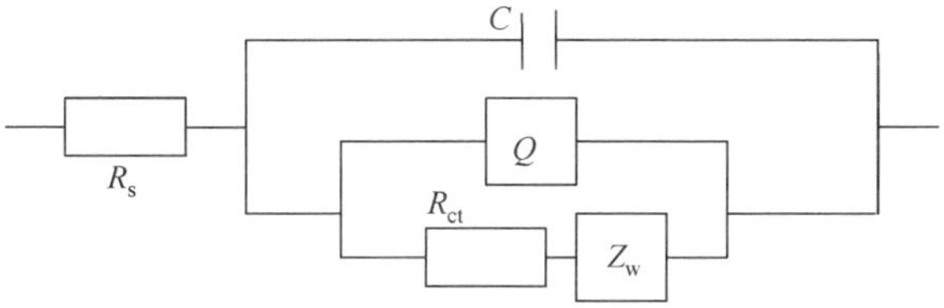

图 9-4　不同电流密度下充氢 24h 后海洋薄液环境中拉伸状态 E690 钢的等效电路图

9.2.2　氢对 E690 钢在海洋薄液环境中应力腐蚀行为的影响

图 9-5 为 E690 钢在不同电流密度(0mA/cm^2、10mA/cm^2、25mA/cm^2、50mA/cm^{2}和 100mA/cm^2)下充氢 24h 后在海洋薄液环境中 SSRT 后的宏观形貌，由图可见，在空气环境中 SSRT 试验后，未充氢试样表面并没有明显的腐蚀现象发生，但在模拟海洋薄液环境中，随充氢电流密度的升高，试样表面的腐蚀现象逐渐加剧，试样表面的腐蚀产物逐渐增多，在充氢电流密度为 0mA/cm^2 时，SSRT 试验后试样表面腐蚀相对轻微，当充氢电流密度达到 10mA/cm^2 时，试样表面有大量的腐蚀产物生成，充氢电流密度达到 100mA/cm^2 时，试样表面已基本被腐蚀产物覆盖，这主要是因为海洋薄液环境中充氢后，材料表面的活性升高，促进了阳极溶解现象的发生，加速了材料腐蚀。

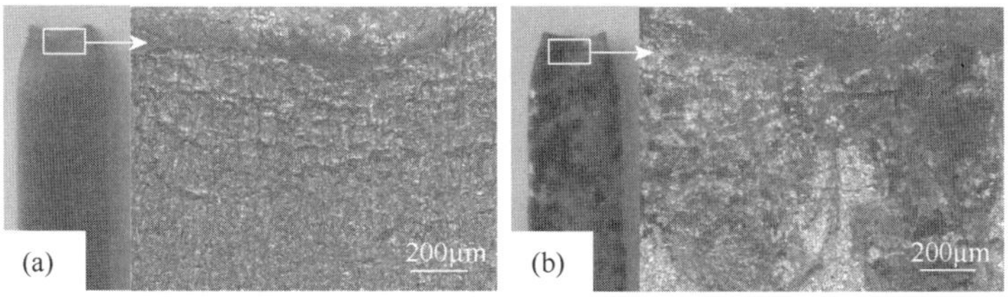

图 9-5　不同电流密度下充氢 24h 后模拟海洋薄液环境中 E690 钢 SSRT 后的宏观形貌

(a)空气；(b)0mA/cm^2；(c)10mA/cm^2；(d)25mA/cm^2；(e)50mA/cm^2；(f)100mA/cm^2

图 9-6 是 E690 钢在不同电流密度下充氢 24h 后，在模拟海洋薄液环境中的 SSRT 应力-应变曲线。由图可见，不同电流密度下充氢 24h 后的 E690 钢在模拟海洋薄液环境中与未充氢试样在空气中的力学性能有一定的差异，随充氢电流密度的升高，材料的屈服强度及抗拉强度都逐渐升高，延伸率逐渐降低。这表明，随充氢电流密度的升高，模拟海洋薄液环境中 E690 钢的 SCC 敏感性和塑性损失逐渐升高。

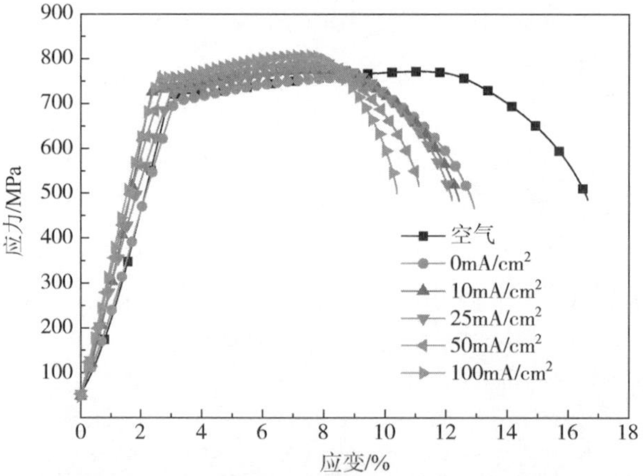

图 9-6　不同电流密度下充氢 24h 后模拟海洋薄液环境中 E690 钢的 SSRT 应力-应变曲线

为量化不同电流密度下充氢 24h 后 E690 钢在模拟海洋薄液环境中的 SCC 敏感性，以延伸率损失(I_δ)、断面收缩率损失(I_ψ)和断裂韧性损失(I_ε)表征其 SCC 敏感性。

图 9-7 是 E690 钢在不同电流密度下充氢 24h 后在模拟海洋薄液环境中的 SCC 敏感性。可见，在不同电流密度下充氢 24h 后的 E690 钢在海洋薄液环境中都具有一定的 SCC 敏感性，随充氢电流密度的升高，E690 钢的 I_δ、I_ψ 和 I_ε 都逐渐升高，SCC 敏感性逐渐升高。当充氢电流密度为 0 mA/cm^2 时，E690 钢的 SCC 敏感性最低。

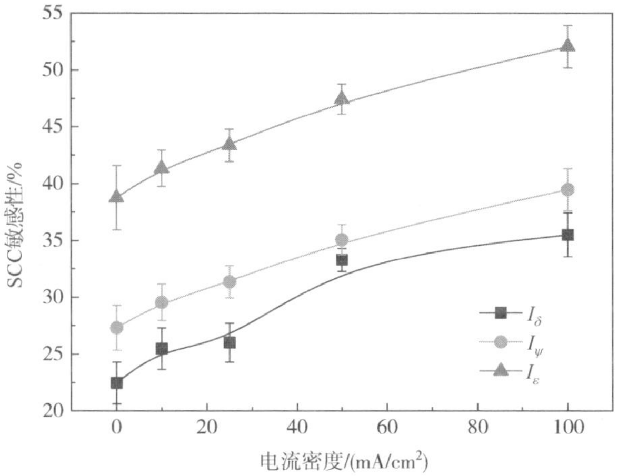

图 9-7　不同电流密度下充氢 24h 后模拟海洋薄液环境中 E690 钢的 SCC 敏感性

图 9-8 所示为 E690 钢在不同电流密度下充氢 24h 后在模拟海洋薄液环境中 SSRT 断口 SEM 形貌。由宏观断口形貌可见，不同电流密度下充氢 24h 后的 E690 钢在断口边缘附近均发生颈缩现象，表明材料发生断裂时仍具有一定的韧性特征，但随充氢电流密度的升高，颈缩现象逐渐减弱，断面收缩率逐渐降低，脆性逐渐增加。由微观形貌可见，不同电流密度下充氢 24h 后的 E690 钢试样断口边缘疑似 SCC 裂纹区的断口微观形貌有明显的差异，在空气环境中[图 9-8(a)]，试样断口边缘微观形貌基本上是韧窝形貌；不同电流密度下充氢 24h 后的 E690 钢试样[图 9-8(b)～(f)]断口边缘都有明显的脆性特征，有解离和准解离形貌，都可以观察到明显的阶梯状河流花样，其形貌都为典型的脆性形貌。随充氢电流密度

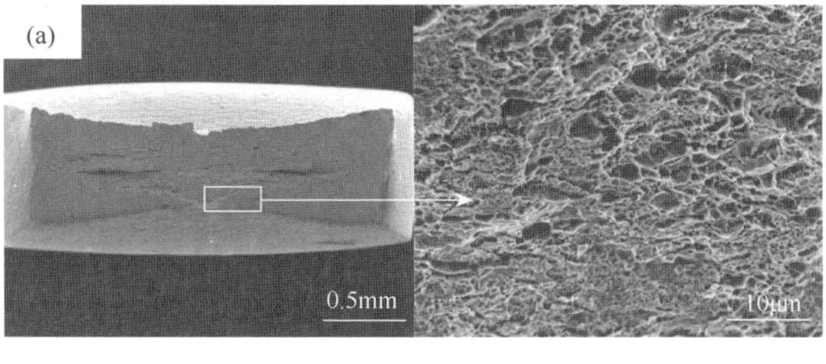

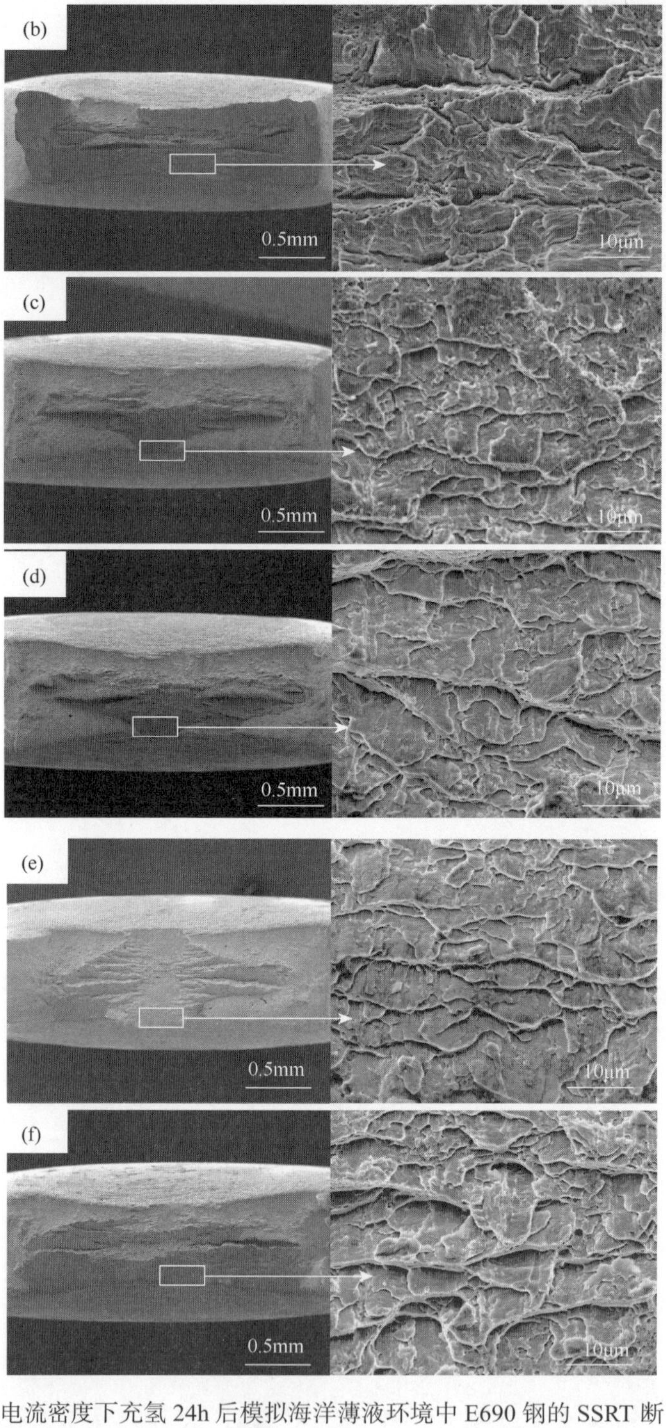

图 9-8 不同电流密度下充氢 24h 后模拟海洋薄液环境中 E690 钢的 SSRT 断口 SEM 形貌

(a)空气；(b)0mA/cm^2；(c)10mA/cm^2；(d)25mA/cm^2；(e)50mA/cm^2；(f)100mA/cm^2

的升高，SCC 裂纹壁上脆性断口特征逐渐增强。这说明不同电流密度下充氢 24h 后的 E690 钢在模拟海洋薄液环境中都具有一定的 SCC 敏感性，随充氢电流密度的升高，E690 钢在模拟海洋薄液环境中的 SCC 敏感性逐渐升高。

在不同电流密度下充氢 24h 后在模拟海洋薄液环境中 E690 钢 SSRT 试样侧边裂纹形貌如图 9-9 所示。由图可以看出，不同电流密度下充氢 24h 后的 E690 钢 SSRT 试样侧边形貌存在较大差异，在空气环境中[图 9-9(a)]试样侧壁没有明显的侧边裂纹，也没有阳极溶解现象发生，为韧性断裂；模拟海洋薄液环境中，随 E690 钢的充氢电流密度升高[图 9-9(b)～(f)]，SSRT 试样侧壁阳极溶解现象逐渐加剧，试样侧壁上发生侧边裂纹的现象逐渐增加，侧壁上裂纹的长度和深度都逐渐增大，当充氢电流密度达到 50mA/cm^2 和 100mA/cm^2 时，试样的阳极溶解现象明显加剧，可以观察到裂纹萌生于阳极溶解的局部腐蚀坑内。这说明充氢促进了材料在海洋薄液环境中的阳极溶解，而阳极溶解形成的腐蚀坑，导致应力集中等现象的发生，促进了材料 SCC，随充氢电流密度的升高，E690 钢在模拟海洋薄液环境中的 SCC 敏感性逐渐升高。

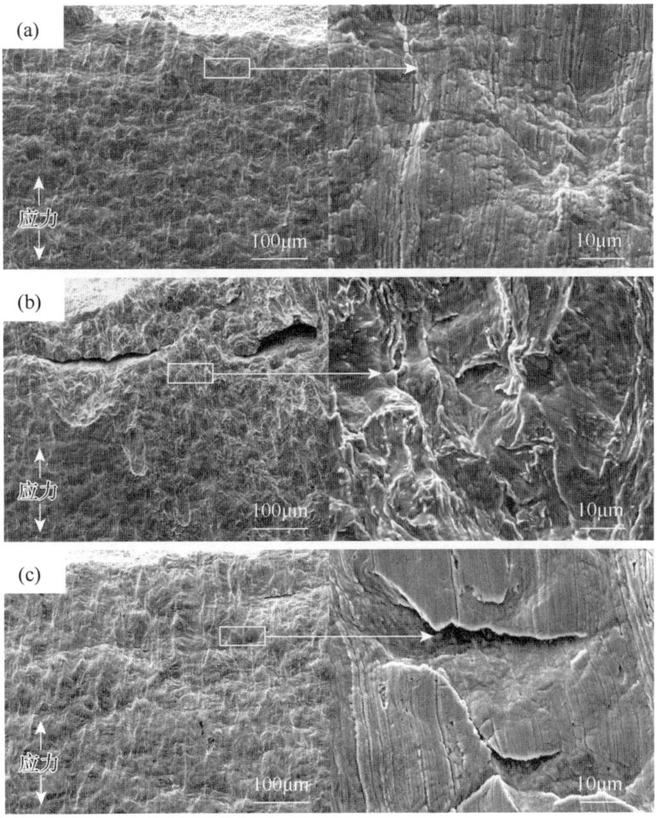

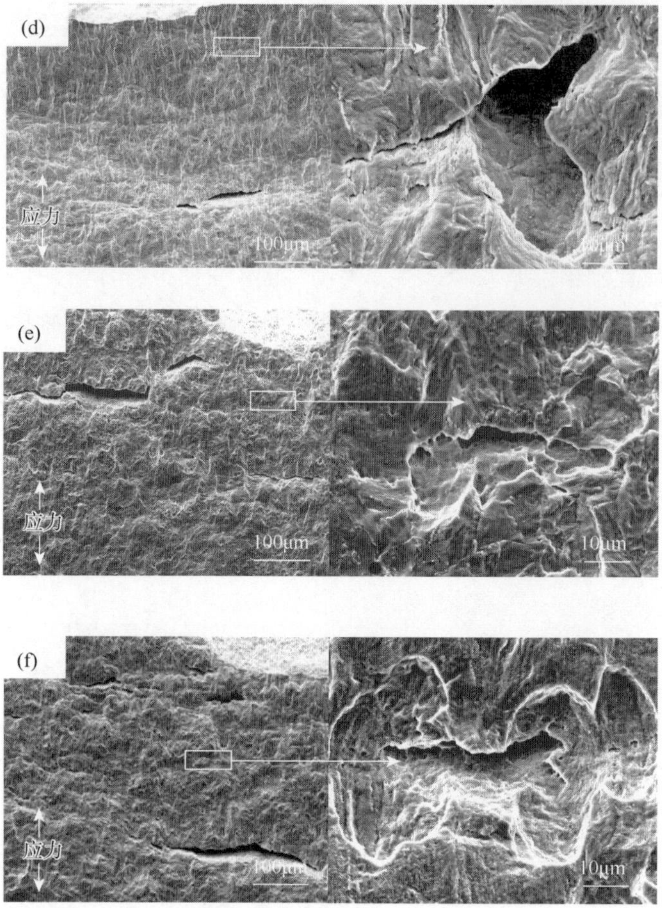

图 9-9　不同电流密度充氢 24h 后模拟海洋薄液环境中 E690 钢 SSRT 试样侧边裂纹形貌

(a)空气；(b)0mA/cm^2；(c)10mA/cm^2；(d)25mA/cm^2；(e)50mA/cm^2；(f)100mA/cm^2

9.2.3　氢对 E690 钢在海洋薄液环境中腐蚀产物的影响

图 9-10 为不同电流密度模拟海洋薄液环境中 SSRT 试验后 E690 钢腐蚀产物的激光拉曼光谱分析，可以看出各电流密度下充氢 24h 后 E690 钢在模拟海洋薄液环境中腐蚀产物基本相同，没有明显的区别，充氢电流密度的升高，对腐蚀产物种类的影响不大，以铁的氧化物为主，都由 Fe_3O_4、α-FeOOH、β-FeOOH、γ-FeOOH、γ-Fe_2O_3、α-Fe_2O_3 组成。Fe_3O_4 及 Fe_2O_3 相对疏松，腐蚀性粒子 Cl^- 等容易穿过其到达基体表面，形成点蚀等局部腐蚀，造成酸化和应力集中，诱发 SCC。

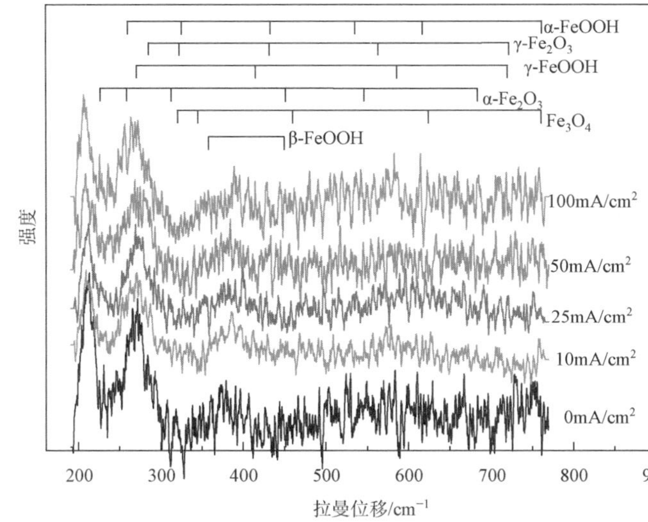

图 9-10　不同电流密度充氢 24h 后模拟海洋薄液环境中 E690 钢表面腐蚀产物的激光拉曼光谱分析

9.3　氢对模拟浪花飞溅区应力腐蚀机理的影响规律

9.3.1　不同电流密度充氢 E690 钢在海洋薄液环境中的应力腐蚀行为

通过对不同电流密度充氢 E690 钢在海洋薄液环境中 SCC 行为的研究发现，各电流密度充氢 E690 钢在海洋薄液环境中都存在一定的 SCC 敏感性，随充氢电流密度的增加，E690 钢的 SCC 敏感性逐渐升高，并且其 SCC 行为与阳极溶解有关(图 9-9)，如图 9-11 所示，对 SSRT 试样侧壁进行进一步的观察，可以发现，各电流密度充氢的 E690 钢试样表面都存在局部腐蚀现象，都有明显的阳极溶解发生，充氢电流为 0mA/cm^2 时，E690 钢侧边形貌与其他充氢电流密度下的侧边形貌没有明显的区别。随充氢电流密度的增加，腐蚀过程加剧，材料表面的阳极溶解作用逐渐加强。海洋薄液环境中，各充氢电流密度下，在局部阳极溶解区域，都可以观察到明显的裂纹(图 9-11)，裂纹萌生于局部阳极溶解区域。这说明不同电流密度下，充氢 E690 钢在海洋薄液环境中裂纹的萌生都与局部阳极溶解作用有关，随 H 浓度的增加，材料表面的活性逐渐升高，阳极溶解作用不断加强。又由于薄液膜结构和液体吸附的不确定性，在材料的局部阳极溶解区域，加之 H 和 Cl^-的作用，会形成点蚀及腐蚀坑，造成局部酸化和应力集中，局部酸化进一步导致 H^+浓度的增加，促进了阴极的析氢作用，而应力也提高了海洋薄液环境中氢的吸收量，加大了氢致裂纹发生的可能性，导致裂纹的萌生和扩展。海洋薄液环境中，随充氢电流密度的增加，E690 钢的 SCC 机理由以阳极溶解为主的混合机理向以氢脆为主的混合机理转变。

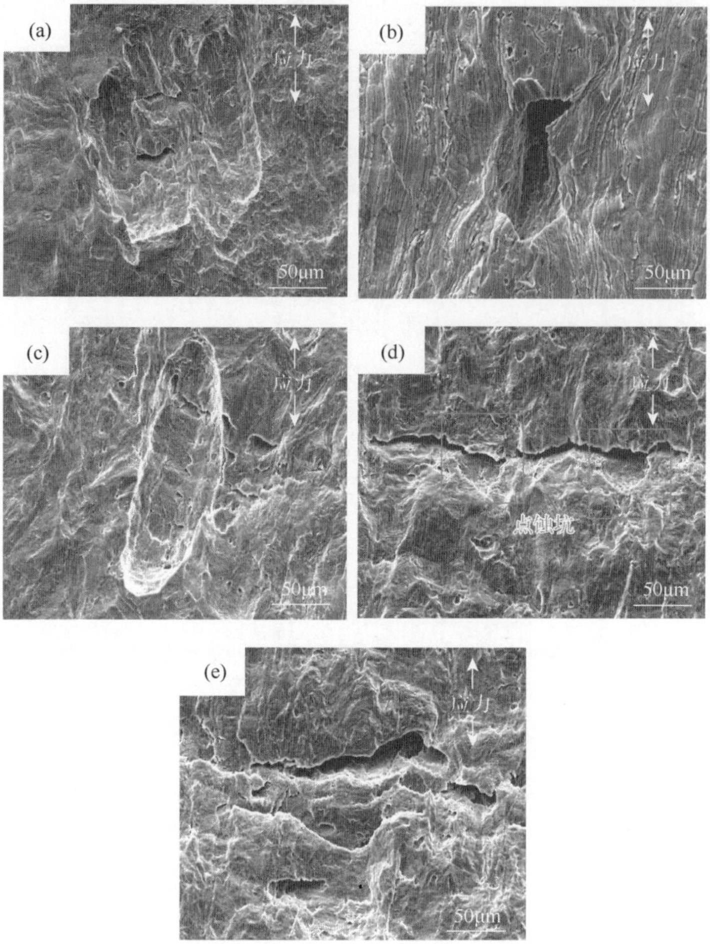

图 9-11　不同电流密度充氢 24h 后模拟海洋薄液环境中 E690 钢阳极溶解诱发 SCC

(a)0mA/cm^2；(b)10mA/cm^2；(c)25mA/cm^2；(d)50mA/cm^2；(e)100mA/cm^2

E690 钢在不同电流密度下充氢后的模拟海洋薄液环境中，裂纹扩展形貌如图 9-12 所示。由图可见，模拟海洋薄液环境中，各电流密度下充氢后，E690 钢 SSRT 试样的裂纹都为典型的穿晶扩展模式，裂尖都较为尖锐，充氢电流密度的变化，对裂纹的扩展模式没有明显的影响。在模拟海洋薄液环境中，充氢电流密度为 0mA/cm^2 时 E690 钢裂纹扩展模式同其他各电流密度下充氢后 E690 钢裂纹扩展模式没有明显的区别，并且其侧边裂纹形貌与其他各电流密度下充氢后 E690 钢的侧边裂纹形貌基本相同。这说明在模拟海洋薄液环境中，E690 钢的 SCC 本身就存在氢的作用，E690 钢 SCC 的机理为阳极溶解和氢脆的混合控制机理，氢促进了 E690 钢在海洋薄液环境中的 SCC。

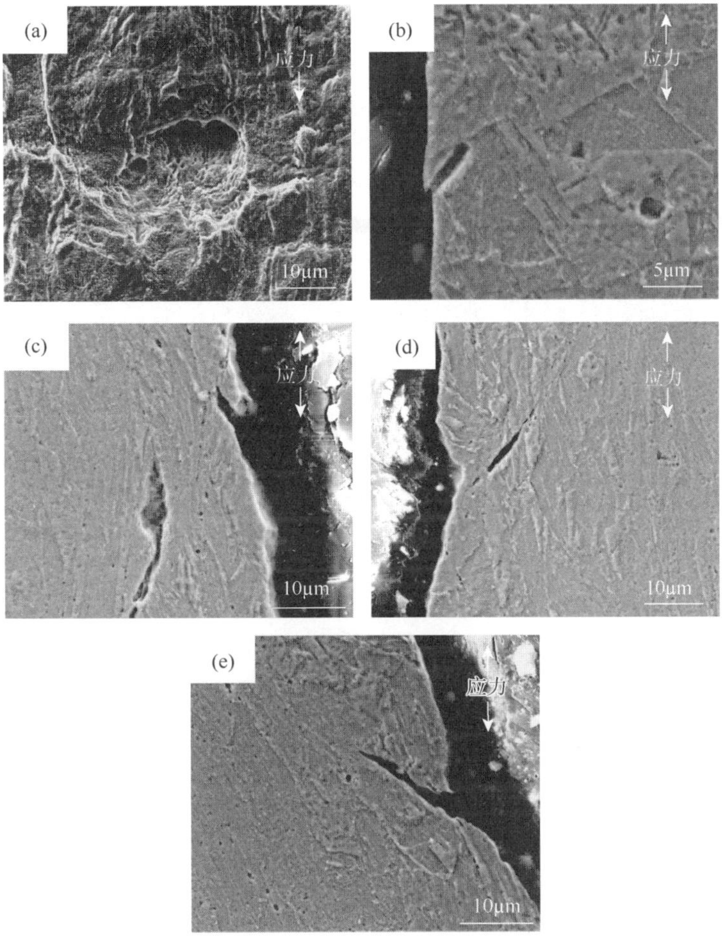

图 9-12　不同电流密度充氢 24h 后模拟海洋薄液环境中 E690 钢的裂纹扩展形貌

(a)0mA/cm^2；(b)10mA/cm^2；(c)25mA/cm^2；(d)50mA/cm^2；(e)100mA/cm^2

9.3.2　氢对 E690 钢在海洋薄液环境中应力腐蚀行为及机理的影响

对于海洋环境形成的薄液条件下的 SCC，薄液的特殊环境对 SCC 影响极大，大多数研究者认为薄液环境中阴极反应主要是氧的作用，氢的作用很小。研究表明，薄液环境中的阴极过程不但有氧的作用，也会有氢参与反应，这样就为高强的氢致开裂提供了外部条件。高强钢自身冶炼及焊接加工过程中的内氢，也可以提供氢的内部来源；另外，拉应力会通过提高薄液环境中氢的吸收量，使环境中的氢扩散并富集到缺陷处，增加氢致开裂的发生概率；同时，海洋环境中存在大量 Cl^-及 SO_2，Cl^-有强极性和穿透性，可发生一系列的水解作用，加大氢离子的产生。

海洋薄液环境中，氢将使高强钢的空位浓度升高，导致其热力学稳定性和层错能下降；并且氢原子存在应变场，其本身是一种点缺陷，它能和晶体中的点缺陷(如空位、溶质原子)、线缺陷(如位错)及面缺陷(晶界、层错)发生交互作用，氢致过饱和空位富集后会引起微空洞；氢均能促进孤立的位错(刃型螺型或混合型)和位错缠结的运动，并使位错运动速率增大；高强钢充氢后，其内部形变集中在某些区域，不再均匀分布，使形变局部化，这些使得在海洋薄液环境中，高强钢在低的外应力作用下裂纹就能形核扩展，导致塑性和韧性的下降。同时，氢可以降低高强钢的点蚀电位，且点蚀电位随试样中氢浓度的升高而下降，从而为 SCC 提供更多的活性点[3-6]。以上的分析充分说明海洋薄液环境中，氢对 E690 钢的 SCC 行为有促进作用，随氢浓度(即充氢电流密度)的升高，高强钢的 SCC 敏感性逐渐升高。

9.4 本章小结

通过模拟严酷海洋薄液环境，采用拉伸条件下原位动电位极化和交流阻抗法电化学测量、慢应变速率拉伸试验，研究了不同电流密度下充氢的 E690 钢在模拟海洋薄液环境中的 SCC 行为和机理，并对不同电流密度下充氢的 E690 钢的裂纹扩展模式及腐蚀产物进行比较分析。研究结果表明以下几点。

(1) 模拟海洋薄液环境中，随 E690 钢模拟环境充氢作用的氢浓度的升高，腐蚀电流密度逐渐增大，阳极和阴极电流密度逐渐升高，腐蚀过程加剧，耐腐蚀性能逐渐降低。

(2) 模拟海洋薄液环境中，不同氢浓度(即充氢电流密度)下的 E690 钢，都发生明显的 SCC，随氢浓度的增加，氢加速了 E690 钢的阳极溶解作用，并与阳极溶解协同作用促进了 E690 钢 SCC 的发生。

(3) 模拟海洋薄液环境中，随充氢电流密度的升高，E690 钢的 SCC 机理由以阳极溶解为主的混合机理向以氢脆为主的混合机理转变；各氢浓度下的 E690 钢裂纹扩展模式均为典型的穿晶扩展。

(4) 各氢浓度的模拟海洋薄液环境中，E690 钢的腐蚀产物都由 Fe_3O_4、α-FeOOH、β-FeOOH、γ-FeOOH、γ-Fe_2O_3、α-Fe_2O_3 组成。氢浓度(即充氢电流密度)的变化，对 E690 腐蚀产物的种类基本没有影响。

参考文献

[1] 郑传波. 海洋结构用钢在海洋大气环境中的氢脆机理研究[D]. 青岛：中国科学院海洋研究所，2008.

[2] Zheng C B，Huang Y L，Yu Q，et al. Hydrogen permeation behavior and corrosion monitoring of steel in cyclic

wet-dry atmospheric environment[J]. Materials and Corrosion，2007，58(9)：716-720.

[3] Qiao L J, Luo J L, Mao X. Hydrogen evolution and enrichment around stress corrosion crack tips of pipeline steels in dilute bicarbonate solution[J]. Corrosion，1998，54(2)：115-120.

[4] Gu B，Yu W Z，Luo J L，et al. Transgranular stress corrosion of X80 and X52 pipeline steels in dilute aequous solution with near-neutral pH[J]. Corrosion，1999，55(3)：312-318.

[5] 柯伟，李劲. 腐蚀疲劳裂尖材料损伤研究[J]. 腐蚀与防护，1999，20(3)：103-107.

[6] Sun M，Xiao K，Dong C F，et al. Stress corrosion cracking behavior of ultrahigh strength steel in the atmospheric environment[J]. Science & Technology Review，2012，30(30)：129-134.

第10章　应变对E690钢在模拟浪花飞溅区应力腐蚀机理的影响规律

以上几章的研究表明：薄液环境中高强钢的应变状态对其 SCC 有重要的影响。很多研究也表明：外加应力促进了材料的阳极溶解。裂纹尖端的应力集中进一步促进了材料的局部阳极溶解速率。X. Tang 等采用微区电化学和数值模拟技术研究了 X70 钢在给定应力条件下的局部阳极溶解行为，发现外加应力促进了材料的阳极溶解；随应力增加，其促进阳极溶解的现象更明显；裂尖的应力集中导致局部溶解速率大幅增加；随着裂纹扩展，裂尖的应力集中增加，导致局部溶解速率随时间延长而增大[1, 2]。M. C. Li 等采用局部电化学阻抗谱(LEIS)技术研究了 X70 钢不同应力分布区域的腐蚀行为，结果表明：在高 pH 条件下，变形导致的应力对管线钢的腐蚀反应点蚀的发生以及裂纹的萌生具有抑制作用，这是由于存在应力的区域表面碳酸盐腐蚀产物增多，产生阻塞效应，其中，拉应力加快金属溶解的效应比压应力更显著，从而产生了更多的碳酸盐腐蚀产物，使拉应力区域具有更高的局部阻抗值[3]。研究表明，材料在外加拉应力的作用下，其电化学活性显著提高，且随外应力的增加，其改变呈现线性变化[4]。外加拉应力处于弹性范围内，材料电化学活性随外加应力呈线性变化。在弹性应力条件下，材料电化学活性的提高主要归因于两方面：①材料表面缺陷密度提高，如微孔位错滑移台阶等；②溶质原子沿晶界处扩散系数增大。

目前，应变对材料 SCC 敏感性的研究不断丰富，但对海洋薄液环境中应变对高强钢 SCC 行为机理及其演化规律等的研究还不充分，有关海洋薄液环境中应变对高强钢的 SCC 敏感性腐蚀机理及裂纹扩展模式等基础问题，并未有统一的认识。因此，对海洋薄液环境中，应变对高强钢 SCC 行为的影响规律有待进一步的研究。

本章通过模拟海洋薄液环境，采用拉伸条件下原位动电位极化和交流阻抗法电化学测量、恒应变薄液环境中腐蚀试验、恒位移长期 100%湿度下试验，研究了不同应变量的 E690 钢在模拟海洋薄液环境中的腐蚀及 SCC 行为，并对不同应变条件下的腐蚀产物进行比较分析。

10.1　应变对模拟浪花飞溅区腐蚀影响的试验方法

试验材料为 E690 钢，与前章使用材料相同。通过采用雾化装置，将试验装置(不同应变下的拉伸和电化学试样)中分别通入稳定湿气，使试验样品始终处于100%湿度(RH)的稳定气氛环境中，以模拟海洋薄液环境，试验温度为 30℃±2℃，pH = 7.5，雾化溶液为 3.5% NaCl。

每次电化学测量前，分别慢拉伸试样到弹性应变区[0%σ_s(屈服强度)、40%σ_s、80%σ_s、100%σ_s(屈服点)]及塑性应变区[塑性应变分别为 2%、4%、6%条件下(拉伸速率为 $0.53\times10^{-6}s^{-1}$)]后停止拉伸(图 10-1 为试验应变点示意图)，在 100%温度环境下放置 6h，进行电化学测量。其他试验同前几章。

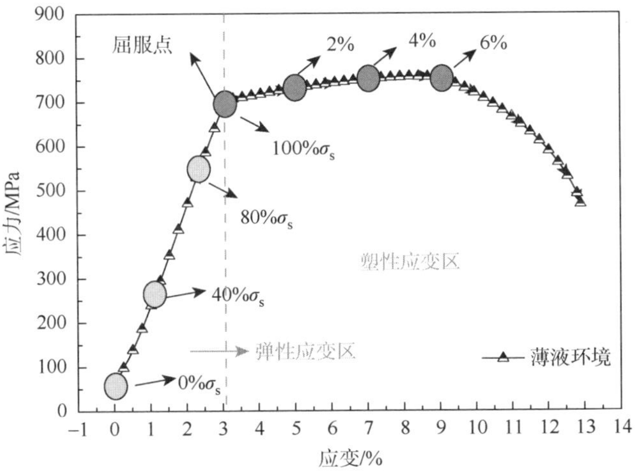

图 10-1　模拟海洋薄液环境中拉伸状态 E690 钢电化学及腐蚀试验应变点示意

采用有限元法对 C 形环、U 形弯、打孔 C 形环、打孔 U 形弯试样中的应力-应变场的分布情况进行数值模拟，有限元分析软件为 ABAQUS。

10.2　应变对模拟浪花飞溅区应力腐蚀机理影响的试验结果

10.2.1　应变对 E690 钢在海洋薄液环境中电化学行为的影响

图 10-2 为不同应变下模拟海洋薄液环境中 E690 钢的动电位极化曲线，由图可见，模拟海洋薄液环境中不同应变条件下的 E690 钢的电化学行为有明显的差异，在弹性应变区，随应变的增大，极化曲线逐渐右移，阳极电流密度和阴极电流密度逐渐增大，腐蚀电流密度逐渐增大，但零电流电位变化不大；在塑性应变区，随应变的增大，极化曲线右移的趋势更加明显，腐蚀电流密度逐渐增大，零电流电位也有明显降低的趋势。图 10-3 为不同应变条件下模拟海洋薄液环境中 E690 钢的腐蚀电流密度及零电流电位曲线，由图可知，在弹性应变区，随应

变的增加，腐蚀电流密度呈线性增加，不受力时，腐蚀电流密度最小；零电流电位值变化较小，基本稳定。塑性应变区，E690 钢腐蚀电流密度随应变量的增加而增加的现象更加明显，尤其是当应变超过屈服点时，腐蚀电流密度增加更快，这说明在海洋薄液环境下，应变促进了 E690 钢的腐蚀，随应变量的增加，材料的腐蚀逐渐加剧，阳极溶解作用和阴极作用都逐渐加强，耐腐蚀性能逐渐降低，弹性应变区这一现象相对较弱，但塑性应变区这一现象表现得非常明显。

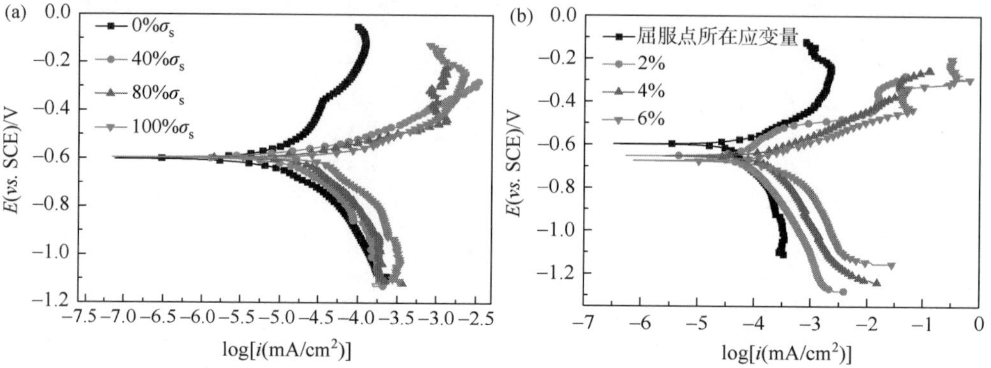

图 10-2　不同应变条件下模拟海洋薄液环境中拉伸状态 E690 钢的动电位极化曲线

(a)弹性应变区；(b)塑性应变区

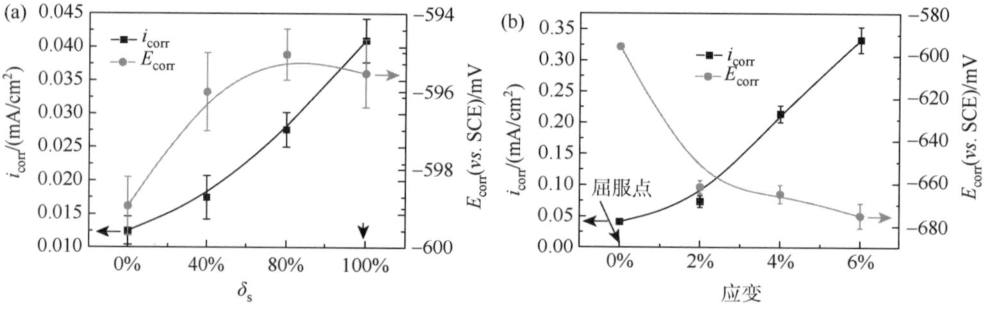

图 10-3　不同应变条件下模拟海洋薄液环境中拉伸状态 E690 钢的腐蚀电流密度及零电流电位曲线

(a)弹性应变区；(b)塑性应变区

图 10-4 为模拟海洋薄液环境中，不同应变条件下 E690 钢的 Nyquist 图，由图可见，不同应变条件下的模拟海洋薄液环境中 E690 钢阻抗谱有明显的差异，虽然阻抗弧特征基本相同，但随应变量的增加，电化学阻抗弧的半径逐渐减小，耐腐蚀性能逐渐降低，这一现象在塑性应变区表现得尤为明显，不受力时阻抗弧值最大，耐腐蚀性能最高。此结果与动电位极化曲线测量结果一致，说明应变对

材料的耐腐蚀性能有很大的影响，应变量的增加降低了材料的耐腐蚀性能，尤其是塑性应变条件下耐腐蚀性能降低得更加明显，这对模拟海洋薄液环境中 E690 钢的 SCC 也会产生很大的影响。其等效电路图如图 10-5 所示，R_s 为薄液环境的液体电阻，C 为电容，Q 为常相位角，R_{ct} 为电荷转移电阻，Z_w 为扩散阻抗。

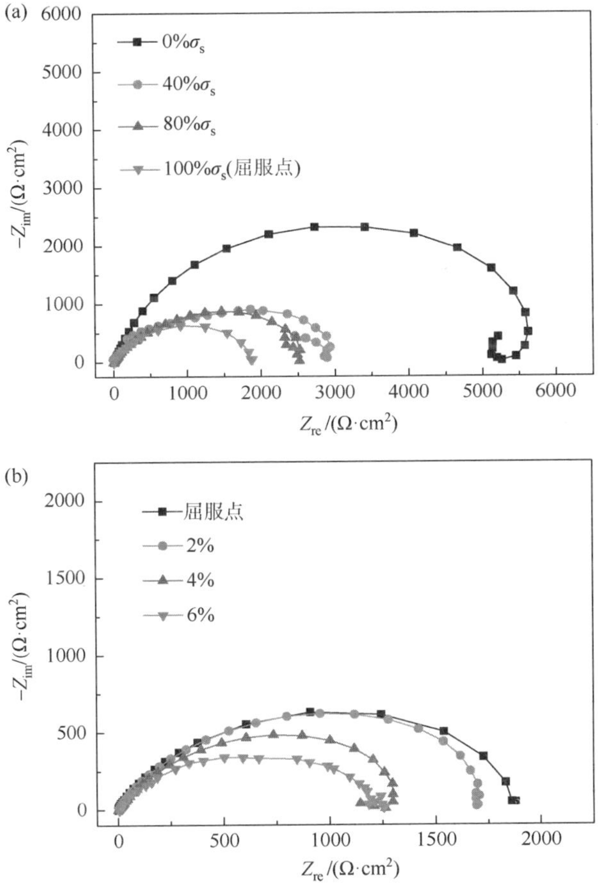

图 10-4　不同应变条件下模拟海洋薄液环境中拉伸状态 E690 钢的 Nyquist 图

(a)弹性应变区；(b)塑性应变区

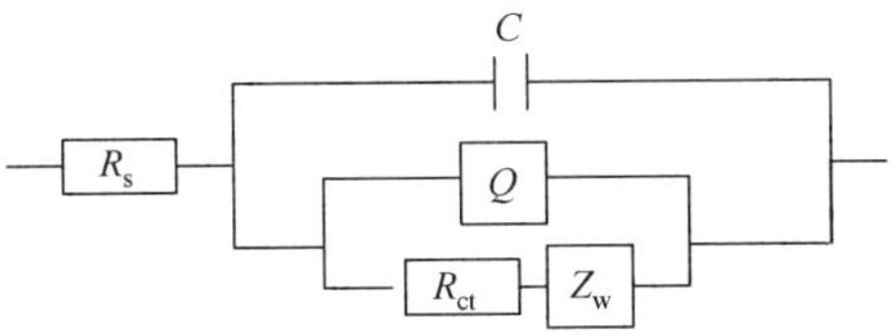

图 10-5　不同应变条件下模拟海洋薄液环境中拉伸状态 E690 钢的等效电路图

10.2.2　应变对 E690 钢在海洋薄液环境中腐蚀行为的影响

图 10-6 是不同应变条件下 E690 钢在模拟海洋薄液环境中 24h 后的腐蚀形貌。由图可见，模拟海洋薄液环境中，E690 钢在不同应变条件下都有腐蚀现象发生，试样表面都有明显的红锈生成，较多的 NaCl 颗粒在试样表面富集。从弹性应变区到塑性应变区，随应变量的增加，腐蚀现象逐渐加剧，腐蚀产物逐渐增多。相比于塑性应变区，弹性应变区的腐蚀较为轻微，0%σ_s 时试样表面的腐蚀最弱，生成的腐蚀产物相对较少，40%σ_s 和 80%σ_s 时试样表面的腐蚀形貌相差较小。当达到屈服点时，试样表面的腐蚀现象明显加剧，腐蚀产物明显增多，塑性应变区试样表面的腐蚀更为严重，塑性应变为 4%时，试样表面已基本被腐蚀产物所覆盖；当塑性应变为 6%时，大量的腐蚀产物在试样表面堆积。这说明：海洋薄液环境中，应变对 E690 钢的腐蚀有加速作用，促进了试样表面阳极溶解的发生，弹性应变对材料腐蚀影响相对较小，塑性应变时对材料腐蚀的促进作用更为明显。

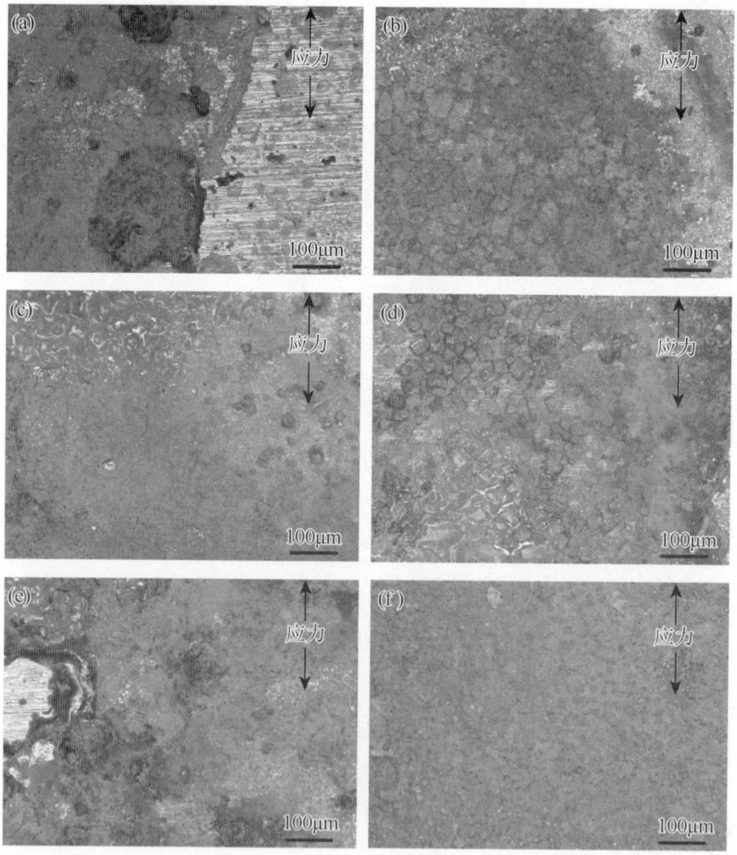

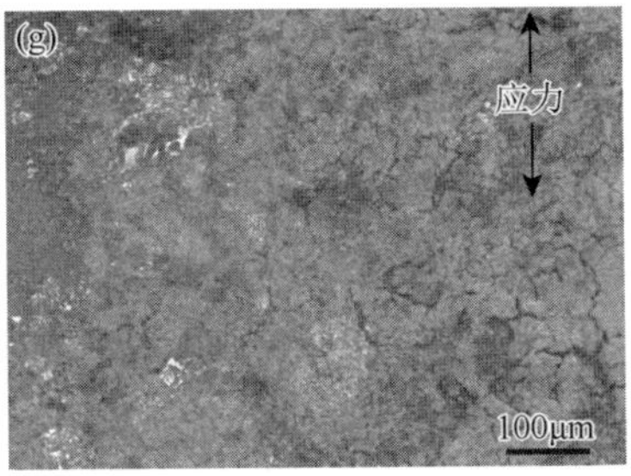

图 10-6　不同应变条件下模拟海洋薄液环境中 E690 钢腐蚀产物形貌

弹性应变区：(a)0%σ_s，(b)40%σ_s，(c)80%σ_s，(d)100%σ_s(屈服点)；塑性应变区：塑性应变分别为(e)2%；(f)4%；(g)6%

图 10-7 是不同应变条件下 E690 钢在模拟海洋薄液环境中 24h 除锈后的腐蚀形貌。由图可见，模拟海洋薄液环境中，E690 钢在不同应变条件下都有明显的腐蚀，可以观察到试验表面都有点蚀现象发生。从弹性应变区到塑性应变区，随应变量的增加，腐蚀现象逐渐加剧，腐蚀面积逐渐增大。弹性应变区的腐蚀相对较为轻微，0%σ_s 时试样表面的腐蚀最弱，只有轻微的点蚀现象发生，40%σ_s 和 80%σ_s 时试样表面的腐蚀形貌相差较小，塑性应变区试样表面的腐蚀相对严重。塑性应变为 4%时，试样表面局部腐蚀(点蚀)的同时，试样表面整体发生腐蚀；当塑性应变为 6%时，腐蚀最为严重。这也进一步说明：模拟海洋薄液环境中，E690 钢有点蚀现象发生，应变对 E690 钢的腐蚀有加速作用，促进了试样表面阳极溶解的发生，随应变量的增大，E690 钢的腐蚀逐渐加剧，塑性应变时对材料腐蚀的促进作用更为明显。

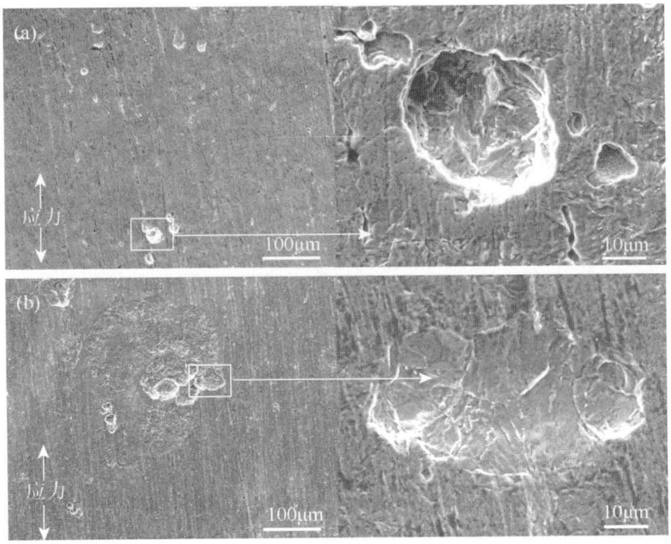

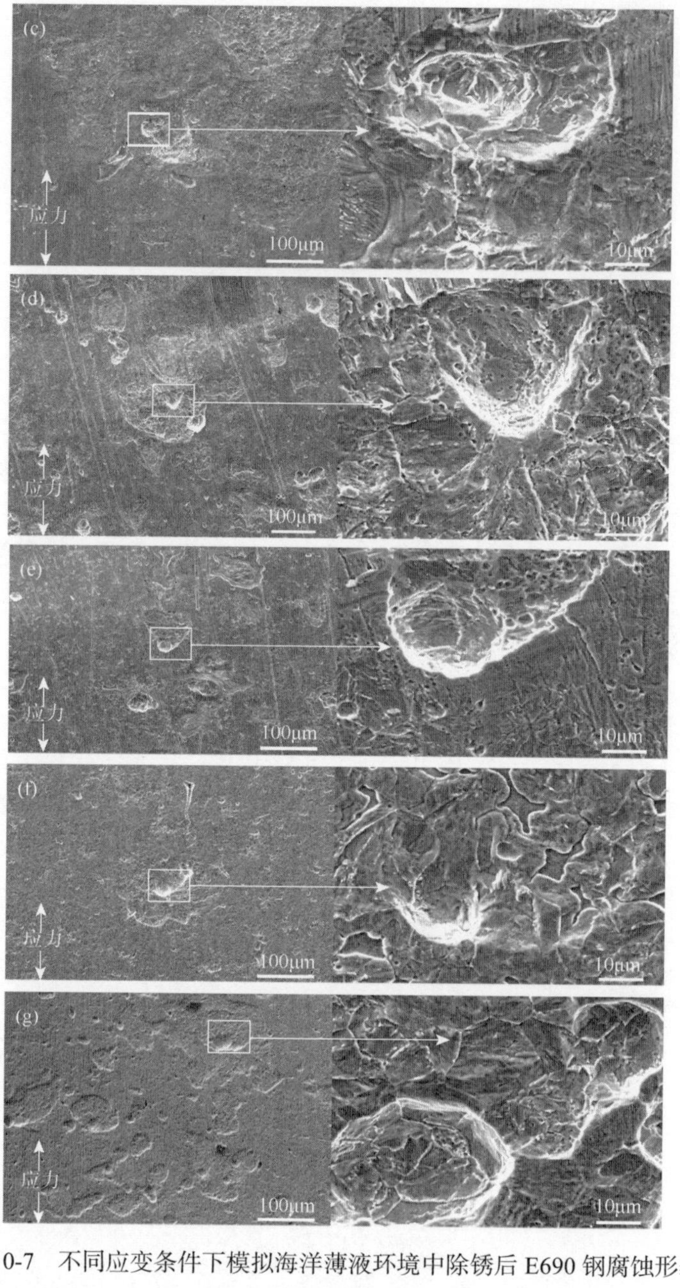

图 10-7　不同应变条件下模拟海洋薄液环境中除锈后 E690 钢腐蚀形貌

弹性应变区：(a)0%σ_s，(b)40%σ_s，(c)80%σ_s，(d)100%σ_s(屈服点)；塑性应变区：塑性应变分别为(e)2%，(f)4%，(g)6%

10.2.3　应变对 E690 钢在海洋薄液环境中应力腐蚀行为的影响

表 10-1 为不同应变下海洋薄液环境中 2880h 后 E690 钢的恒位移试样宏观形

貌，由表可以看出，恒位移 C 形环、打孔 C 形环、U 形弯、打孔 U 形弯试样表面都有大量的腐蚀产物生成，锈层中都有白色的 NaCl 颗粒存在，四种试样没有明显的区别。表 10-2 分别为不同应变和试验周期下海洋薄液环境下 E690 钢恒位移试样腐蚀产物形貌，由表可以看出四种试样腐蚀形貌没有明显的差异，随试验周期的延长，试样表面的腐蚀产物都逐渐增多，大约 240h 后试样表面已经完全被腐蚀产物所覆盖，试验后期都有大量的腐蚀产物沉积在试样表面，腐蚀产物较为致密；白色的 NaCl 颗粒逐渐增多，打孔 U 形弯试样表面的 NaCl 颗粒略多于其他应变条件下的试样；NaCl 沉积在试样表面，极易造成酸化和点蚀等腐蚀现象的发生，在拉应力的作用下，导致 SCC 的发生。

表 10-1　不同应变下海洋薄液环境中 E690 钢的恒位移试样宏观形貌

C 形环	打孔 C 形环	U 形弯	打孔 U 形弯

表 10-2　不同应变和试验周期下海洋薄液环境中 E690 钢的恒位移试样腐蚀产物形貌

	C 形环	打孔 C 形环	U 形弯	打孔 U 形弯
120h		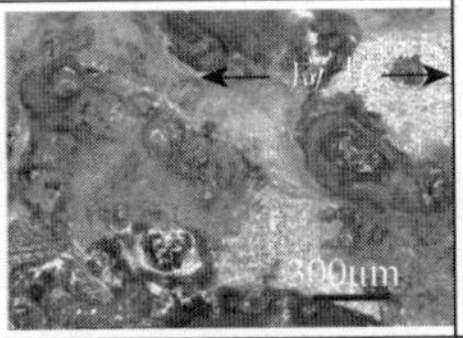	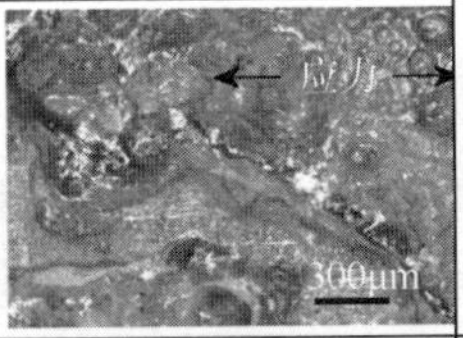	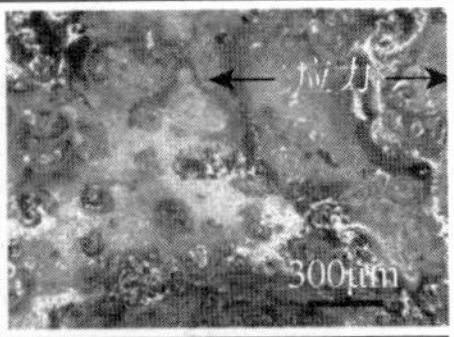
2880h	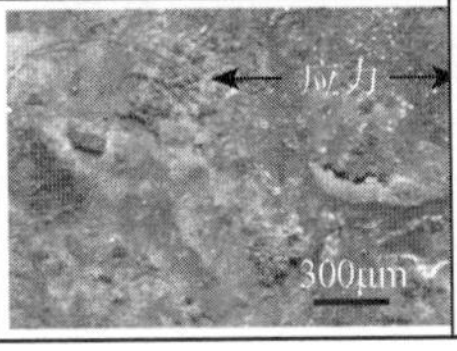	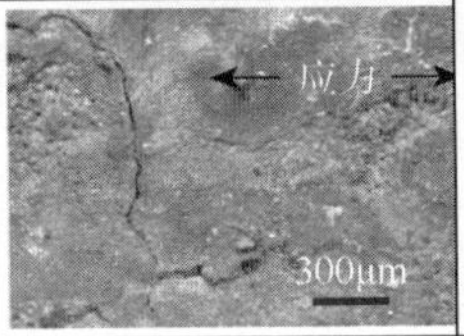	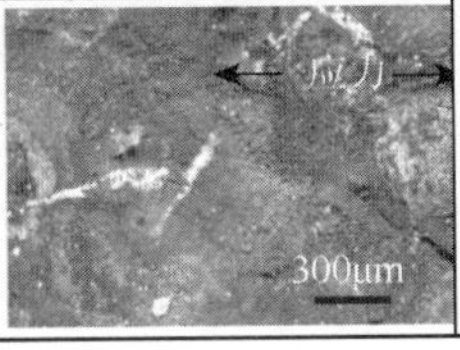	

对海洋薄液环境中，不同应变条件下 2880h 后的 E690 钢进行除锈，观察其腐蚀形貌，对 SCC 行为和敏感性进行进一步的研究。图 10-8 为不同应变条件下海洋薄液环境中 2880h 后 E690 钢恒位移 C 形环、打孔 C 形环、U 形弯、打孔 U 形弯试样顶端的表面形貌，由图可以看出，模拟海洋薄液环境中，各应变条件下试样都发生了严重的腐蚀，都有大量的腐蚀坑产生。随应变量的增大，腐蚀逐渐增强，试样表面腐蚀坑的深度、宽度、密度都逐渐增大；较低应变时试样表面没有观察到明显的 SCC 裂纹，只有当应变最大时(打孔 U 形弯试样)，试样表面才能

观察到明显的 SCC 裂纹。这说明在模拟海洋薄液环境中，应变能促进 E690 钢的阳极溶解和 SCC 现象的发生。

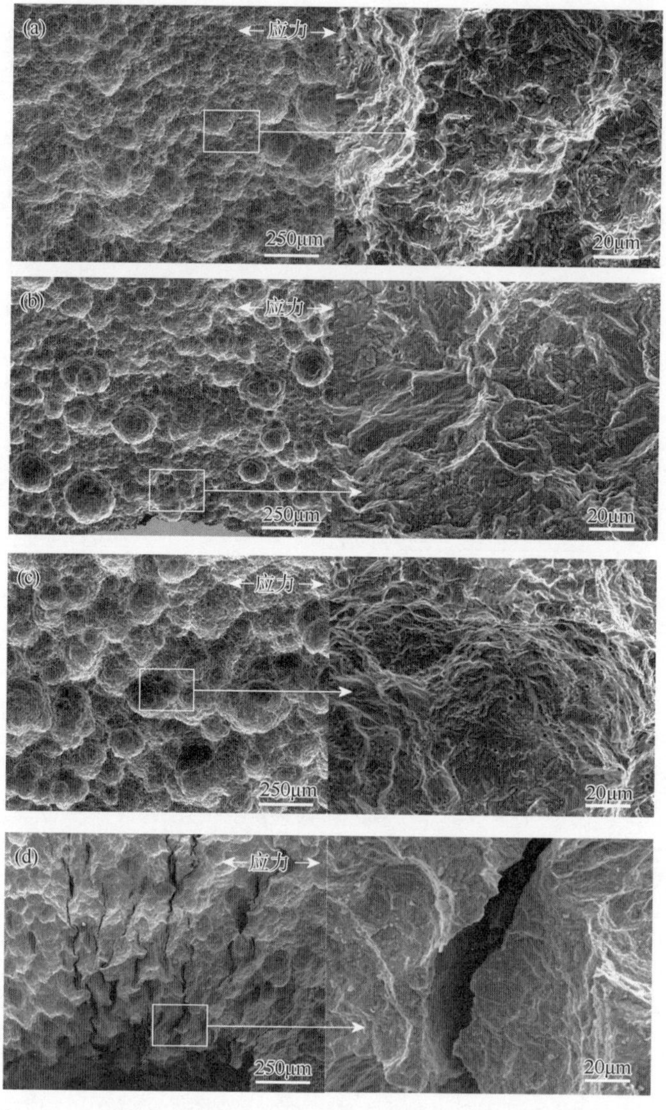

图 10-8　不同应变条件下海洋薄液环境中 E690 钢的 SEM 形貌

(a)C 形环；(b)打孔 C 形环；(c)U 形弯；(d)打孔 U 形弯

10.2.4　应变对 E690 钢的海洋薄液环境中腐蚀产物的影响

图 10-9 为模拟海洋薄液环境中不同应变条件下(弹性应变区：0%σ_s、40%σ_s、

80%σ_s、100%σ_s 及塑性应变区：塑性应变分别为 2%、4%、6%)24h 后 E690 钢腐蚀产物的激光拉曼分析，可以看出腐蚀产物以铁的氧化物为主，各应变条件下腐蚀产物种类没有明显的区别，基本稳定，都由 Fe_3O_4、α-FeOOH、β-FeOOH、γ-FeOOH、γ-Fe_2O_3、α-Fe_2O_3 组成。

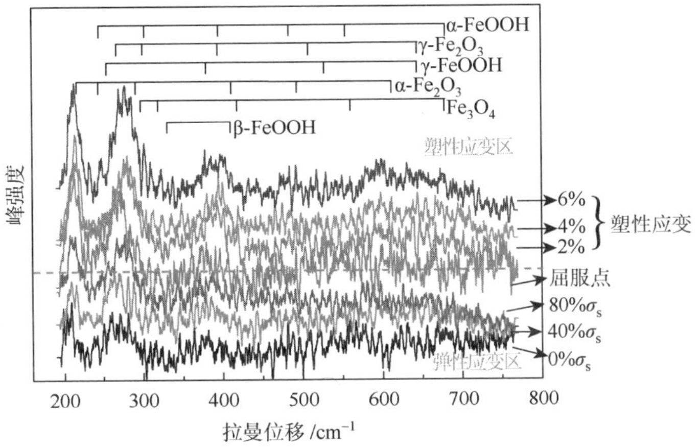

图 10-9　不同应变下海洋薄液环境中 E690 钢腐蚀产物的拉曼光谱

图 10-10 为不同应变条件下恒位移 C 形环、打孔 C 形环、U 形弯、打孔 U 形弯试样模拟海洋薄液环境中 2880h 后 E690 钢的腐蚀产物分析，由图可以看出，不同应变条件下在模拟海洋薄液环境中的腐蚀产物基本相同，没有明显的区别，基

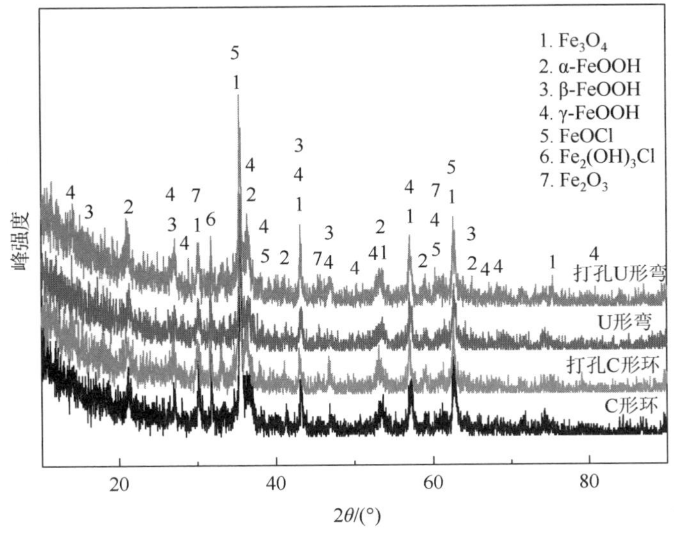

图 10-10　不同应变下海洋薄液环境中 2880h 后 E690 钢腐蚀产物的 XRD 分析

本稳定，都由 Fe_3O_4、α-FeOOH、β-FeOOH、γ-FeOOH、FeOCl、$Fe_2(OH)_3Cl$ 及 Fe_2O_3 组成。比较图 10-9 和图 10-10 可以发现，随时间的延长，有 FeOCl、$Fe_2(OH)_3Cl$ 生成。以上研究说明，海洋薄液环境中应变对 E690 钢腐蚀产物种类的影响不大。

10.3　应变对模拟浪花飞溅区应力腐蚀机理的影响规律

10.3.1　应变对海洋薄液环境中腐蚀行为的影响

通过研究发现，海洋薄液环境中，应变对 E690 钢的电化学腐蚀行为(图 10-2～图 10-4)有很大的影响，促进了试样的阳极溶解(图 10-6～图 10-8)。根据 E. M. Gutman 提出的力学化学原理，弹性变形及塑性变形都会导致电极电位发生变化[5]。弹性变形引起的电极电位变化可由下式计算：

$$\Delta \Phi = -\frac{V\Delta P}{zF} \tag{10-1}$$

式中，ΔP 为外加载荷；V 为样品的摩尔体积；z 为金属离子价态；F 为法拉第常量。

当金属发生塑性应变时，其电极电位的变化和位错塞积相关，可表示为

$$\Delta \Phi = -\frac{n\Delta \tau R}{kN_{\max}\bar{\alpha}zF} \tag{10-2}$$

式中，n 为位错塞积群中的位错数目；$\Delta\tau$ 为材料加工硬化率，与位错产生的残余应力相等，$\Delta\tau$ 的变化与 n 的变化相关；R 为摩尔气体常量；k 为玻尔兹曼常量；$N_{\max}$ 为单位体积的位错最大值；$\bar{\alpha}$ 为平均位错密度。由于随着变形量的增加，位错密度增加，并产生位错塞积；位错塞积群的形成导致内应力增大且流变应力增大，即产生强化；在形变强化过程中，随着位错在障碍前形成的平面塞积群中数量的增加，位错周围局部标准平衡电位降低，使金属阳极溶解加速。应变量的增加促进了材料的腐蚀，尤其是塑性应变时这一作用更加明显。

根据海洋薄液环境中，拉伸状态下 E690 钢的电化学测试结果可知(图 10-2～图 10-4)，海洋薄液环境中也符合这一规律。弹性应变和塑性应变都导致 E690 钢的零电流电位负移，且随应变量的增大，零电流电位逐渐降低，腐蚀电流密度逐渐增大，塑性应变区此现象更为明显。海洋环境下，不同应变条件下的腐蚀试验(图 10-6 和图 10-7)也表明，应变对材料的阳极溶解过程有促进作用，随应变量的增大，材料的阳极溶解过程逐渐加剧，在塑性应变区此现象尤为明显。海洋薄液环境中，不论是弹性应变区还是塑性应变区，应变的增大促进了材料腐蚀过程的发生，塑性应变对材料腐蚀过程的促进作用更为明显。

10.3.2　恒位移试样表面应变分布有限元数值分析

采用 ABAQUS 有限元分析软件分别对恒位移 C 形环、打孔 C 形环、U 形弯

和打孔 U 形弯试样(如图 5-1 所示，除打孔外，C 形环与打孔 C 形环尺寸相同，U 形弯与打孔 U 形弯尺寸相同)的应变分布进行数值分析。

分别对 C 形环和打孔 C 形环进行结构应变分析，取全部 C 形环结构模型来研究，因此建立三维模型分别进行分析。数值分析过程为：选择实体 8 节点 185 单元进行离散分析，指定为对称分析，设定钢材料的参数(表 10-3)。建立模型，操作生成未加工之前的材料的实体模型；设置材料单元尺寸，对材料进行网格划分(图 10-11)；将模型中心位置对称面的位移设置为零；对模型材料两端孔附近施加适当应力，进行计算；观察模型位移，不断加载应力值，直到模型达到 C 形环要求的标准，加载成功；观察 *X* 方向的应变分布的结果(图 10-12)。模型采用实体 8 节点 185 单元，共有 10623 个节点，46018 个单元。

表 10-3　有限元数值分析中 E690 钢各项力学参数

弹性模量/GPa	泊松比	屈服强度/MPa	密度/(kg/m^3)
210	0.30	739	7850

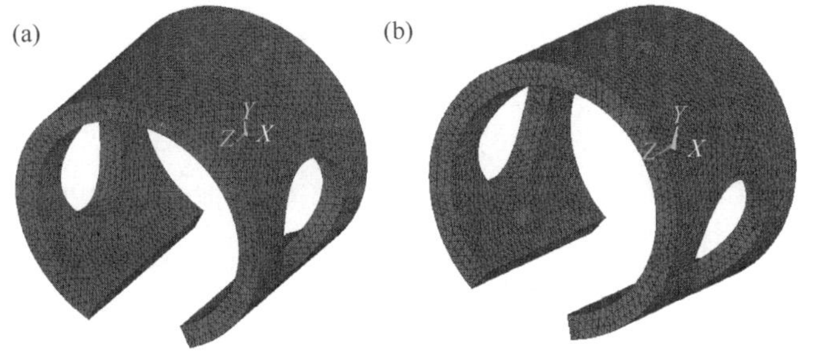

图 10-11　恒位移试样有限元模型及试样网格

(a)C 形环；(b)打孔 C 形环

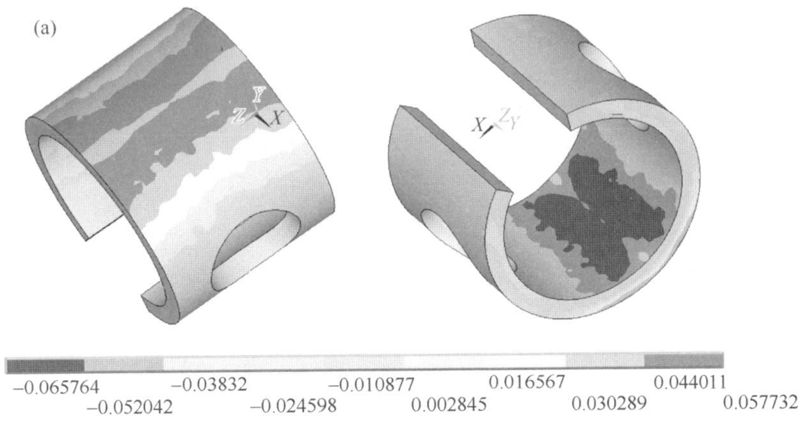

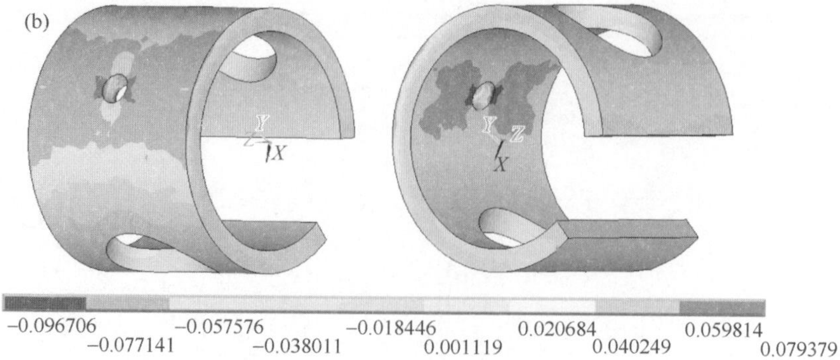

图 10-12　恒位移试样应变分布图

(a)C 形环；(b)打孔 C 形环

对 U 形弯和打孔 U 形弯进行结构应变分析，取全部 U 形弯模型来研究，因此建立三维模型进行分析。数值分析过程为：选择实体 8 节点 185 单元进行离散分析，指定为对称分析，设定钢材料的参数(表 10-3)；建立模型，操作生成未加工之前的材料的实体模型；设置材料单元尺寸，对材料进行网格划分(图 10-13)；将模型中心位置对称面的位移设置为零；对模型材料两端孔附近施加适当应力，进行计算；观察模型位移，不断加载应力值，直到模型成为 U 形弯状，加载成功。观察 X 方向的应变分布的结果(图 10-14)。模型采用实体 8 节点 185 单元，共有 4076 个节点，14010 个单元。从以上的分析可以看出，恒位移 C 形环、打孔 C 形环、U 形弯和打孔 U 形弯试样应变都逐渐增大。

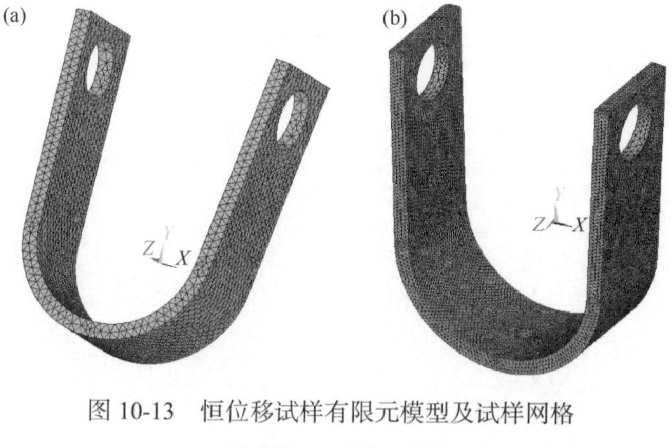

图 10-13　恒位移试样有限元模型及试样网格

(a)U 形弯；(b)打孔 U 形弯

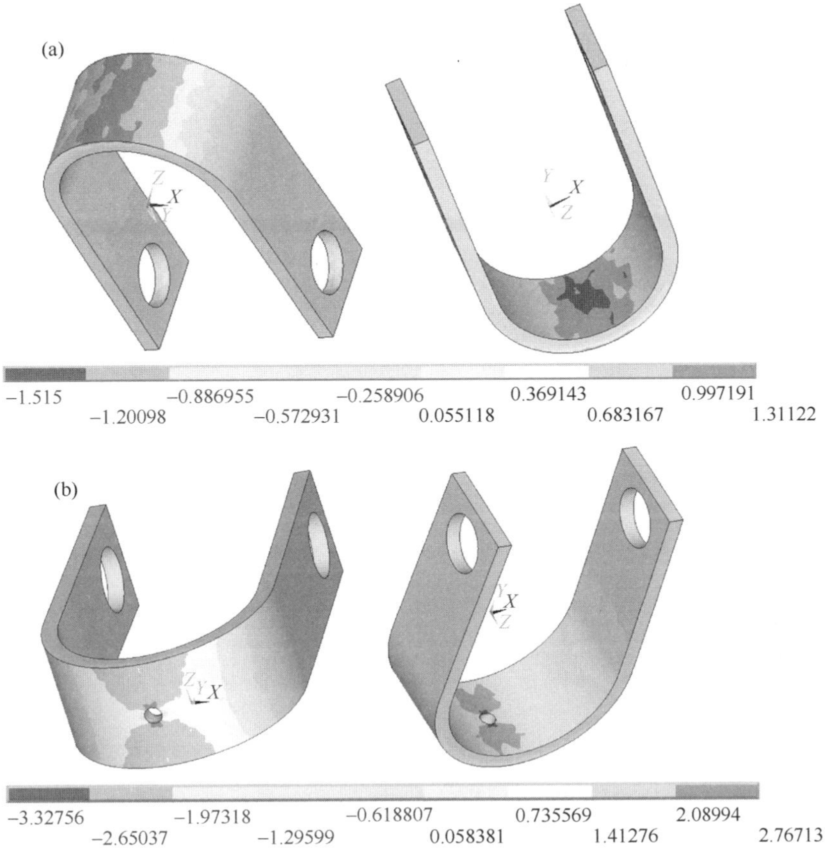

图 10-14 恒位移试样应变分布图

(a)U 形弯；(b)打孔 U 形弯

10.3.3 应变对海洋薄液环境中应力腐蚀行为的影响

通过对不同应变下模拟海洋薄液环境中 E690 钢的 SCC 研究发现，E690 钢存在一定的 SCC 敏感性，并且其 SCC 与阳极溶解有关(图 10-8)，应变促进了材料表面的阳极溶解和 SCC 的发生(图 10-6～图 10-8)，只有当应变量达到一定值时(打孔 U 形环试样)，模拟海洋薄液环境中 E690 钢才会发生明显的 SCC(图 10-8)。对不同应变下在模拟海洋薄液环境中 24h 后的 E690 钢试样进行进一步的观察，如图 10-15 所示，在塑性应变为 6%时，可以发现裂纹萌生于由阳极溶解产生的腐蚀坑内，屈服强度以下和较低塑性应变时并没有观察到明显的裂纹产生(图 10-8)。由于海洋薄液环境中，E690 钢局部阳极溶解，产生点蚀等腐蚀坑，点蚀内部应力集中，使应力进一步增大，形成裂纹源。并且在阳极溶解的同时，加之 Cl^-的作用，点蚀坑内部发生局部酸化，导致该区域氢浓度增加，应力促进了氢的吸收，阴极析氢电流密度增加，而析氢电流密度的增加，也会促进氢致裂纹的发生。阳极溶解及阴极析氢作用共同促进了裂纹的萌生和扩展，而应力及析氢作用也进一步加大了材料表面的阳极溶解作用，加速了 SCC 裂纹的扩展。所以高应变条件下，高强钢海洋薄液环境中 SCC 的机理为阳极溶解为主、氢脆为辅的混合控制模式。

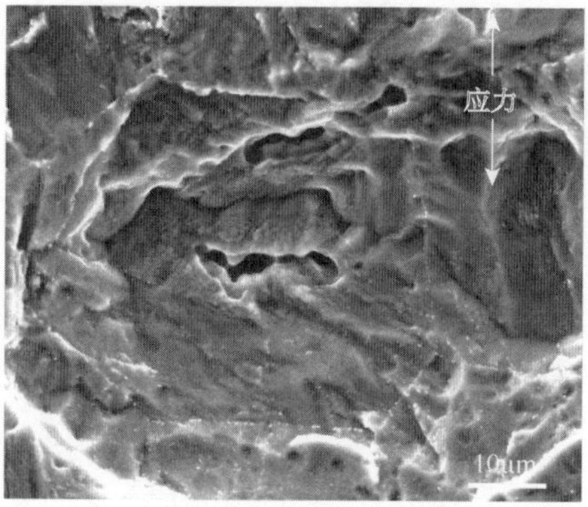

图 10-15　海洋薄液环境中 E690 钢阳极溶解诱发应力腐蚀开裂

以上分析也表明：海洋薄液环境中，高强钢的裂纹的萌生和扩展过程是力学-电化学协同效应的体现。当外加拉应力达到屈服应力以上，或者由于应力集中，高强钢的局部区域所受拉应力达到屈服强度以上时，裂纹尖端区域发生塑性变形，裂纹尖端表面发生电化学反应，单原子尺度的二维溶解核心逐渐发展成原子层的腐蚀，连续的原子层溶解过程使单原子台阶迁移。该区域内的可移动位错密度和空位密度大大提高，位错移动和空位聚焦引起周围晶格发生严重畸变。当可移动位错运动到裂纹尖端的表面时，其运动受阻，这样位错就在这个障碍前排列起来，形成塞积群。塞积群在裂纹尖端处产生很大的应力集中。位错露头处的电子与正常晶格中的原子相比，所受晶格的约束小，更容易从晶格中逸出，局部塑性变形区域内的电化学活性升高。因此，海洋薄液环境中，应变增大，促进了 E690 钢 SCC 的发生，提高了其 SCC 敏感性，塑性应变时促进 SCC 现象更为明显。

10.4　本 章 小 结

通过模拟严酷海洋薄液环境，采用拉伸条件下原位动电位极化和交流阻抗法电化学测量、恒应变薄液环境下腐蚀试验、恒位移长期薄液环境下试验，研究了不同应变量的 E690 钢在海洋薄液环境中的腐蚀及 SCC 行为，并对不同应变条件下的腐蚀产物进行比较分析。研究结果表明以下几点。

(1) 模拟海洋薄液环境中，随应变量的增大，E690 钢零电流电位逐渐降低，腐蚀电流密度逐渐升高，耐腐蚀性能逐渐减小，在塑性应变区此现象尤为明显。

(2) 模拟海洋薄液环境中，应变量增大，促进 E690 钢在海洋薄液环境中的阳极溶解，加速局部腐蚀，SCC 敏感性升高。在弹性应变区 E690 钢 SCC 敏感性较低，塑性应变对 E690 钢腐蚀过程和阳极溶解作用的促进更加明显，SCC 敏感性相对较高。此现象也表明，模拟海洋薄液环境中 E690 钢 SCC 机理为阳极溶解为主的混合机理。

(3) 各应变条件下，模拟海洋薄液环境中，E690 钢腐蚀产物以 Fe_3O_4 为主，由 α-FeOOH、β-FeOOH、γ-FeOOH、γ-Fe_2O_3、α-Fe_2O_3 组成。随试验周期的延长，有 FeOCl、$Fe_2(OH)_3Cl$ 生成。应变对 E690 钢腐蚀产物种类影响不大。

参 考 文 献

[1] Zhang G A，Cheng Y F. Micro-electrochemical characterization of corrosion of pre-cracked X70 pipeline steel in a concentrated carbonate/bicarbonate solution[J]. Corrosion Science，2010，52：960-968.

[2] Zhang G A，Cheng Y F. Micro-electrochemical characterization of corrosion of welded X70 pipeline steel in near-neutral pH solution[J]. Corrosion Science，2009，51：1714-1724.

[3] Li M C，Cheng Y F. Corrosion of the stressed pipe steel in carbonate-bicarbonate solution studied by scanning localized electrochemical impedance spectroscopy[J]. Electrochimica Acta，2008，53：2831-2836.

[4] Hahm J，Sibener S J. Stress-modified electrochemical reactivity of metallic surfaces：Atomic force microscopy imaging studies of nickel and alloyed aluminum[J]. Applied Surface Science，2000，161(3-4)：375-384.

[5] Gutman E M. Mechanochemistry and corrosion prevention of metals [M]. Peking：Science Publication，1989.

第 11 章　外加电位对 E690 钢在模拟浪花飞溅区应力腐蚀机理的影响规律

以上几章的研究表明 E690 高强钢在海洋薄液环境中存在一定的 SCC 敏感性并会发生较为严重的腐蚀，其 SCC 敏感性相对于海水环境中更大，这使得较高强度级别的海洋工程用高强钢，在海洋平台及其他海洋工程结构中的应用存在一定的风险。目前，工程中采用阴极保护和牺牲阳极的方法可以较好地降低腐蚀的发生概率，但大量的研究表明，不同环境中不同钢种的外加电位的阴极保护方法不同，需要不同的合理电位区间，当电位过高时无法较好地达到阴极保护效果，而当电位过低时又可能由于析氢作用加之应力造成氢脆的发生。海洋平台及其他海洋工程结构常采用阴极保护来降低腐蚀的风险，但其水面上的结构处于腐蚀状态，也需要有效的防腐蚀方法。近年，外加电流阴极保护的应用开始见于大气环境中的金属保护，国内外均有此类专利公告以及其商品化的产品，主要用于保护常温中易受腐蚀的金属结构，但对海洋环境中较高强度的工程结构钢的阴极保护还缺乏研究。因此，研究海洋薄液环境中不同外加电位对其腐蚀及 SCC 行为的影响，对发展阴极保护技术具有现实意义。

目前，外加电位对材料 SCC 敏感性的研究不断丰富，但对海洋薄液环境中外加电位对高强钢 SCC 机理及其演化规律等研究还不充分，有关海洋薄液环境中外加电位对高强钢的 SCC 敏感性腐蚀机理及裂纹扩展模式等基础问题，并未有统一的认识。因此，对海洋薄液环境中，外加电位对高强钢 SCC 行为的影响规律，有待进一步的研究。

本章通过模拟海洋薄液环境，采用不同外加阴极电位下的慢应变速率拉伸试验和恒位移试验，以及牺牲阳极条件下的恒位移腐蚀试验，研究了不同外加电位条件下 E690 钢在海洋薄液环境中的腐蚀及 SCC 行为，并对外加电位的方法电位范围和效果进行比较分析。

11.1　外加电位对模拟浪花飞溅区腐蚀影响的试验方法

试验材料为 E690 钢，与前章使用材料相同。不同外加阴极电位及牺牲阳极恒位移试样示意图分别如图 11-1(a)和(b)所示。

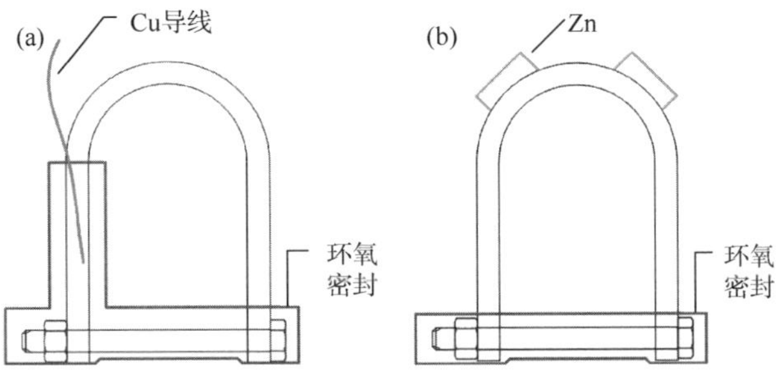

图 11-1　E690 钢恒位移 U 形弯示意图

(a)不同外加阴极电位；(b)牺牲阳极

通过采用雾化装置，将各试验装置(图 11-2)中分别通入稳定湿气，使试验样品始终处于 100%湿度的稳定气氛环境中，以模拟海洋薄液环境，试验温度为 25℃±2℃，pH = 7.5，雾化溶液为 3.5% NaCl。其余试验同前几章。

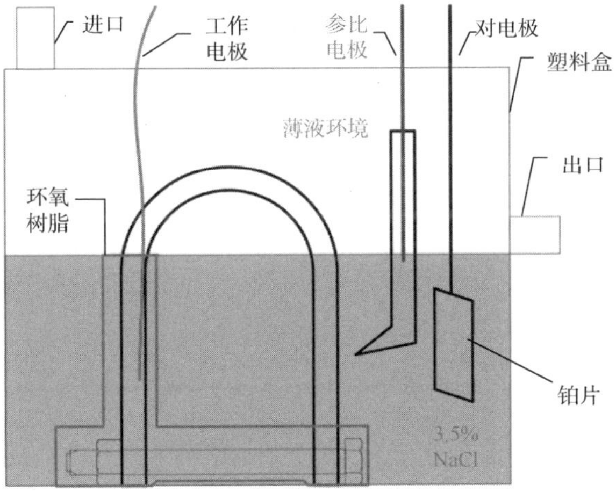

图 11-2　模拟海洋薄液环境中不同外加阴极电位的 E690 钢恒位移试验装置

11.2　外加电位对模拟浪花飞溅区应力腐蚀机理影响的试验结果

11.2.1　不同外加阴极电位下 E690 钢在薄液环境中应力腐蚀行为研究

图 11-3 是不同外加阴极电位条件下 E690 钢在模拟海洋薄液环境中的慢应变速率拉伸(SSRT)应力-应变曲线。由图可见，在不同外加阴极电位下的模拟海洋薄液环境中，E690 钢与空气中的力学性能有一定的差异，随外加电位的降低，

E690 钢的延伸率先升高后降低，−1200mV 时延伸率降低最为明显。这表明，模拟海洋薄液环境中，随外加阴极电位的降低，E690 钢的 SCC 敏感性和塑性损失先降低后升高，外加电位为−850mV 时塑性损失最低，−1200mV 时塑性损失和脆性最高。

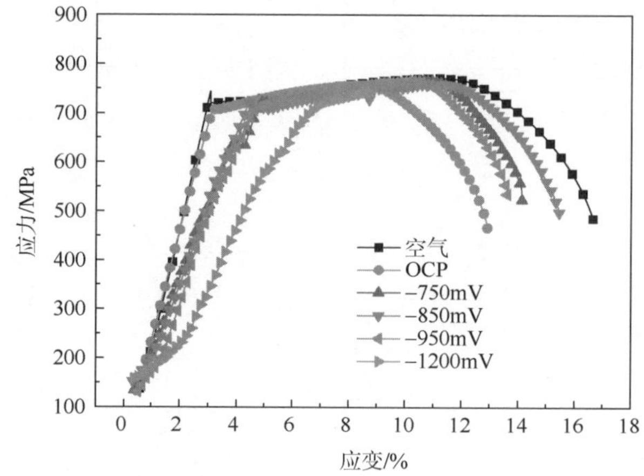

图 11-3　不同外加阴极电位下 E690 钢应力-应变曲线

为量化 E690 钢在不同外加阴极电位下的模拟海洋薄液环境中的 SCC 敏感性，以延伸率损失(I_δ)和断面收缩率损失(I_ψ)表征其 SCC 敏感性。图 11-4 是 E690 钢在不同外加阴极电位下模拟海洋薄液环境中的 SCC 敏感性。可见，在不同外加阴极

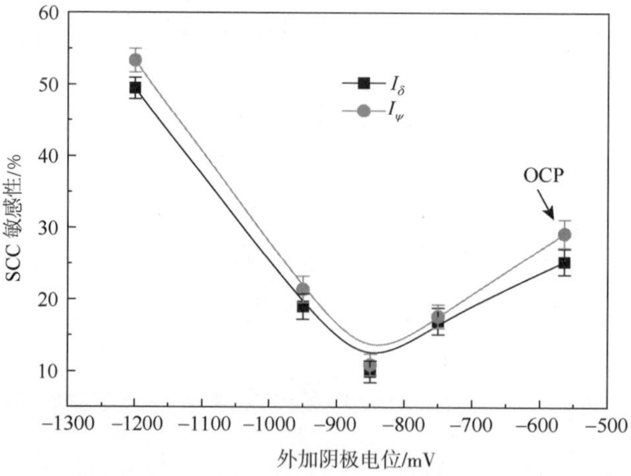

图 11-4　不同外加阴极电位下 E690 钢的 SCC 敏感性

电位下的海洋薄液环境中，E690 钢都具有一定的 SCC 敏感性，随外加阴极电位的降低，E690 钢的 I_δ 和 I_ψ 都先降低后升高，表明 SCC 敏感性先降低后升高。当外加电位为−850mV 时，E690 钢的 SCC 敏感性最低，其发生 SCC 的风险最小，阴极保护效果最佳，而当外加电位为−1200mV 时，其 SCC 敏感性急剧升高，SCC 风险性增大，出现明显的过保护行为。

图 11-5 所示为在不同外加阴极电位下的模拟海洋薄液环境中 E690 钢 SSRT 断口的 SEM 形貌。由宏观断口形貌可见，不同外加阴极电位条件下，E690 钢断口边缘附近均发生一定的颈缩现象，表明材料发生断裂时仍具有一定的韧性特征，但随外加阴极电位的降低，颈缩现象先增强后减弱，断面收缩率先升高后降低，脆性先降低后升高，尤其是−1200mV 时脆性特征尤为明显，SCC 敏感性最高。由微观形貌可见，在不同外加阴极电位下，试样断口边缘疑似 SCC 裂纹区的断口微观形貌有明显的差异，在空气环境中[图 11-5(a)]，试样断口边缘微观形貌基本上是韧窝形貌；当没有外加阴极电位(OCP)时，断口的脆性特征非常明显，断口上明显存在 SCC 裂纹壁，具有阶梯状河流花样，其形貌为典型的脆性形貌[图 11-5(b)]。而当在外加阴极电位为−850mV 时，断口脆性特征明显降低，主要表现为明显的韧窝形貌[图 11-5(d)]。随外加阴极电位的降低，SCC 裂纹壁上脆性断口特征先减弱后增强。当外加阴极电位降低到−950mV 时，断口边缘又出现了脆性特征，有解离和准解离形貌出现。随外加阴极电位继续降低到−1200mV 时，断口的脆性特征最为明显，断口呈块状，并伴有大量的二次裂纹[图 11-5(f)]。这说明在不同外

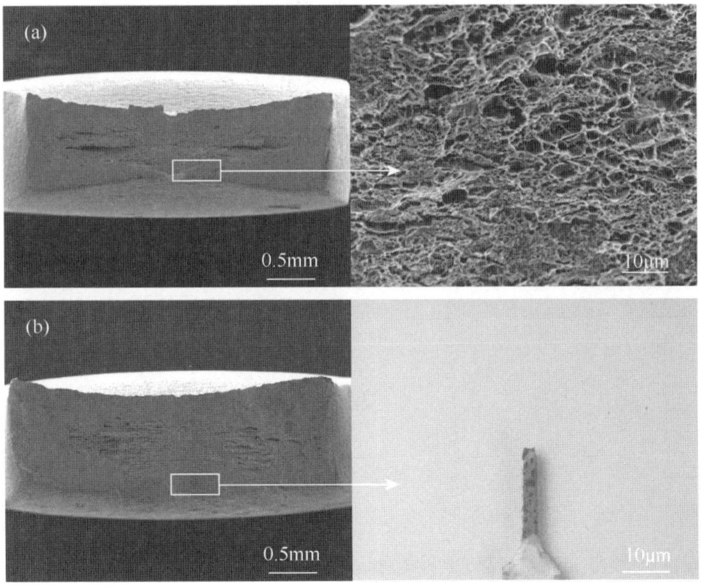

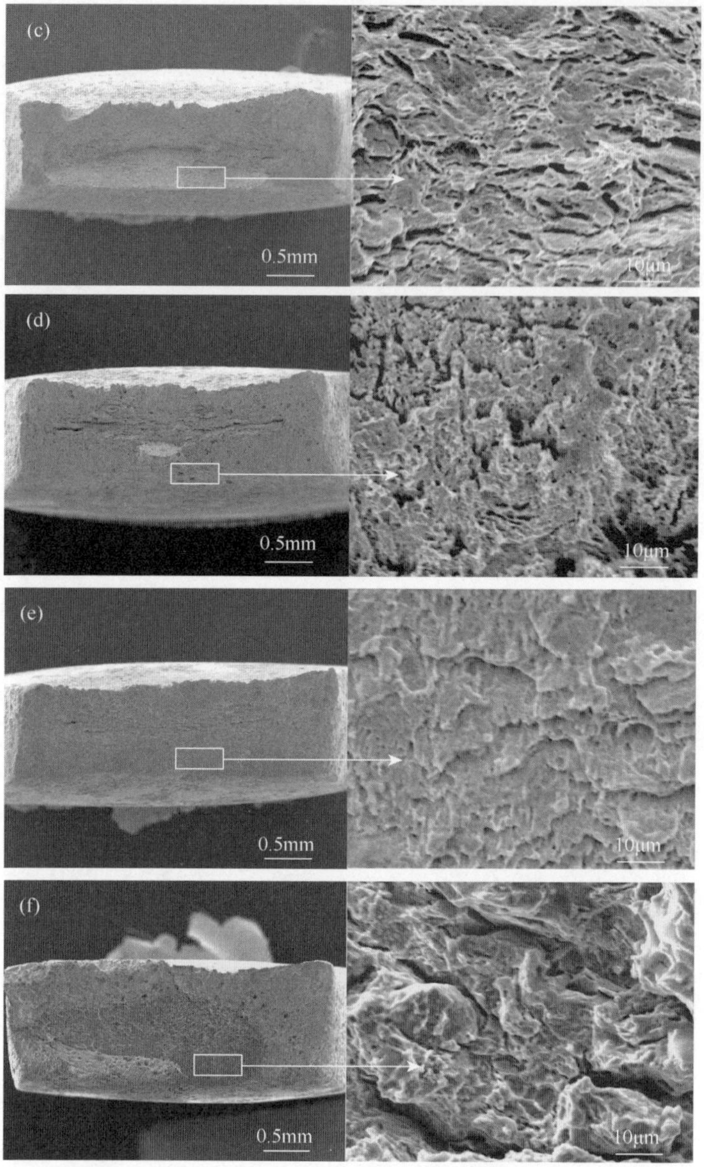

图 11-5　不同外加电位下 E690 钢的 SSRT 断口形貌

(a)空气；(b)OCP；(c)–750mV；(d)–850mV；(e)–950mV；(f)–1200mV

加阴极电位下海洋薄液环境中 E690 钢 SCC 敏感性发生了明显的变化，随外加阴极电位的降低，E690 钢在模拟海洋薄液环境中的 SCC 敏感性先降低后升高。外加阴极电位为–850mV 时，SCC 敏感性最低，阴极保护效果最佳；当外加阴极电位为–1200mV 时，SCC 敏感性最高，出现过保护现象，发生明显的脆性断裂。

在不同外加阴极电位下的模拟海洋薄液环境中 E690 钢 SSRT 试样侧边裂纹形貌如图 11-6 所示。由图可看出，在不同外加阴极电位下，E690 钢 SSRT 侧边形貌存在较大差异，在空气环境中[图 11-6(a)]，试样侧壁没有明显的侧边裂纹，也没有阳极溶解现象发生，为韧性断裂；模拟海洋薄液环境中，随外加阴极电位的降低[图 11-6(b)～(f)]，SSRT 试样侧壁发生侧边裂纹的现象先减少后增加。在无外加阴极电位的开路电位下，试样侧壁有明显的侧边裂纹，裂纹的宽度和深度都相对较大[图 11-6(b)]，试样的阳极溶解现象明显，并且可以观察到大量小的侧边裂纹；当加入外加阴极电位后，阳极溶解作用有减弱的趋势。在外加阴极电位为−750mV 条件下，在试样表面也观察到侧边裂纹，但阳极溶解作用明显减弱，说明外加阴极电位对试样起到了一定的保护作用，但试样仍处于相对欠保护状态；当外加阴极电位为−850mV 时，在试样断口侧壁没有发现明显的侧边裂纹，阳极溶解现象也较弱，说明在这一外加阴极电位下，试样的 SCC 敏感性较低，腐蚀较为轻微，达到了较好的阴极保护效果。而随着外加阴极电位的进一步降低，试样表面又出现了大量的侧边裂纹，尤其是−1200mV 时，二次裂纹的密度、宽度和深度都明显增加，SCC 敏感性显著增大，并且由于外加阴极电位较低，析氢作用增大，反而一定程度上促进了阳极溶解现象的发生。以上研究进一步说明在不同外加阴极电位下，模拟海洋薄液环境中 E690 钢 SCC 敏感性存在较大差异，随外加阴极电位的降低，E690 钢在模拟海洋薄液环境中的 SCC 敏感性先降低后升高。−750mV 时处于欠保护状态，−1200mV 时处于过保护状态，脆性增加；−850mV 时阴极保护效果最佳，试样的耐腐蚀及 SCC 的能力最强。

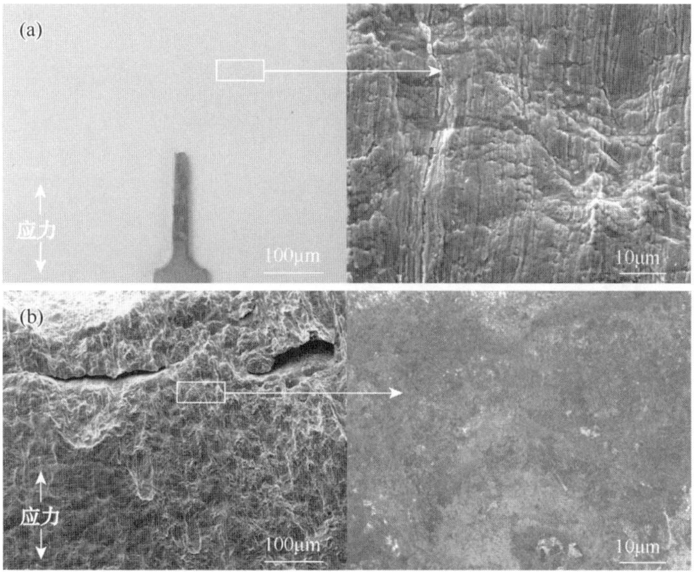

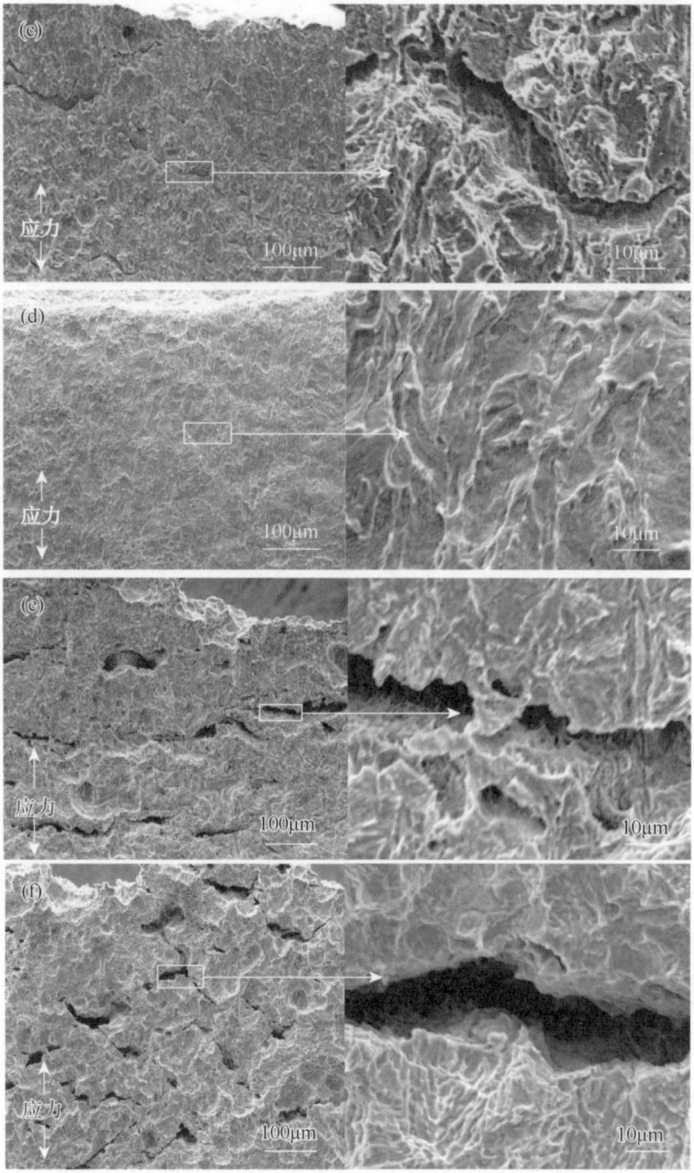

图 11-6　不同外加电位下 E690 钢 SSRT 试样侧边裂纹形貌

(a)空气；(b)OCP；(c)−750mV；(d)−850mV；(e)−950mV；(f)−1200mV

采用恒位移打孔 U 形弯试样对不同外加阴极电位下的 E690 钢在海洋薄液环境中的 SCC 行为和敏感性进行研究。根据 SSRT 试验研究结果，外加阴极电位分别选择−850mV 和−1200mV。表 11-1 为不同外加阴极电位的不同试验周期下，海洋薄液环境中恒位移试样的腐蚀产物形貌图，由图可以看出，虽然随试验周期的延长，试样表面的腐蚀产物都逐渐增多，但不同外加阴极电位下试样的腐蚀形貌存在较大的差异。开路电位情况下，试验 24h 时，试样表面已出现了较多的腐蚀产物，在 480h 时试样表面已被腐蚀产物完全覆盖，有大量的腐蚀产物生成。而在外加阴极电位下，试验初期只有少部分区域发生相对轻微的局部腐蚀，在–850mV 条件下直到 960h 时，试样表面也没有大量的腐蚀产物生成，腐蚀相对轻微。当外加阴极电位为–1200mV 时，腐蚀也相对较为轻微，960h 时才有较多的腐蚀产物生成，但试样表面也没有完全被腐蚀产物所覆盖。

表 11-1　不同外加阴极电位下海洋薄液环境中 E690 钢恒位移试样腐蚀形貌

	OCP	–850mV	–1200mV
24h	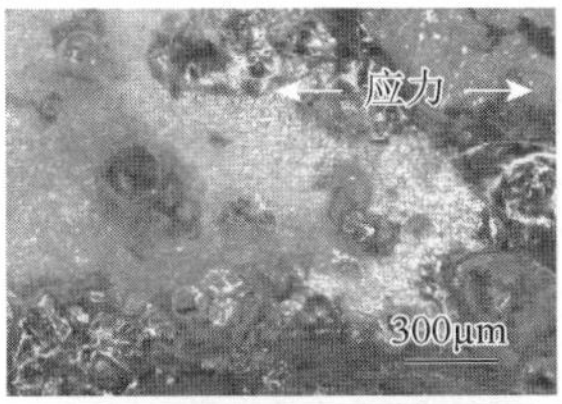	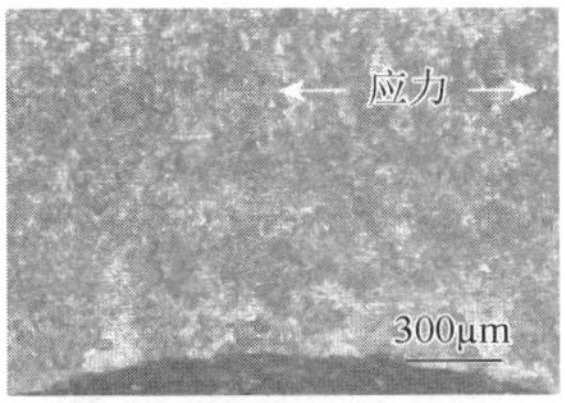	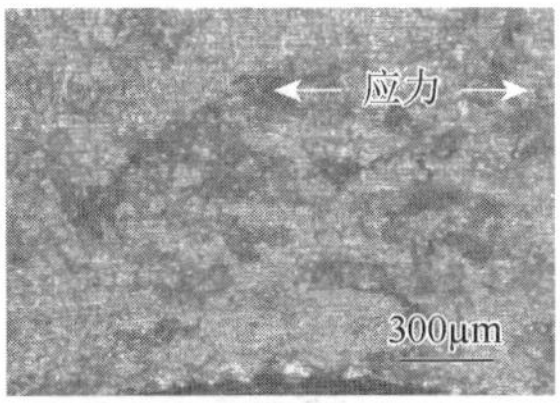
480h	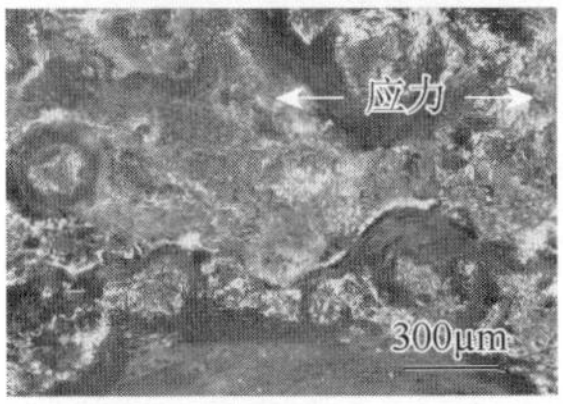	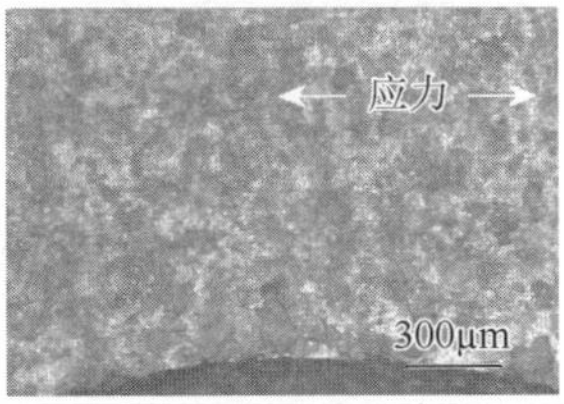	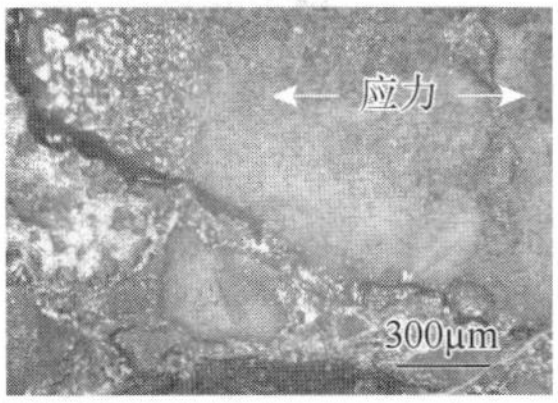
960h	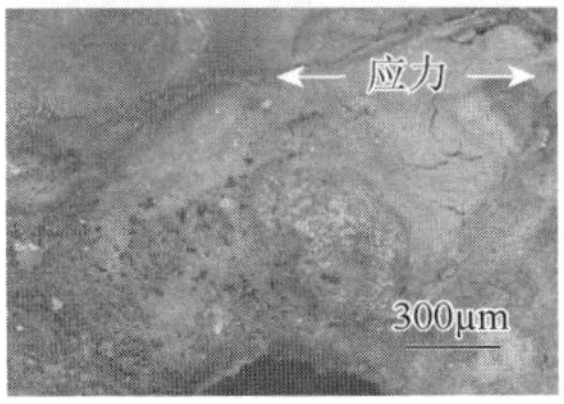	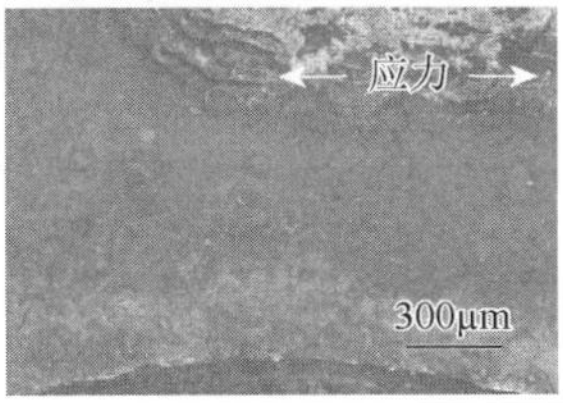	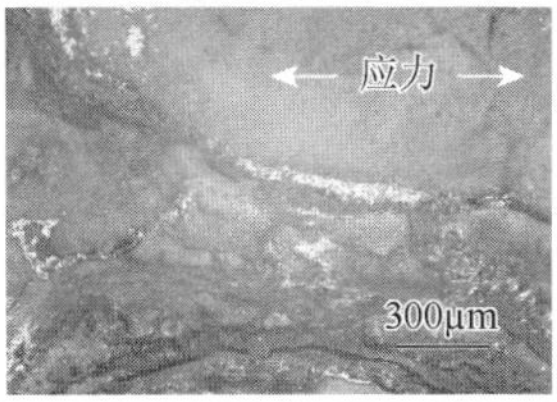

图 11-7 为不同外加阴极电位下海洋薄液环境中 E690 钢打孔 U 形弯试样 960h 试验后顶端的表面形貌，由图可以看出，模拟海洋薄液环境中，各外加阴极电位下试样腐蚀形貌存在较大的差异。在开路电位下，试样表面的阳极溶解较为严重，有大量的点蚀坑生成并伴有 SCC 裂纹产生。而当外加阴极电位为–850mV 时，试样表面的腐蚀较为轻微，并没有 SCC 现象发生，说明此电位下的阴极保护效果较好，试样的腐蚀和 SCC 敏感性相对较低。但当外加阴极电位为–1200mV 时，试样表面有明显的 SCC 现象发生，在局部区域也出现了较为明显的阳极溶解现象，说明此外加阴极电位下出现了过保护现象，SCC 敏感性反而升高。这与 SSRT 试验的结果相一致。

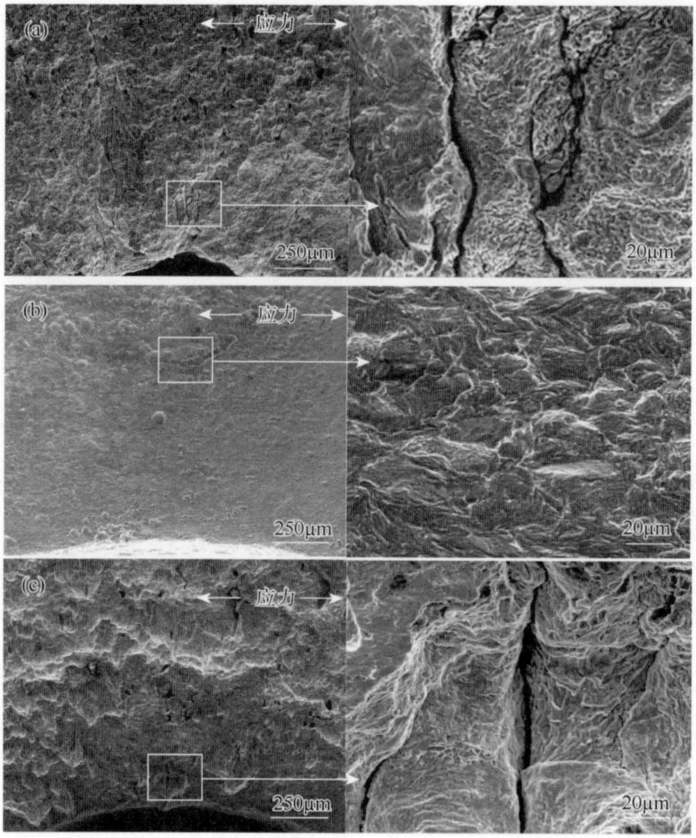

图 11-7 不同外加阴极电位下海洋薄液环境中 E690 钢恒位移试样的 SEM 形貌

(a)OCP；(b)−850mV；(c)−1200mV

11.2.2 牺牲阳极条件下 E690 钢在薄液环境中应力腐蚀行为的研究

采用恒位移打孔 U 形弯试样对牺牲阳极保护下的 E690 钢在模拟海洋薄液环境中的 SCC 行为和敏感性进行研究。表 11-2 为无牺牲阳极和以锌为牺牲阳极条件下，不同试验周期海洋薄液环境中恒位移试样的腐蚀产物形貌图，由图可以看出，虽然随试验周期的延长，试样表面的腐蚀产物都逐渐增多，但在牺牲阳极保护下，试样的腐蚀形貌存在较大的差异。牺牲阳极锌的腐蚀非常严重，在 24h 时已经有大量的腐蚀产物在锌表面覆盖，并且随试验周期的延长，腐蚀产物逐渐增多增厚。在无牺牲阳极保护条件下，试验 24h 时，试样表面已出现了较多的腐蚀产物，在 480h 时试样表面已被腐蚀产物完全覆盖，有大量的腐蚀产物生成。而在牺牲阳极保护条件下，试验初期只有少部分区域发生相对轻微的局部腐蚀，直到 960h 时试样表面也没有大量的腐蚀产物生成，可观察到有较多锌的腐蚀产物在试样表面生成，局部区域还存在金属光泽，腐蚀相对轻微。这表明在 100%湿度条件下，采用锌为牺牲阳极的方法对 E690 钢有较好的保护作用。

表 11-2　有无牺牲阳极条件下 E690 钢在海洋薄液环境中恒位移试样的腐蚀形貌

	OCP	无牺牲阳极	牺牲阳极锌
24h	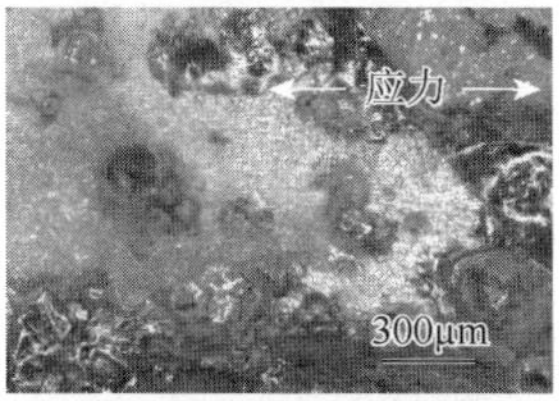		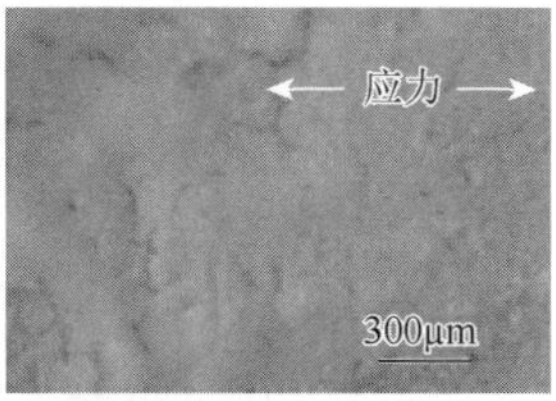
480h	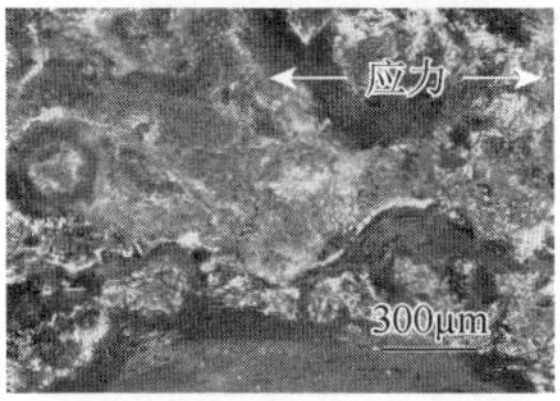	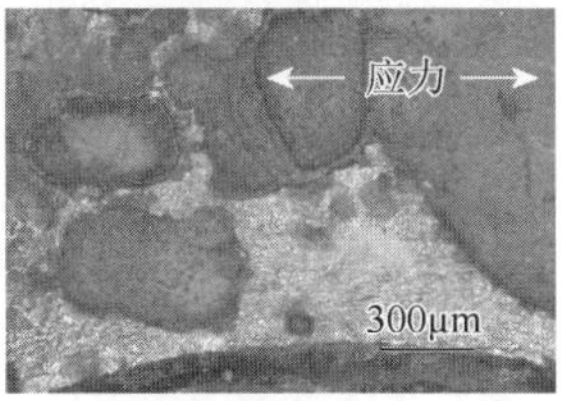	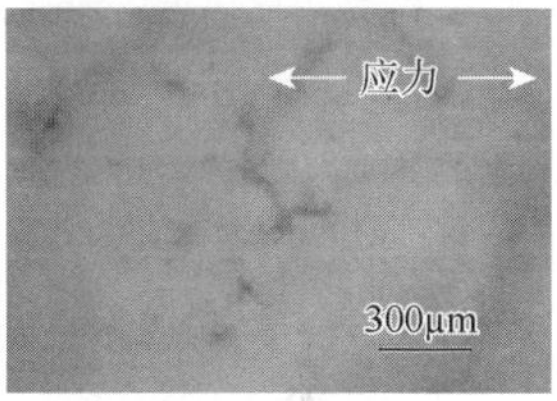
960h	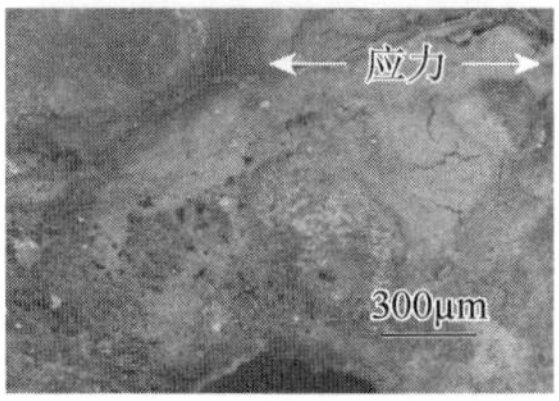	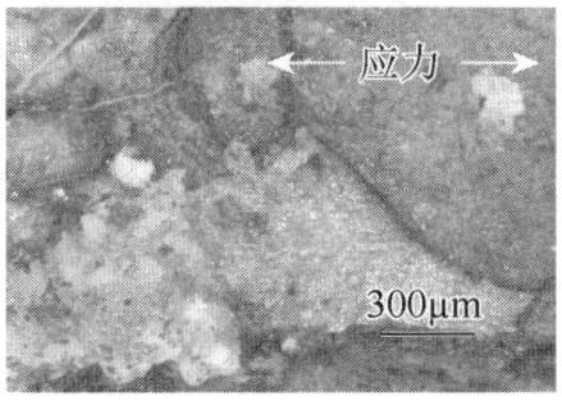	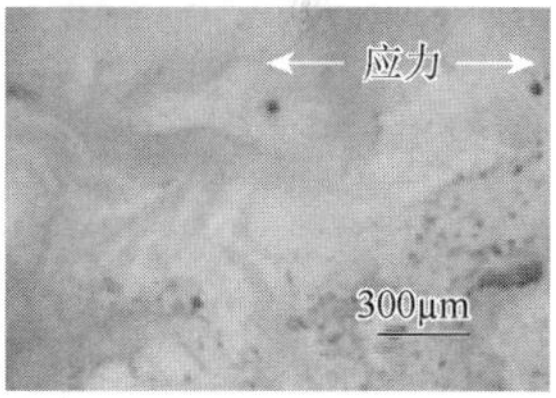

图 11-8 为有无牺牲阳极保护条件下，海洋薄液环境中 E690 钢打孔 U 形弯试样 960h 试验后顶端的表面形貌，由图可以看出，模拟海洋薄液环境中，无牺牲阳极保护条件下，试样表面的阳极溶解现象较为严重，有大量的点蚀坑生成并伴有 SCC 裂纹产生。而当牺牲阳极保护时，试样表面的腐蚀较为轻微，并没有 SCC 现象发生，放大观察后发现试样圆孔顶端表面也没有局部微裂纹生成，说明此牺牲阳极方法有较好的保护作用，较好地降低了 SCC 发生的风险，减缓了腐蚀的发生。

图 11-8　有无牺牲阳极保护下海洋薄液环境中 E690 钢恒位移试样的 SEM 形貌

(a)无牺牲阳极保护；(b)牺牲阳极保护

11.3　外加电位对模拟浪花飞溅区应力腐蚀机理的影响规律

通过研究发现，海洋薄液环境中，外加电位保护与牺牲阳极保护对 E690 钢的腐蚀及 SCC 行为都有较大的影响。不同的外加阴极电位对 E690 钢的防腐效果存在较大差异，在从–750mV 到–1200mV 的外加电位区间中，随外加电位的降低，E690 钢的 SCC 敏感性先降低后升高。–750mV 时试样处于欠保护状态，阴极保护效果较差；在–850mV 电位下材料的 SCC 敏感性最低(图 11-5～图 11-7)，观察试样可以发现，此时材料表面的阳极溶解作用明显减弱，外加阴极电位降低了材料表面的腐蚀，根据第 5 章的研究结果，E690 钢在海洋薄液环境中 SCC 的机理主要是阳极溶解和氢脆的混合机理，阳极溶解促进了裂纹的萌生和析氢作用的发生，导致了局部应力集中和酸化，造成 SCC 发生。当存在适当的外加阴极电位(–850mV)，材料阳极溶解作用减弱时，材料表面的局部腐蚀减少，导致 E690 钢裂纹的萌生变得较为困难，SCC 敏感性降低，OCP 到–850mV 电位区间 SCC 机理为阳极溶解和氢脆的混合机理。但当外加阴极电位继续降低时，E690 钢的 SCC 敏感性反而逐渐升高，尤其是降低到–1200mV 条件下，试样的 SCC 敏感性急剧升高，其 SCC 敏感性超过了不加外加阴极电位时，这主要是因为在较低的外加阴极电位下，由于外加阴极电位过低，促进了析氢作用的发生，而析氢作用导致了材料的脆化，氢原子在钢中的富集会造成氢致开裂现象的发生，在外加电位低于–850mV 时为氢脆机理。并且析氢作用会进一步促进局部阳极溶解作用的发生，形成交互作用(图 11-9)，促进 E690 钢 SCC 现象的发生。该结果同时表明，OCP 下 E690 钢的 SCC 机理中阳极溶解起主要作用。采用牺牲阳极保护方法，E690 钢的腐蚀减缓，SCC 敏感性降低。所以在海洋薄液环境中，采用外加电位的阴极保护时，应选择合理的电位区间，以防止欠保护和过保护现象的发生。对于海洋薄液环境，牺牲阳极的方法可以起到一定的保护作用，但其保护效率等问题还有待进一步的研究。

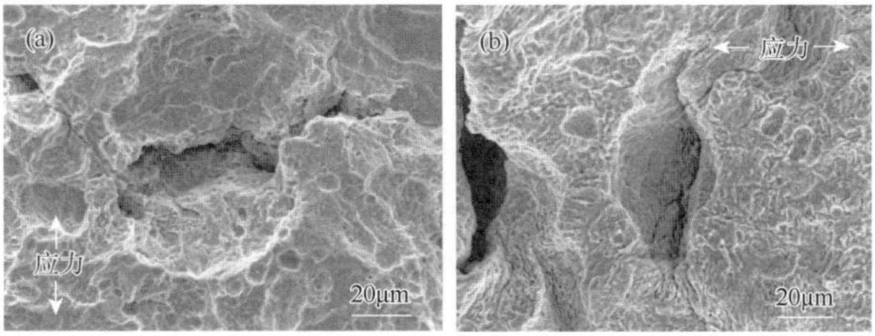

图 11-9　−1200mV 外加电位下 SEM 形貌

(a)SSRT 试样侧壁；(b)U 形弯顶端

11.4 本 章 小 结

通过模拟海洋薄液环境，采用不同外加阴极电位下的慢应变速率拉伸试验和恒位移试验，以及牺牲阳极条件下的恒位移腐蚀试验，研究了不同外加阴极电位下 E690 钢在模拟海洋薄液环境中的腐蚀及 SCC 行为，并对阴极保护的方法电位范围和效果进行比较分析。研究结果表明以下几点。

(1) 模拟海洋薄液环境中外加电位对抑制 SCC 具有一定的可能性，在 OCP 到−1200mV 的电位范围内，随外加阴极电位的降低，E690 钢的耐腐蚀性能先升高后降低，SCC 敏感性先降低后升高。模拟海洋薄液环境中 E690 钢 SCC 敏感性降低的最佳外加电位为−850mV(*vs*. Ag/AgCl)左右。在 OCP 到−850mV 电位范围内为阳极溶解和氢脆混合机理，低于−850mV 为氢脆机理，OCP 电位升高或降低均能使 SCC 敏感性升高。OCP 下 E690 钢的 SCC 机理中阳极溶解起主要作用。

(2) Zn 为牺牲阳极的保护方法对模拟海洋薄液环境中 E690 钢有较好的保护作用，E690 钢的腐蚀减缓，SCC 敏感性降低。

第12章　典型金属材料在南海深海实海环境下的腐蚀机理与演化规律

基于深海资源的开发，材料在深海环境下的腐蚀行为和规律的研究成为学科发展的前沿。深海环境与浅海环境不同，如含盐量高、电阻率低、氧浓度低、压力高和温度低，另外，深海存在各种热液，热液成分极其复杂，这些复杂的环境条件，使得深海工程及装备在深海环境下的腐蚀失效具有与传统材料腐蚀失效体系完全不同的特点和复杂性。目前，对中国南海材料深海腐蚀行为机理与规律的研究很少。20 世纪 50 年代，美国、苏联、英国和印度等相继在其领海开展了材料的深海腐蚀挂片试验，取得了宝贵的数据和研究结果[1]。

深海实海腐蚀暴露试验难度大、费用高，试验技术本身就是高技术，我国的深海腐蚀暴露试验技术和相关研究工作起步较晚，直到 2008 年才首次在中国南海海域进行了深海腐蚀试验装置的投放工作。在中国船舶重工集团公司(简称中船重工 725 所)的支持下，本研究团队在南海水深 500～1200m 处成功进行了材料第一阶段的投试工作，历经 3 年的试验周期将样品成功取回。这是材料在中国南海深海环境中的首批腐蚀数据，对后续工作具有重要的指导意义。

本章以十种典型有色金属为研究对象，分析了其在南海深海环境中的腐蚀行为和规律；结合实验室分析手段，研究了其在深海环境中的腐蚀机理。

12.1　深海实海暴露试验方法

试验材料包括三种铜合金(H62 黄铜、QAl9-2 铝青铜和 QSn6.5-0.1 青铜)、两种铝合金(5052 和 6061)、两种镍合金(N6 纯镍和 Monel400 镍合金)、两种钛合金(TA0 和 TC4)和一种镁合金(AZ31)，共计十种有色金属材料，成分分别见表 12-1～表 12-5。实海挂片的样品尺寸为 200mm × 100mm × 3mm，试样的长边垂直于板材轧制方向。

表 12-1　三种铜合金的化学成分(wt%)

铜合金	Cu	Zn	Al	Sn	其他	杂质
H62	60.5～63.5	Bal.	—	—	—	≤0.5
QAl9-2	Bal.	—	8.0～10.0	—	Mn：1.5～2.5	≤1.7
QSn6.5-0.1	Bal.	—	—	6.0～7.0	P：0.10～0.25	≤0.1

表 12-2 5052 和 6061 铝合金的化学成分(wt%)

铝合金	Si	Fe	Cu	Mn	Mg	Cr	Ti	Al
5052	0.10	0.17	0.02	0.03	2.20	0.22	0.01	Bal.
6061	0.6	—	0.25	—	1.0	0.25	—	Bal.

表 12-3 N6 和 Monel400 镍合金的化学成分(wt%)

镍合金	Ni	C	Mn	Fe	S	Si	Cu
N6	99.5	0.08	0.2	0.2	0.006	0.2	0.1
Monel400	66.5	0.2	1.0	1.2	0.01	0.2	31.5

表 12-4 TA0 和 TC4 钛合金的化学成分(wt%)

钛合金	Ti	Al	V	Fe	C	N	H	O	其他
TA0	Bal.	—	—	0.15	0.10	0.03	0.015	0.15	0.4
TC4	Bal.	5.5～6.8	3.5～4.5	0.30	0.10	0.05	0.015	0.2	0.1

表 12-5 AZ31 镁合金的化学成分(wt%)

镁合金	Al	Zn	Mn	Si	Fe	Cu	Ni	Mg
AZ31	3.19	0.81	0.30	0.025	0.006	0.002	0.0006	Bal.

在我国南海海域进行深海腐蚀试验装置的投放工作，时间为 2009 年 9 月～2012 年 9 月。投放深度分别为 800m 和 1200m，暴露地点的海水环境数据列于表 12-6 中。其余试验同前几章。

表 12-6 我国南海不同深度的海水环境数据表

深度/m	温度/℃	溶氧量/(mg/L)	pH	盐度/%	静水压力/MPa
0	>21	>6.28	7.4～8.0	3.412～3.44	0.1
800	5～6	2.47～3.20	7.4～8.0	3.44～3.45	8
1200	12～4	2.66～3.57	7.4～8.0	3.45～3.46	12

12.2 深海实海暴露腐蚀试验结果

12.2.1 腐蚀速率分析

金属的腐蚀速率按照式(12-1)进行计算：

$$v = \frac{8.76 \times 10^4 \times W}{S \times t \times \rho} \tag{12-1}$$

式中，v 为腐蚀速率(mm/a)；W 为失重(g)；S 为样品表面积(cm^2)；ρ 为金属的密度(g/cm^3)；t 为试验时间(h)。

1. 铜合金的腐蚀速率分析

H62 黄铜、QAl9-2 铝青铜和 QSn6.5-0.1 锡青铜在南海水深 800m 和 1200m 处实海暴露 3 年的腐蚀速率如图 12-1 所示。从图中可知，三种铜合金的在南海水深 1200m 环境下的腐蚀速率均低于其在南海水深 800m 环境下的腐蚀速率。对三种铜合金的腐蚀速率进行比较，H62 黄铜最高，达到 0.040mm/a；QAl9-2 铝青铜最低，仅为 0.003mm/a；QSn6.5-0.1 锡青铜居中，为 0.004～0.007mm/a。文献[2]中投样的实海环境与本文相似：其中，pH(7.5～8.1)和盐度(3.43%～3.46%)变化与南海基本一致；静水压力和水深相关，与地理位置无关；溶氧量(9～0.6mg/L)的变化与南海稍有不同，但在 1200m 以下的深海中的变化(2.38～3.5mg/L)与南海相近。文献[3]中的投样地点即为中国南海的榆林站，是铝青铜和锡青铜合金在中国南海的浅海腐蚀数据。因此，可以将本文的试验结果与文献[2, 3]中同种合金的试验结果相对比，数据按照海水深度变化作图，如图 12-2 所示。文献数据选取原则为同种合金在相同试验周期(3 年)下的腐蚀速率。将不同文献多组腐蚀速率求平均值，将材料沿不同深度的平均腐蚀速率作图。结果表明：随着水深的增加，H62 黄铜的腐蚀速率呈线性降低；QAl9-2 铝青铜和 QSn6.5-0.1 锡青铜的腐蚀速率随水深的增加先降低后升高，腐蚀速率的最小值出现在水深 800～1200m 处。这和文献[2]的结果规律相近，但具体的腐蚀速率不尽相同，这是由于文献[2]中用来对比的数据是暴露 1 年的腐蚀速率数据。

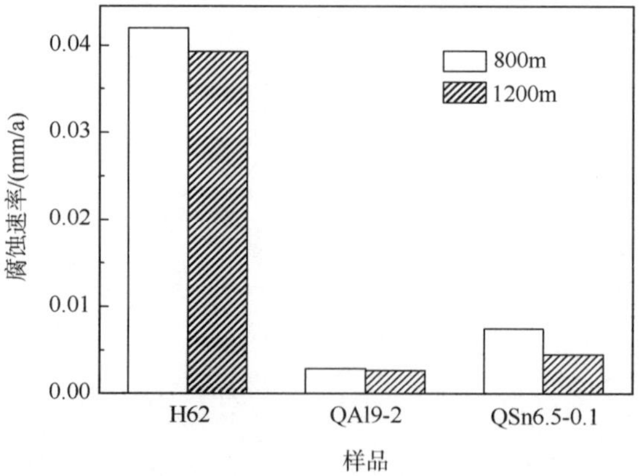

图 12-1　H62 黄铜、QAl9-2 铝青铜和 QSn6.5-0.1 锡青铜在南海水深 800m 和 1200m 深海环境中暴露 3 年的腐蚀速率

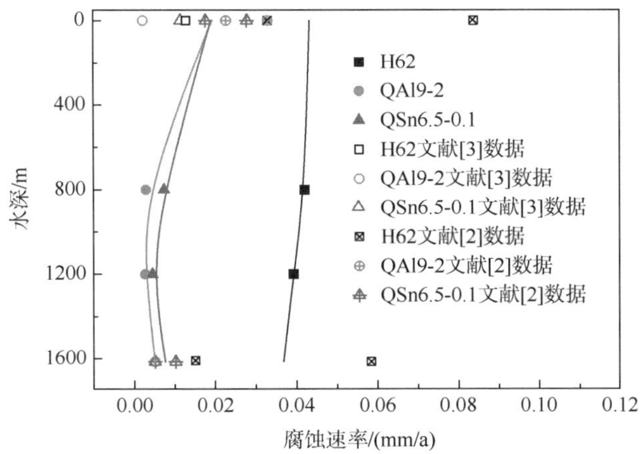

图 12-2　H62 黄铜、QAl9-2 铝青铜和 QSn6.5-0.1 锡青铜暴露 3 年的腐蚀速率随水深的变化及其与文献[2]、[3]中数据的比较

2. 铝合金的腐蚀速率分析

5052 和 6061 铝合金在南海水深 800m 和 1200m 处实海暴露 3 年的腐蚀速率和最大点蚀坑深度如图 12-3 所示。从图中可知，5052 和 6061 铝合金在南海水深 1200m 环境下的腐蚀速率(0.026mm/a、0.068mm/a)均低于其在南海水深 800m 环境下的腐蚀速率(0.044mm/a、0.069mm/a)。对两种铝合金的腐蚀速率进行比较，5052 铝合金的腐蚀速率远低于 6061 铝合金。由于铝合金在深海环境下主要发生的是点蚀，因此最大点蚀坑深度更能反映材料的耐腐蚀性能。从图 12-3 中的最大点蚀坑深度数据可知，相较于 800m 深海环境(1.097mm、3.800mm)，5052 和 6061 铝合金在 1200m 深海下的最大点蚀坑深度大幅减小(0.496mm、2.242mm)。5052 铝合金的最大点蚀坑深度也远小于 6061 铝合金。其中，6061 铝合金在南海水深 800m 深海环境下浸泡 3 年后局部已经发生了点蚀穿孔。

将本文中的试验结果与文献[2]中同种合金的试验结果相对比，数据按照海水深度变化作图，如图 12-4 所示。文献数据选取原则为同种合金在相同试验周期(3 年)下的腐蚀数据。将文献中多组最大点蚀坑深度求平均值，将材料沿不同水深的最大点蚀坑深度作图。结果表明：随着水深的增加，5052 和 6061 铝合金的最大点蚀坑深度先增大后减小，最大点蚀坑深度的最大值出现在水深 800m 左右。这可能是由于 800m 深海中的溶氧量最少，促进了局部腐蚀的发生。

3. 镍合金的腐蚀速率分析

由于镍合金为钝性金属，在海水环境中主要发生局部腐蚀，因此采用最大点蚀坑深度来评价镍合金在深海环境中的耐腐蚀性能。同理，将本文中的试验结果与文献[2]中同种合金的试验结果相对比，数据按照水深变化作图，如图 12-5 所示。

从图中可知，N6 纯镍和 Monel400 镍合金的最大点蚀坑深度均随水深的增加而减小。其中，N6 纯镍在浅海和水深小于 1200m 的深海中发生了严重的点蚀，并导致样品穿孔。Monel400 镍合金中 Cu 的加入大大减小了镍的腐蚀速率，从而 Monel400 镍合金的最大点蚀坑深度远小于 N6 纯镍。

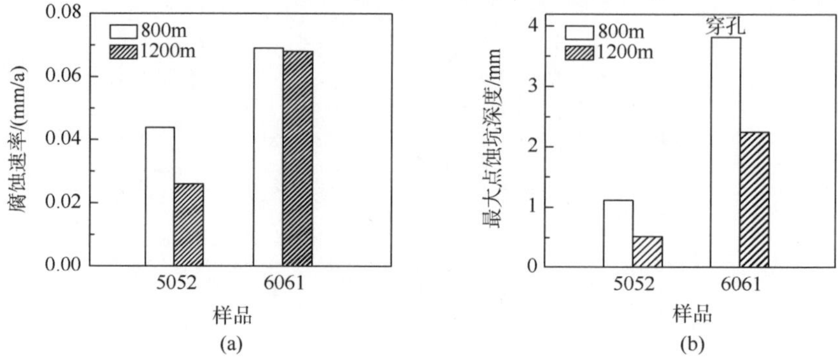

图 12-3　5052 和 6061 铝合金在南海水深 800m 和 1200m 深海环境中暴露 3 年的腐蚀速率(a)和最大点蚀坑深度(b)

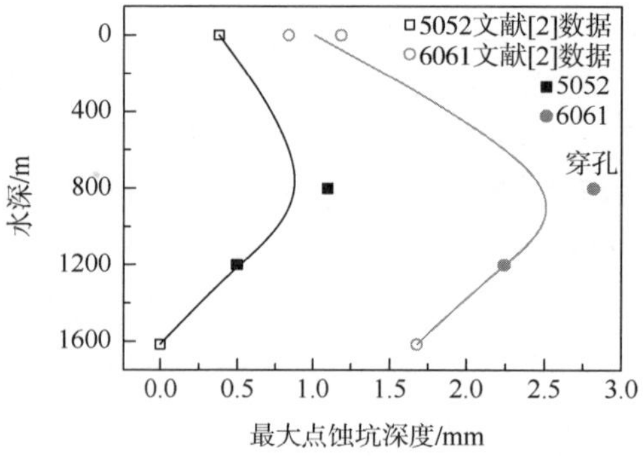

图 12-4　5052 和 6061 铝合金暴露 3 年的最大点蚀坑深度随水深的变化及其与文献[2]中数据的比较

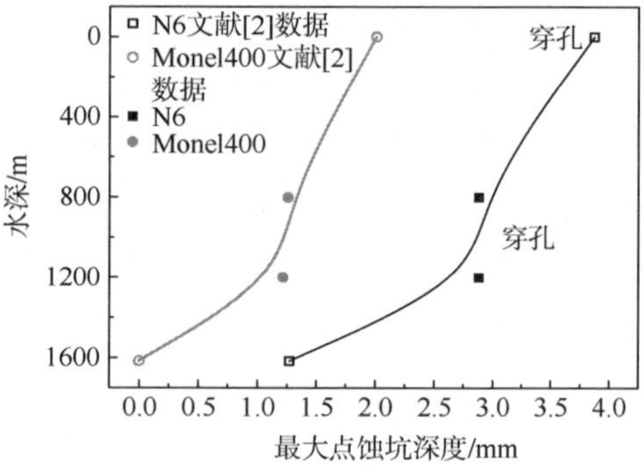

图 12-5　N6 纯镍和 Monel400 镍合金暴露 3 年的最大点蚀坑深度随水深的变化及其与文献[2]中数据的比较

4. 钛合金和镁合金的腐蚀速率分析

TA0 和 TC4 钛合金在南海水深 800m 和 1200m 处实海暴露 3 年的腐蚀速率如图 12-6 所示。由腐蚀数据可知，TA0 和 TC4 钛合金在南海深海环境中的耐蚀性极佳，实海暴露 3 年的腐蚀速率仅约为 0.001mm/a，几乎无腐蚀。而 AZ31 镁合金在南海深海环境中的耐蚀性极差，实海暴露 3 年后大部分样片已经全部腐蚀掉，无法打捞。

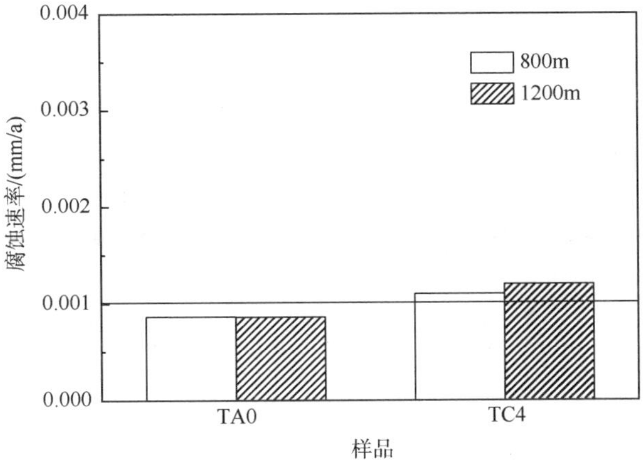

图 12-6　TA0 和 TC4 钛合金在南海水深 800m 和 1200m 深海环境中暴露 3 年的腐蚀速率

12.2.2　腐蚀宏观形貌分析

1. 铜合金的腐蚀宏观形貌分析

图 12-7 为 H62 黄铜、QAl9-2 铝青铜和 QSn6.5-0.1 锡青铜在南海水深 800m 和 1200m 处实海暴露 3 年后的表面腐蚀宏观照片。从图中可知，三种铜合金在南海水深 800m 和 1200m 处实海暴露 3 年后发生均匀腐蚀，表面的腐蚀产物呈青绿色。其中，QSn6.5-0.1 锡青铜的腐蚀产物可明显分辨为两层，内层腐蚀产物为黄色，外层为青绿色，且外层的腐蚀产物局部剥落。QSn6.5-0.1 锡青铜在水深 800m 环境下生成的外层腐蚀产物的剥落比在水深 1200m 环境下的严重。图 12-8 为 H62 黄铜、QAl9-2 铝青铜和 QSn6.5-0.1 锡青铜去除腐蚀产物后的宏观形貌。H62 黄铜由于发生了脱锌腐蚀，表面为红色。QAl9-2 铝青铜和 QSn6.5-0.1 锡青铜去除表面腐蚀产物后呈现不同程度的黄色。

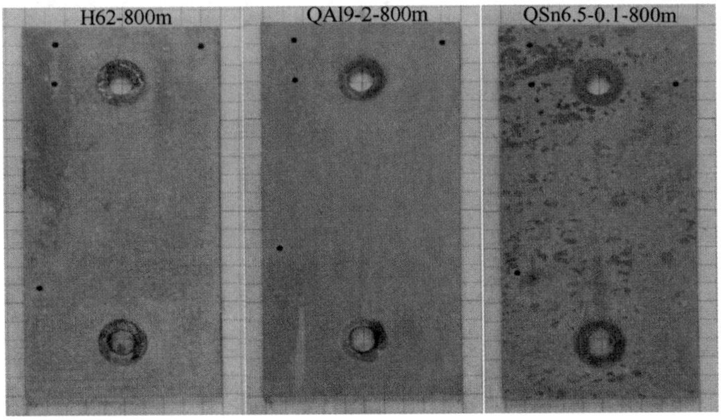

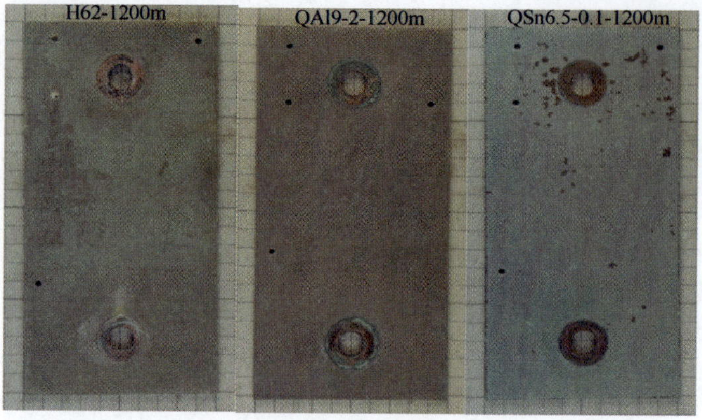

图 12-7　H62 黄铜、QAl9-2 铝青铜和 QSn6.5-0.1 锡青铜在南海水深 800m 和 1200m 处实海暴露 3 年后的表面腐蚀宏观照片

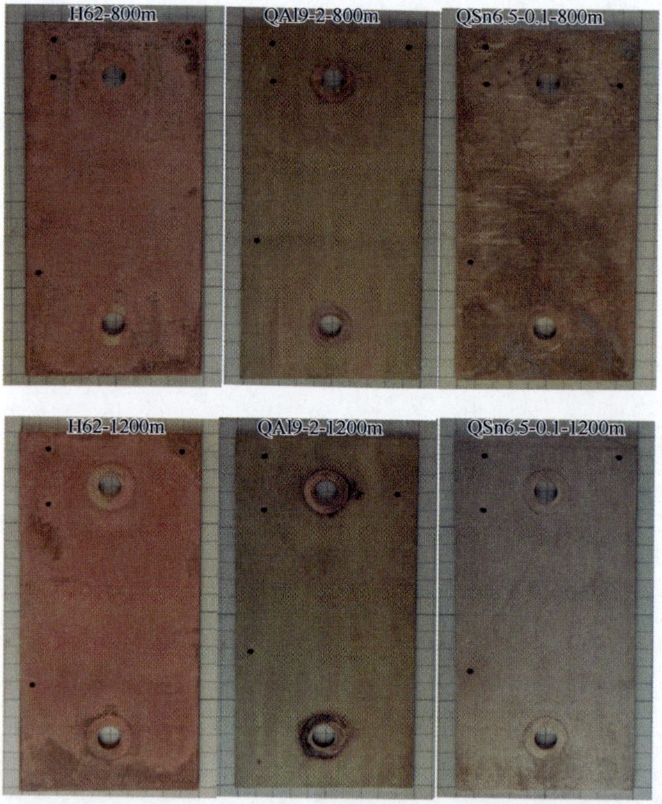

图 12-8　H62 黄铜、QAl9-2 铝青铜和 QSn6.5-0.1 锡青铜在南海水深 800m 和 1200m 处实海暴露 3 年后的表面腐蚀宏观照片(去除腐蚀产物后)

2. 铝合金的腐蚀宏观形貌分析

图 12-9 为 5052 和 6061 铝合金在南海水深 800m 和 1200m 处实海暴露 3 年后的表面和截面腐蚀宏观照片。从图中可知，两种铝合金在深海环境下均发生了很严重的局部腐蚀，表面形成了白色的腐蚀产物。在铆接区域发生了严重的缝隙腐蚀，并导致穿孔。在样品其他区域发生了点蚀，其中 6061 铝合金表面的点蚀坑尺寸更大，密度更高。腐蚀失重结果虽表明 5052 铝合金的腐蚀速率和最大点蚀坑深度均小于 6061 铝合金，但是 5052 铝合金的缝隙腐蚀更为严重，且在截面发生了很严重的沟槽状腐蚀，见图 12-9。图 12-10 为 5052 和 6061 铝合金去除腐蚀产物后的宏观形貌，图中红色圈出的位置为缝隙腐蚀或点蚀导致的穿孔位置。5052 铝合金在铆接处发生了严重的缝隙腐蚀，并导致大面积穿孔。在样品主表面，5052 铝合金在 800m 深海环境下多处产生溃疡状腐蚀坑，而在 1200m 深海环境下的点蚀较轻微。6061 铝合金在铆接处也发生了缝隙腐蚀，并导致局部穿孔。在样品主表面，6061 铝合金主要发生的是点蚀。其中，在 800m 深海环境下生成的点蚀坑的密度虽然没有在 1200m 深海环境下的高，但是点蚀坑的深度更大，甚至在多处出现了局部腐蚀穿孔。将深海环境中的腐蚀特征和浅海环境中的腐蚀特征相比，可知 5052 和 6061 铝合金在深海环境中的局部腐蚀类型与在浅海环境中的相同，均为缝隙腐蚀和点蚀，但在深海环境中的腐蚀更严重。

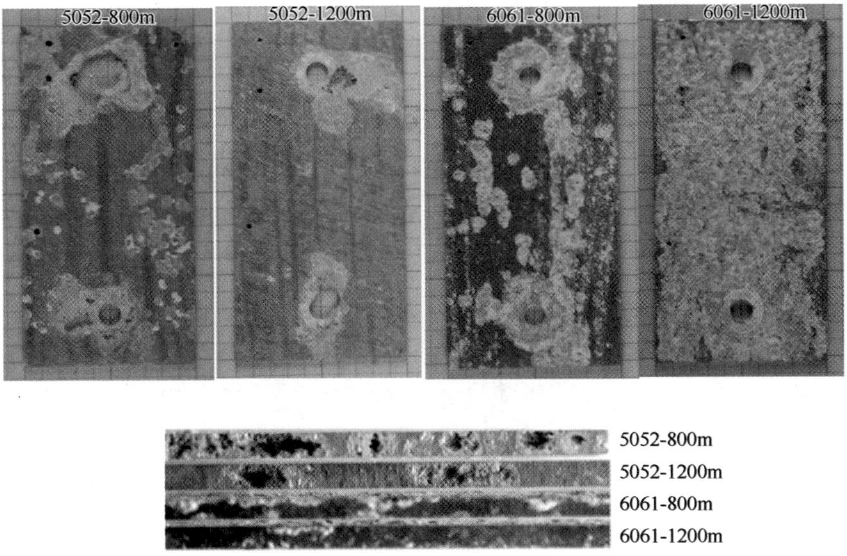

图 12-9　5052 和 6061 铝合金在南海水深 800m 和 1200m 处实海暴露 3 年后的表面和截面腐蚀宏观照片

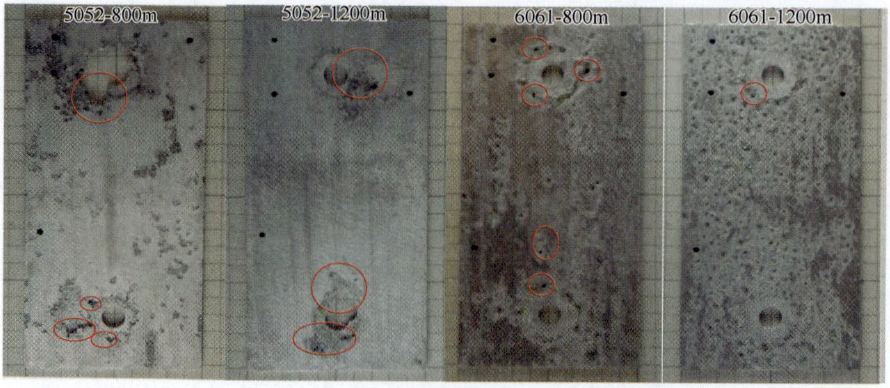

图 12-10　5052 和 6061 铝合金在南海水深 800m 和 1200m 处实海暴露 3 年后的表面腐蚀宏观照片(去除腐蚀产物后)

3. 镍合金的腐蚀宏观形貌分析

图 12-11 为 N6 纯镍和 Monel400 镍合金在南海水深 800m 和 1200m 处实海暴露 3 年后的表面腐蚀宏观照片。从图中可知，两种材料基体表面均附着一层灰黑色腐蚀产物膜，并在这层腐蚀产物膜表面局部分布有绿色的腐蚀产物，其中，Monel400 镍合金表面的绿色腐蚀产物更多，分布范围更广。将样品表面的腐蚀产物去除后，严重的局部腐蚀坑显露出来，如图 12-12 所示(圈起的区域为腐蚀穿孔区域)。N6 纯镍表面的绿色腐蚀产物膜看似完整，但只是又薄又脆的一层，腐蚀产物膜下面已经发生了很严重的局部腐蚀，甚至出现了局部穿孔现象。这种沟槽状的腐蚀以点蚀和缝隙腐蚀为起点，腐蚀是隐伏的，多半不露出表面，基体内腐

图 12-11　N6 纯镍和 Monel400 镍合金在南海水深 800m 和 1200m 处实海暴露 3 年后的表面腐蚀宏观照片

蚀，表面留下未受腐蚀的薄膜；腐蚀基本沿重力方向发展，明显受到重力的影响。其中，N6 纯镍在 800m 深海中的沟槽状腐蚀的长度明显大于在 1200m 深海中的，几乎贯穿整个样品表面。Monel400 镍合金表面主要发生的是点蚀，生成了直径高达数毫米的点蚀坑。点蚀坑的深度小于点蚀坑的半径，属宽浅型的点蚀坑。特异之处在于，点蚀坑内部凸起，在中心处还有一个更小的点蚀坑，两个点蚀坑呈现同心环结构。

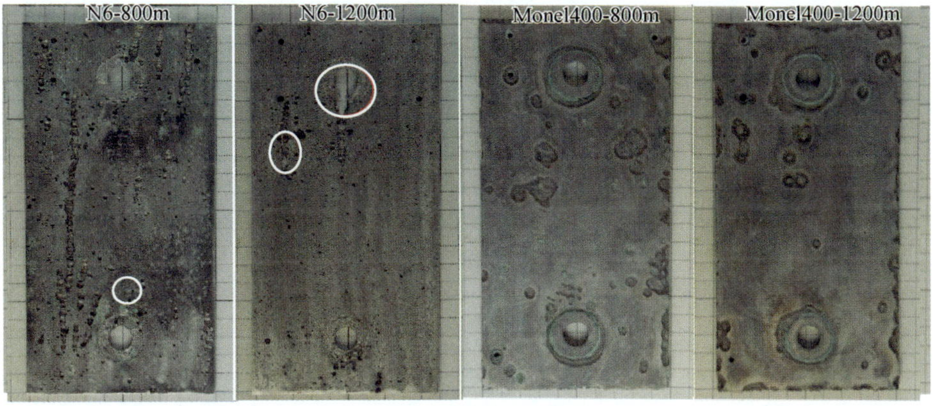

图 12-12　N6 纯镍和 Monel400 镍合金在南海水深 800m 和 1200m 处实海暴露 3 年后的表面腐蚀宏观照片(去除腐蚀产物后)

4. 钛合金和镁合金的腐蚀宏观形貌分析

图 12-13 为 TA0 和 TC4 钛合金在南海水深 800m 和 1200m 处实海暴露 3 年后的表面腐蚀宏观照片。从图中可知，TA0 和 TC4 钛合金在南海水深 800m 和 1200m 处

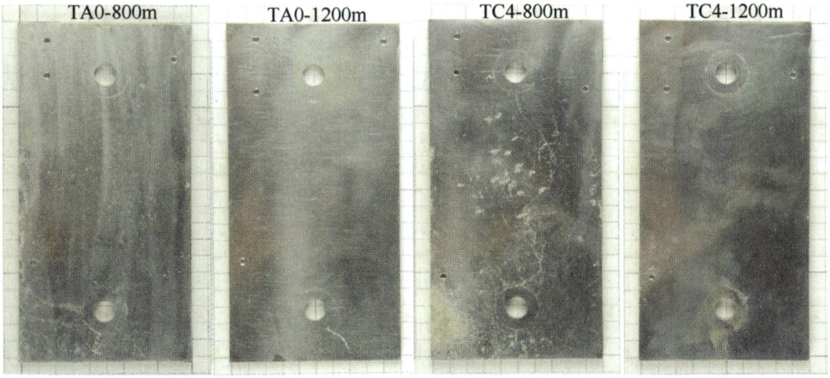

图 12-13　TA0 和 TC4 钛合金在南海水深 800m 和 1200m 处实海暴露 3 年后的表面腐蚀宏观照片

实海暴露 3 年后，样品表面依旧有金属光泽，几乎无腐蚀，只是在局部区域有海生物附着。将表面产物去掉后，发现样品表面几乎无变化(图 12-14)，说明 TA0 和 TC4 钛合金在南海深海环境中的耐蚀性极佳。

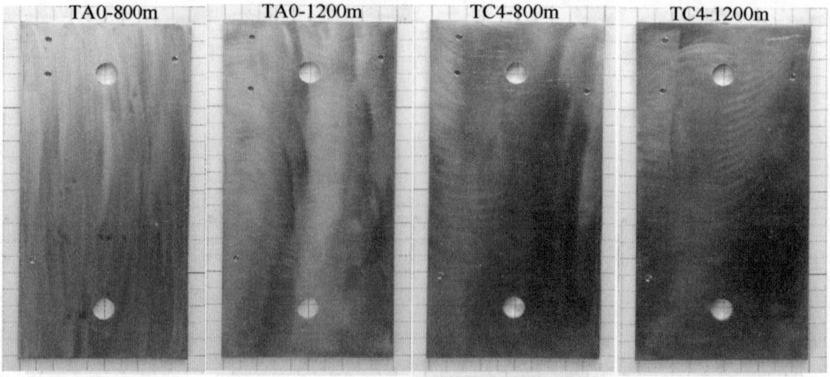

图 12-14　TA0 和 TC4 钛合金在南海水深 800m 和 1200m 处实海暴露 3 年后的表面腐蚀宏观照片(去除腐蚀产物后)

AZ31 镁合金在实海暴露 3 年后，大部分样片已经全部腐蚀掉，无法打捞，仅打捞上来一部分残片，如图 12-15 所示。这说明 AZ31 镁合金在南海深海环境中的耐蚀性极差。

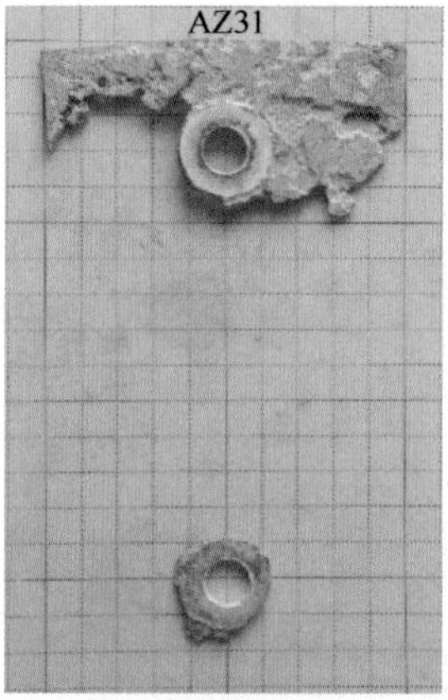

图 12-15　AZ31 镁合金在南海实海暴露 3 年后的腐蚀宏观照片

12.2.3　腐蚀微观形貌分析

1. 铜合金的腐蚀微观形貌分析

H62 黄铜、QAl9-2 铝青铜和 QSn6.5-0.1 锡青铜在南海水深 800m 和 1200m 处实海暴露 3 年后的腐蚀微观 SEM 照片如图 12-16 所示。H62 黄铜在 800m 深海环境下的腐蚀形貌表现为两种特征，将 A 和 B 典型区域放大后可见，A 区域的腐蚀产物不均匀堆积，B 区域的腐蚀产物呈毛刺状。H62 黄铜在 1200m 深海环境下的腐蚀产物相对平整。QAl9-2 铝青铜表面的腐蚀产物较 H62 黄铜和 QSn6.5-0.1 锡青铜致密，其中，在 1200m 深海环境下生成的腐蚀产物比 800m 深海环境下的更为平整致密。QSn6.5-0.1 锡青铜的腐蚀 SEM 照片进一步证实了其表面生成的腐蚀产物具有双层结构，内层腐蚀产物完整致密，外层腐蚀产物疏松，有裂纹，且局部剥离。

图 12-16　H62 黄铜、QAl9-2 铝青铜和 QSn6.5-0.1 锡青铜在南海水深 800m 和 1200m 处实海暴露 3 年后的表面腐蚀微观 SEM 照片

为了进一步对腐蚀产物进行分析，采用 SEM 对 H62 黄铜、QAl9-2 铝青铜和 QSn6.5-0.1 锡青铜在南海水深 800m 和 1200m 处实海暴露 3 年后的腐蚀产物截面进行了观察，如图 12-17 所示。其中，最上面两幅图是 H62 黄铜用环氧树脂镶嵌

图 12-17　H62 黄铜、QAl9-2 铝青铜和 QSn6.5-0.1 锡青铜在南海水深 800m 和 1200m 处实海暴露 3 年后的截面宏观形貌和 SEM 照片

后磨截面并喷金的宏观照片。可以发现，H62 黄铜在深海环境下发生了严重的脱锌腐蚀。其中，800m 深海环境下腐蚀后的脱锌层厚度高达 3.9mm；1200m 深海

环境下的脱锌层厚度也达到了 2.9mm。下面的 SEM 照片进一步印证了 H62 黄铜发生了严重的脱锌腐蚀。QAl9-2 铝青铜和 QSn6.5-0.1 锡青铜在南海水深 1200m 处实海暴露 3 年后的腐蚀产物相较于水深 800m 处形成的腐蚀产物更厚、更致密，对基体具有更好的保护作用。从而，其在 1200m 深海环境下的腐蚀速率低于 800m 深海环境下的。

2. 铝合金的腐蚀微观形貌分析

5052 和 6061 铝合金在南海水深 800m 和 1200m 处实海暴露 3 年后的表面腐蚀微观 SEM 照片如图 12-18 所示。5052 铝合金在 800m 深海环境下形成的腐蚀产物不规则地堆积在溃疡状腐蚀坑处，而在 1200m 深海环境下表面几乎没有腐蚀产物附着。6061 铝合金在深海环境下形成的腐蚀产物聚集在点蚀坑底，腐蚀产物疏松，有裂纹，对基体保护性能欠佳。

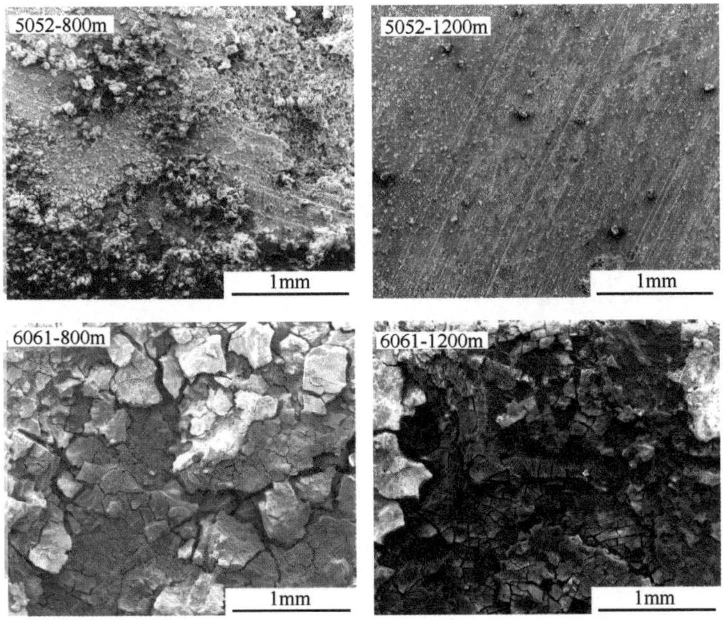

图 12-18　5052 和 6061 铝合金在南海水深 800m 和 1200m 处实海暴露 3 年后的表面腐蚀微观 SEM 照片

3. 镍合金的腐蚀微观形貌分析

N6 纯镍和 Monel400 镍合金在南海水深 800m 和 1200m 处实海暴露 3 年后的表面腐蚀微观 SEM 照片如图 12-19 所示。N6 纯镍的腐蚀微观 SEM 照片进一步表明，其表面的局部腐蚀产物膜脆弱而不完整，下面已经形成了深深的沟槽状腐蚀坑。Monel400 镍合金表面的腐蚀产物膜比 N6 纯镍表面的完整，这和合金元素 Cu 的加入有关。

图 12-19　N6 纯镍和 Monel400 镍合金在南海水深 800m 和 1200m 处实海暴露 3 年后的表面腐蚀微观 SEM 照片

12.2.4　腐蚀产物成分分析

1. 铜合金的腐蚀产物成分分析

图 12-20 和图 12-21 分别为 H62 黄铜在南海水深 800m 和 1200m 处实海暴露 3 年后的腐蚀产物截面的背散射相和 EDS 元素分析结果。由图可知，H62 黄铜的腐蚀产物由 Zn、O、S 和 Cl 元素组成。其中在水深 800m 和 1200m 环境下腐蚀的 H62 黄铜的腐蚀产物中存在 Cu 元素，表明在腐蚀过程中发生了铜的溶解-再沉积过程。H62 黄铜、QAl9-2 铝青铜和 QSn6.5-0.1 锡青铜在南海水深 800m 和 1200m 处实海

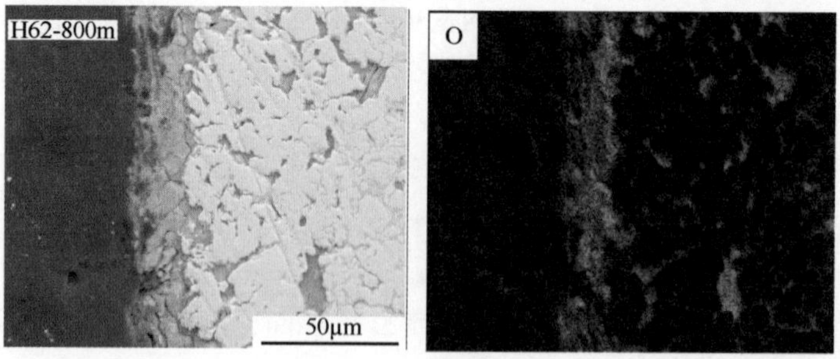

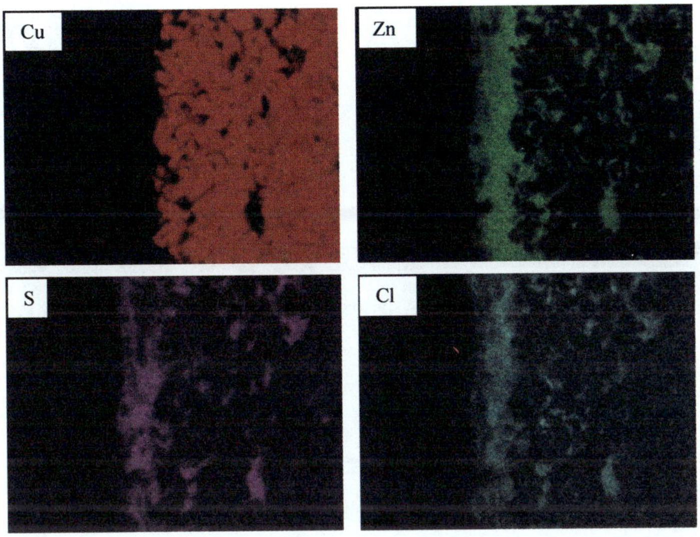

图 12-20　H62 黄铜在南海水深 800m 处实海暴露 3 年后的腐蚀产物截面的背散射相和 EDS 元素分析结果

暴露 3 年后表面腐蚀产物的 EDS 元素分析结果见表 12-7。QAl9-2 铝青铜的腐蚀产物中 Al 的含量约为 20wt%，远高于基体中的 8wt%～10wt%，从而推测其在腐蚀过程中发生了脱铝腐蚀。QSn6.5-0.1 锡青铜的腐蚀产物为双层结构，内部主要为 Cu 的氧化物；外层腐蚀产物 Sn 的含量约为 40wt%，高于基体中的 6wt%～7wt%，从而推测其在腐蚀过程中发生了脱锡腐蚀。

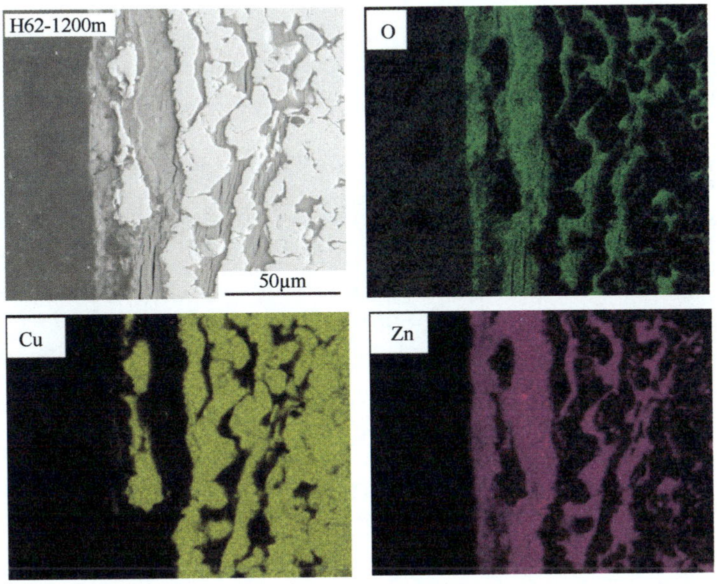

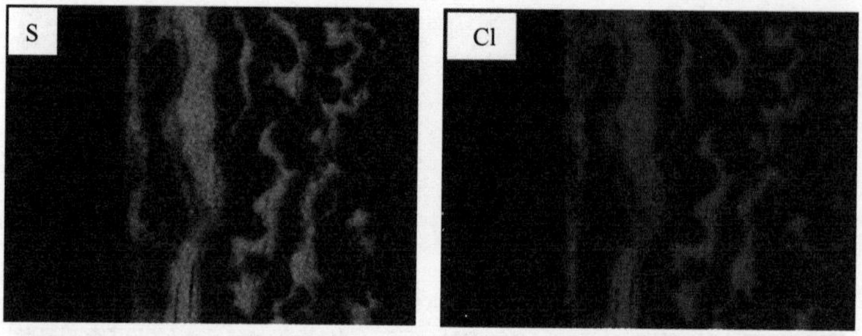

图 12-21　H62 黄铜在南海水深 1200m 处实海暴露 3 年后的截面背散射相和 EDS 元素分析结果

表 12-7　三种铜合金表面腐蚀产物的 EDS 元素分析结果

试样	水深/m	元素含量/wt%						
		O	Cu	Zn	Al	Sn	S	Cl
H62	800	13.0	7.2	69.0	—	—	6.0	4.8
H62	1200	11.1	11.4	64.5	—	—	7.1	5.9
QAl9-2	800	31.1	47.6	—	19.3	—	0.8	1.2
QAl9-2	1200	31.6	45.8	—	20.3	—	1.1	1.2
QSn6.5-0.1(外层)	800	34.0	23.9	—	—	39.6	0.7	1.8
QSn6.5-0.1(内层)	800	9.7	81.7	—	—	7.7	—	0.9
QSn6.5-0.1(外层)	1200	32.1	25.7	—	—	40.5	—	1.7
QSn6.5-0.1(内层)	1200	14.7	72.1	—	—	11.9	5.6	0.7

图 12-22 为 H62 黄铜、QAl9-2 铝青铜和 QSn6.5-0.1 锡青铜在南海水深 800m 和 1200m 处实海暴露 3 年后表面腐蚀产物的 XRD 谱图。由 XRD 结果可知：H62 黄铜的腐蚀产物由 Cu、ZnO、$Zn_5(OH)_8Cl_2 \cdot H_2O$ 和 $Cu(OH)_2 \cdot H_2O$ 组成；QAl9-2 铝青铜的腐蚀产物由 Cu_2O 和 $CuCl_2$ 组成；QSn6.5-0.1 锡青铜的腐蚀产物由 Cu_2O、$CuCl_2$ 和 $Cu_2Cl(OH)_3$ 组成。

2. 铝合金的腐蚀产物成分分析

图 12-23 为 5052 和 6061 铝合金在南海水深 800m 和 1200m 处实海暴露 3 年后的表面腐蚀产物 EDS 谱图。由图可知，两种铝合金表面的腐蚀产物主要由 Al 和 O 元素组成，还含有少量的 Si、Mg、Na、S 和 Cl 元素。具体的元素含量列于表 12-8 中。图 12-24 为 5052 和 6061 铝合金在南海水深 800m 和 1200m 处实海暴露 3 年后的表面腐蚀产物 XRD 谱图。结合 EDS 分析结果可知，腐蚀产物由 Al_2O_3、SiO_2 以及少量 $Mg_3(SO_4)_2(OH)_2$ 和 NaCl 组成[4]。

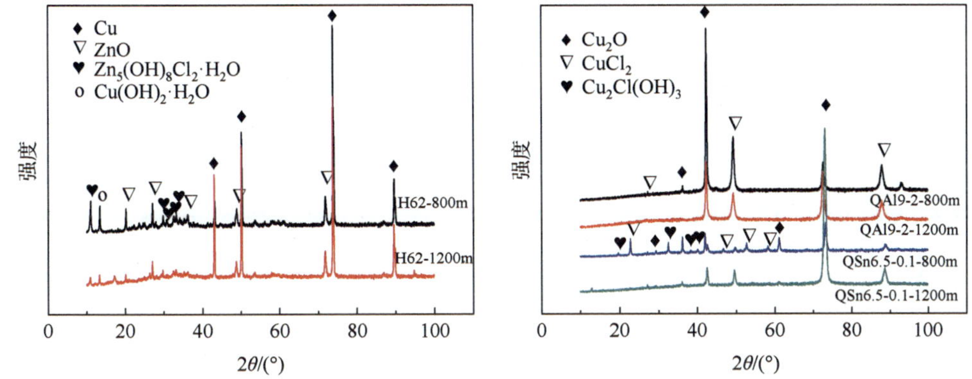

图 12-22　H62 黄铜、QAl9-2 铝青铜和 QSn6.5-0.1 锡青铜在南海水深 800m 和 1200m 处实海暴露 3 年后表面腐蚀产物的 XRD 谱图

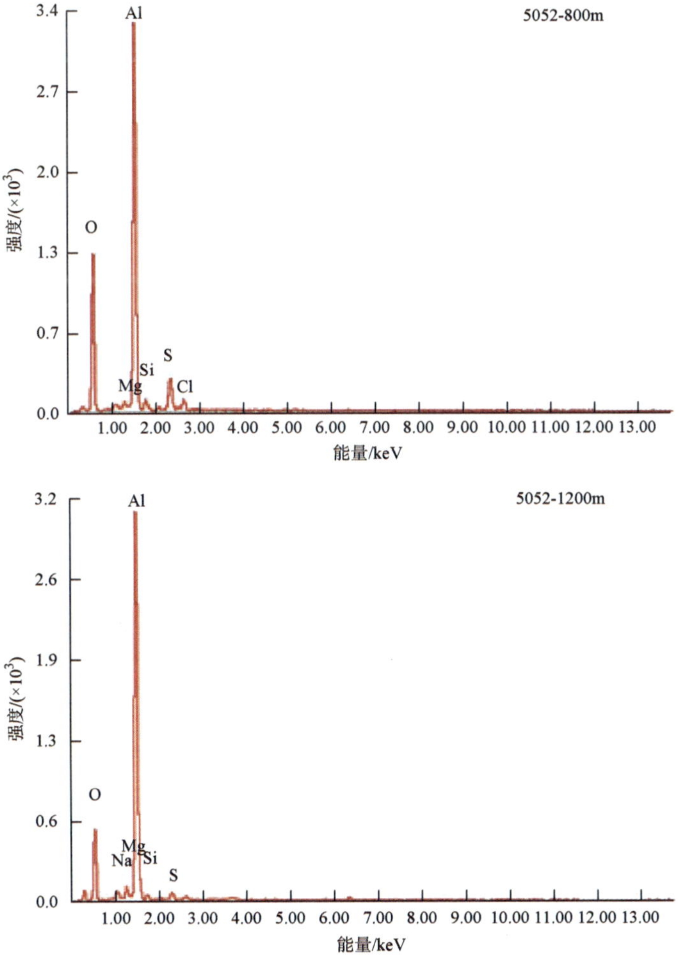

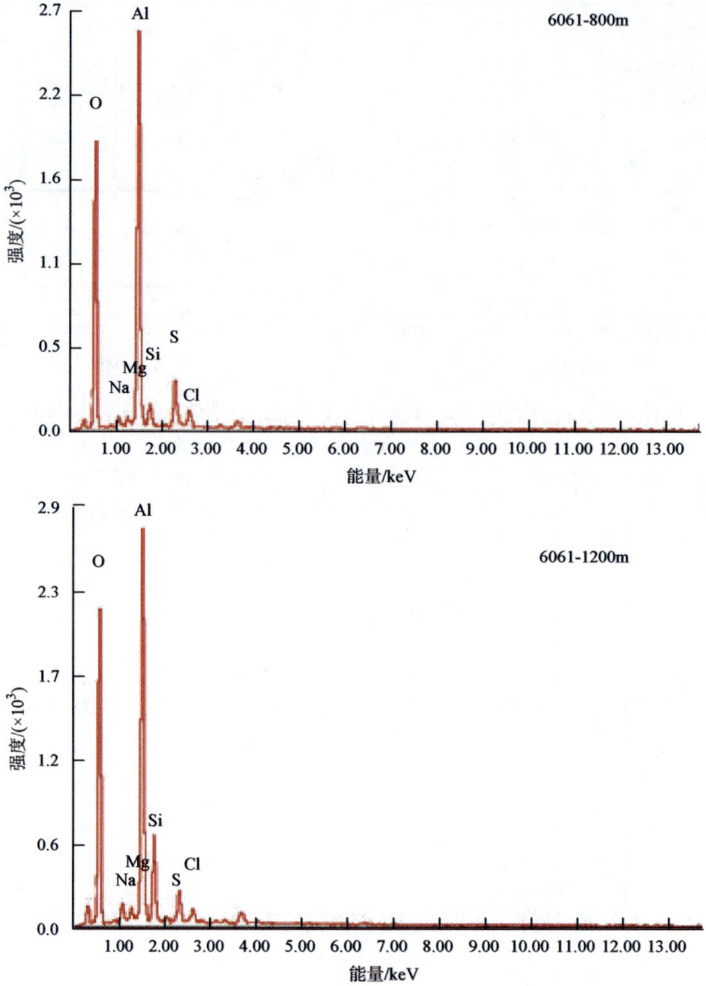

图 12-23　5052 和 6061 铝合金在南海水深 800m 和 1200m 处实海暴露 3 年后的表面腐蚀产物 EDS 谱图

表 12-8　5052 和 6061 铝合金表面腐蚀产物 EDS 元素分析结果

试样	水深/m	元素含量/wt%						
		O	Al	Si	Mg	Na	S	Cl
5052	800	33.8	53.0	2.4	1.2	—	7.1	2.5
5052	1200	31.0	62.9	—	2.1	1.7	2.3	—
6061	800	51.5	35.2	3.2	0.8	1. 2	5.8	2.3
6061	1200	52.4	31.2	9.2	0.9	1.6	3.0	1.7

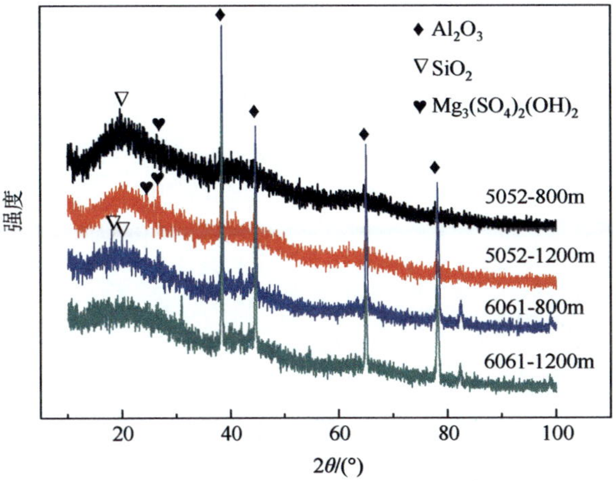

图 12-24　5052 和 6061 铝合金在南海水深 800m 和 1200m 处实海暴露 3 年后的表面腐蚀产物 XRD 谱图

3. 镍合金的腐蚀产物成分分析

图 12-25 为 N6 纯镍和 Monel400 镍合金在南海水深 800m 和 1200m 处实海暴露 3 年后的表面腐蚀产物 EDS 谱图。由图可知，N6 纯镍表面的腐蚀产物主要由 Ni、O、C 和 Cl 元素组成，还含有少量的 Si、Fe、Mg、Na 和 Ca 元素。Monel400 镍合金表面的腐蚀产物主要由 Cu、Ni、O 和 Cl 元素组成，还含有少量的 Fe 元素。具体的元素含量列于表 12-9 中。随着水深的增加，N6 纯镍腐蚀产物中的 Cl 含量减少，Ca 含量增加，这有利于生成具有保护性的相对致密的腐蚀产物沉积层，抑制沉积层下的腐蚀[5]。从而，N6 纯镍的耐局部腐蚀性能随着水深的增加而升高，

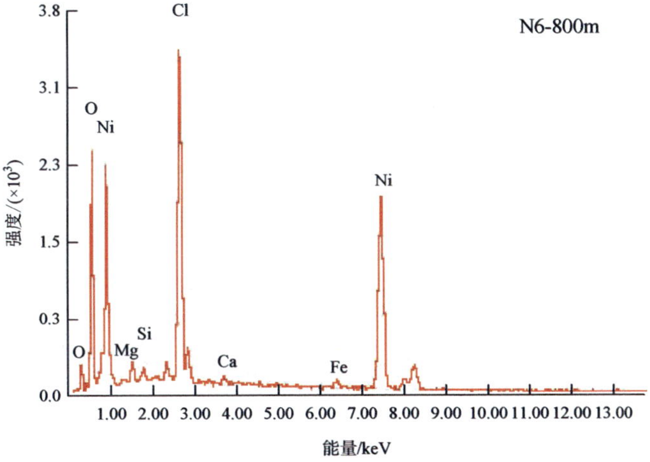

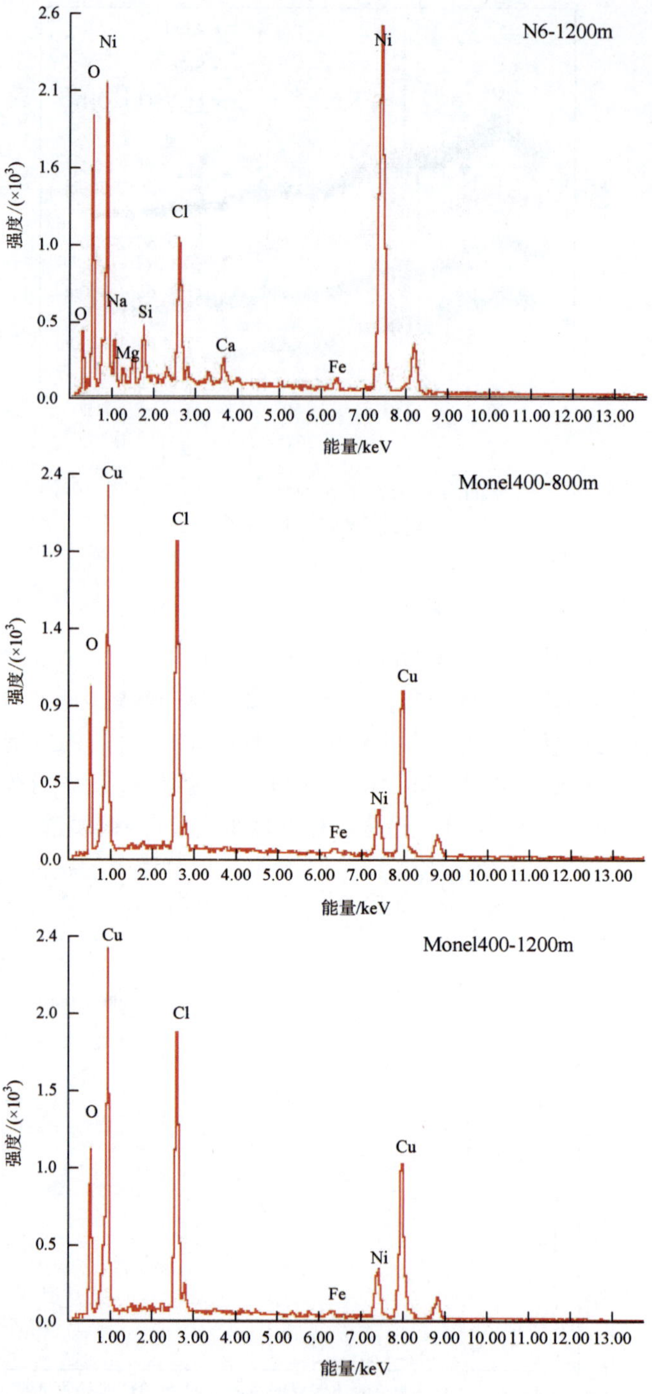

图 12-25　N6 纯镍和 Monel400 镍合金在南海水深 800m 和 1200m 处实海暴露 3 年后的表面腐蚀产物 EDS 谱图

见图 12-5。这与文献[2]和文献[5]中的报道一致。合金元素 Cu 的加入促使点蚀向纵深处发展，最终成长为宽浅型的点蚀坑(图 12-12)，降低了点蚀穿孔的风险，明显提高了镍合金在深海环境下的耐局部腐蚀能力。图 12-26 为 N6 纯镍和 Monel400 镍合金在南海水深 800m 和 1200m 处实海暴露 3 年后的表面腐蚀产物 XRD 谱图。结合 EDS 分析结果可知，N6 纯镍表面的腐蚀产物由 $NiCl_2\cdot 6H_2O$ 和 $CaCO_3$、$MgCO_3$ 等无机盐类组成；Monel400 镍合金表面的腐蚀产物由 $(CuNi)_2Cl(OH)_3$ 组成。

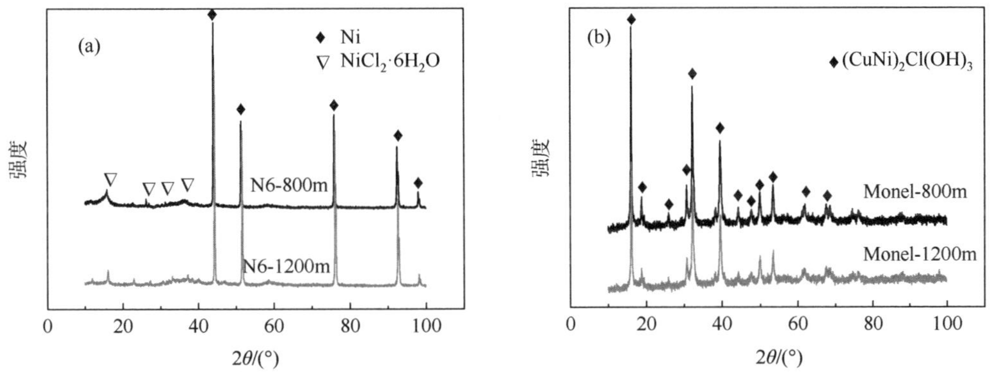

图 12-26　N6 纯镍(a)和 Monel400 镍合金(b)在南海水深 800m 和 1200m 处实海暴露 3 年后的表面腐蚀产物 XRD 谱图

表 12-9　N6 纯镍和 Monel400 镍合金表面腐蚀产物 EDS 元素分析结果

试样	水深/m	元素含量/at%									
		C	O	Na	Mg	Si	Cl	Ca	Fe	Ni	Cu
N6	800	17.37	37.13	—	1.21	0.70	14.98	0.37	0.63	27.02	—
N6	1200	24.52	25.78	4.82	1.09	2.41	5.86	0.87	0.59	33.46	—
Monel400	800	—	33.33	—	—	—	20.07	—	0.91	8.88	36.82
Monel400	1200	—	33.53	—	—	—	19.04	—	0.77	9.54	36.90

12.3　典型金属材料在深海实海环境下的腐蚀机理与演化规律

12.3.1　铜合金深海腐蚀机理分析

1. 黄铜的腐蚀机理分析

黄铜脱锌腐蚀的机理主要包括优先溶解机理和溶解-再沉积机理。优先溶解机理认为，黄铜腐蚀过程中，合金表面的锌从黄铜中优先溶解，留下较稳定的呈疏松多孔结构的铜层。溶解-再沉积机理认为，黄铜脱锌包括两种可能：一种是铜和锌在阳极上同时溶解，当溶液中的铜离子达到一定浓度后，铜离子又被还原成金属铜沉积在表面上，作为附加阴极加速合金中锌的溶解；另一种是在开始的很短一段时间内，锌优先溶解进入溶液，随着锌扩散变得困难，铜锌将同时溶解，并伴有铜的反沉淀。结合 H62 黄铜腐蚀产物表面 EDS 结果(图 12-20 和图 12-21)和 XRD 结果(图 12-22)，可知 H62 黄铜在南海水深 800m 和 1200m 处实海暴露 3 年后的腐蚀产物中存在 Cu 元素。从而，H62 黄铜在南海深海环境中的脱锌腐蚀符合溶解-再沉积机理。Zn 在含 Cl^-的溶液中反应生成 ZnO 和 $Zn_5(OH)_8Cl_2 \cdot H_2O$，其形成过程如下：

$$Zn+H_2O \longrightarrow ZnO+2H^+ +2e^- \tag{12-2}$$

$$5ZnO+2Cl^- +6H_2O \longrightarrow Zn_5(OH)_8Cl_2 \cdot H_2O+2OH^- \tag{12-3}$$

Cu 的溶解-再沉积过程可表示为

$$2Cu+H_2O \rightleftharpoons Cu_2O+2H^+ +2e^- \tag{12-4}$$

在此过程中，还将发生如下反应：

$$Cu_2O+2H_2O+2OH^- \longrightarrow 2Cu(OH)_2 \cdot H_2O+2e^- \tag{12-5}$$

Cu_2O 产物膜具有 p 型半导体性质，具有很高的阳离子空位。随着静水压力的增加，H^+的浓度降低，促进了其在氧化膜中的扩散，从而增加了反应(12-4)中 Cu_2O 的还原速率。因此，H62 黄铜的腐蚀速率将随静水压力的增加线性降低。结合 H62 黄铜的腐蚀速率随水深线性降低(图 12-2)可知，H62 黄铜在我国南海深海环境中的腐蚀主要受静水压力的影响。

2. 青铜的腐蚀机理分析

由 QAl9-2 铝青铜和 QSn6.5-0.1 锡青铜在南海水深 800m 和 1200m 处实海暴露 3 年后的表面腐蚀产物 EDS 元素分析结果可知，青铜在腐蚀过程中，除了生成铜的化合物以外，还会发生脱成分(Al、Sn)腐蚀。在深海环境中，首先在青铜表面生成 Cu_2O 产物膜，接着溶液中的 Cl^-会破坏 Cu_2O 产物膜，使之转化为 $Cu_2Cl(OH)_3$ 和 $CuCl_2$。这样，青铜表面就形成了双层结构的腐蚀产物，即致密的 Cu_2O 内层和 $CuCl_2$、$Cu_2Cl(OH)_3$ 外层，其反应过程如下：

$$2Cu+H_2O \longrightarrow Cu_2O+2H^+ +2e^- \tag{12-6}$$

$$Cu_2O+2H_2O+Cl^- \longrightarrow Cu_2Cl(OH)_3+H^+ +2e^- \tag{12-7}$$

$$Cu_2Cl(OH)_3+3Cl^- +3H^+ \longrightarrow 2CuCl_2+3H_2O \tag{12-8}$$

12.3.2 铝合金深海腐蚀机理分析

1. 合金元素对铝合金耐蚀性的影响

铝合金中的合金元素主要是通过形成不同的夹杂物和合金相，对其耐蚀性产生影响。其中，5052 铝合金中主要形成的是 Al6(Fe, Mn)金属间化合物和 β 相(Mg_2Al_3)。Al_6(Fe, Mn)金属间化合物的电位大约−700mV(*vs*. SCE)，略高于基体的电位−800mV(*vs*. SCE)，充当阴极；而 β 相(Mg_2Al_3)电位大约为−920mV(*vs*. SCE)，略低于基体的电位，充当阳极。对于 6061 铝合金来说，主要形成的是杂质相 Al-Fe-Si 和 Mg_2Si 相。Al-Fe-Si 相的电位为−200mV(*vs*. SCE)左右，远远高于基体的电位，充当阴极；Mg_2Si 相的电位大约为−1200mV(*vs*. SCE)，远低于基体的电位，充当阳极。这些第二相与铝合金基体构成微电偶，5052 和 6061 铝合金因具有不同的组织，从而具有不同的微电偶作用。5052 铝合金中低电位的 Mg_2Al_3 相作为阳极优先腐蚀，Al-Fe-Mn 相作为阴极，会促使周围基体发生腐蚀。6061 铝合金中低电位的 Mg_2Si 第二相充当阳极，优先腐蚀；Al-Fe-Si 相作为阴极相，促使周围基体发生腐蚀，对 6061 铝合金的腐蚀起到加速作用。5052 和 6061 铝合金相比，6061 铝合金中两相具有较大的电位差，微电偶作用较大，易发生点蚀，点蚀发生后，又会快速长大，最终造成腐蚀穿孔(图 12-10)。而 5052 铝合金中两相之间的电位差比 6061 铝合金小，微电偶作用较小，从而其点蚀程度比 6061 铝合金轻微。正是 5052 和 6061 铝合金成分和组织的差异导致其腐蚀性能的变化。

2. 深海环境因素对铝合金腐蚀的影响

铝合金的点蚀可分为两个阶段，即点蚀成核阶段和点蚀生长阶段。有关钝化膜破裂和亚稳态点蚀成核的原因主要有三种理论，即离子渗透机理、钝化膜破裂机理和吸附机理。其中，离子渗透机理认为，当侵蚀性阴离子(如氯离子)在钝化膜上吸附后，由于氯离子半径小而穿过钝化膜，产生强烈的感应离子导电，于是此膜在一定点上变得能够维持高的电流密度，并能使阳离子杂乱移动而活跃起来，当膜/溶液界面的电场达到某一临界值时，就发生了点蚀。钝化膜破裂机理是由 Macdonald 的点缺陷模型发展而来。侵蚀性阴离子(如氯离子)在氧化膜表面吸附，并与膜/溶液界面的阳离子反应，导致钝化膜中阳离子空位的形成。这些阳离子空位向金属/膜界面传输，当到达金属/膜界面的阳离子空位不能被消耗掉时，多余的阳离子空位聚集形成“空位团”，有效地使钝化膜与金属基体分离，形成点蚀。吸附机理认为，点蚀的发生是由氯离子和氧的竞争吸附造成的。结合本文试验结果可知，5052 和 6061 铝合金在深海环境下的点蚀形核符合离子渗透机理，示意图如图 12-27 所示。一旦形成蚀孔后，孔蚀发展很快，这是由于蚀孔内部发生了酸化自催化过程：孔内金属处于活性状态(电位较负)成为阳极，而孔外铝合金表面仍处于钝化状态，电位较正而成为阴极，于是蚀孔内外构成了一个活化-钝化的微点偶腐蚀电池；蚀孔内金属溶解形成金属阳离子，孔内发生的阳极反应可表示为

$$M \longrightarrow M^{n+} + ne^- \tag{12-9}$$

孔外发生的阴极反应为

$$O_2+2H_2O+4e^- \longrightarrow 4OH^- \tag{12-10}$$

腐蚀产物[Al_2O_3、SiO_2及少量 $Mg_3(SO_4)_2(OH)_2$ 和 NaCl]在蚀坑口堆积逐渐形成一个闭塞电池，阻碍了孔内外离子的迁移和溶解氧的扩散，在孔内外构成了氧浓差电池；孔内高酸性和高氯离子浓度环境促进了孔内金属的进一步腐蚀，从而形成了闭塞电池自催化过程。

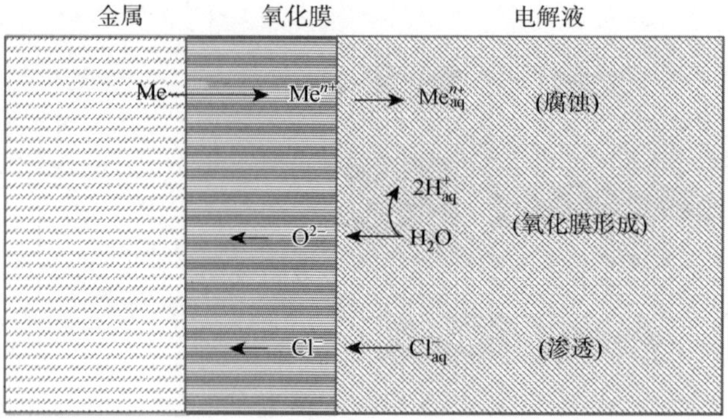

图 12-27　点蚀形核的离子渗透机理

在深海条件下，铝合金的点蚀随深度的变化规律是溶氧量、静水压力、温度、pH 等综合作用的结果。其中，溶氧量和静水压力是两个主要影响因素。Schumacher 报道了铝合金在太平洋海域的深海腐蚀试验结果，表明：铝合金的点蚀敏感性的增加与溶氧量的降低有关[2]。本文的试验结果(图 12-4)表明 5052 和 6061 铝合金的最大点蚀坑深度随水深的变化趋势与溶氧量随水深的变化趋势一致。溶氧量的变化对点蚀的形核和生长都会产生影响：在点蚀形核过程中，氧含量的降低促进了氯离子的渗透，从而使点蚀更易形核；在点蚀生长过程中，氧含量的降低使溶解氧的扩散更为困难，促进了氧浓差电池的形成和闭塞电池自催化过程，从而使亚稳态点蚀更快地成长为稳态点蚀。这两方面的效应均使得铝合金的点蚀敏感性受到溶氧量的影响。A. M. Beccaria 研究表明：静水压力增加促进了离子活性和在氧化膜中的穿透速率，从而使腐蚀产物中的 Cl^-和SO_4^{2-} 增多；铝的氧化物具有 n 型半导体特征，其中像 Cl^-和SO_4^{2-} 这样的电子受体的增多使晶格缺陷增多，并促进了氧化膜的破裂，从而使点蚀加剧。溶氧量和静水压力随深度的变化规律对 5052 和 6061 铝合金点蚀敏感性的影响效果不尽相同，对比试验结果(图 12-4)可知，溶氧量的效果更为显著。

12.3.3　镍合金局部腐蚀机理分析

由腐蚀产物成分(图 12-25)和相组成(图 12-26)分析可知，在深海环境下 N6 纯镍表面除含有腐蚀产物 $NiCl_2·6H_2O$ 外，还覆盖少量的 $CaCO_3$、$MgCO_3$ 等无机盐类。这种腐蚀产物和无机盐类组成的混合物在金属表面上形成了不连续的垢层，局部覆盖在金属表面，垢下便形成了相对闭塞的微电池。由于垢层的阻塞作用，氧通过垢层与金属之间的缝隙或垢层微孔，扩散进入垢层下的金属界面十分困难。因此，随着腐蚀反应的进行，垢层下成为贫氧区，将与垢层外部的金属形成氧浓差电池。由于通常腐蚀垢层具有阴离子选择性，垢层下金属阳离子难以扩散到外部，随着 Ni^{2+} 的积累，正电荷过剩，促进外部的 Cl^- 迁入以保持电荷平衡，金属氯化物的水解使垢层下环境酸化，进一步加速垢下的腐蚀，从而在垢下形成严重的局部腐蚀坑，并扩展连接为沟槽状，甚至在局部腐蚀穿孔(图 12-12)。随着水深的增加，垢层中的 Cl^- 含量减少，Ca^{2+} 含量增加(表 12-9)，这有利于生成具有保护性的相对致密的腐蚀产物沉积层，抑制沉积垢层下的腐蚀，从而，N6 纯镍的耐局部腐蚀性能随着水深的增加而升高，见图 12-5。

12.4 本 章 小 结

在中国南海海域 800m 和 1200m 深海环境中，进行了三种铜合金(H62 黄铜、QAl9-2 和 QSn6.5-0.1 青铜)、两种铝合金(5052 和 6061)、两种镍合金(N6 纯镍和 Monel400 镍合金)、两种钛合金(TA0 和 TC4)和一种镁合金(AZ31)，共计十种有色金属材料为期 3 年的实海暴露试验。结论如下。

(1) 对三种铜合金的腐蚀速率进行比较，H62 黄铜最高，达到 0.040mm/a；QAl9-2 铝青铜最低，仅为 0.003mm/a；QSn6.5-0.1 锡青铜居中，为 0.004～0.007mm/a。将试验数据与相关文献数据对比分析表明：随着水深的增加，H62 黄铜的腐蚀速率呈线性降低；QAl9-2 铝青铜和 QSn6.5-0.1 锡青铜的腐蚀速率随水深的增加先降低后升高，腐蚀速率的最小值出现在 800～1200m 之间。H62 黄铜在深海环境下发生了严重的脱锌腐蚀，符合溶解-再沉积机理。其中，800m 深海环境下腐蚀后的脱锌层厚度高达 3.9mm；1200m 深海环境下的脱锌层厚度也达到了 2.9mm。腐蚀产物由 Cu、ZnO、$Zn_5(OH)_8Cl_2·H_2O$ 和 $Cu(OH)_2·H_2O$ 组成。青铜在腐蚀过程中，除了生成铜的化合物以外，还会发生脱成分(Al、Sn)腐蚀。QAl9-2 铝青铜的腐蚀产物由 Cu_2O 和 $CuCl_2$ 组成；QSn6.5-0.1 锡青铜的腐蚀产物由 Cu_2O、$CuCl_2$ 和 $Cu_2Cl(OH)_3$ 组成。

(2) 5052 和 6061 铝合金在南海水深 1200m 环境下的腐蚀速率和最大点蚀坑深度均小于其在南海水深 800m 环境下。在同种环境下，5052 铝合金的腐蚀速率和最大点蚀坑深度远小于 6061 铝合金。将试验数据与相关文献数据对比分析表明：随着水深的增加，5052 和 6061 铝合金的最大点蚀坑深度先增大后减小，最大点蚀坑深度的最大值出现在 800m 左右。5052 和 6061 铝合金均在铆接区域发生了缝隙腐蚀穿孔，其中 5052 铝合金的缝隙腐蚀更为严重，且在截面发生了很严重的沟槽状腐蚀。5052 和 6061 铝合金在样品表面均发生了点蚀，其中 6061 铝合金表面的点蚀坑尺寸更大，密度更高，且在 800m 深海环境下出现点蚀穿孔。5052 和 6061 铝合金表面的白色腐蚀产物由 Al_2O_3、SiO_2，以及少量 $Mg_3(SO_4)_2(OH)_2$ 和 NaCl 组成。

(3) N6 纯镍和 Monel400 镍合金的最大点蚀坑深度均随水深的增加而减小。在深海环境下，Monel400 镍合金的耐局部腐蚀能力优于 N6 纯镍。Monel400 镍合金表面生成了宽浅型的点蚀坑，N6 纯镍发生了严重的沟槽状腐蚀，甚至局部腐蚀穿孔。N6 纯镍表面的腐蚀产物由 $NiCl_2·6H_2O$ 组成，还覆盖少量的 $CaCO_3$、$MgCO_3$ 等无机盐类；Monel400 镍合金表面的腐蚀产物由 $(CuNi)_2Cl(OH)_3$ 组成。

(4) TA0 和 TC4 钛合金在南海深海环境中的耐蚀性极佳，实海暴露 3 年的腐蚀速率仅约为 0.001mm/a，几乎无腐蚀。

(5) AZ31 镁合金在南海深海环境中的耐蚀性极差，实海暴露 3 年后大部分样片已经全部被腐蚀掉。

参 考 文 献

[1] Shifler D A. Understanding material interactions in marine environments to promote extended structural life[J]. Corrosion Science，2005，47：2335-2352.

[2] Schumacher M. Sea Water Corrosion Handbook[M].New Jersey：Park Ridge，1979.

[3] 朱小龙，林乐耘，徐杰. 铜合金在海水环境中的腐蚀规律及主要影响因素[J]. 中国有色金属学报，1998，8(增刊 1)：210-217.

[4] Mujibur R，Sunil K，Andrea R G. The speciation of Si and other alloying elements in the oxide surface film of galvanically corroded weld fusion zone of laser welded AA6061 aluminium alloy[J]. Corrosion Science，2008，50(5)：1267-1273.

[5] Beccaria A M，Fiordiponti P，Mattogno G. The effect of hydrostatic pressure on the corrosion of nickel in slightly alkaline solutions containing Cl^- ions[J]. Corrosion Science，1989，29(4)：403-416.

第 13 章　深海环境因素对材料腐蚀性能的影响规律研究

第 12 章采用深海实海暴露挂片的方法，结合实验室分析手段，研究了典型有色金属在中国南海深海环境中的腐蚀规律和机理。由于实海挂片试验工作量大、周期长、观测困难，试验失败率高。深海实海腐蚀试验的数据是由静水压力、溶氧量、盐分浓度、温度、海水流速、海洋生物的腐烂等多种环境因素共同作用的结果。仅从深海实海腐蚀试验数据，无法研究单一环境因素对材料腐蚀行为的影响机理。为了研究深海环境因素对材料腐蚀性能的影响规律，很多学者开始采用实验室模拟试验研究深海环境因素对材料腐蚀行为的影响。A. M. Beccaria 等较为系统地研究了静水压力对纯镍不锈钢和铝合金腐蚀行为的影响[1-5]。王福会课题组基于统计学方法和随机理论研究了静水压力对 Fe-20Cr 合金、Ni-Cr-Mo-V 高强钢和纯镍点蚀行为的影响[6-9]。刘杰等研究了模拟深海压力对 2 种低合金钢腐蚀行为的影响[10]。以上实验室模拟试验主要是研究静水压力这一单因素对金属腐蚀行为的影响。而材料在深海中的腐蚀是多因素(溶氧量、压力、温度等)交叉作用的结果。

本章以中国南海深海环境数据为依托，设计室内模拟试验，研究深海主要环境因素(温度、溶氧量、静水压力)对材料腐蚀规律的影响机理；并与实海挂片腐蚀数据结果相对比，以确定室内模拟试验和腐蚀因素控制的可靠性。

13.1　模拟深海环境试验方法

试验材料选用 QSn6.5-0.1 锡青铜合金，其化学成分同前章。实验室模拟环境体系的建立：模拟我国南海 0～1600m 的深海环境，包括 pH、溶氧量、盐度和温度、静水压力等因素，建立实验室的模拟环境，具体环境参数如表 13-1 所示。溶液采用分析纯试剂和去离子水配制。采用浓 NaOH 溶液调节溶液 pH。测试温度采用 DC-3015 型低温恒温槽控制。在试验之前，向测试溶液中通入高纯氮气不同时间来控制溶液的溶氧量，并采用 JPB-607A 型溶氧仪进行测定。试验体系的压力通过氮气加压的方式控制。其余试验同前章。

表 13-1　实验室模拟深海环境因素控制表

深度/m	温度/℃	溶氧量/(mg/L)	pH	盐度/%	静水压力/MPa
0	>21	>6.28	7.13～8.0	3.43～3.44	0.1
800	5～6	2.47～3.20	7.13～8.0	3.413～3.45	8
1200	3～4	2.66～3.57	7.13～8.0	3.45～3.46	12
1600	3～4	2.66～3.57	7.13～8.0	3.45～3.46	16

13.2　模拟深海环境腐蚀试验结果

13.2.1　模拟海水深度的变化对 QSn6.5-0.1 锡青铜腐蚀行为的影响规律

图 13-1 为 QSn6.5-0.1 锡青铜合金在模拟不同深度海水环境中的动电位极化曲线。从图中结果可知：随着模拟海水深度的增加，QSn6.5-0.1 锡青铜的腐蚀电位逐渐上升，动电位极化曲线整体先左移后右移。QSn6.5-0.1 锡青铜在模拟深度 0m 环境中的腐蚀速率最高。

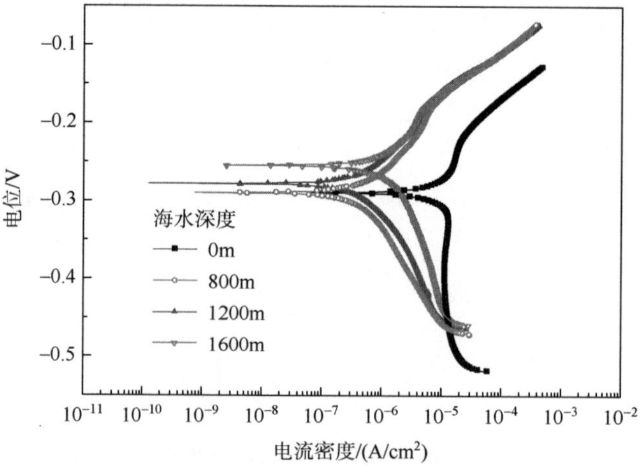

图 13-1　QSn6.5-0.1 锡青铜在模拟不同深度海水环境中的动电位极化曲线

图 13-2 为 QSn6.5-0.1 锡青铜合金在模拟不同深度海水环境中的电化学阻抗谱。从图中结果可知，QSn6.5-0.1 锡青铜在模拟不同深度海水环境中的电化学阻抗谱图均表现为两个容抗弧。其中，高频容抗对应的是溶液与氧化膜界面的电化学反应，低频容抗对应的是金属界面的双电层反应。随着模拟海水深度的增加，QSn6.5-0.1 锡青铜的容抗弧半径和低频阻抗模值均先增大后减小，在模拟深度 0m 环境中最小，在模拟 800m 深海环境中最大。

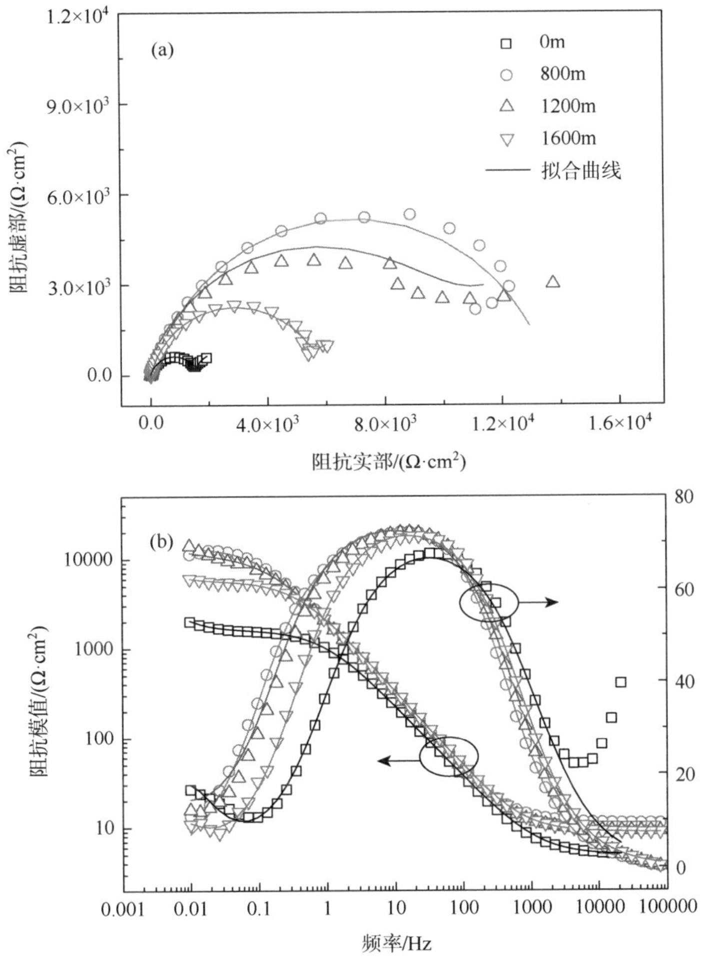

图 13-2　QSn6.5-0.1 锡青铜在模拟不同深度海水环境中的电化学阻抗谱图

(a)Nyquist 图；(b)Bode 图

在 QSn6.5-0.1 锡青铜表面生成氧化膜的过程中，金属电极表面上可同时进行 3 个反应。

金属的活性溶解反应：

$$M \longrightarrow M^{n_1+} + n_1e^- \qquad I_1 \tag{13-1}$$

氧化膜形成反应：

$$M + A^{n_2-} \longrightarrow MA + n_2e^- \qquad I_2 \tag{13-2}$$

此处 MA 表示氧化膜物质的分子；I_1 和 I_2 分别表示反应(13-1)和反应(13-2)的电流密度。

氧化膜的化学溶解反应：

$$\mathrm{MA} \longrightarrow \mathrm{M}^{n_2+} + \mathrm{A}^{n_2-} \qquad v_3 \tag{13-3}$$

除了电极电位 E 以外，还有一个时间常数 θ(氧化膜在金属表面的覆盖率)影响整个电极的反应。从而，法拉第导纳可以表示为

$$Y_{\mathrm{F}} = \frac{1}{R_{\mathrm{t}}} + \frac{B}{a + j\omega} \tag{13-4}$$

式中，R_{t} 为电荷转移电阻；$\omega = 2\pi f$；$a = -(\partial \Xi / \partial X)_{\mathrm{SS}}$；$B = m \cdot b = (\partial I_{\mathrm{F}} / \partial X)_{\mathrm{SS}} \cdot (\partial \Xi / \partial E)_{\mathrm{SS}}$。

反应(13-1)～反应(13-3)的电流密度和速率可分别表示为

$$I_1 = n_1 F k_1 (1-\theta) \exp(f_1 E) \tag{13-5}$$

$$I_2 = n_2 F k_2 (1-\theta) \exp(f_2 E) \tag{13-6}$$

$$v_3 = k_3 \theta \tag{13-7}$$

式中，$f_1 = a_1 n_1 F / RT$，$f_2 = a_2 n_2 F / RT$，F 为法拉第常数，a_1 和 a_2 分别为电极反应(13-1)和反应(13-2)的转移系数。

θ 的变化速率为

$$\frac{\mathrm{d}\theta}{\mathrm{d}t} = K I_2 - k_3 \theta \tag{13-8}$$

式中，K 为换算当量系数，故

$$\left(\frac{\partial \Xi}{\partial \theta}\right)_{\mathrm{ss}} = K\left(\frac{\partial I_2}{\partial \theta}\right) - k_3 = -\frac{K I_2}{1-\theta} - k_3 < 0 \tag{13-9}$$

满足定态过程的稳定性。现若 k_3 的数值很小，则 a 和 b 分别为

$$a = -\left(\frac{\partial \Xi}{\partial \theta}\right)_{\mathrm{ss}} = \frac{K I_2}{1-\theta} > 0，\quad b = \left(\frac{\partial \Xi}{\partial E}\right)_{\mathrm{ss}} = K\left(\frac{\partial I_2}{\partial E}\right)_{\mathrm{ss}} = K f_2 I_2 > 0$$

$$m = \left(\frac{\partial I_F}{\partial \theta}\right)_{\mathrm{ss}} = -\frac{I_1 + I_2}{1-\theta} < 0 \tag{13-10}$$

$$B = m \cdot b = -\frac{K f_2 I_2 (I_1 + I_2)}{1-\theta} < 0 \tag{13-11}$$

由于 $B<0$，则法拉第导纳 Y_{F} 可表示为

$$Y_{\mathrm{F}} = \frac{1}{R_{\mathrm{t}}} - \frac{|B|}{a + j\omega} = \frac{a + j\omega - R_{\mathrm{t}}|B|}{R_{\mathrm{t}}(a + j\omega)} \tag{13-12}$$

$$Z_{\mathrm{F}} = \frac{1}{Y_{\mathrm{F}}} = R_{\mathrm{t}} + \frac{\dfrac{R_{\mathrm{t}}^2 |B|}{a - R_{\mathrm{t}}|B|}}{1 + j\omega \dfrac{1}{a - R_{\mathrm{t}}|B|}} \tag{13-13}$$

令 $R_f = \dfrac{R_t^2|B|}{a - R_t|B|}$，$C_f = \dfrac{1}{R_t^2|B|}$，从而

$$Z_F = \frac{1}{Y_F} = R_t + \frac{R_f}{1 + j\omega R_f C_f} \tag{13-14}$$

所以，整个阻抗 Z 可表示为

$$Z = R_s + \cfrac{1}{j\omega C_{dl} + \cfrac{1}{R_t + \cfrac{R_f}{1 + j\omega R_f C_f}}} \tag{13-15}$$

于是，可采用图 13-3 所示的等效电路对 QSn6.5-0.1 锡青铜在模拟不同深度海水环境中的电化学阻抗谱数据进行拟合。考虑到弥散效应，采用常相位角 Q_{dl} 和 Q_f 分别代替双电层电容 C_{dl} 和膜电容 C_f。拟合结果见表 13-2。

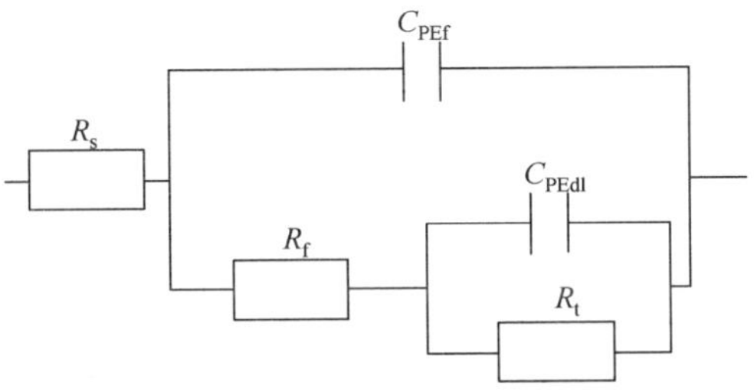

图 13-3　QSn6.5-0.1 锡青铜在模拟不同深度海水环境中的电化学阻抗谱拟合电路

表 13-2　QSn6.5-0.1 锡在模拟不同深度海水中的电化学测试拟合结果

深度/m	腐蚀电位/V	腐蚀电流密度/(A/cm^2)	膜电阻/(Ω/cm^2)	电荷转移电阻/(Ω/cm^2)	极化电阻/(Ω/cm^2)
0	–0.290	8.88×10^{-6}	1635	1312	2947
800	–0.290	5.05×10^{-7}	4063	9526	13589
1200	–0.278	9.55×10^{-7}		10240	10240
1600	–0.255	1.97×10^{-6}	5792	2023	7815

由于 $R_P = (Z_F)_{\omega=0}$，根据式(13-15)，极化电阻 $R_P = R_t + R_f$。由表中结果可知，QSn6.5-0.1 锡青铜的极化电阻随海水深度的增加先增大后减小，在模拟深度 0m 环境中最小，在模拟 800m 深海环境中最高。腐蚀电流密度随海水深度的增加先减小后增大，在模拟深度 0m 环境中最大，在模拟 800m 深海环境中最小。极化电阻和腐蚀电流密度两个参数的变化规律均表明：QSn6.5-0.1 锡青铜的耐腐蚀性

能随海水深度的增加先变好后变差，在模拟深度 0m 环境中最差，在模拟 800m 深海环境中最优。

13.2.2　模拟深海环境因素对 QSn6.5-0.1 锡青铜腐蚀行为的影响规律

设计了一组试验，通过单因素变化研究溶氧量、温度和静水压力对 X70 钢腐蚀行为的影响规律。首先在静水压力恒定(0.1MPa)条件下研究溶氧量和温度对 QSn6.5-0.1 锡青铜腐蚀行为的影响规律。图 13-4 为 QSn6.5-0.1 锡青铜在不同模拟海水环境中的动电位极化曲线。从图中可知，溶氧量和温度均对 QSn6.5-0.1 锡青铜在 3.5mass%NaCl 溶液中的电化学行为具有重要影响。温度的降低促进了 QSn6.5-0.1 锡青铜腐蚀电位正移，阴阳极腐蚀电流整体左移，腐蚀速率降低。溶氧量的降低促进 QSn6.5-0.1 锡青铜腐蚀电位负移，阴极腐蚀电流左移，腐蚀速率降低。图 13-5 为 QSn6.5-0.1 锡青铜在不同模拟海水环境中的电化学阻抗谱。从图中结果可知，温度和溶氧量的降低均促使阻抗谱的容抗弧半径和低频模值变大，表明耐腐蚀性能提高。

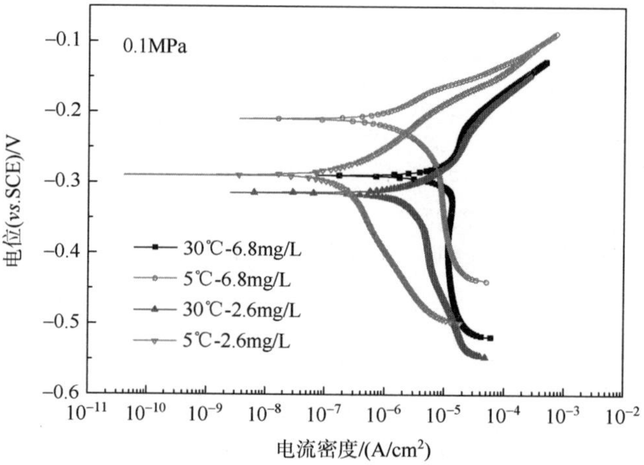

图 13-4　QSn6.5-0.1 锡青铜在不同模拟海水环境中的动电位极化曲线

在溶氧量和温度恒定(2.6mg/L，5℃)条件下研究静水压力对 QSn6.5-0.1 锡青铜腐蚀行为的影响规律。图 13-6 为 QSn6.5-0.1 锡青铜在不同静水压力条件下的动电位极化曲线。在低温、低溶氧量条件下，随着静水压力的增加，QSn6.5-0.1 锡青铜的自腐蚀电位上升，阴极反应电流增大，表明静水压力的增加促进了 QSn6.5-0.1 锡青铜的阴极反应，从而促进了腐蚀。图 13-7 为 QSn6.5-0.1 锡青铜在不同静水压力条件下的电化学阻抗谱。从图中结果可知，静水压力的增大促使阻抗谱的容抗弧半径和低频模值降低，耐腐蚀性能下降。

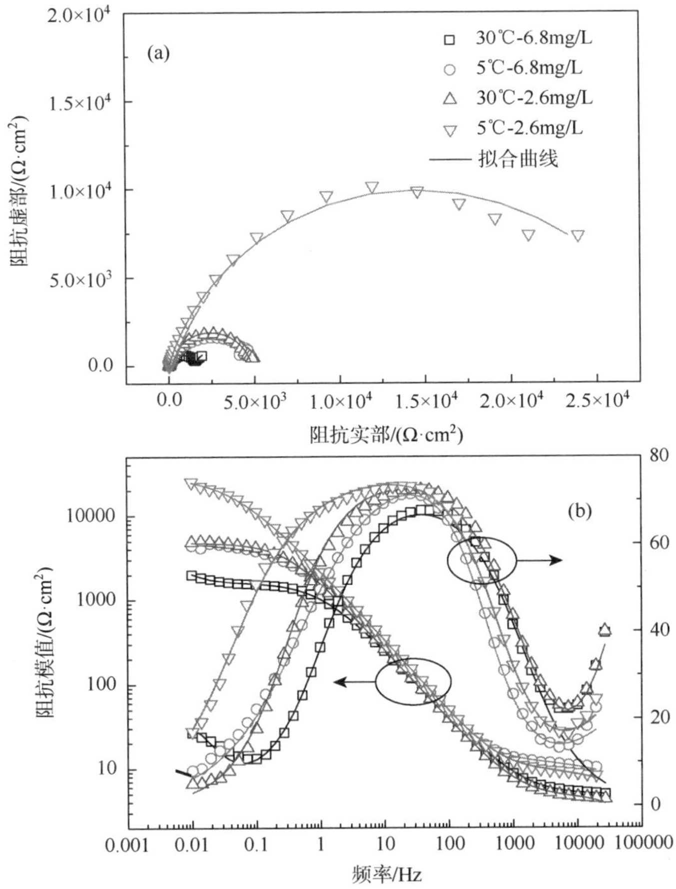

图 13-5　QSn6.5-0.1 锡青铜在不同模拟海水环境中的电化学阻抗谱

(a)Nyquist 图；(b)Bode 图

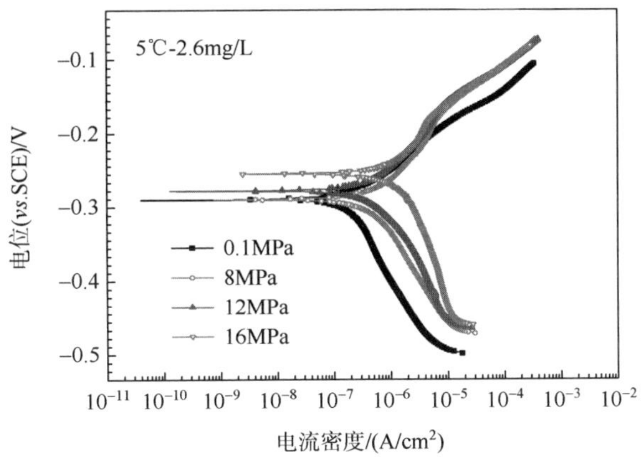

图 13-6　QSn6.5-0.1 锡青铜在不同静水压力条件下的动电位极化曲线

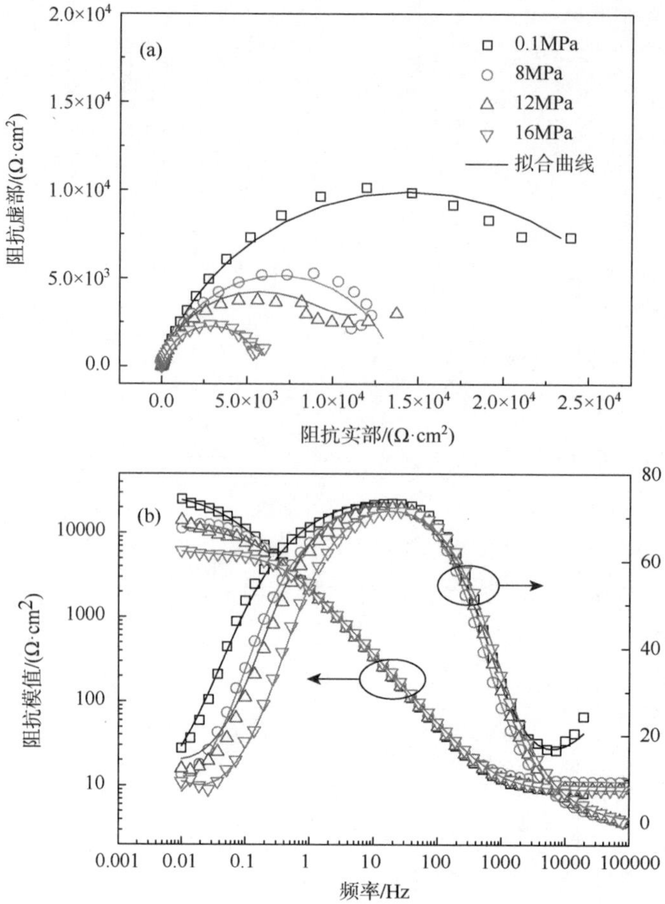

图 13-7　QSn6.5-0.1 锡青铜在不同静水压力条件下的电化学阻抗谱

(a)Nyquist 图；(b)Bode 图

采用图 13-3 所示的等效电路对 QSn6.5-0.1 锡青铜在不同模拟海水环境中的电化学阻抗谱数据进行拟合，结果见表 13-3。由表中结果可知，温度和溶氧量的降低促使 QSn6.5-0.1 锡青铜的腐蚀速率降低，而静水压力的增加促进其腐蚀。

表 13-3　QSn6.5-0.1 锡青铜在模拟不同模拟海水环境中的电化学测试拟合结果

环境	腐蚀电位/V	腐蚀电流/(A/cm²)	膜电阻/(Ω/cm²)	电荷转移电阻/(Ω/cm²)	极化电阻/(Ω/cm²)
30℃-6.8mg/L-0.1MPa	−0.290	8.88×10^{-6}	1635	1312	2947
5℃-6.8mg/L-0.1MPa	−0.210	5.60×10^{-6}	13.82	5354	5637
30℃-2.6mg/L-0.1MPa	−0.314	1.81×10^{-6}	4.67	4835	4835

续表

环境	腐蚀电位/V	腐蚀电流/(A/cm²)	膜电阻/(Ω/cm²)	电荷转移电阻/(Ω/cm²)	极化电阻/(Ω/cm²)
5℃-2.6mg/L-0.1MPa	−0.290	1.50×10^{-7}	10.6	30270	30281
5℃-2.6mg/L-8MPa	−0.290	5.05×10^{-7}	4063	9526	13589
5℃-2.6mg/L-12MPa	−0.278	9.55×10^{-7}		10240	10240
5℃-2.6mg/L-16MPa	−0.255	1.97×10^{-6}	5792	2023	7815

13.3　深海环境因素对材料腐蚀性能的影响规律

选用腐蚀电流密度指标评价腐蚀速率，将其随海水深度的变化作图，并与实海数据进行对比，如图 13-8 所示。从图中对比分析可知，采用模拟试验得到的结果与实海数据结果相一致，从而表明了实验室模拟方法和腐蚀因素控制的可靠性。通过以上研究，可以采用表 13-1 的实验室条件模拟深海的环境，按照这些条件，金属的腐蚀机理和主要影响因素都未发生变化，与实海投样暴露试验得到的腐蚀数据有良好的对应关系。由于各种金属材料深海电化学腐蚀机理基本相同，这些试验条件参数完全可以应用于其他金属材料的深海环境模拟加速试验中。

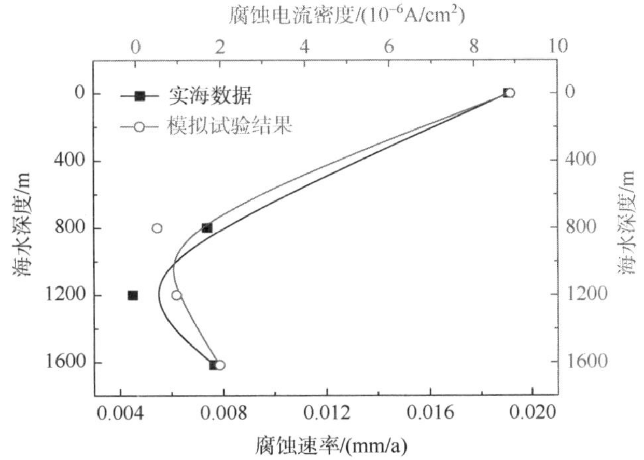

图 13-8　QSn6.5-0.1 锡青铜的模拟试验结果与实海数据对比图

13.4　本 章 小 结

以中国南海深海环境数据为依托，设计室内模拟试验，研究了深海主要环境因素(温度、溶氧量、静水压力)对材料腐蚀规律的影响机理。结论如下。

(1) QSn6.5-0.1 锡青铜的腐蚀速率随模拟海水深度的增加先降低后升高，腐蚀速率的最小值出现在海水深度 800～1200m 处。这与实海腐蚀数据结果相一致，从而表明了实验室模拟方法和腐蚀因素控制的可靠性。由于各种金属材料深海电化学腐蚀机理基本相同，这些试验条件参数完全可以应用于其他金属材料的深海环境模拟加速试验中。

(2) 温度的降低促进 QSn6.5-0.1 锡青铜腐蚀电位正移，阴阳极腐蚀电流整体左移，腐蚀速率降低；溶氧量的降低促使 QSn6.5-0.1 锡青铜腐蚀电位负移，阴极腐蚀电流左移，腐蚀速率降低；静水压力的增加促进了 QSn6.5-0.1 锡青铜的阴极反应，从而加速了腐蚀。

参 考 文 献

[1] Beccaria A M, Poggi G, Castello G. Effect of some surface treatments on kinetics of aluminum corrosion in NaCl solutions at various hydrostatic pressure[J].British Corrosion Journal，1986，21：19-27.

[2] Beccaria A M，Fiordiponti P，Mattogno G. The effect of hydrostatic pressure on the corrosion of nickel in slightly alkaline solutions containing Cl⁻ ions[J]. Corrosion Science，1989，29(4)：403-416.

[3] Beccaria A M，Poggi G，Arfelli M，et al. The effect of salt concentration on nickel corrosion behaviour in slightly alkaline solutions at different hydroatatic pressures[J]. Corrosion Science，1993，34(6)：989-1005.

[4] Beccaria A M，Poggi G，Gingaud D，et al. Effect of hydroatatic pressure on passivating power of corrosion layers formed on 6061 T6 aluminium alloy in sea water[J]. British Corrosion Journal，1994，29(1)：65-69.

[5] Beccaria A M，Poggi G，Castello G. Influence of passive film composition and sea water pressure on resistance to localized corrosion of some stainless steels in sea water[J]. British Corrosion Journal，1995，30(4)：283-287.

[6] Zhang T, Yang Y G, Shao Y W, et al. A stochastic analysis of the effect of hydrostatic pressure on the pit corrosion of Fe-20Cr alloy[J]. Electrochimica Acta，2009，54：3915-3922.

[7] Yang Y G，Zhang T，Shao Y W，et al. Effect of hydrostatic pressure on the corrosion behaviour of Ni-Cr-Mo-V high strength steel[J]. Corrosion Science，2010，52：2697-2706.

[8] 刘斌，丛园，张涛，等. 深海环境下静水压力对纯镍腐蚀行为的影响[J]. 腐蚀科学与防护技术，2009，21(1)：5-10.

[9] 刘斌，丛园，张涛，等. 深海环境下对纯镍腐蚀行为的影响Ⅲ——静水压力对纯镍点蚀机理的影响[J]. 腐蚀科学与防护技术，2011，23(3)：239-244.

[10] 刘杰，李相波，王佳. 模拟深海压力对 2 种低合金钢腐蚀行为的影响[J]. 金属学报，2011：47(6)：697-705.

第 14 章　深海环境因素对 X70 钢应力腐蚀敏感性的影响规律

第 12 章和第 13 章通过实海挂片试验和实验室分析手段相结合的方法，研究了典型金属材料在深海环境中的腐蚀规律和机理。为了进一步分析深海环境因素对材料腐蚀规律的影响机理，以中国南海深海环境数据为依托，设计室内模拟试验，研究了温度、溶氧量和静水压力对材料腐蚀行为的影响，并与实海挂片腐蚀数据结果相对比，确定了室内模拟试验和腐蚀因素控制的可靠性，为后续研究奠定了试验基础。

不过，这两章均是针对金属在无应力状态下的深海环境腐蚀进行的研究，而许多深海结构，如深海管线、锚泊系统张力腿、套管安全壳等，由于结构载荷、风浪载荷、海流作用、残余应力等普遍存在局部拉应力，由此极易引发应力腐蚀而导致灾难性后果，严重威胁深海装备的安全性和可靠性。但对材料在深海环境中的应力腐蚀行为的研究却很少。其中，美国海军工程实验室在进行材料的深海实海腐蚀试验时，也投试了部分带应力样品。采用三点弯加载方式制备应力为 30%～80%σ_s 的带应力试样。通过发生应力腐蚀断裂试样的数量来评价材料的应力腐蚀敏感性。这为深海装备的选材提供了依据，但这对于理解材料在深海环境中的应力腐蚀规律及其电化学机理还远远不够。然而，随着海洋石油开采从近海向深海发展，海底管线的重要性日益凸显，应用也越来越广泛。目前，主要应用的海底管线钢包括：X52、X60、X65、X70 和 X80 级别。恶劣的海洋环境对海底管线钢提出了更严格的质量要求。

本章以 X70 高强管线钢为研究对象，采用实验室模拟方法研究了其在 0～3000m 深海环境中的电化学和应力腐蚀行为以及各环境因素(温度、溶氧量、静水压力)对其电化学行为和应力腐蚀敏感性的影响。

14.1　模拟深海环境应力腐蚀试验方法

试验材料采用南京钢铁股份有限公司生产的 X70 钢板，热处理状态为热轧 + 调质，成分见表 14-1。与表 1-2 对比发现，X70 钢的化学成分与 E690 差异不大，这主要是由于管线钢属于压力容器类别，服役中存在内部压力，对其强韧性、焊接性和耐蚀性必须有更高的要求。X70 钢的机械性能与 E690 钢的机械性能也属于同一级别。

表 14-1　X70 钢的化学成分(wt%)

钢种	状态	化学成分									
		C	Mn	P	S	Si	V	Cr	Cu	Ni	Mo
X70	热轧 + 调质	0.045	1.53	0.013	0.0036	0.20	0.048	0.030	0.031	0.020	0.15

模拟我国南海 300～3000m 的深海环境，包括静水压力、pH、溶氧量、盐度和温度等因素，建立实验室模拟环境，具体环境参数如表 14-2 所示。测试溶液为 3.5mass% NaCl 溶液，pH = 7.5。溶液采用分析纯试剂和去离子水配制。采用浓 NaOH 溶液调节溶液 pH。测试温度采用 DC-3015 型低温恒温槽控制。在试验之前，向测试溶液中通不同时间高纯氮气来控制溶液的溶氧量，并采用 JPB-607A 型溶氧仪进行测定。试验体系的压力通过氮气加压的方式控制。其余试验同前章。

表 14-2　实验室模拟深海环境因素控制表

深度	溶氧量/(mg/L)	温度/℃	静水压力/MPa	pH	盐度/%
0m	6.8	30	0.1	7.5	3.5
860m	2.6	5	8.6	7.5	3.5
1500m	3.8	5	15	7.5	3.5
2000m	3.8	5	20	7.5	3.5
3000m	3.8	5	30	7.5	3.5

14.2　模拟深海环境应力腐蚀试验结果

14.2.1　X70 钢的金相组织观察

图 14-1 为 X70 管线钢的金相组织照片和夹杂物形貌图。从图中可以发现，X70 钢的组织主要由等轴的铁素体和贝氏体组成。钢中的夹杂物密度比较低。

14.2.2　深海环境因素对 X70 钢腐蚀电化学行为的影响规律

设计一组试验，通过单因素变化研究溶氧量、温度和静水压力对 X70 钢腐蚀行为的影响规律。图 14-2 和图 14-3 为 X70 管线钢在 3.5mass% NaCl 溶液中不同模拟环境因素条件下的动电位极化曲线结果。从图中可以发现，溶氧量、温度和静

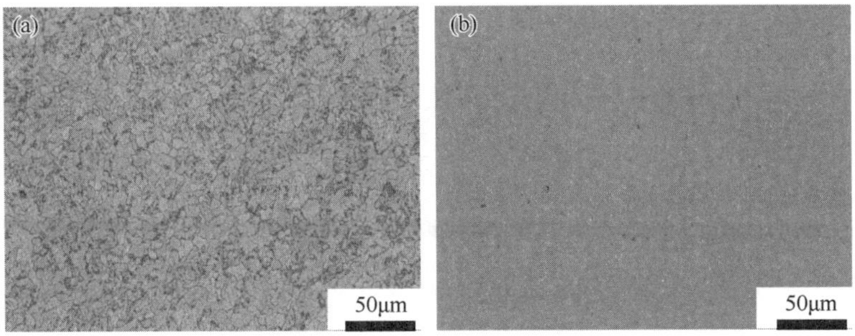

图 14-1 X70 钢的金相组织(a)和夹杂物形貌(b)

水压力均对 X70 钢在 3.5mass% NaCl 溶液中的电化学行为具有重要影响。其中，图 14-2 为在静水压力恒定(0.1MPa)条件下研究溶氧量和温度对 X70 钢腐蚀行为的影响规律。在模拟表层海水环境(高温 30℃ + 高溶氧量 6.8mg/L)中，由于溶氧量很高，阴极主要为吸氧反应，阳极表现为活性溶解。当溶氧量降低为 2.6mg/L 时，X70 钢的自腐蚀电位大幅下降，阴阳极反应电流也大幅降低；阴极反应由吸氧反应转变为析氢反应。当温度降为 5℃时，阴阳极反应电流均下降，腐蚀电位正移。从而，在低温(5℃)、低溶氧量(2.6mg/L)条件下，X70 钢的阳极反应虽然仍表现为活性溶解，但受到了抑制；阴极反应由吸氧反应转变为析氢反应。图 14-3 为在溶氧量和温度恒定(2.6mg/L 和 5℃)条件下研究静水压力对 X70 钢腐蚀行为的影响规律。在低温、低溶氧量条件下，随着静水压力的增加，X70 钢的自腐蚀电位正移，阳极反应受到抑制，阴极反应加速。由于图 14-2 和图 14-3 的极化曲线的阴阳极在强极化区均符合塔费尔规律，因此采用塔费尔区外推法对极化曲线进行拟合，结果见表 14-3。由拟合结果可知，溶氧量的降低促使 X70 的自腐蚀电位 E_{corr} 由

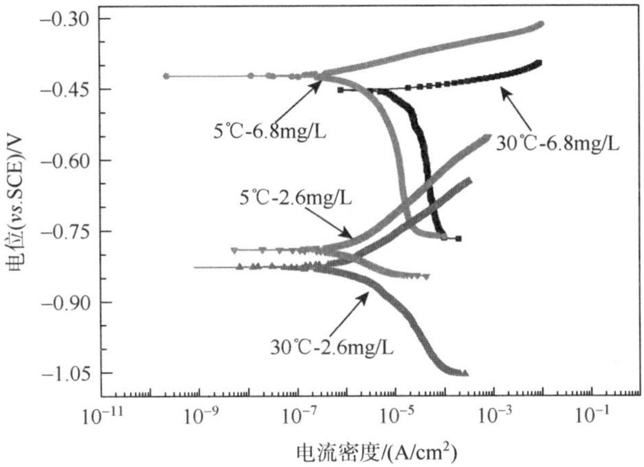

图 14-2 X70 钢在常压下不同溶氧量和温度条件下的动电位极化曲线

−0.448V(*vs*. SCE)下降为−0.800V(*vs*. SCE)，阴极塔费尔斜率 b_c 降低了 2/3，阳极塔费尔斜率 b_a 升高了 3 倍，从而自腐蚀电流密度 i_{corr} 降低了近一个数量级，腐蚀速率大幅下降。而温度的降低促使 b_a 升高、b_c 降低、E_{corr} 升高，i_{corr} 在高溶氧量(6.8mg/L)时降低为 4.61×10^{-6}A/cm^2；在低溶氧量(2.6mg/L)时降低为 1.29×10^{-6}A/cm^2。静水压力的增加促使 E_{corr} 升高，但 i_{corr} 先降低后升高，在静水压力为 15MPa 时达到最小值。总结各影响因素对 X70 钢腐蚀行为的影响：溶氧量和温度的降低促进了 X70 钢耐腐蚀性能的提高，且溶氧量的降低促使 X70 钢的阴极反应由吸氧反应向析氢反应转变；静水压力的增加促进了 X70 钢在海水中的阴极反应，抑制了其阳极反应。

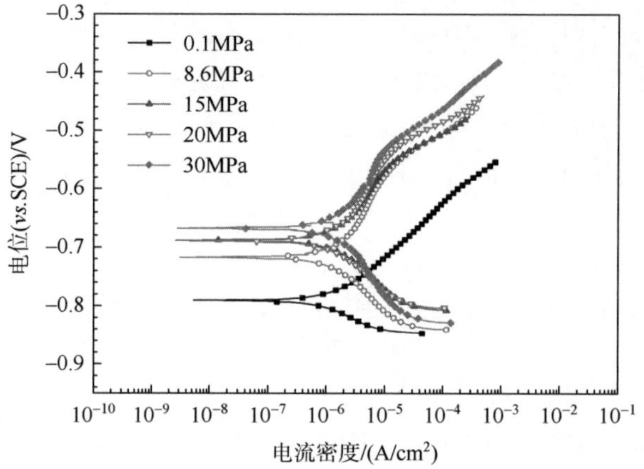

图 14-3　X70 钢在不同静水压力下(溶氧量 2.6mg/L，温度 5℃)的动电位极化曲线

表 14-3　动电位极化曲线测试拟合结果

环境	自腐蚀电位/V	自腐蚀电流密度/(A/cm^2)	b_a	b_c
0.1MPa-30℃-6.8mg/L	−0.448	2.45×10^{-5}	0.019	−0.700
0.1MPa-5℃-6.8mg/L	−0.395	4.61×10^{-6}	0.022	−0.555
0.1MPa-30℃-2.6mg/L	−0.800	2.94×10^{-6}	0.076	−0.163
0.1MPa-5℃-2.6mg/L	−0.788	1.29×10^{-6}	0.096	−0.043
8.6MPa-5℃-2.6mg/L	−0.727	1.24×10^{-6}	0.170	−0.090
15MPa-5℃-2.6mg/L	−0.695	0.84×10^{-6}	0.140	−0.084
20MPa-5℃-2.6mg/L	−0.698	1.39×10^{-6}	0.167	−0.085
30MPa-5℃-2.6mg/L	−0.675	1.53×10^{-6}	0.171	−0.128

14.2.3　X70 钢的应力腐蚀敏感性随海水深度的变化规律

1. 慢应变速率拉伸试验

图 14-4 为 X70 钢在不同模拟条件下的 SSRT 拉伸曲线。从图中结果对比可知，与在空气中的拉伸曲线相比，X70 钢在模拟不同深度海水中的拉伸曲线均表现为强度(σ)升高和延伸率(δ)下降，即表现出了不同程度的 SCC 敏感性。将在模拟不同深度海水中的拉伸曲线进行对比表明，随着海水深度的增加，X70 钢的断裂强度升高，延伸率先升高后降低，在模拟 1500m 深海环境中的延伸率最高。计算 X70 钢在不同模拟条件下的 SSRT 拉伸曲线的屈服强度($\sigma_{0.2}$)、抗拉强度(σ_b)、延伸率、断面收缩率(ψ)和真应变(ε)，并列于表 14-4 中。由于 X70 钢在模拟 2000m 和 3000m 深海环境中的应力-应变曲线没有明显的屈服点，因此将残余应变为 0.2% 的应力值($\sigma_{0.2}$)标记为屈服强度。

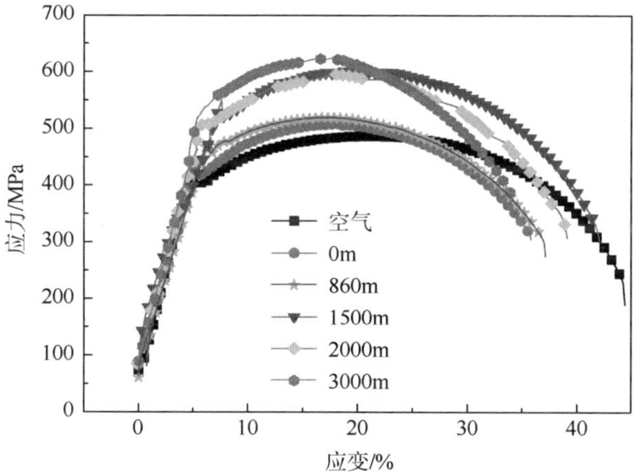

图 14-4　X70 钢在不同模拟条件下的应力-应变曲线

表 14-4　X70 钢在不同模拟条件下 SSRT 曲线的屈服强度($\sigma_{0.2}$)、抗拉强度(σ_b)、延伸率(δ)、断面收缩率(ψ)和真应变(ε)

	屈服强度/MPa	抗拉强度/MPa	延伸率/%	断面收缩率/%	真应变
空气中	407	487	44.7	88.9	2.20
深度 0m	428	509	34.0	77.0	1.47
深度 860m	457	521	35.0	78.8	1.55
深度 1500m	482	578	38.2	79.4	1.58
深度 2000m	506	594	36.2	78.9	1.56
深度 3000m	539	623	29.7	72.9	1.31

从表中结果可知，X70 钢在空气中拉伸的屈服强度和抗拉强度最低，分别为 407MPa 和 487MPa；延伸率、断面收缩率和真应变最高，分别达到了 44.7%、88.9% 和 2.20。在溶液中拉伸的屈服强度和抗拉强度均较空气中增加，延伸率、断面收缩率和真应变均降低。随着模拟海水深度的增加，X70 钢的屈服强度和抗拉强度逐渐升高；延伸率、断面收缩率和真应变均表现为先升高后降低。在模拟 1500m 深海水环境中的延伸率(38.2%)、断面收缩率(79.4%)和真应变(1.58)最高，在模拟 3000m 深海水环境中的延伸率(29.7%)、断面收缩率(72.9%)和真应变(1.31)最低。

为了分析 X70 钢的 SCC 敏感性随海水深度的变化，分别计算其在模拟不同深度海水中 SSRT 后的延伸率损失(I_δ)、断面收缩率损失(I_ψ)和断裂韧性损失(I_ε)。三个 SCC 敏感性指标的计算结果见图 14-5。整体来说，韧性损失指标 I_δ、I_ψ 和 I_ε 规律一致，均随海水深度的增加而先降低后升高，在模拟 1500m 深海环境中的韧性损失最小，在模拟 3000m 深海环境中的韧性损失最大。这表明 X70 钢在模拟 3000m 深海环境中的 SCC 敏感性最高，而在模拟 1500m 深海环境中的 SCC 敏感性最低。

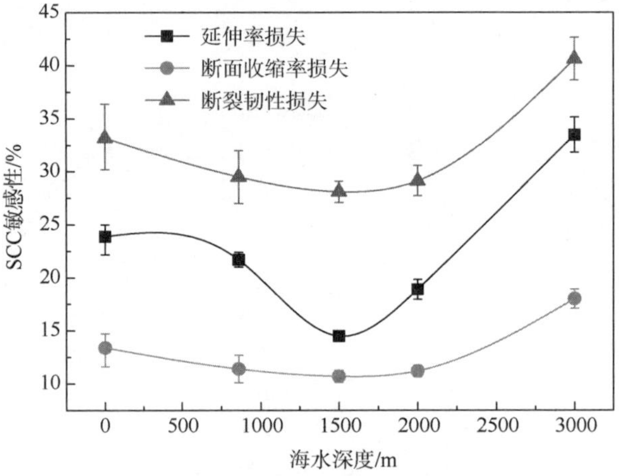

图 14-5　X70 钢在模拟海水环境中的 SCC 敏感性随海水深度的变化

2. 断口形貌观察

图 14-6 为 X70 钢在不同模拟条件下的 SSRT 试样断口 SEM 观察。从图中结果可知，X70 钢在空气中拉伸，宏观断口表现出明显的颈缩变形，电镜下断口表面微观形貌为韧窝形貌，表现出韧性特征。X70 钢在模拟海水条件下拉伸，宏观断口的颈缩程度减小，断口平面与拉应力方向大致呈 45°断面断裂，属于剪切型断裂，这种断裂的裂纹扩展阻力比较大，体现了 X70 钢尚具有一定的韧性，对 SCC 还有一定的抗力。从微观形貌 SEM 观察，X70 钢在模拟海水条件下拉伸断口边缘区域均存在一定的脆性断口区域。其中，在模拟深度 0m 和 3000m 深海

环境下的断口微观形貌已不再是韧窝形貌，而表现出明显的脆性特征。而在模拟 860m、1500m 和 2000m 深海环境下的断口微观形貌还具有一定的韧窝形貌，但相比于空气拉伸试样，断口上的韧窝密度大幅降低，且更为平整，并伴有脆性特征。这些结果与图 14-4 和图 14-5 所示的试验结果相一致。

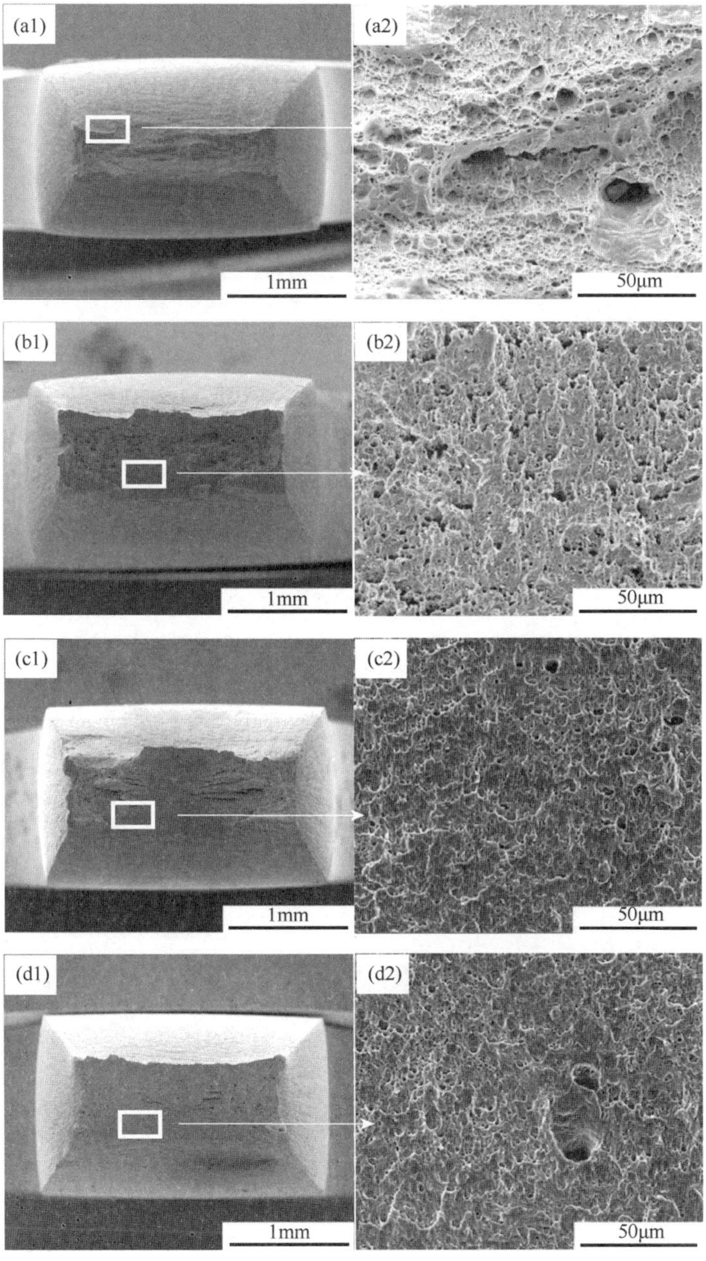

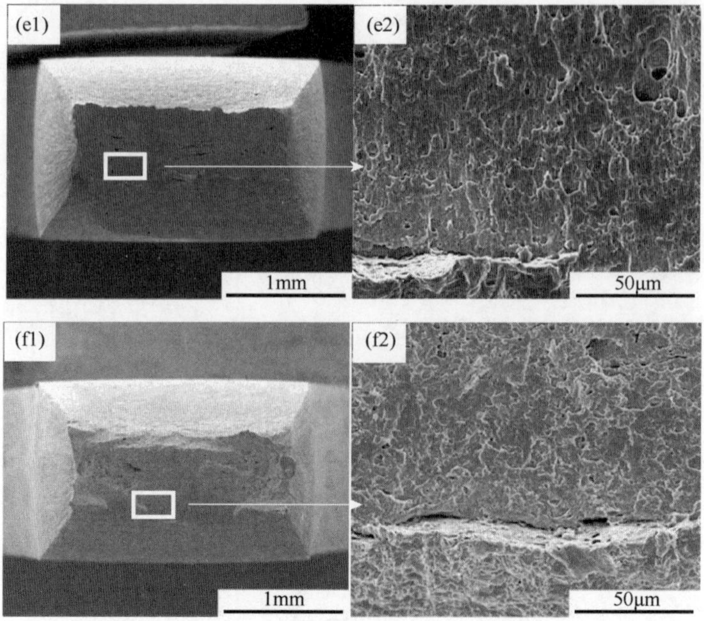

图 14-6　X70 钢在不同模拟条件下的 SSRT 试样断口 SEM 观察

(a)空气；(b)0m；(c)860m；(d)1500m；(e)2000m；(f)3000m

对 X70 钢在不同模拟条件下的 SSRT 试样侧面断口附近的区域进行了 SEM 观察，如图 14-7 所示。从图中结果可知，X70 钢试样侧面均出现了微裂纹。裂纹向内扩展方向均与表面法线方向大致呈 45°，属于剪切裂纹，这种裂纹扩展阻力比较大，体现了 X70 钢尚具有一定的韧性，对 SCC 还有一定的抗力。裂纹横向扩展方向均大约为直线，而不显示沿晶界形状的曲折，由此可以判断这些裂纹的扩展模式都是穿晶型。从而，X70 钢在模拟海水环境中的 SCC 裂纹扩展模式是穿晶应力腐蚀裂纹(TGSCC)。其中，X70 钢空拉后侧面的微裂纹很小，难以分辨。在模拟海水环境下拉伸后，X70 钢试样侧面的微裂纹无论是数量还是尺寸均增加。但在模拟深度 0m 和 3000m 深海环境下，样品的侧面微裂纹开口更大。

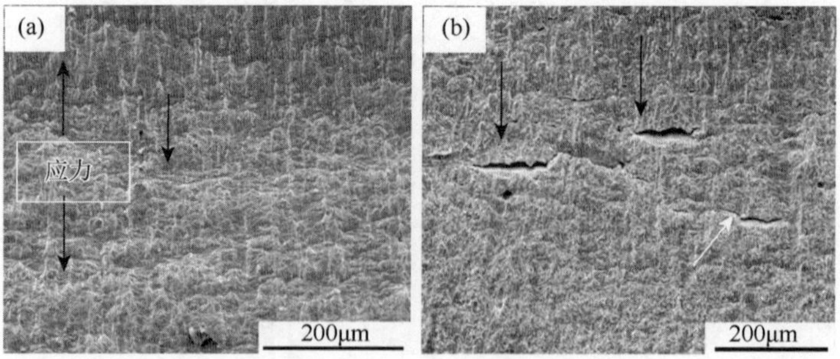

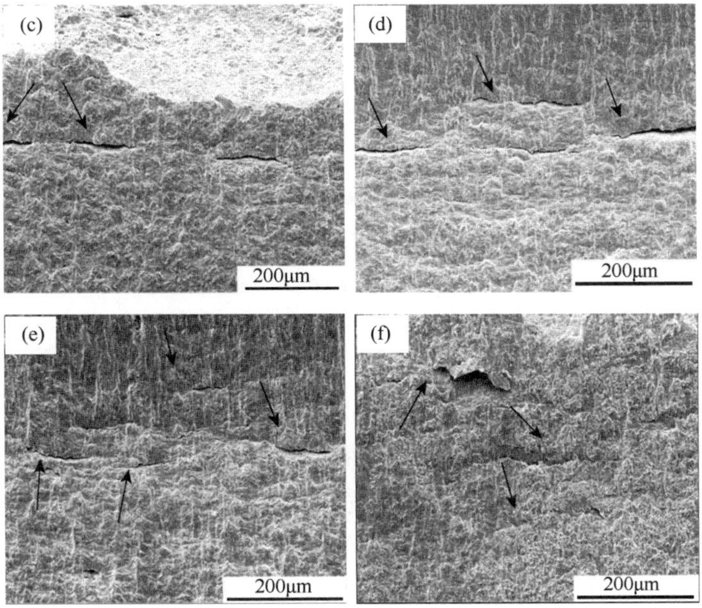

图 14-7　X70 钢在不同模拟条件下的 SSRT 试样侧面裂纹 SEM 观察

(a)空气；(b)0m；(c)860m；(d)1500m；(e)2000m；(f)3000m

在对侧面微裂纹进行观察的过程中，发现了如图 14-8 所示的贯穿点蚀坑的微裂纹。这说明裂纹是以点蚀坑为源萌生并进一步扩展的。

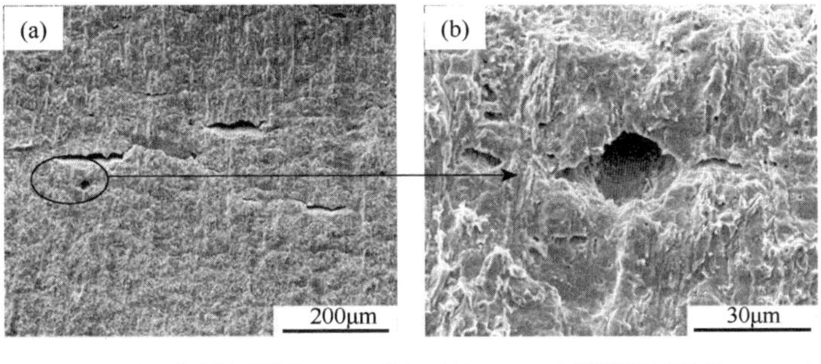

图 14-8　X70 钢在模拟深度 0m 环境下的 SSRT 试样侧面裂纹 SEM 观察

14.3　模拟深海环境中应力腐蚀机理与规律

在中性溶液中，吸氧反应可表示为

$$O_2 + 2H_2O + 4e^- \longrightarrow 4OH^- \tag{14-1}$$

基于能斯特方程，它在 25℃时的平衡电位可以表示为

$$E_{e(OH^-/O_2)} = 1.229 - 0.0591\text{pH} \tag{14-2}$$

从而，吸氧反应在模拟海水环境(pH = 7.5)中的平衡电位约为 $E_{e(OH^-/O_2)}$ = 0.786V(*vs*. SHE) = 0.545V(*vs*. SCE)。

析氢反应可表示为

$$2H^+ + 2e^- \longrightarrow H_2 \tag{14-3}$$

基于能斯特方程，它在25℃时的平衡电位可以表示为

$$E_{e(H_2/H^+)} = -0.0591\text{pH} \tag{14-4}$$

从而，析氢反应在模拟海水环境(pH = 7.5)中的平衡电位约为 $E_{e(H_2/H^+)}$ = −0.443V(*vs*. SHE) = −0.684V(*vs*. SCE)。

结合动电位极化曲线测试结果(图 14-2 和图 14-3)可知：X70 钢在模拟浅海环境中主要的阴极反应为吸氧反应，而在模拟深海环境中的主要阴极反应转变为析氢反应。这是由于深海中的溶氧量低的缘故。

将 X70 钢在模拟 860m 深海环境中的腐蚀行为与在模拟深度 0m 环境中的相比较(图 14-2 和图 14-3，表 14-3)，可知：①阴极反应由吸氧反应转变为析氢反应；②阳极反应受到抑制；③腐蚀电流密度由 2.45×10^{-5}A/cm^2 降为 1.28×10^{-6}A/cm^2。这些都与 X70 钢在模拟 860m 深海环境中的应力腐蚀敏感性比在模拟深度 0m 环境中的降低有关(图 14-4 和图 14-5)，需要进一步的研究。

X70 钢在模拟深海环境中的阴极反应为式(14-3)所示的析氢反应。众所周知，析氢反应在电极表面上可分为三个主要步骤进行：①反应质点在电极表面发生放电反应，生成吸附氢原子；②由两个吸附在金属表面上的氢原子进行化学反应而复合成一个氢分子；③由一个氢离子同一个吸附在金属表面上的氢原子进行电化学反应而形成一个氢分子。

$$H_2O + e^- \longrightarrow H_{ad} + OH^- \tag{14-5}$$

$$2H_{ad} \longrightarrow H_2 \tag{14-6}$$

$$H^+ + H_{ad} + e^- \longrightarrow H_2 \tag{14-7}$$

一部分氢原子电化学结合为氢分子离开电极表面进入气相；另一部分氢原子吸附在电极表面并向金属内部扩散。渗透氢将在金属中局部聚集并对材料的应力腐蚀行为产生重要影响。根据氢致局部塑形模型(hydrogen-enhanced localization plasticity model，HELP)，溶解氢在恒定应力下会增加位错移动。这是由于溶解氢降低了活化面积 A^*和激活焓 ΔH^*，这与氢致位错势垒降低一致。很多学者通过在 TEM 中的原位应变试验观察到氢促进了位错移动[1-3]。但是，很少有关于氢致软化的报道。多数研究表明，引入金属内部的氢促进了流变应力的增加[4-7]。这种现象的原因可总结为：①宏观样品充氢导致近表面的损伤，这将导致流变应力的增加；②有限的滑移面的局部化。

在不存在氢的情况下，存在局部剪切力样品的流变应力 τ_l 对均匀变形样品的流变应力 τ_u 的比值为

$$\tau_l / \tau_u \to (l_u / l_l)^{1/m} \tag{14-8}$$

式中，l_l 为局部剪切力发生时的标距；l_u 为相对均匀变形时的标距；m 为与材料相关的指数，在 1～30 之间变化。

当氢改变了位错对外加应力的响应时，局部剪切力对流变应力的影响更加复杂。测得的流变应力 τ 可表示为

$$\tau = \left(\frac{i}{\rho_m b v_0 l_0} \right)^{1/m} \tag{14-9}$$

式中，i 为拉伸机的位移速率；ρ_m 为滑移位错的密度；b 为伯格斯矢量；v_0 为材料的常数。由于位移速率 i 由试验机器决定，存在氢的流变应力与不含氢的流变应力的比值为

$$\frac{\tau_H}{\tau} = \frac{(\rho_m v_0)^{1/m}}{(\rho_{m,H} v_{0,H})^{1/m_H}} \tag{14-10}$$

式中，m_H 为氢存在时的值。当同时存在局部剪切力和氢对位错滑移的影响时，流变应力的比值为

$$\frac{\tau_{H,l}}{\tau} = \left(\frac{\tau_l}{\tau_u} \right) \left(\frac{\tau_H}{\tau} \right) = \left(\frac{l_u}{l_l} \right)^{1/m} \frac{(\rho_m v_0)^{1/m}}{(\rho_{m,H} v_{0,H})^{1/m_H}} \tag{14-11}$$

式中，$\tau_{H,l}$ 为同时存在氢和局部滑移时的流变应力。

试验证明氢既可以促进流变应力的增加，也可以促进流变应力的降低，这取决于剪切力局部化(τ_l / τ_u)的程度和氢对位错滑移(τ_H/τ)的影响。所以，测得的宏观应力应变行为表现的流变应力的增加是由氢致局部剪切力造成的，即氢也造成了位错滑移阻力的降低。即宏观硬化发生在

$$\left(\frac{l_u}{l_l} \right) > \frac{(\rho_{m,H} v_{0,H})^{m/m_H}}{(\rho_m v_0)} \tag{14-12}$$

宏观软化发生在

$$\left(\frac{l_u}{l_l} \right) < \frac{(\rho_{m,H} v_{0,H})^{m/m_H}}{(\rho_m v_0)} \tag{14-13}$$

X70 钢中渗透氢的引入是由于其在模拟深海环境中的阴极析氢反应。从而，氢渗透量与析氢反应的电流密度(i_H)有关。在平衡态，总的阴极反应速率与总的阳极反应速率相等：

$$\left| i_H^{\rightarrow} \right| + \left| i_{Fe}^{\rightarrow} \right| = i_H^{\leftarrow} + i_{Fe}^{\leftarrow} \tag{14-14}$$

式中，反向箭头表示阴极反应方向。在腐蚀电位 E_{corr} 下，式(14-14)可表示为

$$i_{Fe}^{\leftarrow}-\left|i_{Fe}^{\rightarrow}\right|=\left|i_{H}^{\rightarrow}\right|-i_{H}^{\leftarrow}=i_{corr} \tag{14-15}$$

用 i_H 替换 $\left|i_{H}^{\rightarrow}\right|-i_{H}^{\leftarrow}$，表示在腐蚀电位 E_{corr} 下的析氢反应电流密度。

X70 钢在不同的模拟深海环境下的强度($\sigma_{0.2}$ 和 σ_b)与 i_H 的比较图如图 14-9 所示。由结果可知，X70 钢在大于 1500m 深海环境中的强度值随 i_H 的增加而增加。在这种情况下，剪切力的局部化效应与氢致位错滑移效应相比更显著。但在模拟 860m 深海环境下，i_H 的增加导致了 X70 钢的软化，表明在这一点氢致位错滑移效应占主导。所以，氢对强度的影响是很复杂的，需要进一步研究。

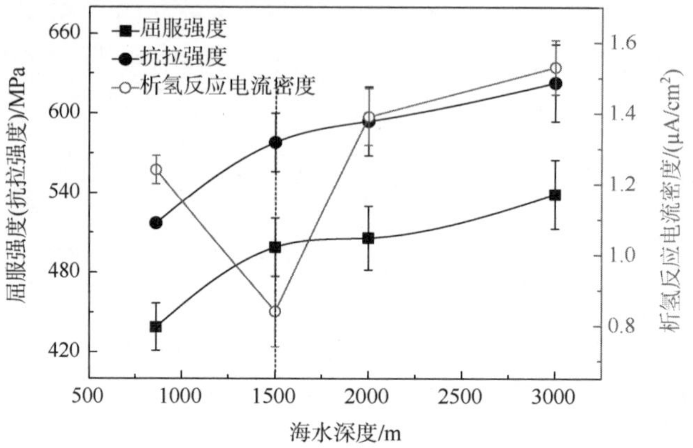

图 14-9　X70 钢在模拟深海环境下的强度($\sigma_{0.2}$ 和 σ_b)与 i_H 的比较图

X70 钢在深海环境中的 SCC 敏感性可以由 I_δ、I_ψ、I_ε 表征，如图 14-5 所示。X70 钢在模拟 860m 深海环境中的 SCC 敏感性与在深度 0m 环境中的 SCC 敏感性相比下降。这是由于在溶氧量、温度和静水压力的综合作用下，X70 钢的阳极溶解速率降低。当模拟深度超过 860m 时，X70 钢的腐蚀以及 SCC 行为主要由静水压力的变化控制，因为其他因素基本不变。静水压力随水深的增加线性增加，加速了阴极反应，抑制了阳极反应。从而，在腐蚀电位 E_{corr} 下的析氢反应电流密度 i_H 先降低后增加，在 15MPa 下达到最小值。X70 钢在不同的模拟深海环境下的应力腐蚀敏感性(I_δ、I_ψ 和 I_ε)与 i_H 的比较图如图 14-10 所示。由图中结果可知，应力腐蚀敏感性(I_δ、I_ψ 和 I_ε)的变化规律与 i_H 的变化规律相一致。即 X70 钢在深海环境中的应力腐蚀敏感性随氢渗透量的增加而增加。

文献报道，间隙氢可以在位错和其他弹性应力场周围形成柯垂尔气团[8, 9]。氢气团的分布将位错和弹性场分开，降低了位错和弹性场的交互作用。Birnbaum 和 Sofronis 采用线弹性理论和有限元技术计算了氢气团对具有相同伯格斯矢量的刃

型位错之间、刃型位错和溶解原子之间相互作用能的影响。考虑到氢气团会在位错周围形成，他们考虑了两种弹性相互作用：一种是与氢引入缺陷应力场相关的一次交互作用；另一种是由溶解氢引起的局部塑形模量的变化而产生的二次交互作用。一次膨胀交互作用 W_{int} 可以表示为[10]

$$W_{\text{int}} = \sigma_{\text{ij}}^{\text{disl}} \varepsilon_{\text{ij}}^{\text{H}} \tag{14-16}$$

式中，$\sigma_{\text{ij}}^{\text{disl}}$ 为位错应力场；$\varepsilon_{\text{ij}}^{\text{H}}$ 为溶解氢的应变场。交互作用随 $1/r$ 变化，r 为与位错的距离。氢与位错的二次弹性交互作用 W'_{int} 可以表示为

$$W'_{\text{int}} = \left(\frac{1}{2}\right) \varepsilon_{\text{ij}}^{\text{disl}} \varepsilon_{\text{kl}}^{\text{disl}} V_{\text{H}} \left(C'_{\text{ijkl}} - C_{\text{ijkl}}\right) \tag{14-17}$$

式中，$\varepsilon_{\text{ij}}^{\text{disl}}$ 和 $\varepsilon_{\text{kl}}^{\text{disl}}$ 为位错应变；V_{H} 为溶解氢改变弹性模量的体积；C'_{ijkl} 和 C_{ijkl} 分别为存在氢和不存在氢时的弹性刚度系数。这个二次交互作用随 $1/r^2$ 变化，当 $\left(C'_{\text{ijkl}} - C_{\text{ijkl}}\right) < 0$ 时，会产生一个弱的短程氢气团；当 $\left(C'_{\text{ijkl}} - C_{\text{ijkl}}\right) > 0$ 时，会产生短程氢损耗。当不存在氢时，在同一滑移系上具有相同伯格斯矢量的两个平行刃型位错之间产生相互排斥。然而氢的屏蔽作用降低了滑移面上位错之间的排斥力。与氢相关的位错排斥力的降低在很大程度上取决于表观氢浓度。当氢浓度足够高时，氢的应力场短程排斥力会变成吸引力，这可能会导致主要位错在堆积源聚集融合和产生裂纹。所以，X70 钢在模拟深海环境中的应力腐蚀敏感性随氢渗透量的增加而增加。

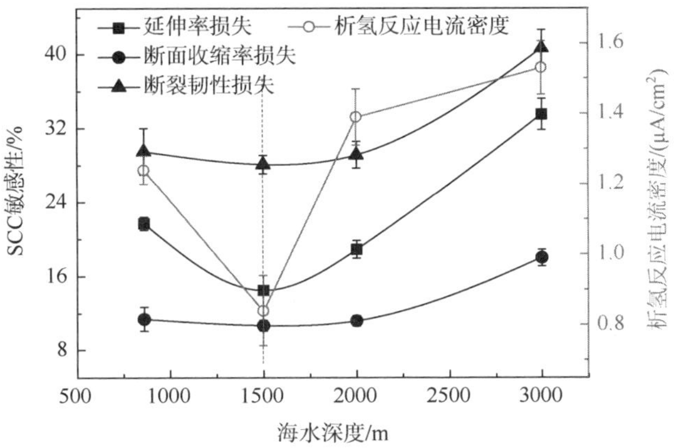

图 14-10　X70 钢在模拟深海环境下的应力腐蚀敏感性(I_δ、I_ψ 和 I_ε)与 i_{H} 的比较图

14.4　本 章 小 结

以 X70 钢为研究对象，采用实验室模拟方法研究了其在 0～3000m 深海环境

中的电化学和应力腐蚀行为以及各环境因素(温度、溶氧量、静水压力)对其电化学行为和应力腐蚀敏感性的影响。结论如下：

(1) 溶氧量、温度和静水压力均对 X70 钢在模拟深海环境中的电化学行为具有重要影响。溶氧量和温度的降低促进了 X70 钢耐腐蚀性能的提高，且溶氧量的降低促使 X70 钢的阴极反应由吸氧反应向析氢反应转变；静水压力的增加促进了 X70 钢在海水中的阴极反应，抑制了其阳极反应。

(2) 阴极析氢反应促进了金属中的氢渗透，且阴极析氢电流密度随静水压力的增加先降低后升高，在 15MPa 下达到最小值。从而，X70 钢在模拟 1500m 深海环境中的 SCC 敏感性最低，在模拟 3000m 深海环境中的 SCC 敏感性最高。即 X70 钢在深海水环境中的应力腐蚀敏感性随氢渗透量的增加而增加。这可以用氢致局部塑形模型解释。与氢相关的应力腐蚀在很大程度上取决于表观氢浓度，足够高的氢浓度会导致位错堆积和裂纹的产生。

(3) X70 钢的强度均随模拟海水深度的增加而升高。这与阴极反应中氢的引入有关。渗透氢不仅降低了位错滑移的阻力，而且促进了剪切力的局部化。然而，氢对材料强度的影响很复杂，需要进一步研究。

参考文献

[1] Rozenak P，Robertson I M，Birnbaum H K. HVEM studies of the effects of hydrogen on the deformation and fracture of AISI type 316 austenitic stainless steel[J]. Acta Metallurgica et Materialia，1990，38(11)：2031-2010.

[2] Robertson I M，Birnbaum H K. An HVEM study of hydrogen effects on the deformation and fracture of nickel[J]. Acta Metallurgica，1986，34：353-366.

[3] Shih D，Robertson I M，Birnbaum H K. Hydrogen embrittlement of alpha titanium alloys-in situ TEM studies[J]. Acta Metallurgica，1988，36(1)：111-124.

[4] West J M. Basic Corrosion and Oxidation[M]. Ellis Horwood：Halsted Press，1980.

[5] Kurtz R J，Hoagland R G，Hirth J P. In：Chu S N G，Liaw P K. Micromechanics of Advanced Materials[M]. Warrendale，PA：TMS，1995：37.

[6] Rousselier G. Ductile fracture models and their potential in local approach of fracture[J]. Nuclear Engineering & Design，1987，105：97-111 .

[7] Lapovok R. Damage evolution under severe plastic deformation[J]. International Journal of Fracture，2002，115(2)：159-172.

[8] Birnbaum H K，Sofronis P. Hydrogen-enhanced localized plasticity—a mechanism for hydrogenrelated fracture[J]. Materials Science and Engineering，1994，A176：191-202.

[9] Sirois E，Birnbaum H K. Effects of hydrogen and carbon on thermally activated deformation of nickel[J]. Acta Metallurgica et Materialia，1992，40：1377-1385.

[10] Robertson I M. The effect of hydrogen on dialocation dynamics[J]. Engineering Fracture Mechanics，2001，68：671-692.

第 15 章　氢对 X70 钢在深海环境中应力腐蚀敏感性的影响

前章采用实验室模拟方法，研究了 X70 钢在深海环境中的应力腐蚀行为及其敏感性，发现在深海环境中，X70 钢的阴极反应为析氢反应，部分氢原子吸附在电极表面并向金属内部扩散。引入的氢可以降低位错滑移的阻力，促进位错滑移，同时也会促进位错密度增加。当氢浓度足够高时，主要位错在堆积源聚集融合，产生局部剪切力，促进裂纹产生。因此，X70 钢在深海水环境中的应力腐蚀敏感性随阴极析氢量的增加而增加。即氢对 X70 钢在深海环境中的应力腐蚀行为具有重要影响。尽管众多学者对氢脆机理进行了广泛研究，但对氢脆机理至今仍未完全研究清楚，也未形成统一的认识。目前比较得到认可的氢脆机理包括：应力诱发氢化物形成和解理模型、氢致局部塑形模型和氢致结合力降低模型。总而言之，氢致局部塑形模型更适用于塑性断裂，而氢致结合力降低模型更适用于脆性断裂。前章的研究表明，X70 钢在深海环境中的应力腐蚀行为更符合氢致局部塑形模型。进一步研究氢在深海环境中 X70 钢应力腐蚀机理与演化规律十分必要。

本章采用电化学充氢的方法，重点研究了高压下 X70 钢中的氢渗透行为，以及充氢电流密度对 X70 钢在深海环境中的应力腐蚀行为和敏感性的影响。并结合氢渗透动力学曲线测试，计算不同充氢电流密度下的表面平均氢浓度，确定 X70 钢在深海环境中的应力腐蚀敏感性转变的临界氢浓度。

15.1　模拟深海环境试验方法

试验材料同前章。充氢溶液采用 0.2mol/L NaOH + 0.25g/L 硫脲，充氢前对充氢液充氮气除氧 1h。采用两种方式进行电化学充氢，一种固定充氢电流密度为 10mA/cm^2，充氢时间分别为 24612h 和 24h，充氢压力分别为 0.1MPa 和 5MPa；另一种固定充氢时间为 24h，充氢压力为 5MPa，充氢电流密度分别为 10mA/cm^2、25mA/cm^2、50mA/cm^2、100mA/cm^2、200mA/cm^2 和 1000mA/cm^2。

充氢结束后，立即用 0.2mol/L NaOH 溶液对充氢样品进行清洗，并移至 0.2mol/L NaOH 的测氢溶液中。在测试前用氮气对 NaOH 测氢溶液进行除氧 1h，并保持测量过程中持续通氮气。采用三电极体系进行氢浓度的测定，待测试样为工作电极，铂片电极为对电极，饱和甘汞(SCE)电极为参比电极。施加 168mV(*vs.*

SCE)的恒电位对样品进行阳极极化，监测阳极电流随时间的变化曲线。采用未充氢的空白试样测量背景电流，令充氢样品的阳极电流减去背景电流即为氢氧化电流。其余试验同前章。

15.2 氢对模拟深海环境应力腐蚀敏感性影响的试验结果

15.2.1 静水压力对 X70 钢中氢渗透行为的影响

1. 氢分析

在金属中，氢以氢原子形式存在。在稀 NaOH 溶液中阳极电场的作用下，吸附的氢原子从金属中扩散出来并在金属界面被氧化。由于发生了式(15-1)的反应，从而产生氢氧化电流(i_H)。

$$H \longrightarrow H^+ + e^- \tag{15-1}$$

氢氧化电流密度的大小与金属表面氢原子的密度成正比。根据 i_H 和相应的电量(Q)可以计算阴极充氢过程中金属中的吸附氢浓度(C)，并由此评价材料的氢损伤敏感性。通过对 i_H-t 曲线进行积分(计算 i_H-t 曲线下的面积)，可以求出 Q。平均氢浓度 $C(10^{-6}\ mol/cm^3)$与 Q 的关系为

$$C = \frac{Q}{zFV} \tag{15-2}$$

式中，F 为法拉第常量(96487C/mol)；V 为样品的有效体积(cm^3)；z 为电子数($z = 1$)。

研究表明，吸附氢浓度 C 与充氢电流密度 i_c 之间存在以下关系

$$C \propto i_c^{1/2} \tag{15-3}$$

从而 C-i_c 的双 log 曲线为直线。作为一种高效的金属充氢方法，阴极充氢被广泛应用。氢保留率(R)表示氢向金属内部扩散速率与氢在金属表面结合速率的关系。充氢过程的氢保留率可以用吸附氢的电量除以总的充氢电量计算：

$$R = \frac{Q}{i_c t_0} \tag{15-4}$$

式中，t_0 为充氢时间。基于式(15-2)、式(15-3)和式(15-4)，可知：

$$R \propto i_c^{-1/2} \tag{15-5}$$

从而 R-i_c 的双 log 曲线也为直线。

2. 氢氧化电流密度分析

首先测量未充氢的空白试样在 0.2mol/L NaOH 溶液中 168mV(*vs*. SCE)电压下的电流密度 i_0 作为背景电流密度，令充氢后样品的阳极电流密度 i 减去背景电流

密度 i_0 即为氢氧化电流密度 i_H，如图 15-1 所示。将 X70 钢在不同静水压力(0.1MPa 和 5MPa)下充氢不同时间后的 i_H 随时间的变化作图，如图 15-2 和图 15-3 所示。从试验结果可知 X70 钢在不同静水压力下充氢后的 i_H 均随充氢时间的延长而增加。对每一条 i_H-t 曲线进行积分求出电量 Q，并按照式(15-2)计算样品的吸附氢浓度 C。将 X70 钢在不同静水压力(0.1MPa 和 5MPa)下充氢后的 C 以时间为横轴作图，如图 15-4 所示。首先，X70 钢在不同静水压力下充氢后的 C 均随充氢时间的延长而增加，且逐渐趋于稳定。比较不同静水压力下的氢渗透动力曲线可知，在高压下氢渗透得更快，渗氢量更多，即高压促进了氢在 X70 钢中的渗透。

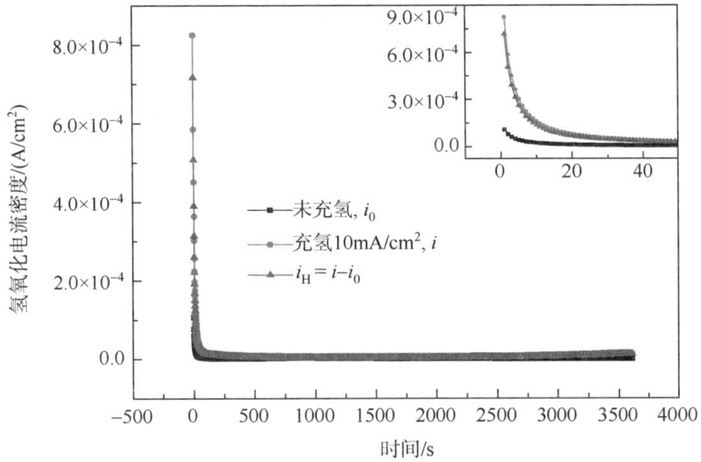

图 15-1　X70 钢在 0.1MPa 下充氢 2h 后的氢氧化电流密度计算图

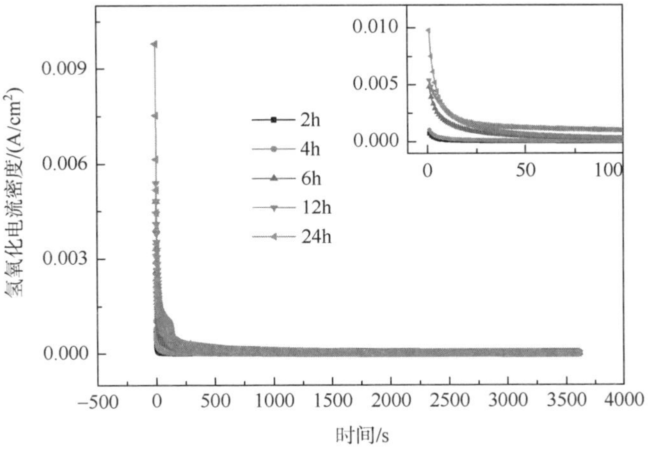

图 15-2　X70 钢在 0.1MPa 下充氢不同时间后的氢氧化电流密度比较图

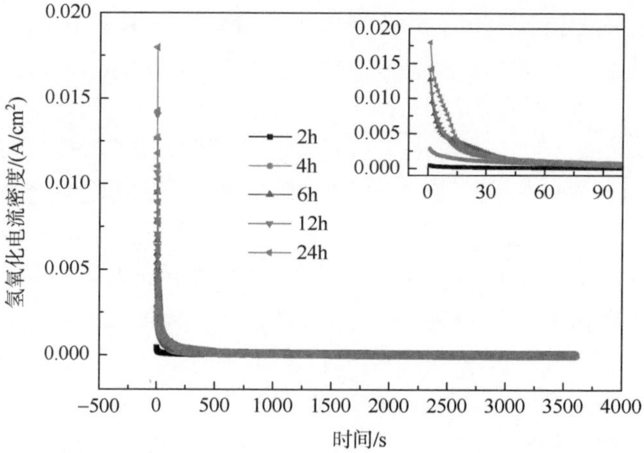

图 15-3　X70 钢在 5MPa 下充氢不同时间后的氢氧化电流密度比较图

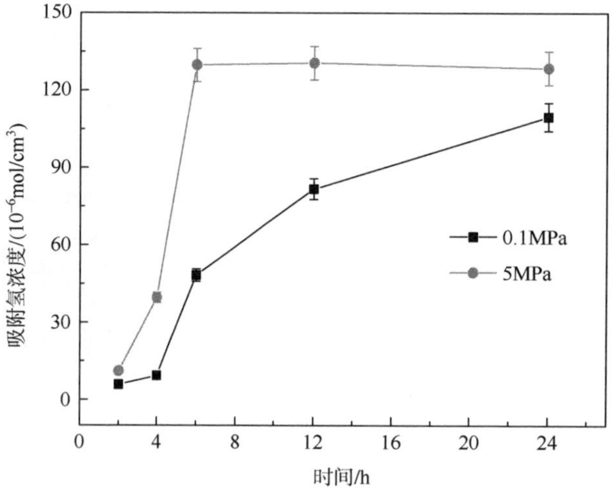

图 15-4　X70 钢在不同静水压力下充氢不同时间后的氢浓度比较图

15.2.2　充氢电流密度对 X70 钢高压下氢渗透行为的影响

将 X70 钢在不同充氢电流密度(10mA/cm^2、25mA/cm^2、50mA/cm^2、100mA/cm^2、200mA/cm^{2}和 1000mA/cm^2)下充氢 24h 后的 i_H 随时间的变化作图，如图 15-5 所示。对每一条 i_H-t 曲线进行积分求出电量 Q，并按照式(15-2)计算样品的吸附氢浓度 C。将 X70 钢在不同充氢电流下充氢 24h 后的吸附氢浓度 C 以充氢电流密度为横轴作图，并对横纵坐标同时取 log，如图 15-6 所示。从图中结果可知，平均氢浓度随充氢电流密度的增大而增大，且同时取 log 之后符合线性关系，拟合后符合以下关系，与式(15-3)相一致。

$$C = 53.7 \times i_c^{1/2} \tag{15-6}$$

按照式(15-4)计算不同充氢电流密度下的充氢过程的氢保留率(R)，并以充氢电流密度为横轴作图，对横纵坐标同时取 log，如图 15-7 所示。从图中结果可知，氢保留率随充氢电流密度的增大而减小，且同时取 log 之后符合线性关系，拟合后符合以下关系，与式(15-5)相一致。

$$R = 0.003 \times i_c^{-1/2} \tag{15-7}$$

通过以上分析可知，X70 钢中的平均氢浓度随充氢电流密度的增大而增加，但充氢效率降低。

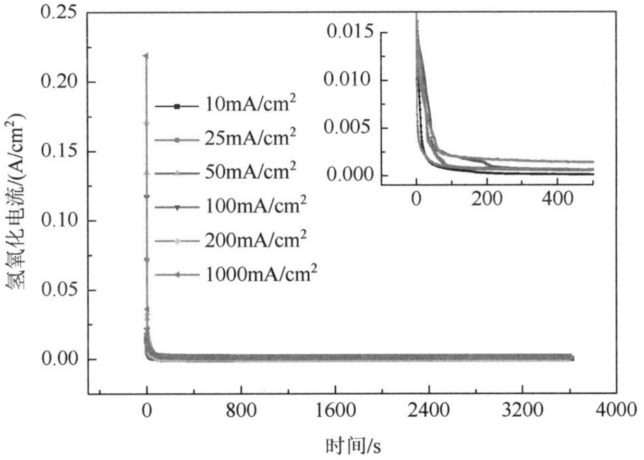

图 15-5　X70 钢在不同电流密度下充氢 24h 后的氢氧化电流比较图

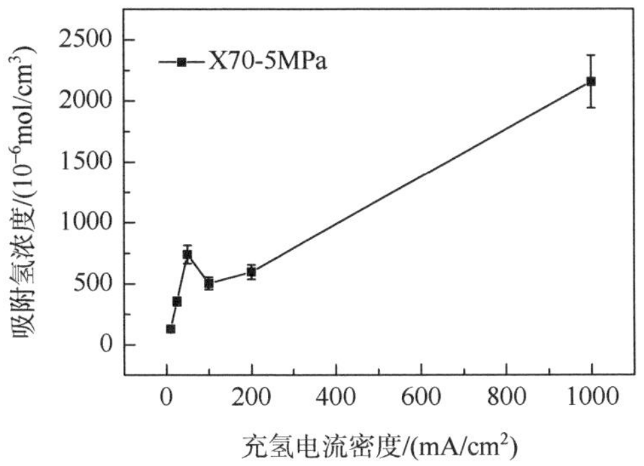

图 15-6　X70 钢在 5MPa 下充氢 24h 后的氢浓度随充氢电流密度的变化

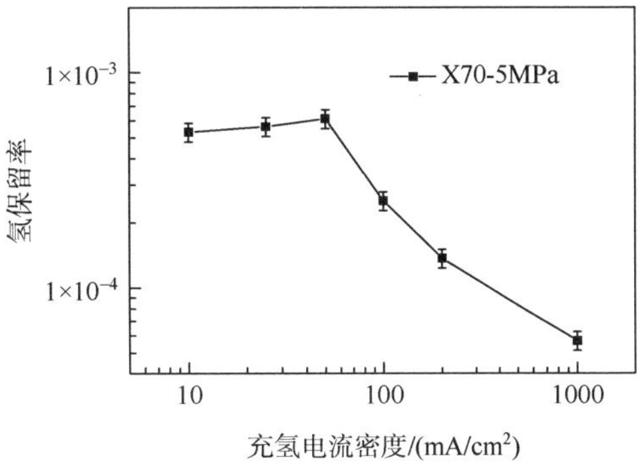

图 15-7　X70 钢在 5MPa 下充氢 24h 过程中的氢保留率随充氢电流密度的变化

15.2.3　充氢对 X70 钢在深海环境中应力腐蚀敏感性的影响

1. 慢应变速率拉伸试验

图 15-8 为 X70 钢在不同电流密度(0mA/cm^2、10mA/cm^2、25mA/cm^2、50mA/cm^2、100mA/cm^2、200mA/cm^2)下充氢 24h 后在模拟 500m 深海环境下的 SSRT 拉伸曲线。从图中结果对比可知，充氢对 X70 钢在模拟 500m 深海环境下的屈服强度(σ_s)影响不大。当充氢电流密度小于 25mA/cm^2 时，X70 钢的延伸率(δ)变化较小；当充氢电流密度达到 50mA/cm^2 时，X70 钢的延伸率变大；当充氢电流密度达到 100mA/cm^2 时，X70 钢的延伸率随充氢电流密度的增加而下降。计算 X70 钢在不同电流密度下充氢 24h 后在模拟 500m 深海环境下的 SSRT 拉伸曲线的延伸率(δ)、断面收缩率(ψ)和真应变(ε)，并列于表 15-1 中。从表中结果可知，X70 钢在 10mA/cm^2 充氢后的延伸率(35.8%)与未充氢的(36.7%)相比略有下降；在 25mA/cm^2 充氢后的延伸率(35.9%)与未充氢的(36.7%)相近；当充氢电流密度达到 50mA/cm^2 时，X70 钢的延伸率上升，达到 40.6%；继续增加充氢电流密度达到 100mA/cm^2 时，X70 钢的延伸率随充氢电流密度的增加而下降。X70 钢在模拟 500m 深海环境中 SSRT 拉伸曲线的断面收缩率(ψ)和真应变(ε)随充氢电流密度的变化规律一致，表现为：当充氢电流密度小于 25mA/cm^2 时，X70 钢的断面收缩率和真应变变化较小，略有上升；当充氢电流密度达到 50mA/cm^2 时，X70 钢的断面收缩率和真应变均随充氢电流密度的增加而下降。

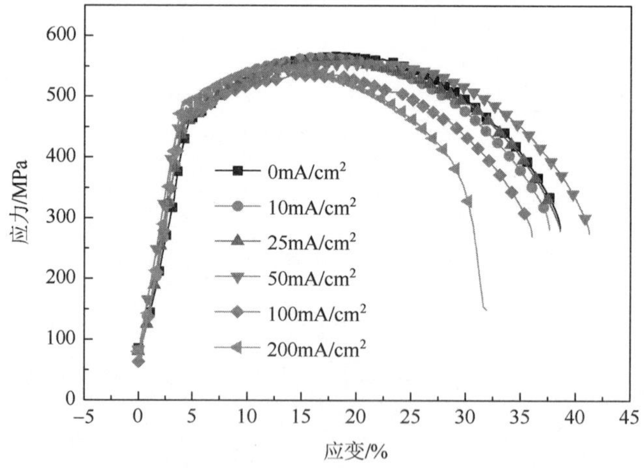

图 15-8　X70 钢在不同电流密度下充氢 24h 后在模拟深海 500m 环境下的应力-应变曲线

表 15-1　X70 钢在不同电流密度下充氢 24h 后的 SSRT 曲线的延伸率(δ)、断面收缩率(ψ)和真应变(ε)

充氢电流密度	延伸率/%	断面收缩率/%	真应变
0mA/cm^2	36.7	82.1	1.72
10mA/cm^2	35.8	82.5	1.74
25mA/cm^2	36.9	82.6	1.75
50mA/cm^2	40.6	81.8	1.70
100mA/cm^2	33.3	78.2	1.52
200mA/cm^2	30.9	72.7	1.30

为了分析 X70 钢的 SCC 敏感性随充氢电流密度的变化，分别计算其在不同电流密度下充氢 24h 后在模拟 500m 深海环境中拉伸后的延伸率损失(I_δ)、断面收缩率损失(I_ψ)和断裂韧性损失(I_ε)，计算公式见式(5-5)～式(5-7)。三个 SCC 敏感性指标的计算结果见图 15-9。当充氢电流密度小于 25mA/cm^2 时，X70 钢的三个 SCC 敏感性指标变化较小。其中，断面收缩率损失和断裂韧性损失出现小幅下降，而延伸率损失小幅波动。当充氢电流密度大于 25mA/cm^2 时，X70 钢的断面收缩率损失和断裂韧性损失均表现为随充氢电流密度的增加而增大；而延伸率损失在 50mA/cm^2 时下降，之后随充氢电流密度的增加而增大。综合表现为：X70 钢的 SCC 敏感性随充氢电流密度的增加先降低后升高，断面收缩率损失和断裂韧性损失表现为在 25mA/cm^2 充氢后的 SCC 敏感性最低，延伸率损失表现为在 50mA/cm^2 充氢后的 SCC 敏感性最低。

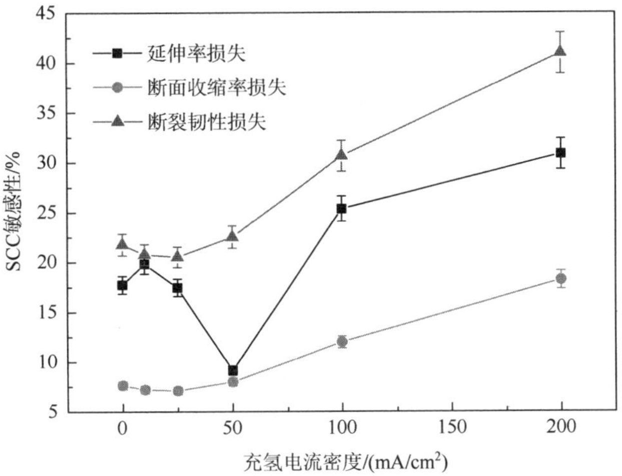

图 15-9　X70 钢在模拟 500m 深海环境中的 SCC 敏感性随充氢电流密度的变化

2. 断口形貌观察

图 15-10 为 X70 钢在不同电流密度下充氢 24h 后 SSRT 试样断口的 SEM 观察。从图中结果可知，X70 钢在未充氢的条件下拉伸，宏观断口表现出明显的颈缩变形，拉伸断口边缘区域存在一定的脆性断口区域。X70 钢在 10mA/cm^2 和 25mA/cm^2

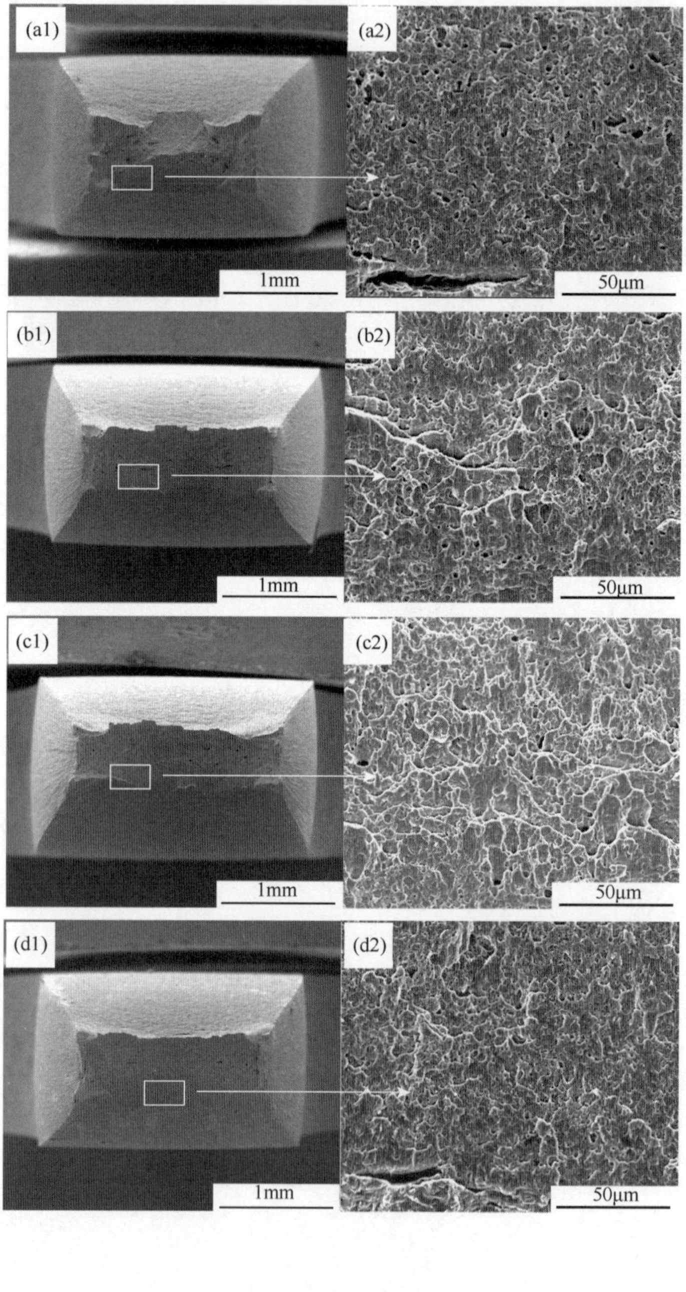

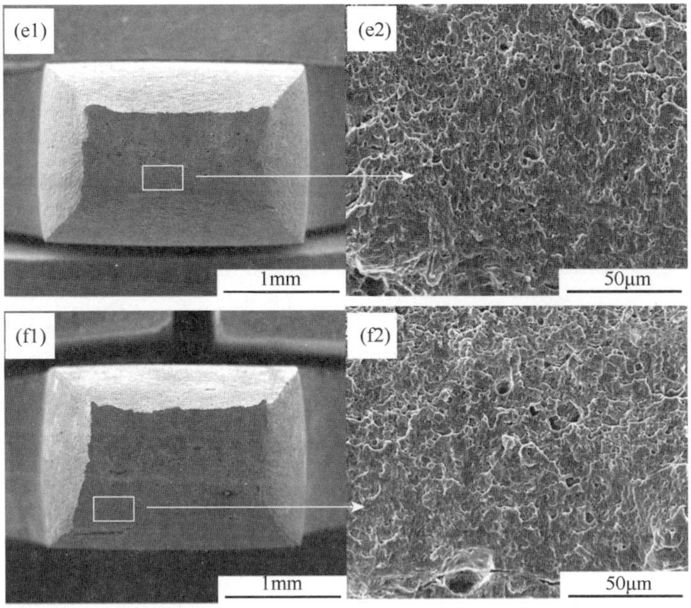

图 15-10　X70 钢在不同电流密度下充氢 24h 后在模拟 500m 深海环境下 SSRT 试样断口 SEM 观察

(a)0mA/cm²；(b)10mA/cm²；(c)25mA/cm²；(d)50mA/cm²；(e)100mA/cm²；(f)200mA/cm²

下充氢后拉伸断口的颈缩变形进一步增大，断口边缘存在部分脆性断口区域。当充氢电流密度进一步增大时，拉伸断口的颈缩程度减小，断口更平整，SEM 微观形貌表明脆性特征更显著。

对 X70 钢在不同电流密度下充氢 24h 后的 SSRT 试样侧面断口附近的区域进行了 SEM 观察，如图 15-11 所示。从图中结果可知，X70 钢试样侧面均出现了微裂纹。裂纹横向扩展方向均大约为直线，而不显示沿晶界形状的曲折，由此可以判断这些裂纹的扩展模式都是穿晶型。由此可知，X70 钢充氢后在模拟海水环境中的 SCC 裂纹扩展模式是穿晶应力腐蚀裂纹。其中，X70 钢在 100mA/cm^2 和 200mA/cm^2 下充氢后拉伸断口侧面的微裂纹开口增大。

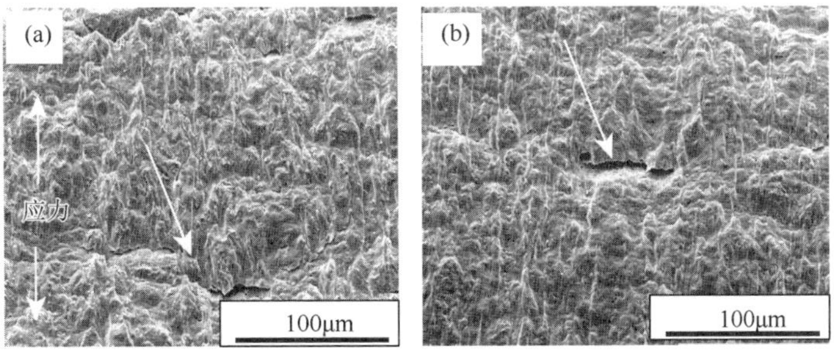

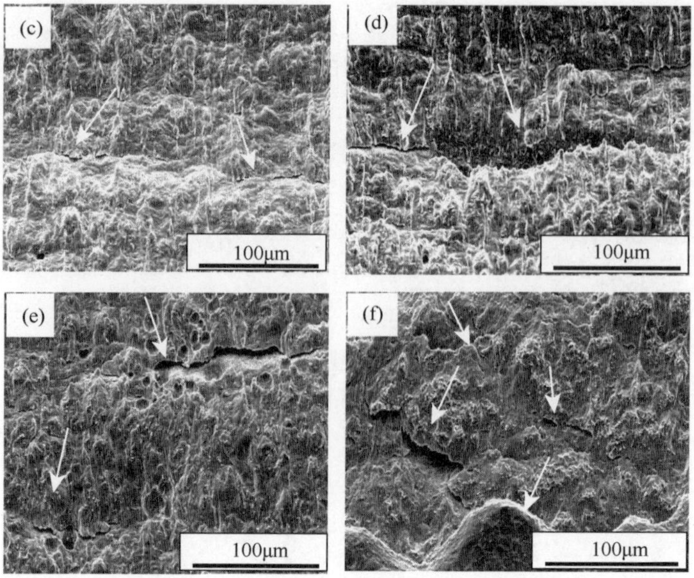

图 15-11　X70 钢在不同电流密度下充氢 24h 后在模拟 500m 深海环境下的 SSRT 试样侧面裂纹 SEM 观察

(a)0mA/cm^2；(b)10mA/cm^2；(c)25mA/cm^2；(d)50mA/cm^2；(e)100mA/cm^2；(f)200mA/cm^2

在对侧面微裂纹进行观察的过程中，发现了如图 15-12 所示的贯穿点蚀坑的微裂纹。这说明裂纹是以点蚀坑为源萌生并进一步扩展的，且在点蚀坑多的区域裂纹数量最多、尺寸最大。

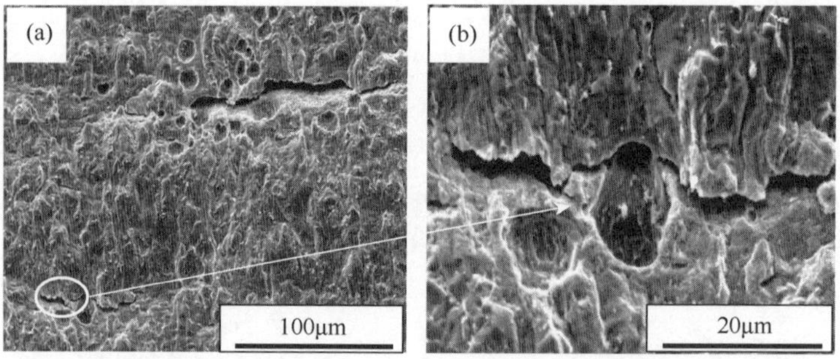

图 15-12　X70 钢在 200mA/cm^2 下充氢 24h 后的 SSRT 试样侧面裂纹 SEM 观察

15.3　氢对模拟深海环境应力腐蚀敏感性的影响

王荣采用电化学充氢的方法研究了氢对 X70 钢断裂韧性 K_{IQ} 的影响[1]。研究结果表明，当充氢电流密度≤25mA/cm^2 时，氢促进了断裂韧性 K_{IQ} 的小幅提高。王荣将此电流密度称为临界充氢电流密度。在此电流密度以下，存在硬化效应，最高使 K_{IQ} 增加 11.8%。当电流密度高于临界电流密度时，K_{IQ} 值随充氢电流密度的增加而下降。当充氢电流密度为 1000mA/cm^2 时，K_{IQ} 值降低了 13.7%。这种效应也在纯铁中观察过[2]。其他研究也表明，X 系管线钢(X60、X70、X80 和 X100)断裂韧性的降低需要足够高的充氢电流密度[3]或者足够长的充氢时间[4]。从而，管线钢的脆化需要足够高的氢浓度。这和本章试验结果相一致，X70 钢的 SCC 敏感性随充氢电流密度的增加先降低后升高。即氢对 X70 钢在模拟深海环境中 SCC 的作用是非线性的，存在一个 SCC 敏感性转折点对应的充氢电流密度，高于此充氢电流密度，X70 钢的 SCC 敏感性逐渐升高。这可以用氢致局部塑形模型解释，扩散进入基体的氢可以在位错和其他弹性应力场周围形成柯垂尔气团。氢气团的分布将位错和弹性场分开，降低了位错和弹性场的交互作用。从而引入的氢可以降低位错滑移的阻力，促进位错滑移，同时也会促进位错密度增加。当氢浓度足够高时，主要位错在堆积源聚集融合，产生局部剪切力促进裂纹的产生，增加了材料的 SCC 敏感性。

根据 SSRT 试验结果(图 15-9)可以确定增加 X70 钢 SCC 敏感性的临界充氢电流密度，由断面收缩率损失(I_ψ)和断裂韧性损失(I_ε)得到的临界充氢电流密度为 25mA/cm^2，由延伸率损失(I_δ)得到的为 50mA/cm^2。基于安全考虑，取此临界充氢电流密度为 25mA/cm^2。根据氢渗透行为研究结果(图 15-6)，得出 X70 钢中的吸附氢浓度 C 与充氢电流密度 i_c 之间的关系为：$C = 53.7 \times i_c^{1/2}$ 。从而，根据氢渗透动力学和 SSRT 结果，可以算出增加 X70 钢 SCC 敏感性的临界吸附氢浓度 $C = 2.68\times10^{-4}$mol/cm^3。

15.4　本 章 小 结

采用电化学充氢的方法，重点研究了高压下 X70 钢中的氢渗透行为，充氢电流密度对 X70 钢在深海环境中的应力腐蚀行为和敏感性的影响。结论如下：

(1) X70 钢在不同静水压力下充氢后的吸附氢浓度 C 均随充氢时间的延长而增加，并逐渐趋于稳定。但在高压下氢渗透得更快，渗氢量更多。即高压促进了氢在 X70 钢中的渗透。

(2) 吸附氢浓度 C 随充氢电流密度的增大而增大，符合 $C = 53.7 \times i_c^{1/2}$ 关系；氢保留率 R 随充氢电流密度的增大而减小，符合 $R = 0.003 \times i_c^{-1/2}$ 关系。

(3) X70 钢的 SCC 敏感性随充氢电流密度的增加先降低后升高，断面收缩率损失(I_ψ)和断裂韧性损失(I_ε)表现为在 25mA/cm^2 充氢后的 SCC 敏感性最低，延伸率损失(I_δ)表现为在 50mA/cm^2 充氢后的 SCC 敏感性最低。

(4) 氢对 X70 钢在模拟深海环境中 SCC 的作用是非线性的，根据氢渗透动力学关系和 SSRT 结果，可以算出增加 X70 钢 SCC 敏感性的临界吸附氢浓度 $C = 2.68\times10^{-4}$mol/cm^3。

参 考 文 献

[1] Wang R. Effects of hydrogen on the fracture toughness of a X70 pipeline steel[J]. Corrosion Science，2009，51：2803-2810.

[2] Chen L，Liu M Z. A study of hydrogen effect on deformation and fracture microprocess in pure iron[J]. Acta Metallurgica Sinica，1981，17：541-548.

[3] Hardie D，Charles E A，Lopez A H. Hydrogen embrittlement of high strength pipeline steels[J]. Corrosion Science，2006，48：4378-4385.

[4] Zhao Y，Wang R. An investigation on mechanical behaviors of pipeline steel X70 after electrochemical hydrogen charging[J]. Journal of Chinese Society for Corrosion and Protection，2004，24：293-296.

第16章 应变对X70钢在深海环境中应力腐蚀的影响规律

前几章研究了X70钢在模拟深海环境(0～3000m)中的应力腐蚀行为和规律，并重点研究了氢对其应力腐蚀敏感性的影响，确定了增加X70钢SCC敏感性的临界表面吸附氢浓度。然而，应力腐蚀是载荷与腐蚀耦合作用的结果。应力也是影响材料SCC的重要因素，且应力会对材料的腐蚀电化学行为产生影响。很多学者研究了在弹性或塑性应变条件下应力对材料腐蚀电化学行为和SCC的影响规律，以及应力和腐蚀电化学的交互作用。E. M. Gutman提出了力学化学效应：在加工硬化阶段，变形促进金属电极电位的下降和阳极电流的增加。改变的程度与应变强化率相关。力学和电化学效应的交互作用提高了金属表面活性，加速了结构件的断裂。但在深海环境下变形对材料的腐蚀电化学行为和SCC的影响还未见报道。

本章采用U形弯和拉伸加载的方式研究了预应变对X70钢在深海环境下腐蚀电化学行为以及SCC敏感性的影响规律。

16.1 模拟深海环境试验方法

试验材料和试验方法同前章。按照前章控制不同的试验条件，模拟深度0m、860m和1200m深海环境进行U形弯浸泡试验，浸泡时间60天。按照国标GB/T 15970.3的方法制备U形弯试样，如图16-1所示。试验结束后，线切割样品顶部和颈部进行微观形貌观察。

图16-1 U形弯试样照片

慢应变速率拉伸试验：先在高压(5MPa)下进行不同程度的预拉伸变形(弹性区，预应力为屈服强度的 0%、40%、72%和 100%；塑性区，塑性预应变为 2%、4.5%、7.5%和 12%)，并在测试溶液中浸泡 24h，然后进行慢应变速率拉伸试验。测试环境为模拟 500m 深海环境(静水压力 5MPa，溶氧量 2.6mg/L)。

16.2 应变对模拟深海环境应力腐蚀敏感性影响的试验结果

16.2.1 应变对 X70 钢在深海环境中腐蚀电化学行为的影响

为了进一步研究 X70 钢在深海环境中的 SCC 行为以及应力对其腐蚀电化学行为的影响，进行 X70 钢在模拟深海环境中的 U 形弯浸泡试验。图 16-2 为 X70 钢 U 形弯试样在不同模拟条件下浸泡后的宏观形貌照片。从图中结果可知，由于浅海环境中氧含量充足，X70 钢在模拟深度 0m 环境中表面有一层疏松的红褐色锈层，将这层浮锈去除后，内层为相对致密的黑色腐蚀产物，整体表现为均匀腐蚀。对锈层进行 XRD 物相分析，如图 16-3 所示。可知 X70 钢在海水中的腐蚀产物分为两层：外层由 γ-FeOOH 和 Fe_3O_4组成，内层主要为 Fe_3O_4。由锈层的表面元素 EDS 分析可知(图 16-4)，锈层中除了有铁的氧化物外，还有微量 Cl 元素存在，即 Cl 元素参与腐蚀产物的生成。而在模拟深海环境中，X70 钢发生了点蚀，即深海环境促使 X70 钢发生了由均匀腐蚀向局部腐蚀的转变。

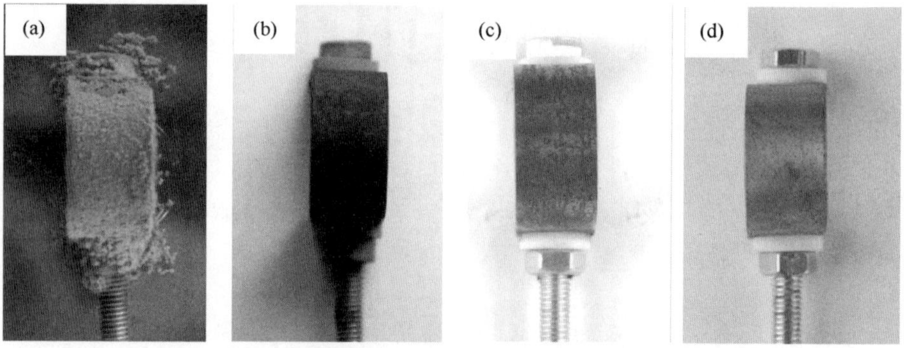

图 16-2　X70 钢 U 形弯试样在不同模拟条件下浸泡后的宏观形貌照片

(a)0m 表面；(b)0m 内层锈；(c)860m 内层锈；(d)1200m 内层锈

切取 U 形弯试样应力集中(顶部)区域(除锈后)进行 SEM 微观形貌观察，如图 16-5 所示。从图中结果可知，U 形弯试样应力集中区域在模拟深度 0m 环境中发生了均匀腐蚀并伴有局部不均匀腐蚀；在模拟 860m 深海环境中的腐蚀总体较轻微，但在局部有大量点蚀坑产生；在模拟 1200m 深海环境中形成的点蚀坑尺寸更大。

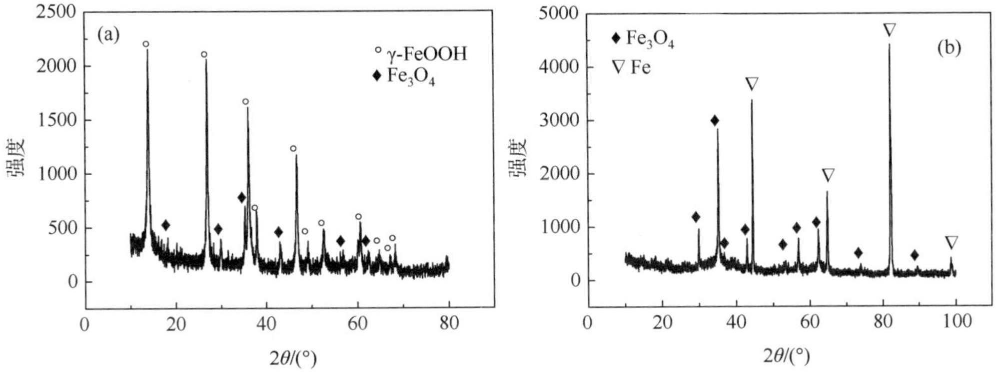

图 16-3　X70 钢 U 形弯试样在模拟深度 0m 环境中浸泡 60 天后的腐蚀产物 XRD 谱图

(a)外锈；(b)内锈

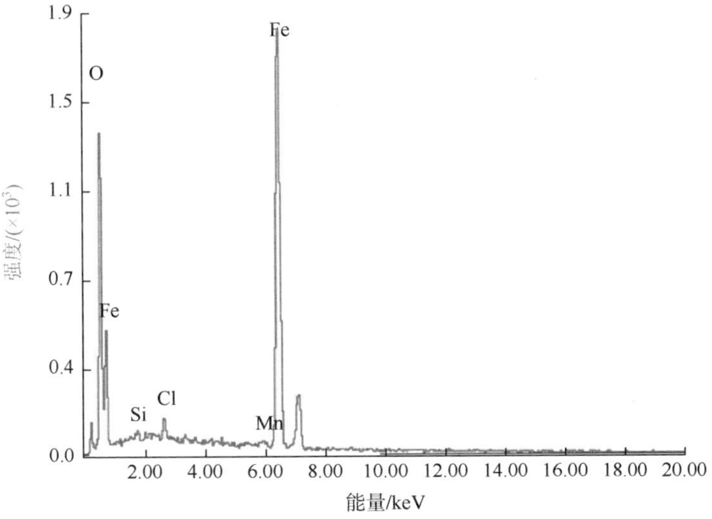

图 16-4　X70 钢 U 形弯试样在模拟深度 0m 环境中浸泡 60 天后的腐蚀产物 EDS 谱图

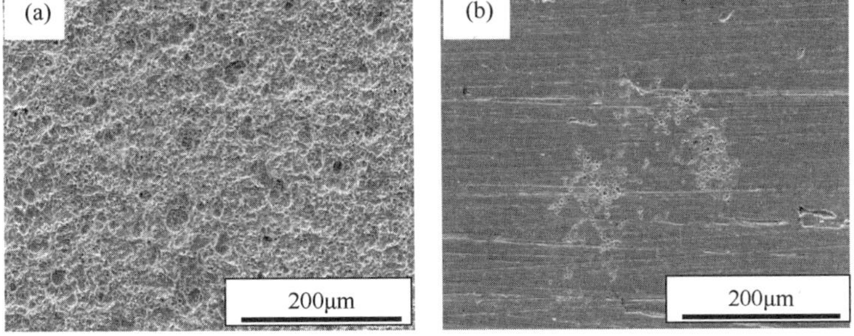

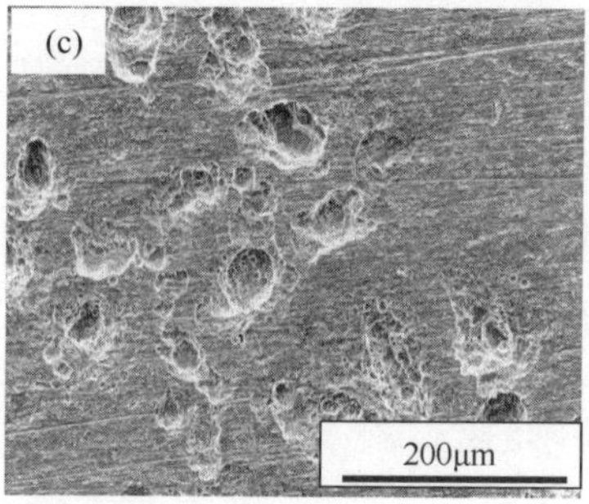

图 16-5　X70 钢 U 形弯试样在不同模拟条件下浸泡 60 天后顶部的微观形貌照片

(a)0m；(b)860m；(c)1200m

由以上 U 形弯浸泡后的腐蚀形貌可知，深海环境(低温、低溶氧量、高压)抑制了均匀腐蚀，促进了点蚀的发生。为了进一步分析深海环境对恒应变试样腐蚀行为的影响，采用 703 硅胶将 U 形弯试样其他区域密封，露出最大塑性应变区域(顶部外表面)进行电化学测试。图 16-6 为 X70 钢 U 形弯试样最大塑性应变区在不同模拟条件下的动电位极化曲线。从图中结果可知，较深度 0m 环境，X70 钢在模拟 860m 深海环境中的腐蚀电位负移，阴阳极反应电流均下降，从而腐蚀速率下降。由于图 16-6 的极化曲线的阴阳极在强极化区均符合塔费尔规律，因此采用塔费尔区外推法对极化曲线进行拟合，结果见表 16-1。由拟合结果可知，X70 钢在模拟 860m 深海环境中的腐蚀电流密度仅为模拟深度 0m 环境中的 7.5%，腐蚀速率大幅下降。

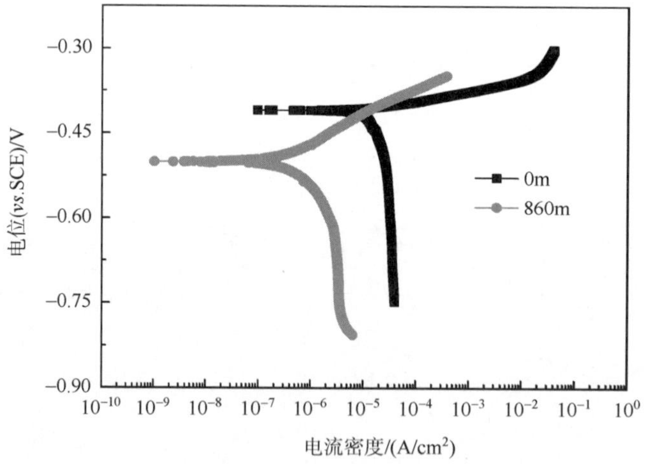

图 16-6　X70 钢 U 形弯试样最大塑性应变区在不同模拟条件下的动电位极化曲线

图 16-7 为 X70 钢 U 形弯试样最大塑性应变区在不同模拟条件下的电化学阻抗谱比较图。从图中对比结果可知，与模拟深度 0m 环境中相比，X70 钢在模拟 860m 深海环境中的低频阻抗模值增大了约 1 个数量级，反应阻力大幅增加。采用图 5-5 所示的等效电路对 X70 钢在不同模拟条件下的电化学阻抗谱图进行拟合，结果列于表 16-1 中。由表中结果可知，X70 钢在模拟深度 0m 环境中(常温、高溶氧量)腐蚀较快，表面的腐蚀产物膜电阻很小，对基体没有保护作用。而在 860m 深海环境中(低温、低溶氧量)，X70 钢表面生成了相对致密的腐蚀产物膜，膜电阻达到了 5434Ω/cm^2，对基体具有保护作用，阻碍了进一步腐蚀的发生；电荷转移电阻也增大了一个数量级，腐蚀速率大幅降低。

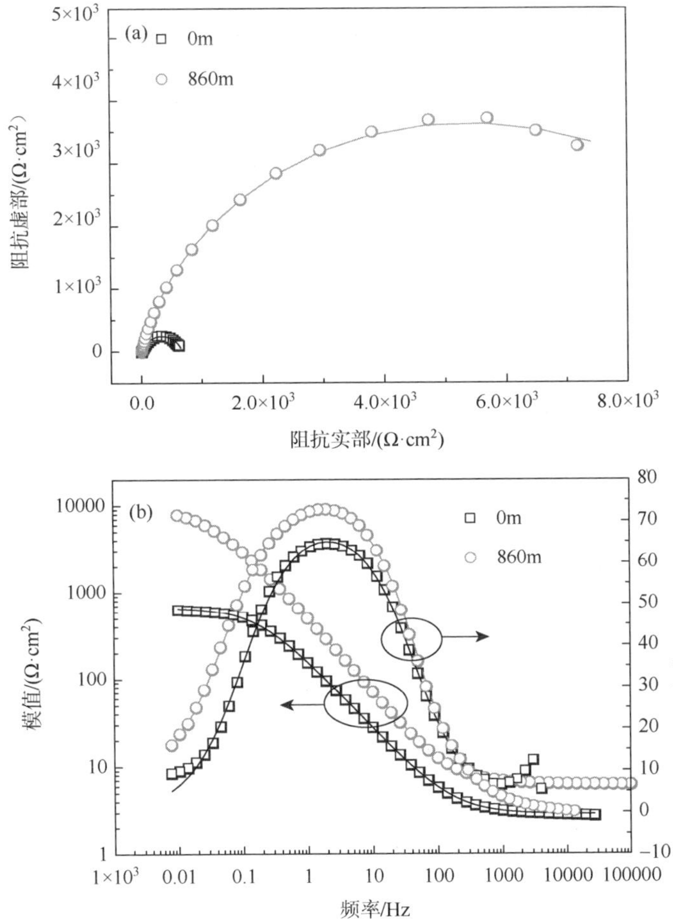

图 16-7　X70 钢 U 形弯试样最大塑性应变区在不同模拟条件下的电化学阻抗谱比较图

(a)Nyquist 图；(b)Bode 图

表 16-1　X70 钢 U 形弯试样最大塑性应变区在模拟不同海水环境中的电化学测试拟合结果

深度/m	腐蚀电位/V	腐蚀电流密度/(A/cm^2)	膜电阻/(Ω/cm^2)	电荷转移电阻/(Ω/cm^2)	极化电阻/(Ω/cm^2)
0	−0.407	2.37×10^{-5}	2.9	669	672
860	−0.436	1.78×10^{-6}	5434	6803	12237

进一步监测 X70 钢在模拟深度 0m 和 860m 深海环境中的电位和电化学阻抗谱随浸泡时间的变化。图 16-8 为 X70 钢 U 形弯试样最大塑性应变区在不同模拟条件下的开路电位随浸泡时间的变化图。从图中结果可知，X70 钢在模拟深度 0m 环境中的开路电位随浸泡时间的延长逐渐下降。浸泡 48h 后开路电位的变化幅度降低，但依然存在上下波动。X70 钢在模拟 860m 深海环境中的开路电位在前 12h 稍有波动，之后随着浸泡时间的延长迅速下降，浸泡 48h 后开路电位的变化趋于稳定。X70 钢在模拟 860m 深海环境中长期浸泡后稳定的开路电位比在模拟深度 0m 环境中的更负，这与深海环境中的低溶氧量有关。

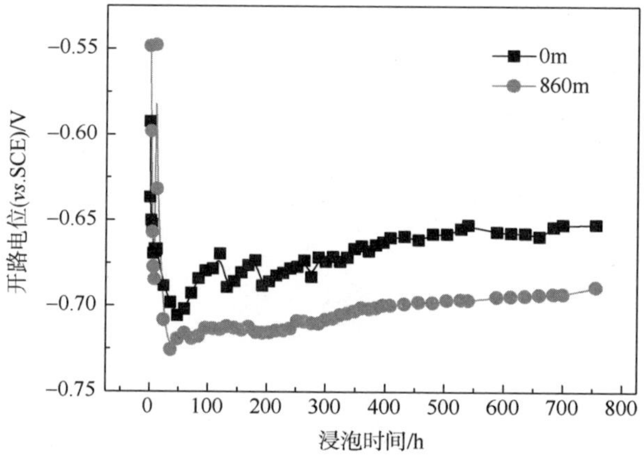

图 16-8　X70 钢 U 形弯试样最大塑性应变区在不同模拟条件下的开路电位随浸泡时间的变化

如前所述，对浸泡不同时间后的电化学阻抗谱进行拟合，并将拟合结果随浸泡时间作图。图 16-9 为 X70 钢 U 形弯试样最大塑性应变区在深度 0m 环境中的电荷转移电阻 R_t 随浸泡时间的变化。可知，随着浸泡时间的延长，发生塑性应变的 X70 钢的电荷转移电阻 R_t 逐渐降低。这是由于 X70 钢在深度 0m 环境中发生了活性溶解，随着浸泡时间的延长，腐蚀速率逐渐增大。图 16-10 为 X70 钢 U 形弯试样最大塑性应变区在模拟 860m 深海环境中的膜电阻 R_f 和电荷转移电阻 R_t 随浸泡时间的变化图。由图中结果可知，随着浸泡时间的延长，发生塑性应变的 X70 钢的膜电阻 R_f 先增大后减小，逐渐趋于平稳。而电荷转移电阻 R_t 在浸泡初期发生小幅波动，之后随浸泡时间的延长逐渐减小。这表明发生塑性应变的 X70 钢在模拟

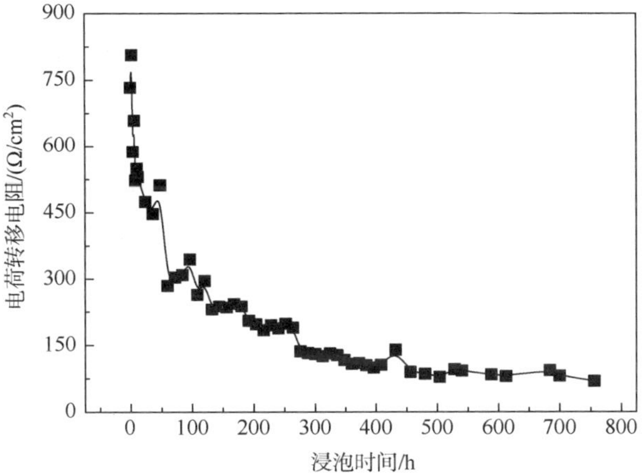

图 16-9　X70 钢 U 形弯试样最大塑性应变区在模拟深度 0m 环境下的电荷转移电阻随浸泡时间的变化

860m 深海环境中生成了相对致密的氧化膜。在浸泡初期(＜100h)，氧化膜随着浸泡时间的延长逐渐生长，阻碍了腐蚀进程的发展，减缓了 X70 钢的腐蚀。但随着浸泡时间的延长，侵蚀性离子(Cl^-)会从氧化膜的缺陷处渗入，引起点蚀的产生，从而膜电阻 R_f 和电荷转移电阻 R_t 均随浸泡时间的延长而逐渐下降。静水压力越高，Cl^-的渗透越容易进行，从而点蚀越容易发生(图 16-4)。

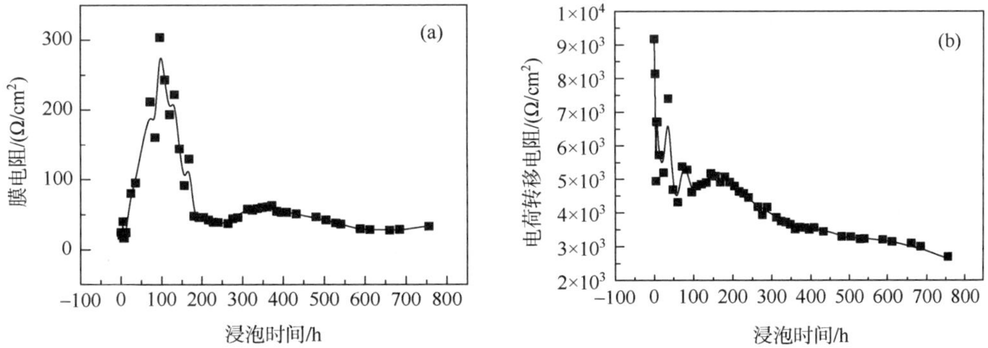

图 16-10　X70 钢 U 形弯试样最大塑性应变区在 860m 深海环境下的膜电阻(a)和电荷转移电阻(b)随浸泡时间的变化

一般情况下，点蚀会成为应力腐蚀的裂纹源，促进材料的应力腐蚀断裂。但海水环境不足以促使 X70 钢 U 形弯试样在浸泡两个月后断裂，对 U 形弯的应力集中部位(顶部)进行微观形貌 SEM 观察，如图 16-11 所示。SEM 照片进一步证实了 X70 钢在模拟深度 0m 环境中发生了均匀腐蚀，而在模拟 860m 和 1200m 深海环境中产生了微裂纹，裂纹与应力方向大致呈 45°。即深海环境增加了 X70 钢恒应变试样的应力腐蚀敏感性。

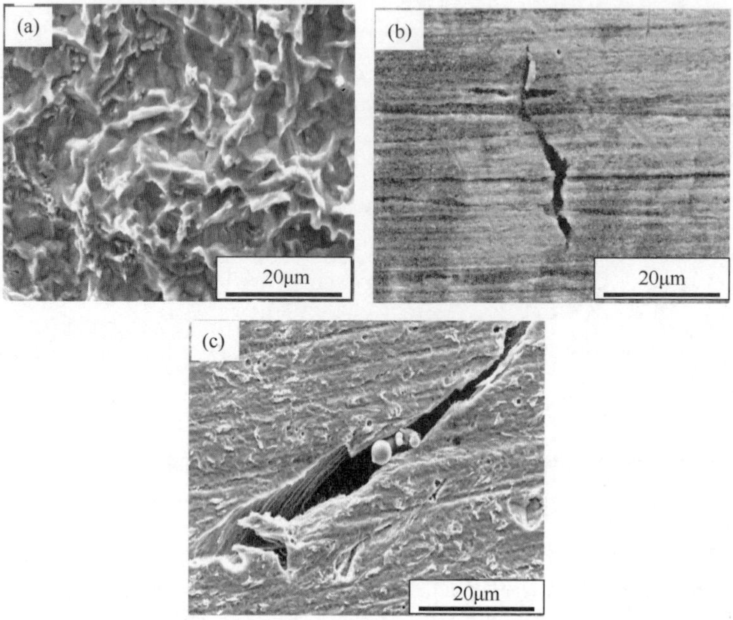

图 16-11　X70 钢 U 形弯试样在不同模拟条件下浸泡后顶部的微观形貌照片

(a)0m；(b)860m；(c)1200m

16.2.2　U 形弯样品表面的应变分布数值分析

采用 ABAQUS 有限元分析软件对 U 形弯试样(图 16-12)的应变分布进行数值分析。假设 U 形弯试样的应变分布在其宽度方向上无变化，因此可建立二维模型进行分析。有限元分析模型及试样网络如图 16-13 所示。由于分析对象为 U 形弯试样的应变分布情况，可将压头和支承辊定义为解析刚体(在二维模型中显示为曲线)，在 U 形弯成型过程中不考虑其变形。对每个解析刚体部件，分别定义与其对应的参考点 RP，以控制其刚体位移或定义边界条件。

在模型中，试样长度为 95mm，厚度为 2mm。采用 CPS8R 单元(即 8 节点四边形平面应力减缩积分单元)对试样进行网格划分，单元尺寸为 0.5mm，共 760 个单元，如图 16-13 所示。

本章所进行的数值模拟分析中均假设 X70 钢的力学行为符合 Ramberg-Osgood 本构关系[1, 2]，如式(16-1)所示：

$$\varepsilon=\frac{\sigma}{E}+\alpha\frac{\sigma_0}{E}\left(\frac{\sigma}{\sigma_0}\right)^n \tag{16-1}$$

式中，σ 和 ε 分别为应力和应变；σ_0 为材料的屈服强度；α 和 n 分别为硬化系数和硬化指数。本章所用的 X70 钢的各项力学参数见表 16-2。

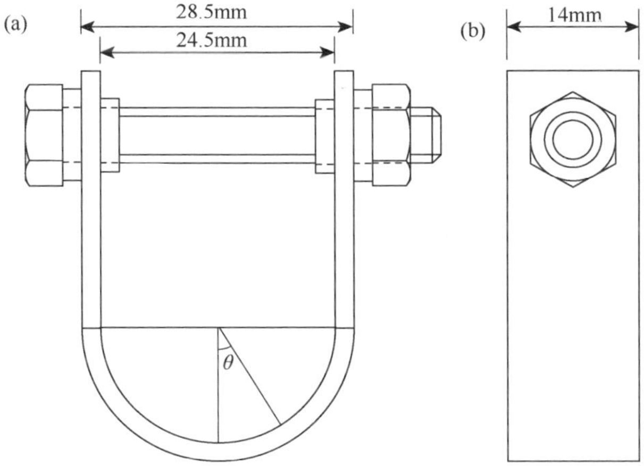

图 16-12　U 形弯试样示意图

(a)主视图；(b)侧视图

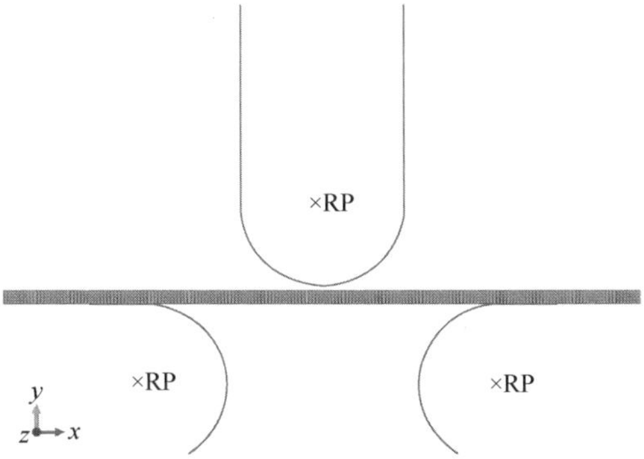

图 16-13　有限元分析模型及试样网格

表 16-2　数值分析中 X70 钢的各项力学参数

弹性模量/GPa	泊松比	屈服强度/MPa	硬化系数	硬化指数
210	0.30	552	2.18	20.63

本模型中包含两个分析步骤。在第一个分析步骤中，将压头向下移动 0.752mm(制样前，压头与试样上表面距离为 0.752mm)，使压头与试样之间建立平稳的接触关系，避免计算过程不收敛。在第二个分析步骤中，将压头向下移动

30mm，制成 U 形试样。根据以上有限元分析模型，利用 ABAQUS 有限元软件对 X70 钢 U 形弯表面的应变分布进行数值模拟，结果如图 16-14 所示。可见，在 U 形弯顶部外表面的应变量存在最大值，达到 7.82%。在远离顶端的大部分区域内，应变量随着与顶部距离的增加逐渐降低。将弹性应变和塑性应变分离，图 16-15 为 U 形弯试样的塑性应变分布图。由图中结果可知，塑性应变量的最大值依然出现在 U 形弯顶部外表面，达到 7.52%。随着距 U 形弯顶端距离的增大，塑性应变逐渐降低。为了便于下一步试验操作，以 U 形弯弧度圆心为起点，将顶部位置标记为 0°，按照距中心线的角度(向右为正，向左为负)标记 U 形弯上的位置(图 16-12)。U 形弯外表面塑性应变量随角度的变化如图 16-16 所示。

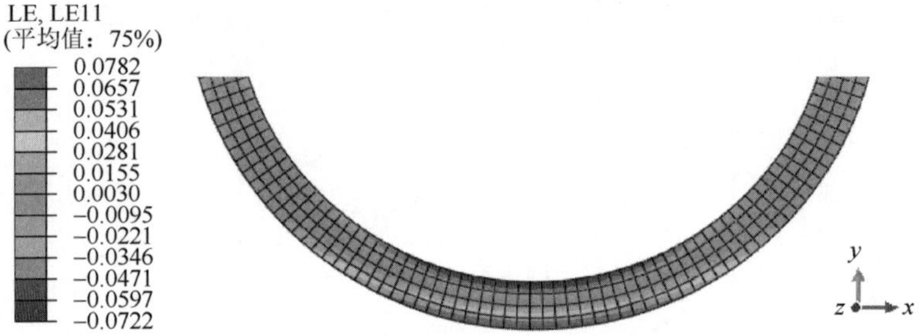

图 16-14 U 形弯试样总应变分布图

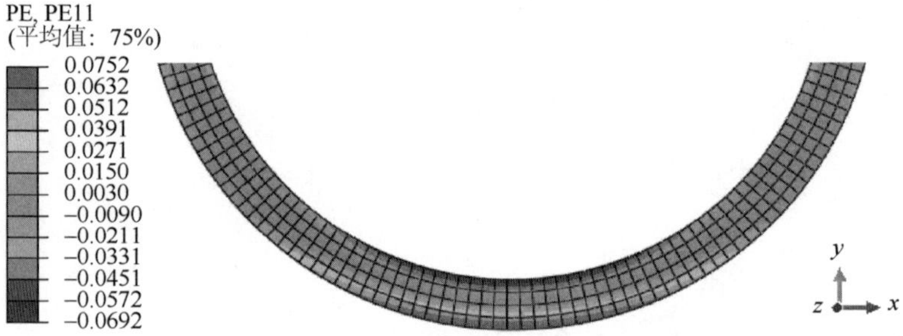

图 16-15 U 形弯试样塑性应变分布图

16.2.3 弹性预应变对 X70 钢在深海环境中应力腐蚀敏感性的影响

1. 慢应变速率拉伸试验

图 16-17 为 X70 管线钢经过不同预应力(相对于屈服强度：40%、72%和 100%)进行弹性变形 24h 后在模拟 500m 深海环境中的 SSRT 拉伸曲线。从图中结果对比可知，随着弹性预应变量的增加，X70 钢在模拟 500m 深海环境中的强度(σ)逐渐升高，延伸率(δ)逐渐下降。即 X70 钢在模拟 500m 深海环境中的 SCC 敏感性随

弹性预应变量的增加而增加。计算 X70 钢经过不同弹性预应变变形 24h 后的 SSRT 拉伸曲线的延伸率(δ)、断面收缩率(ψ)和真应变(ε)，并列于表 16-3 中。

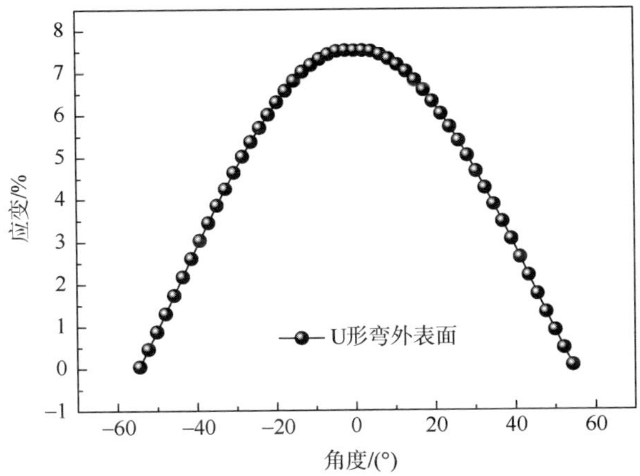

图 16-16　U 形弯外表面塑性应变量随角度的变化

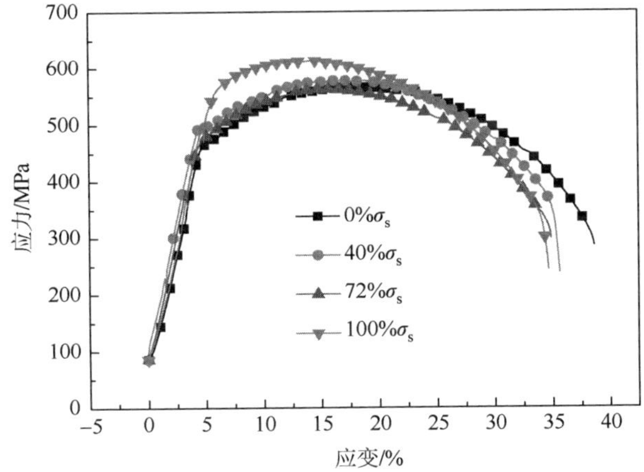

图 16-17　X70 钢经过不同弹性预应变变形 24h 后在模拟 500m 深海环境中的应力-应变曲线

表 16-3　X70 钢经过不同弹性预应变变形后在模拟 500m 深海环境中 SSRT 曲线的延伸率(δ)、断面收缩率(ψ)和真应变(ε)

参数	预应变			
	$0\%\sigma_s$	$40\%\sigma_s$	$72\%\sigma_s$	$100\%\sigma_s$
延伸率/%	36.7	35.5	29.9	29.8
断面收缩率/%	82.1	77.2	77.1	76.5
真应变	1.72	1.48	1.47	1.45

从表中结果可知，不经过预应力变形的 X70 钢在模拟 500m 深海环境中拉伸的延伸率、断面收缩率和真应变最高，分别达到了 36.7%、82.1%和 1.72。随着弹性预应变量的增加，X70 钢的延伸率、断面收缩率和真应变均降低。在经过 100%σ_s 预应力变形后的延伸率(29.8%)、断面收缩率(76.5%)和真应变(1.45)最小。

为了分析 X70 钢的 SCC 敏感性随弹性预应变量的变化，分别计算其在经过不同预应力变形后在模拟 500m 深海环境中 SSRT 后的延伸率损失(I_δ)、断面收缩率损失(I_ψ)和断裂韧性损失(I_ε)。三个 SCC 敏感性指标的计算结果见图 16-18。可见，韧性损失指标 I_δ、I_ψ 和 I_ε 的规律表现一致，均随弹性预应变量的增加而升高，在经过 100%σ_s 预应力变形后的韧性损失最大，表明 X70 钢在经过 100%σ_s 预应力变形后的 SCC 敏感性最高。这是由于经过 100%σ_s 预应力变形后的拉伸试样局部开始出现塑性变形，位错密度增加，促进了裂纹的产生。

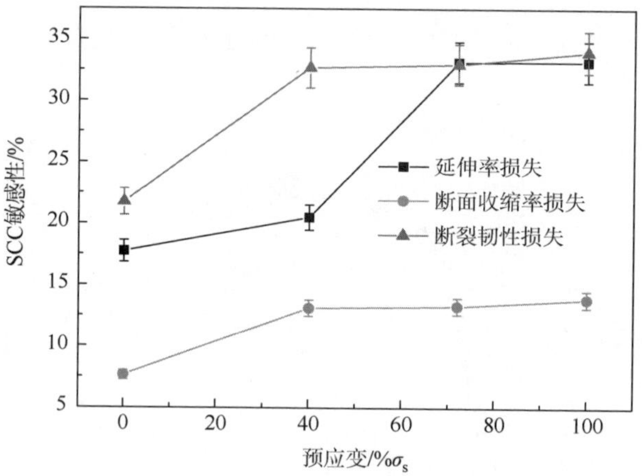

图 16-18　X70 钢在模拟 500m 深海环境中的 SCC 敏感性随预应力的变化

2. 断口形貌观察

图 16-19 为 X70 钢经过不同预应力变形 24h 后在模拟 500m 深海环境中的 SSRT 试样断口 SEM 观察。从图中结果可知，未经预应力变形的 X70 钢在模拟 500m 深海环境中拉伸，宏观断口表现出明显的颈缩变形，电镜下断口表面微观形貌表明拉伸断口边缘区域均存在一定的脆性断口区域，并伴生有部分韧窝。随着弹性预应变的增加，X70 钢的宏观断口的颈缩程度逐渐减小，断口更为平整。从微观形貌 SEM 照片发现，X70 钢拉伸断口边缘脆性区域的韧窝密度逐渐降低，脆性特征更为明显。这些结果与图 16-17 和图 16-18 所示的试验结果相一致。

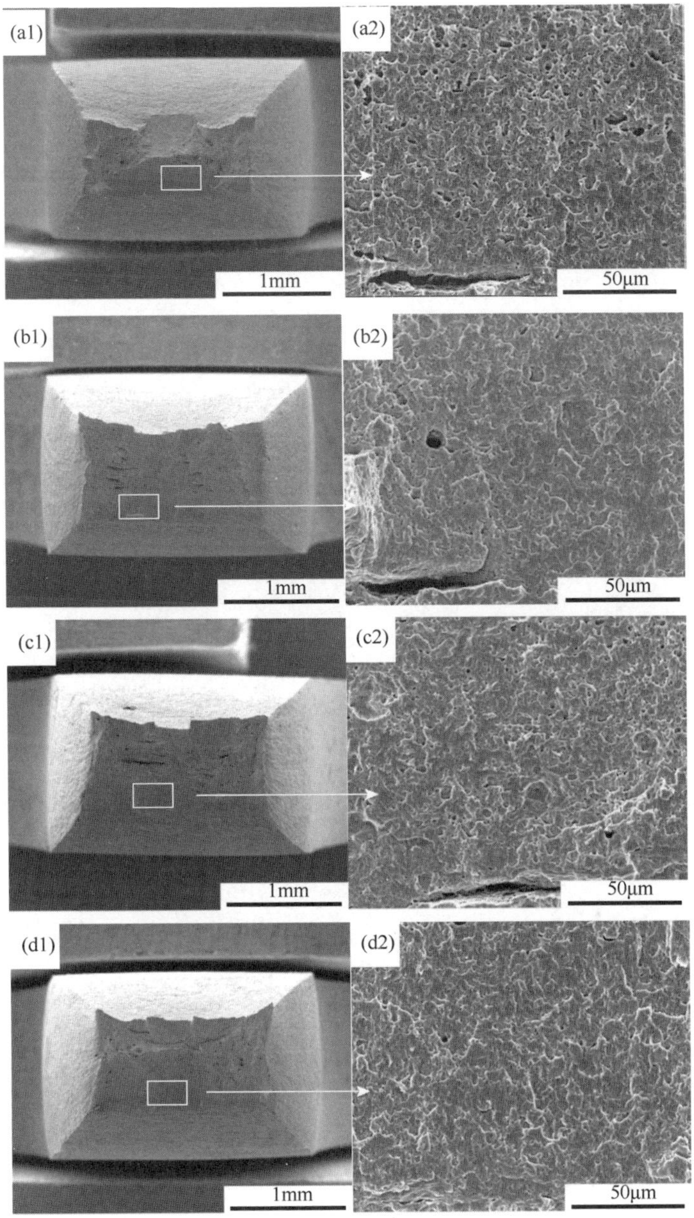

图 16-19　X70 钢经过不同预应力变形 24h 后在模拟 500m 深海环境中的 SSRT 试样断口 SEM 照片

(a)0%σ_s；(b)40%σ_s；(c)72%σ_s；(d)100%σ_s

对 X70 钢经过不同预应力变形 24h 后在模拟 500m 深海环境中的 SSRT 试样侧面断口附近的区域进行了 SEM 观察，如图 16-20 所示。从图中结果可知，X70

钢试样侧面均出现了微裂纹。裂纹向内扩展方向均与表面法线方向大致呈 45°向内扩展，属于剪切裂纹。裂纹横向扩展方向均大约为直线，而不显示沿晶界形状的曲折，由此可以判断这些裂纹的扩展模式都是穿晶型。从而，X70 钢经过弹性预应变变形 24h 后在模拟 500m 深海环境中的 SCC 裂纹扩展模式是穿晶应力腐蚀裂纹。其中，未经预应力变形的 X70 钢拉伸后侧面的微裂纹较小。随着弹性预应变的增加，X70 钢试样侧面的微裂纹无论是数量还是尺寸均增加；在屈服强度下变形 24h 后拉伸，样品的侧面微裂纹开口更大。

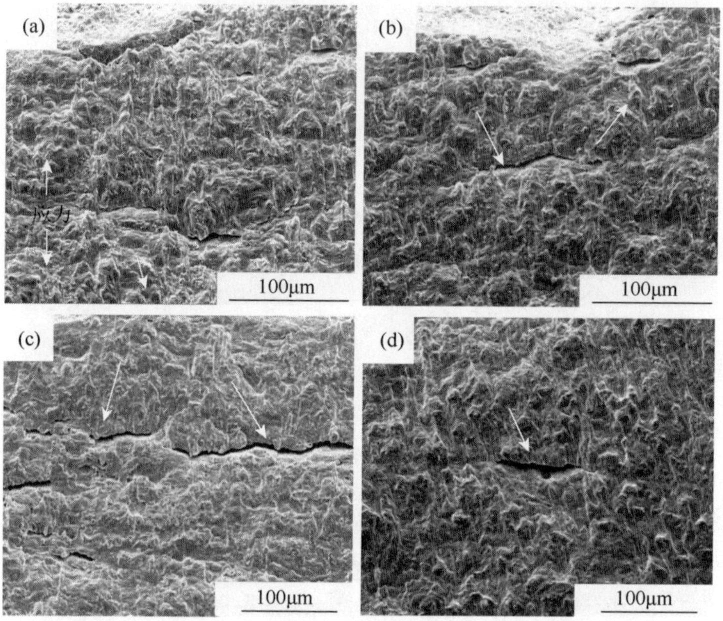

图 16-20　X70 钢经过不同预应力变形 24h 后在模拟 500m 深海环境中的 SSRT 试样侧面裂纹 SEM 照片

(a)0%σ_s；(b)40%σ_s；(c)72%σ_s；(d)100%σ_s

在对侧面微裂纹进行观察的过程中，发现了如图 16-21 所示的贯穿点蚀坑的微裂纹。这说明裂纹是以点蚀坑为源萌生并进一步扩展的。

16.2.4　塑性预应变对 X70 钢在深海环境中应力腐蚀敏感性的影响

1. 慢应变速率拉伸试验

图 16-22 为 X70 钢经过不同塑性预应变(屈服点 0.35%、2%、4.5%、7.5%和 12%)变形 24h 后在模拟 500m 深海环境中的 SSRT 拉伸曲线。从图中结果对比可知，X70 钢在屈服点预变形 24h 后在模拟 500m 深海环境中 SSRT 曲线的强度(σ)

最高，延伸率(δ)最低。之后随着塑性预应变的增加，X70 钢在模拟 500m 深海环境中的强度先降低后升高，而延伸率先升高后下降。在塑性预应变为 4.5%时，强度最低，延伸率最大。计算 X70 钢经过不同塑性预应变 24h 后的 SSRT 拉伸曲线的延伸率(δ)、断面收缩率(ψ)和真应变(ε)，并列于表 16-4 中。

图 16-21　X70 钢经过 100%σ_s 预应力变形 24h 后在模拟 500m 深海环境中的 SSRT 试样侧面裂纹 SEM 照片

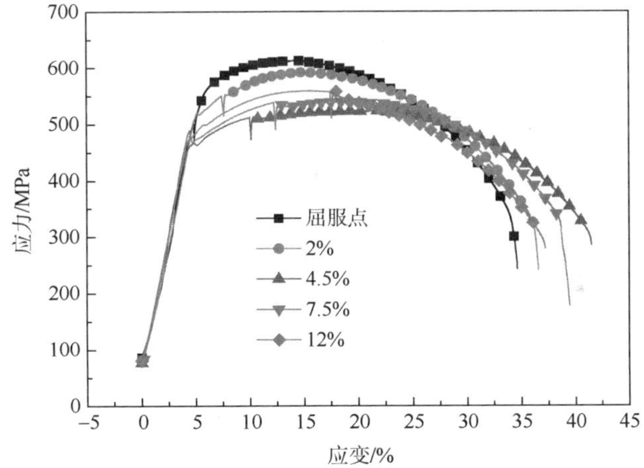

图 16-22　X70 钢经过不同塑性预应变 24h 后在模拟 500m 深海环境中的应力-应变曲线

表 16-4　X70 钢经过不同塑性预应变后在模拟 500m 深海环境中 SSRT 曲线的延伸率(δ)、断面收缩率(ψ)和真应变(ε)

参数	塑性预应变				
	0.35%	2%	4.5%	7.5%	12%
延伸率/%	29.8	30.3	37.5	37.0	31.0
断面收缩率/%	76.5	79.6	79.7	79.8	80.8
真应变	1.45	1.59	1.60	1.60	1.65

从表 16-4 中结果可知，X70 钢在屈服点预变形 24h 后在模拟 500m 深海环境中拉伸的延伸率、断面收缩率和真应变最小，分别达到了 29.8%、76.5%和 1.45。之后随着塑性预应变增加，X70 钢的延伸率先增大后减小，断面收缩率和真应变一直增大。

为了分析 X70 钢的 SCC 敏感性随塑性预应变的变化，分别计算其在经过不同塑性预应变后在模拟 500m 深海环境中 SSRT 后的延伸率损失(I_δ)、断面收缩率损失(I_ψ)和断裂韧性损失(I_ε)。三个 SCC 敏感性指标的计算结果见图 16-23。可见，韧性损失指标 I_δ 和 I_ψ、I_ε 的规律表现不完全一致。延伸率损失 I_δ 随塑性预应变的增加先降低后升高，在屈服点达到最大值，在塑性预应变为 4.5%时达到最小值。断面收缩率损失 I_ψ 和断裂韧性损失 I_ε 随塑性预应变量的增加逐渐减小，在屈服点达到最大值，在塑性预应变为 12%时达到最小值。虽然延伸率损失(I_δ)与断面收缩率损失(I_ψ)和断裂韧性损失(I_ε)表现的规律不完全一致，但均表明 X70 钢在屈服点预变形 24h 后的 SCC 敏感性最高。由于延伸率主要反映的是材料的延性，而断面收缩率更多地反映了材料的韧性，因此选用断面收缩率损失 I_ψ 和断裂韧性损失 I_ε 指标来评价 X70 钢的 SCC 敏感性随塑性预应变的变化。即 X70 钢在深海环境中的 SCC 敏感性随塑性预应变的增加逐渐降低，在屈服点的应力腐蚀敏感性最高。

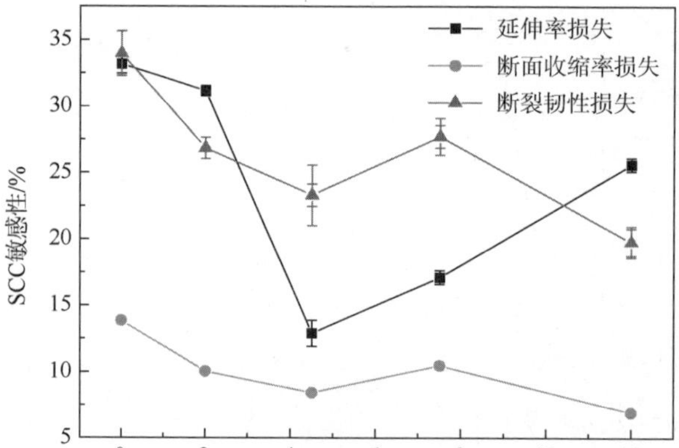

图 16-23 X70 钢在模拟 500m 深海环境中的 SCC 敏感性随塑性预应变的变化

2. 断口形貌观察

图 16-24 为 X70 钢经过不同塑性预应变 24h 后在模拟 500m 深海环境中的 SSRT 试样断口 SEM 照片。从图中结果可知，X70 钢经过不同塑性预应变在模拟 500m 深海环境中拉伸，宏观断口均表现出一定的颈缩变形，SEM 下断口表面微观形貌表明

拉伸断口边缘区域均存在一定的脆性断口区域，并伴生部分韧窝。其中，X70 钢在屈服点预变形 24h 后的断口最为平整，颈缩变形最小，脆性特征最为明显。

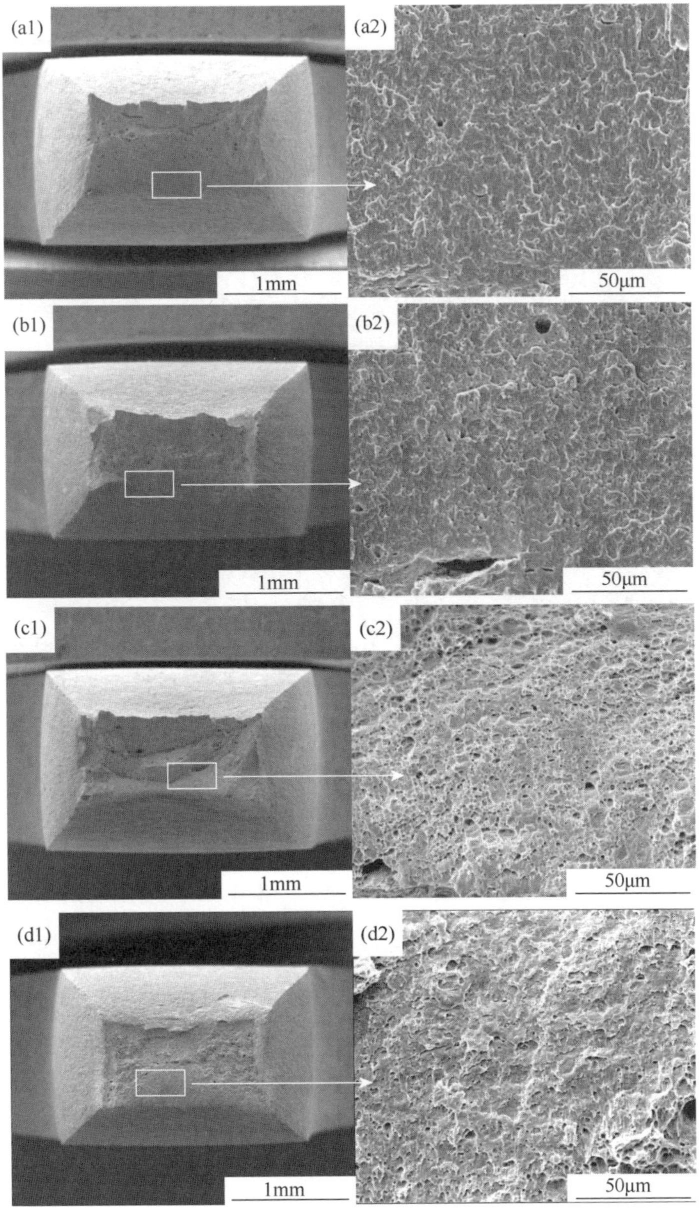

图 16-24　X70 钢经过不同塑性预应变 24h 后在模拟 500m 深海环境中的 SSRT 试样断口 SEM 照片

(a)屈服点；(b)4.5%；(c)7.5%；(d)12%

对 X70 钢经过不同塑性预应变 24h 后在模拟 500m 深海环境中的 SSRT 试样侧面断口附近的区域进行了 SEM 观察，如图 16-25 所示。从图中结果可知，X70 钢试样侧面均出现了微裂纹。其中，X70 钢在屈服点和 12%塑性预应变 24h 后拉伸侧面的微裂纹尺寸较大。

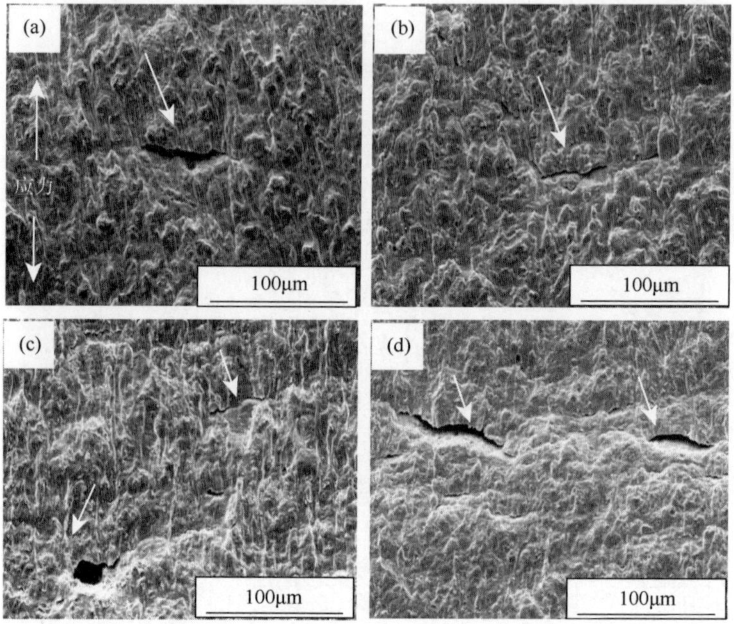

图 16-25　X70 钢经过不同塑性预应变 24h 后在模拟 500m 深海环境中的 SSRT 试样侧面裂纹 SEM 照片

(a)屈服点；(b)4.5%；(c)7.5%；(d)12%

3. 电化学测试结果

由以上 SSRT 测试结果可知，不同程度的塑性预应变会对 X70 钢在深海环境中的 SCC 敏感性产生影响。为了进一步分析塑性预应变对 X70 钢在深海环境中腐蚀电化学行为的影响，根据 U 形弯表面应变分布数值模拟结果，在塑性应变为 0%、4.5%和 7.5%的位置进行电化学测试(图 16-26)。图 16-27 为 X70 钢 U 形弯试样塑性应变为 0%、4.5%和 7.5%处在模拟 500m 深海环境中的阳极极化曲线。从图中结果可知，塑性应变的增加促使 X70 钢在模拟 500m 深海环境中的阳极反应电流密度增加，从而腐蚀速率增大。

图 16-28 为 X70 钢 U 形弯试样塑性应变为 0%、4.5%和 7.5%处在模拟 500m 深海环境中的电化学阻抗谱。从图中对比结果可知，当塑性应变增加，X70 钢在模拟

500m 深海环境中的低频阻抗模值变小，反应阻力降低。采用图 4-3 所示的等效电路对 X70 钢在不同塑性应变下的电化学阻抗谱图进行拟合，结果列于表 16-5 中。由表中结果可知，随着塑性应变的增加，X70 钢在模拟 500m 深海环境中的极化电阻逐渐降低，腐蚀速率增大。

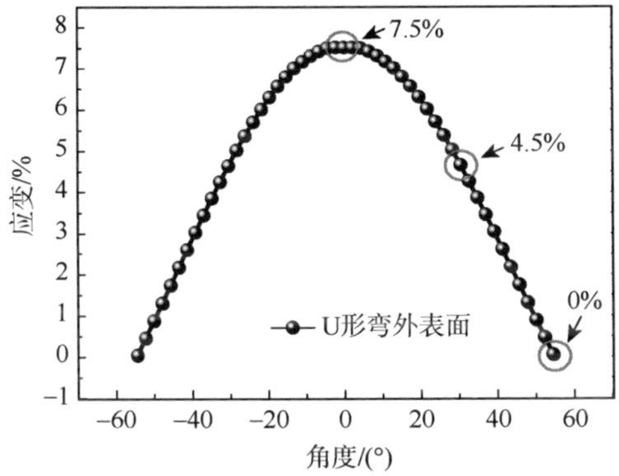

图 16-26　U 形弯外表面塑性应变量的值随角度的变化

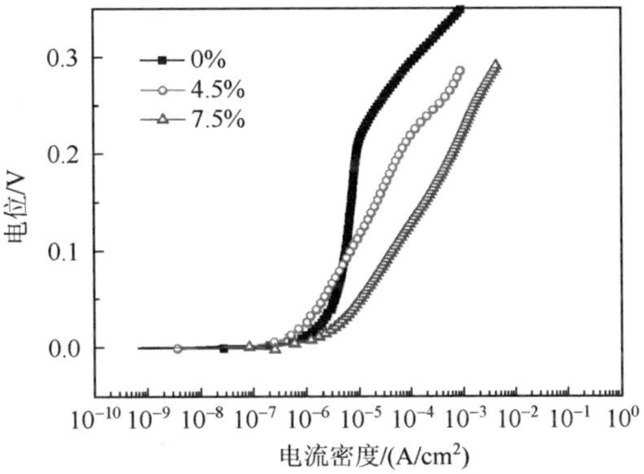

图 16-27　X70 钢 U 形弯试样不同塑性应变处在模拟 500m 深海环境中的阳极极化曲线

表 16-5　X70 钢 U 形弯不同塑性应变处在模拟 500m 深海环境中的电化学测试拟合结果

塑性预应变/%	腐蚀电位/V	腐蚀电流/(A/cm^2)	膜电阻/(Ω/cm^2)	电荷转移电阻/(Ω/cm^2)	极化电阻/(Ω/cm^2)
0	−0.540	1.04×10^{-6}	760	19910	20670
4.5	−0.582	2.14×10^{-6}	1979	13913	15892
7.5	−0.601	3.99×10^{-6}	3308	4854	8162

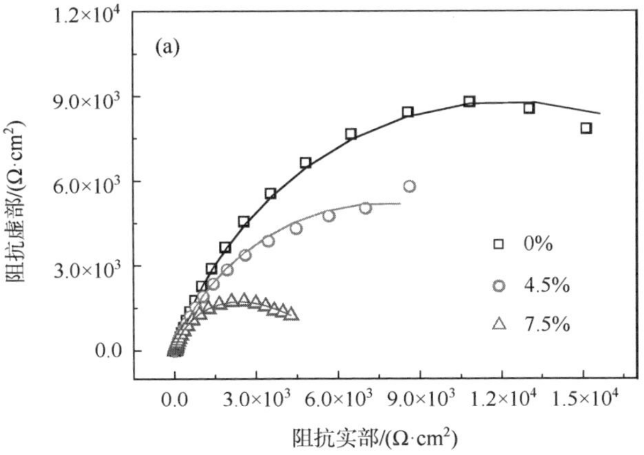

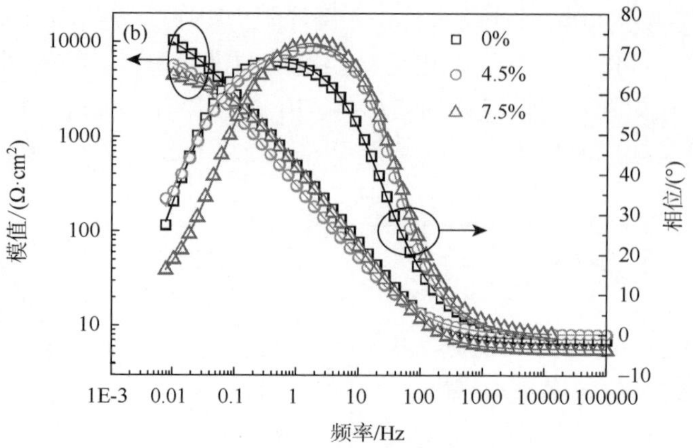

图 16-28　X70 钢 U 形弯试样不同塑性应变处在模拟 500m 深海环境中的电化学阻抗谱

(a)Nyquist 图；(b)Bode 图

16.3　应变对模拟深海环境应力腐蚀敏感性的影响

根据 E. M. Gutman 提出的力学化学原理，弹性变形和塑性变形均会导致电极电位发生变化。弹性变形引起的电极电位变化可由下式计算：

$$\Delta\varphi = -\frac{V\Delta P}{zF} \tag{16-2}$$

式中，V 为样品的摩尔体积；ΔP 为外加载荷；z 为金属离子价态；F 为法拉第常量。当发生塑性应变时，电极电位的变化与位错塞积有关，可表示为

$$\Delta\varphi = -\frac{n\Delta\tau R}{kN_{\max}\bar{\alpha}zF} \tag{16-3}$$

式中，n 为位错塞积群中的位错数目；$\Delta\tau$ 为材料加工硬化率，与位错产生的残余应力相等，且$\Delta\tau$ 的变化与 n 的变化相关；R 为摩尔气体常量；k 为玻尔兹曼常量；$N_{\max}$ 为单位体积的位错最大值；$\bar{\alpha}$ 为平均位错密度。

根据电化学测试结果可知，$\Delta\Phi_{\varepsilon=4.5\%}=-42\text{mV}$，$\Delta\Phi_{\varepsilon=7.5\%}=-61\text{mV}$，即塑性应变导致 X70 钢的腐蚀电位负移，且随塑性应变越大，腐蚀电位负移越多。

根据乔利杰提出的氢和应力对材料腐蚀行为的协同作用模型，分析塑性预应变对 X70 钢在深海环境中的应力腐蚀行为。由热力学和电化学原理，阳极电流可以表示为反应自由能ΔG 的函数[3]。由前章可知，X70 钢在模拟深海环境中的主要阴极反应为析氢反应，总反应可表示为

$$M + 2H^{+} \longrightarrow M^{2+} + H_2 \tag{16-4}$$

当对样品施加一定应力时，反应可表示为

$$M(\sigma,H)+2H^+ \longrightarrow M^{2+}+H_2 \tag{16-5}$$

反应(16-4)和反应(16-5)自由能的变化分别用ΔG_1和ΔG_2表示。相应的电化学平衡电位E_1和E_2可以由下式得出：

$$\Delta G_1 = G_{M^{2+}} + G_{H_2} - G_M - 2G_{H^+} = -nFE_1 \tag{16-6}$$

$$\Delta G_2 = G_{M^{2+}} + G_{H_2} - G_{M(\sigma,H)} - 2G_{H^+} = \Delta G_1 - \Delta G_{M(\sigma,H)} = -nFE_2 \tag{16-7}$$

式中，G_M、$G_{M^{2+}}$、$G_{M(\sigma,H)}$、G_{H_2}和G_{H^+}分别为 M、M^{2+}、M(σ, H)、H_2和H^+的生成自由能；n为反应的转移电荷数；F为法拉第常量，$\Delta G_{M(\sigma,H)} = G_{M(\sigma,H)} - G_M$是由金属中的应力和氢引起的。反应(16-4)的阳极溶解电流i_A为

$$i_A = i_0 \exp\left(-\frac{\Delta G_1}{RT}\right) = i_0 \exp\left(\frac{nFE_1}{RT}\right) \tag{16-8}$$

反应(16-3)的阳极溶解电流$i(\sigma, H)$为

$$i(\sigma,H) = i_0(\sigma,H)\exp(-(\Delta G_2)/RT) = i_0(\sigma,H)\exp\left[-(\Delta G_1 - \Delta G_{M(\sigma,H)})/RT\right] \tag{16-9}$$

如果氢和应力不改变交换电流密度i_0，式(16-7)可表示为

$$i(\sigma,H) = i_A \exp\left[-\frac{\Delta G_{M(\sigma,H)}}{RT}\right] \tag{16-10}$$

在恒定压力(应力)和温度下，$G_{M(\sigma,H)}$可表示为

$$\Delta G_{M(\sigma,H)} = \Delta U - T\Delta S + P\Delta V \tag{16-11}$$

式中，ΔU为内能变化；ΔS为熵值变化；$P(=-\sigma)$为压力，ΔV为体积变化。内能U和熵S（包括构型熵和振动熵），是化学成分和温度的函数。ΔV可分为两部分，外加应力导致的体积变化ΔV_σ和氢渗透导致的体积变化ΔV_H：

$$\Delta V = \Delta V_\sigma + \Delta V_H \tag{16-12}$$

ΔV_σ可以进一步分为弹性变形分量ΔV_e和塑性变形分量ΔV_p：

$$\Delta V_\sigma = \Delta V_e + \Delta V_p \tag{16-13}$$

根据胡克定律：

$$\Delta V_e = V_M \sum_{i=1}^{3} \varepsilon_i = -\frac{3(1-2\nu)\sigma V_M}{E} = -\frac{3M(1-2\nu)\sigma}{E\rho} \tag{16-14}$$

式中，$\varepsilon_i (i=1, 2, 3)$为主应变；$\nu$为泊松比。

在金属多晶体中，位错运动中的相互作用会使缺陷密度增多，包括空位和位

错，甚至微孔。这可能会导致体积膨胀。Hirth 用计算机模拟的方法计算出位错的形成会导致体积微量增加，从而可以忽略位错密度的增加对体积膨胀的贡献。微孔是塑性变形引起的破坏形式。微孔的发展会导致体积膨胀[4, 5]。塑性变形体积分量ΔV_{p}和塑性应变 ε_{p} 符合线性关系：

$$\Delta V_{\mathrm{p}} == -\frac{M\varepsilon_{\mathrm{p}}}{\rho\varepsilon_{\mathrm{f}}}\bar{V}_{\mathrm{p,max}} \tag{16-15}$$

式中，ε_{f} 为断裂应变。

对于无应力的样品，ΔU 和ΔS 是化学成分的状态函数。溶解氢会导致内能和熵变化，定义为ΔU_{H} 和ΔS_{H}。当发生塑性变形时，晶体缺陷(空位和缺陷)密度的增大也会导致内能和熵变化，定义为ΔU_{σ} 和ΔS_{σ}。在等温条件下，$\Delta U_{\sigma}-T\Delta S_{\sigma}$ 等于储存在金属中的塑性应变能：

$$\Delta U_{\sigma} - T\Delta S_{\sigma} = e_{\mathrm{p}}V_{\mathrm{M}} = e_{\mathrm{p}}\frac{M}{\rho} \tag{16-16}$$

式中，e_{p} 为储存的塑性应变能。

$$\Delta U - T\Delta S = \left(\Delta U_{\mathrm{H}} + \Delta U_{\sigma}\right) - T\left(\Delta S_{\mathrm{H}} + \Delta S_{\sigma}\right) = \left(\Delta U_{\mathrm{H}} - T\Delta S_{\mathrm{H}}\right) - e_{\mathrm{p}}V_{\mathrm{M}} \tag{16-17}$$

根据式(16-8)和式(16-17)，式(16-9)可表示为

$$\begin{aligned} i(\sigma,\mathrm{H}) &= i_{\mathrm{A}}\exp\left[-\frac{\Delta U_{\mathrm{H}} - T\Delta S_{\mathrm{H}}}{RT}\right]\times\exp\left[-\left(\frac{P\Delta V_{\sigma}}{RT} - \frac{e_{\mathrm{p}}V_{\mathrm{M}}}{RT}\right)\right]\times\exp\left[-\frac{P\Delta V_{\mathrm{H}}}{RT}\right] \\ &= k_{\mathrm{H}}k_{\sigma}k_{\mathrm{s}}i_{\mathrm{A}} \end{aligned} \tag{16-18}$$

式中，k_{H}、k_{σ} 和 k_{s} 分别为溶解氢、应力以及溶解氢和应力的协同效应。由式(16-14)和式(16-15)可知，应力因子可表示为

$$k_{\sigma} = \exp\left[\frac{3M\left(1-2\nu\right)\sigma^2}{E\rho RT} + \frac{M\sigma\varepsilon_{\mathrm{p}}\bar{V}_{p,\max}}{\varepsilon_f\rho RT} + \frac{Me_{\mathrm{p}}}{\rho RT}\right] \tag{16-19}$$

根据电化学测试结果可知，$k_{\sigma,\ \varepsilon=4.5\%} = 2.06$，$k_{\sigma,\ \varepsilon=7.5\%} = 3.84$。即塑性应变促进了 X70 钢的阳极溶解，且腐蚀速率随塑性变形程度的增大而增大。这是由于随着变形量的增加，位错密度增加，并产生位错塞积；位错塞积群的形成使内应力增大并导致流变应力增大，即产生强化；在形变强化过程中，随着在障碍前形成的平面塞积群中位错数量的增加，位错周围局部平衡(标准)电位降低，使金属阳极溶解过程加速。由前述结果可知，X70 钢在深海环境中的 SCC 敏感性随塑性预应变的增加逐渐降低，在屈服点的应力腐蚀敏感性最高。结合前章结论对比分析可以判断，X70 钢在深海环境中的 SCC 机理不是阳极溶解型，而是氢脆型。

16.4 本章小结

采用U形弯和拉伸加载的方式研究预应变对X70钢在深海环境中腐蚀电化学行为以及SCC敏感性的影响规律。结论如下：

(1) 在恒应变条件下，深海环境促使X70钢发生了由均匀腐蚀向局部腐蚀的转变。这是由于深海环境(低温、低溶氧量)下，X70钢表面生成了相对致密的氧化膜。在浸泡初期(<100h)，氧化膜随着浸泡时间的延长逐渐生长，阻碍了腐蚀进程的发展，减缓了X70钢的腐蚀。但随着浸泡时间的延长，侵蚀性离子(Cl^-)会从氧化膜的缺陷处渗入，引起点蚀的产生。静水压力越高，Cl^-的渗透越容易进行，从而点蚀越容易发生。

(2) 在恒应变条件下，X70钢在模拟深度0m环境中发生了均匀腐蚀，而在模拟860m和1200m深海环境中产生了微裂纹，裂纹与应力方向大致呈45°，即深海环境增加了X70钢恒应变试样的应力腐蚀敏感性。

(3) 在深海环境中，X70钢的应力腐蚀敏感性随弹性预应变的增加而升高，在屈服点处达到最高值，之后随着塑性预应变的增加逐渐降低。

(4) X70钢在深海环境中的应力腐蚀机理不是阳极溶解型，而是氢脆型为主。塑性应变的增加，促进了X70钢在模拟500m深海环境中的阳极反应电流增加，即塑性应变促进了X70钢阳极溶解，且腐蚀速率随塑性变形程度的增大而增大。这是由于随着变形的增加，位错平面塞积群数量增加，位错周围局部平衡(标准)电位降低，使金属阳极溶解过程加速。X70钢的应力腐蚀敏感性并未随塑性预应变的增加而升高。

参考文献

[1] Ramberg W, Osgood W R. Description of stress-strain curves by three parameters[J]. Technical Note, 1943, 902: 1.

[2] de Martino A, Landolfo R, Mazzolani F. The use of the Ramberg-Osgood law for materials of round-house type[J]. Materials and Structures, 1990, 23: 59.

[3] West J M. Basic Corrosion and Oxidation[M]. Chichester: Ellis Horwood, 1980.

[4] Rousselier G. Ductile fracture models and their potential in local approach of fracture[J]. Nuclear Engineering and Design, 1987, 105: 97-111.

[5] Lapovok R. Damage evolution under severe plastic deformation[J]. International Journal of Fracture, 2002, 115(2): 159-172.

后　记

本书是北京科技大学“材料腐蚀与防护”研究团队在“海洋腐蚀与防护”研究方向上阶段性成果的总结与报道，是180余位科技工作者历时40余年集体智慧的结晶，目的是将研究成果回馈社会，尤其是为“海洋腐蚀和海洋用材”研究、设计、生产和使用单位或个人提供参考，力图提升我国材料海洋腐蚀与防护学科水平，保障海洋装备与设施的安全服役。

本书可能存在不妥之处，若读者发现，请及时赐教与指正。本系列工作是在国家科学技术部、国家自然科学基金委员会、钢铁研究总院有限公司、中国船舶集团有限公司第七二五研究所、南京钢铁股份有限公司、鞍山钢铁集团公司、首都钢铁集团公司等单位的资助下完成的，在此一并致谢！特别感谢国家科学技术部、国家科技基础条件平台建设项目“材料自然环境腐蚀试验台站建设与共享”和国家973计划项目“海洋工程装备材料腐蚀与防护关键技术基础研究”(以下简称“973计划”)的支持，著者作为以上项目的首席科学家，直接领导和参加了“海洋腐蚀与防护”研究，得出了本书的成果。

国家材料环境腐蚀平台的同事们对该项研究给予了大力支持。北京科技大学国家材料环境腐蚀与防护科学数据中心的程学群教授、吴俊升教授、肖葵研究员是海洋腐蚀研究方向的主要学术带头人。本书的研究工作主要由陈闽东博士、郝文魁博士和孙飞龙博士等完成，由李晓刚教授执笔撰写。王福会教授、乔利杰教授、李劲教授、左禹教授、陈建敏研究员、林昌健教授、陈光章研究员等专家为973计划四个科学问题的凝练、项目运行和结题工作，贡献了很多想法和智慧。973计划的六位课题负责人是：李金许教授、王立平研究员、刘莉教授、段继周研究员、蔺存国研究员和尹衍升教授。学术秘书是肖葵教授和赵文杰研究员。本团队由杜翠薇教授、董超芳教授、程学群教授、张达威教授、黄运华教授、刘智勇教授、高瑾研究员、卢琳教授、马宏驰副教授、刘超副教授组成；聂向辉博士、宋义全博士、王力伟博士、赵天亮博士、梁平博士、裴梓博博士、孙美慧博士、贾静焕博士、杨颖博士、吴伟博士、杨小佳博士等参加了部分工作或者学术讨论。钢铁研究总院青岛海洋腐蚀研究所有限公司韩冰高工、杨朝辉高工和张波高工。钢铁研究总院舟山海洋腐蚀研究所金威贤高工。中国船舶集团有限公司第七二五研究所李文军高工。中国科学院金属研究所郑玉贵研究员。南京钢铁股份有限公司吴年春高工、赵柏杰高工、陈林恒高工、范益高工、尹雨群高工。鞍山钢铁集团公司任子平高工、王长顺高工、武裕民高工、陈义庆高工。首都钢铁集团公司杨建炜高工、刘琨高工等一线科技人员对本工作给予了直接支持，在此一并致谢！

薛群基院士、侯保荣院士、丁文江院士、王海舟院士、翁宇庆院士、谢建新院士和毛新平院士等长期给予了大力支持与帮助，再次深表感谢！